房屋建筑工程
渗漏防治

许增贤　主编

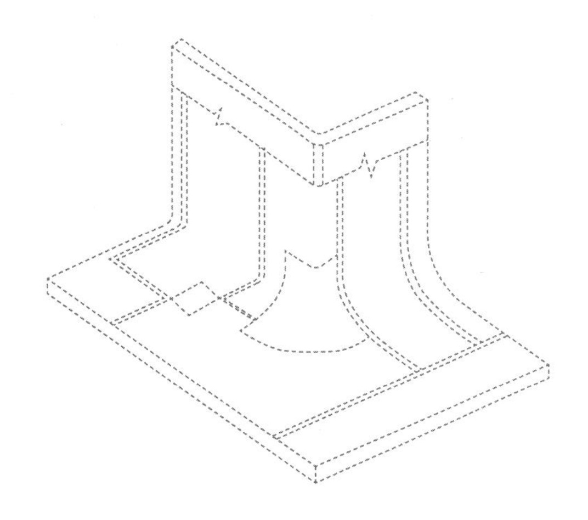

中国建筑工业出版社

图书在版编目（CIP）数据

房屋建筑工程渗漏防治 / 许增贤主编. — 北京：中国建筑工业出版社，2022.6
ISBN 978-7-112-27390-4

Ⅰ. ①房… Ⅱ. ①许… Ⅲ. ①房屋—建筑防水 Ⅳ. ①TU761.1

中国版本图书馆CIP数据核字（2022）第082462号

责任编辑：刘颖超 杨 允
版式设计：锋尚设计
责任校对：李欣慰

房屋建筑工程渗漏防治
许增贤 主编
*
中国建筑工业出版社出版、发行（北京海淀三里河路9号）
各地新华书店、建筑书店经销
北京锋尚制版有限公司制版
北京云浩印刷有限责任公司印刷
*
开本：787毫米×1092毫米 1/16 印张：27½ 字数：478千字
2022年9月第一版 2022年9月第一次印刷
定价：**199.00**元
ISBN 978-7-112-27390-4
（39126）

本书编委会

主　　任： 钟光文

副 主 任： 许增贤

委　　员：（按姓氏笔画排序）

王学进　王慧龙　冯有良　刘　文　刘　涛　刘海宁
孙　江　张连悦　张继富　房　海　姜东方　高乐胜

主　　编： 许增贤

副 主 编： 王慧龙

编　　委：（按姓氏笔画排序）

王广军　王兴山　王美艳　王慧龙　冯有良　刘　文
刘　涛　刘海宁　许增贤　孙　江　李龙起　李绘新
邹丽伟　宋元超　张　宁　张连悦　张春刚　张继富
周　彬　单连杰　房　海　侯钢领　姜　睿　姜东方
高乐胜　黄　涛　董学凯　韩　琪　潘大海

组织单位： 山东省潍坊市建筑业发展服务中心

序　言

防水是随着建筑史的发展而发展的，不管什么样的建筑，防水都是必须考虑的重要方面，而渗漏问题一直是影响建筑使用的一个重要问题，更是社会关注、群众关心的热点问题、民生问题。

从约8000年前茅草屋面的房屋形式出现，让人们走出洞穴，离开悬居，到约公元前1000年西周早期瓦的诞生使屋面发生巨大的变革，建筑跨入新时代，瓦面建筑也成为我国五千年文明史的重要组成部分。从古至今，人们在实践中积累了丰富的建筑防水经验，创造了良好的防水材料。比如，“以排为主，以防为辅”“多道设防，刚柔并济”等延续至今的优秀建筑防水理念。再比如，针对地面渗水、潮湿的问题，古代南方地区发明了干栏式建筑；针对土墙壁容易遭暴雨渗水倒塌的问题，古代北方地区在房屋设计中使用了筒瓦、滴水和散水等设施。

而柔性防水材料的发明，开启了现代房屋建筑防水的新篇章。特别是改革开放以来，随着建筑防水新材料、新技术、新工艺的开发与应用，我国防水技术发展驶入快车道。但是，随着中国城镇化进程的不断加快、房地产市场的极速扩张，房屋渗漏等房屋质量问题也快速增长，严重影响了老百姓正常居住使用，成为老百姓投诉的焦点、热点问题，成为必须解决的民生问题、民心问题。

本书立足于解决房屋建筑工程渗漏问题，充分汲取基层一线工程现场实践经验，从常用防水材料、地下工程渗漏防治、外墙及门窗渗漏防治、屋面渗漏防治、涉水房间渗漏防治、建筑防水新技术、工程质量创新管理等七个方面对房屋建筑工程渗漏治理进行了全面阐述介绍。是一本在国内防水领域、治渗方向较为全面、细致、严谨的实用性工具书，接地气、有使用价值，可以为一线工程技术人员提供可参考的基础性资料。

行者方致远，奋斗路正长。解决房屋建筑工程渗漏问题是一项长期繁重的任务，相信在政府、企业、学者、专家的共同努力和持续攻关下，一定会得到圆满解决，让老百姓不再为房屋质量问题发愁，真正让老百姓“住得舒心，过得幸福”。

徐世烺*

2022.8.26

于杭州

* 徐世烺，1953年出生，商洛市柞水县凤凰镇人，博士，教授，博士生导师，中国科学院院士，浙江大学高性能建筑结构与材料研究所所长，浙江大学建筑工程学院学术委员会主任。

前　言

房屋建筑工程质量的优劣对人民群众的生产生活影响巨大，严重的工程质量问题会对房屋结构造成损害，继而导致房屋居住环境无法处于安全稳定状态，是引发公众投诉的主要原因。房屋建筑工程渗漏作为使用功能方面的质量缺陷，引起越来越多业内专家学者的重视，是建设各方主体技术攻关的热点领域所在。

多年来房屋建筑工程渗漏专项治理工作成效显著，最大限度地消除防水工程质量常见问题。在市场调研和专项治理经验总结的基础上，我们编写了《房屋建筑工程渗漏防治》一书。

全书共分8章。具体内容包括绪论、常用防水材料、地下工程渗漏防治、外墙及门窗渗漏防治、屋面渗漏防治、涉水房间渗漏防治、建筑防水新技术、高质量发展背景下工程质量形势分析和创新管理。第1章主要介绍工程质量控制相关概念，工程质量影响因素及质量控制原理，房屋建筑工程渗漏防治意义、目标和原则。第2章主要介绍工程常用的防水、堵漏材料性质、性能和使用方法，按照技术指标、性能参数、材料特点、施工用途等对每种防水材料进行介绍。第3～6章分别介绍地下工程、建筑外墙及门窗、屋面工程、涉水房间的渗漏防治。明确防水工程参建各方主体一般规定与技术要点；结合主要技术规范要求、防水材料选用和工程实践经验，分析常见渗漏问题主要原因与防治措施。第7章主要针对目前防水工程“四新”前沿技术和新理念进行介绍，分析其技术优势、适用范围以及在使用过程中需要注意的技术关键要点，为工程建设防水质量提升提供参考。第8章分析建筑工程质量发展形势及现状，突出强调责任主体和有关机构质量监管行为；从政策支持与促进、提升标准化水平、科技创新支撑能力等方面，梳理提升工程质量管理与创新的具体措施及要求。全书辅以二维码及动画，使内容更加具象、直观，放大了信息量。

编写过程中自始至终以加强治理建筑工程质量缺陷为出发点和落脚点，对防水工程质量控制进行了阐述。参考了大量现行工程规范、标准及质量管理方面的相关法律法规和行业规章，结合工程现场，坚持理论联系实际，力求在防水领域、治渗方向形成最为全面、最为细化、最为严谨的一线工程技术人员可参考的基础性资料，形成接地气、有使用价值、可推广、可复制的实用性工具书。

由于编写任务重、时间紧，加之编者水平所限，难免出现不足和疏漏之处，敬请读者给予批评指正。

目　录

第1章 绪论

建筑工程质量是工程项目建设管理的重要控制内容，工程质量的优劣直接关系到工程项目投资的成效。防水工程质量是工程质量控制的重要环节。防水工程质量缺陷，轻则影响建筑工程的使用功能，重则严重危害广大人民群众的生命财产安全，因此，做好建筑工程防水质量控制意义重大。

1.1 房屋建筑工程质量控制概述

1.1.1 工程质量相关概念

质量是我们日常生活中常用的词汇，在不同语境、不同专业领域含义不同，从物理学的角度来讲，质量是物体所具有的物理属性；从社会学角度来看，质量是客观价值或者主体感受的现量。历史上产生了产品符合性质量观和适用性质量观，分别强调了生产产品要与设计相符合，企业管理者要充分考虑和掌握用户需求。学术界普遍认为质量的最佳定义来自ISO 9000标准，表述为"一组固有特性满足要求的程度"，可以用优质、良好、一般、差等词语来描述，此外质量的含义还包括了产品性能、安全性、适用性、经济性、耐久性、美观度等方面的要求。

质量的含义具有普遍性、综合性的特点，所有行业领域都可以界定其质量内涵。工程质量有狭义与广义之分，狭义的工程质量是指建造的工程具备所设计的各项使用功能，符合我国法律法规要求和工程建设相关规范标准规定，满足建设单位的要求，如地基基础要坚固耐用、主体承重结构安全、保温隔热、防水效果良好、采光及通风科学合理等。广义的工程质量不仅包括了狭义工程质量的内容，还涵盖了形成实体质量的工作过程质量，也就是工程参与方为了保证工程实体质量所开展的各项工作。具体来说，设计阶段各专业设计人员要充分理解建设单位的意图，并把其通过科学合理设计体现在符合规范标准的设计图纸中；施工阶段则要进行严格的过程质量控制，对人员（Man）、材料（Material）、机械（Machine）、方法（Method）、环境（Environment）采取主动控制措施并进行闭环管理，执行严格的事前预防、事中控制、事后补救措施。工程质量关系普通人民群众的生产生活安全，同时也影响着国民经济高质量发展，作为生产者和管理者需要树立全过程、全方位、全员质量控制的理念，对工程建设全生命周期各项工作进行严格管控。

1.1.2 建筑工程质量控制

ISO 9000：2008标准中给出了建筑工程质量控制的定义："为满足质量管理中的目的和标准规范而实施的一系列生产过程"。建筑工程质量控制的最终目的是保证施工过程中各项工作完成后竣工验收符合要求，力争优良样板工程并为进一步报奖评优打好基础。质量控制的效果要符合我国法律法规、标准规范、项目工程合同、设计文件等的要求。

1.2 工程质量影响因素

影响工程质量的因素众多，学术界主流观点将影响工程质量的原因归纳为"4M1E"，即人员（Man）、材料（Material）、机械（Machine）、方法（Method）、环境（Environment）五个方面。

1.2.1 人员因素

勘察、设计、施工、监理等工程类企业是工程建设活动的主体，工程建设过程中具体工作由相关专业人员完成，按照我国建设程序"先勘察、后设计、再施工"的原则，不同阶段的工作成果层层传递形成施工图纸，最终由施工单位按照图纸建造成各种类型的建筑产品。因此，不同阶段从业人员的素质、技术技能水平都直接影响阶段性工作成果，并对施工过程工程质量和竣工验收结果产生直接和间接影响。施工过程是进行工程质量控制的核心环节，施工单位要不断提高从业人员施工技术技能水平和管理水平，从而使得工程质量处于可控状态。

1.2.2 材料因素

不同类型的工程材料有机组合或结合在一起最终形成建筑产品，因此工程材料的质量直接决定了建筑产品的质量。从以往的工程质量问题案例中可以发现，工程材料不合格、不达标，施工过程中偷工减料、换料往往是造成工程质量问题的重要原因，施工单位和监理单位等参与方应该进一步加强对工程材料从采购、运输、进场验收、现场存储、领料用料、抽样检验等环节的有效管控，杜绝不合格的工程材料、半成品、构配件等进入施工现场。

1.2.3 机械设备因素

机械设备的使用极大地提高了作业效率并降低了作业人员劳动强度。工程建设过程中所用机械设备既包括诸如塔式起重机、物料提升机等大型机械设备，也包括水准仪、全站仪等便携式小型设备；各种机械设备的加工能力、设备参数、参数变化（磨损老化）、设备操作不规范、不恰当使用也是造成工程质量问题的重要原因。施工单位首先要建立健全施工机械设备日常检测及维修保养制度，及时发现机械设备存在的问题和隐患，避免机械设备带病作业；其次加强对机械设备操作人员的业务培训，尤其是涉及特种作业人员必须持证上岗。

1.2.4 施工技术及方法因素

施工技术涵盖了从项目建造之初土方开挖、基坑支护到主体封顶后装饰装修、机电设备安装等诸多技术；施工技术及方法涵盖了施工组织设计（各职能机构的构成、各自职责、相互关系、项目负责人、各机构负责人、各专业负责人等）、专项施工方案（进度安排、关键技术预案、重大施工步骤预案等）、技术措施、施工工艺等方面。在项目建造过程中要严格按照既有的标准规范、规程组织施工，在无标准规范或者规程可参照的情况下，可以参照已有的成熟经验制定施工方案，或者组织专家论证后最终确定施工方案。如果施工过程中需要使用新技术、新工艺，施工单位则要做好充分的技术准备工作并制定详细的专项施工方案，经过专家论证通过后方可实施。

1.2.5 环境因素

建筑产品的施工环境多种多样，温度、湿度、酸碱度、地质水文、风速等因素均会对施工质量造成不同程度的影响。在施工方案中通过制定冬期、雨期施工措施等保证了通常情况下的施工质量；作为有经验的从业人员应及时关注施工环境变化，采取针对性强的应对措施保证工程质量。同时，施工单位应该制定应急预案，应对诸如火灾、台风、地震等突发事件，使得突发事件对工程质量的影响程度降到最低。

1.3 建筑工程质量控制原理

1.3.1 循环原理

PDCA循环是计划、执行、检查和行动的英文首字母，PDCA循环理论又称戴明环，是质量管理的基本方法，常见于建筑工程质量控制应用中。PDCA循环原理是在实施全面质量管理和提升产品品质、减少不合格的产品方面都要运用的科学程序。在工程质量管理中也有很广泛的运用。提高工程项目施工的质量需要利用项目质量控制去确定最终的目标任务，并按照PDCA循环的原则，实现对项目工程的预期目标。项目施工过程中，预期目标应该细化，在不同阶段按照质量管理要求制定相应的预期分目标，随时跟进项目施工过程，以达到相应的质量水平。一般而言，项目施工周期要具备计划、实施、检查、纠正程序四种相互关联的功能。这四个功能共同构成了系统质量控制的全过程。PDCA循环质量控制即是依靠这四个功能不断地进行循环而把整个工程实施过程有效衔接起来。PDCA循环质量控制的几个环节中，关键在于纠正环节。

1. 计划（Plan）

计划是指对质量目标和发展行动进行确定。一个精密完整的、满足实际需求的质量目标计划是工程质量得以保证的必要基础。项目施工过程中必须要制定相应的质量计划和质量管理方案，且该计划和方案要严格根据项目中指定的责任和标准，制定好计划和方案后还需要讨论和审查其可行性和时效性，最后按照该计划目标进行严格执行。

2. 实施（Do）

实施过程的关注点在于项目的过程性，在工程项目正式实施之前要进行小规模的测试和对工程计划进行检验，如果达到预期值那么继续进行下一环节。

3. 检测（Check）

工程各阶段检测实际上是对计划执行情况进行检测，并作出相应反馈。具体检测方式包括：自检、抽检、互检和专业检查。概括来说，相关检测可以归纳为两大方面：一方面检查严格按照计划程序展开，检查实际情况是否和计划数值存在差异，差异是否明显，具体差异表现在什么地方；另一方面是检测工程质量是否符合国家和相关机构制定的规范，是否符合特定的质量标准。

4. 纠正（Act）

在工程进行中，对于工程人员的检测数据和信息资料不符合质量标准，那就有必要查找出现偏差的出处，而后抓紧时间进行改正，这么做是为了保证材料的准确性及工程质量。概括来说，这一环节可以分为两个步骤。首先，在发现工程施工质量和进度存在问题时，根据相关施工手册可以进行初步处理，以期能在施工前期将工程质量问题消灭于萌芽阶段。其次，对于所发现的问题无法解决的，可以将问题进行详细记录，并及时反映给相关单位和部门。最后，施工单位在具体施工过程中，由于一些人为因素导致的工程质量问题，施工单位则要通过提升施工和质量管理人员的技术技能，增强监理人员的责任意识等手段来加以解决。

比如在施工过程中，对于一些刚刚引进的属于相对先进的机械设备或数字数码电子设备，由于机械操作人员的主观原因，可能会存在操作不当而导致的施工质量不达标，甚至还会引发施工安全事故。对于这类问题，一方面需要不断加强工程技术人员的技术技能培训；另一方面，加强工作人员的安全教育，杜绝工程安全事故，进而确保工程质量。

1.3.2 全过程质量控制原理

全过程质量控制原理是目前工程施工过程中比较通行的质量控制标准监控体系。该监控原理由于严格遵照国家和国际标准，在施工质量管理过程中效率比较明显，得到业界的广泛承认和遵守。过程质量控制对施工过程实施全程监督和控制的全覆盖，以有效保证工程质量。

1. 事前质量控制管理

（1）工程初期质量控制具体进行之前，有关工作人员整理出一系列完善的质量监控计划细则，该细则可以包括施工功能材料清单、施工过程细化规范等。施工过程中，为确保工程质量，需要综合考虑各种因素。在此基础上，施工单位精心组织施工，严格按照施工计划进行。同时做好应急方案，实时掌握施工过程的进展和施工中出现的各项情况。

（2）施工初期，施工单位对工程质量的控制主要依赖于企业自身的实力、施工经验、工程技术人员的技术技能水平。在这些基础之上，工程质量管理单位和人员的责任意识也是影响工程质量的关键。

（3）在施工的前期阶段，影响工程质量的因素比较复杂。除了单位的因素，还有个体的原因。同时既有后天的人为因素，也有先天的客观原因。要做好施工工程质量的监督和管理，确保工程质量，必须在施工过程中强化工作的规划和精细化，实现施工过程的数字化和可视化。同时，在施工过程中，注重施工应急方案的制定和执行。提升施工人员的素质和技能。强化监理单位的职责和职能意识。

2. 中期质量控制管理

中期工程质量管理，顾名思义就是工程在施工过程中实现对工程质量的动态控制和监督。中期质量监控在实际的施工实况中常常由第三方或施工企业中与施工作业无直接关系的部门或人员来承担。这种安排的好处在于施工单位、质量监督和检查部门或人员可以独立行使工程质量监督检查的职责而不受质量利益相关方的干扰。这个特点决定了施工单位成立或聘请工程质量控制监督机构或管理人员的重要性。

工程质量控制中的中期管理对整个工程的质量达标、工期进度，以及企业的经济和时间成本等均有不可忽视的意义。在工程施工过程中，施工单位和个人必须严格遵守施工流程，严格按照工程施工技术和程序要求进行施工作业。只有如此，工程的质量控制目标才有可能实现，这是施工建设过程中非常重要的，同时也是施工企业需要高度重视的环节。

3. 后期质量控制管理

工程项目后期质量管理是施工企业确保工程质量的最后一关。后期工程质量管理常常侧重于对施工初期和中期出现的问题进行检查，并就前期解决的效果进行调整和再检验。

1.3.3 “三全”管理

“三全”管理来源于全面质量管理（TQC）的思想，指企业的质量管理实行“全员、全过程、全方位”。其特点主要是以预防、改进为主，调查出影响质量控制的各种因素，调动公司全体员工全过程的参与，依靠科学的方法，促使企业运营的全过程、全方位都处于受控的状态。

全员参与：全体员工共同参与公司的质量管理，全员参与在强调工作质量的同时，也注重调动全员、全部门的积极性。即任何一个环节、任何一个员工的工作质量都会直接或间接地影响公司总体质量，上自领导，下至员工，每个人都要制定质量责任制，共同参与质量管理。

全过程管理：指一个工程项目从立项、设计、施工到竣工验收的全过程，或是施工现场的“全过程”，从施工准备、施工实施、竣工验收直到回访保修的全过程。全过程的管理就是对每一道工序都要有质量标准，严把质量关，防止不合格的产品流入下一道工序。

全方位管理：这是从组织管理的角度来理解，在企业中，每一个管理层次都要有相应的质量管理活动，不同层次的质量管理活动的重点是不同的。企业上层注重质量管理的决策和协调，中层注重管理和执行，基层注重严格按照操作规范和技术标准施工。企业内部不同层级的员工根据各自的侧重点工作，共同致力于提高建筑施工质量。

1.4 房屋建筑工程渗漏防治

1.4.1 渗漏防治意义

房屋渗漏情况的出现会对居民的日常生活造成极为恶劣的影响。房屋建筑工程渗漏作为使用功能方面的质量缺陷，主要反映在地基基础、地下空间、屋面、外围护结构和涉水房间等。

房屋建筑工程防水是保证建筑物不受到水的侵袭，不影响建筑的使用功能，属于隐蔽工程。施工工序完成，加之没有进行较好成品保护或人为破坏，一旦出现工程渗漏，隐蔽以后很难查找和分析原因，后期维修难度较大，给工程带来隐患产生较大危害。例如：建筑渗漏水使其内部潮湿，建筑装饰材料变形、发霉、翘曲、空鼓、脱落，严重地影响装饰效果；厨房、卫生间等部位渗漏，使用功能受到影响，对人民生活产生不便，还容易影响邻里关系，甚至影响到社会的安定和谐；更甚者，筑物渗漏水还会对房屋建筑中的很多结构造成损害，继而导致房屋居住环境无法处于安全稳定的状态，缩短建筑物的合理使用年限。因此，建筑防水的质量直接影响到房屋的使用功能和寿命，关系人民群众的生活和生产能否正常进行，防治建筑渗漏是当前急需解决的质量问题。房屋建筑防水工程是一个复杂的施工过程，要根据区域和结构不同情况，选择符合施工质量要求的防水材料，对建筑防水进行合理设计，从根源上杜绝隐患。对施工各主体行为，建筑的基础、主体、屋面等多个分部分项的多个环节，从建筑防水材料的使用方法到每个细部节点的处理技术措施，加强整个过程的有效管理和控制，做到不留隐患，才能减少或避免工程渗漏。

1.4.2 渗漏防治目标

1. 房屋建筑工程渗漏防治应强化过程控制，坚持预防为主的方针，逐步构建持续完善的质量管理体系。

2. 各工程参与方协同共治，建立严格的质量保证措施，聚焦重点防水部位施工质量，确保渗漏防治目标实现。

3. 加强全方位质量控制，全员参与渗漏防治质量管理。

4. 探索应用工程防水新技术、新工艺、新材料、新设备，持续提升防水工程质量。

1.4.3 渗漏防治原则

做好房屋建筑工程防水需要坚持以下几个方面的原则：

1. 防水工程设计科学合理。勘察设计单位应该进行仔细有效的地质勘探，根据项目真实的地质环境和工程施工环境设计出合理的防水方案，给后期防水工程施工提供详尽真实的依据，并且及时针对施工过程中出现的各种状况进行实时的设计变更。

2. 科学选择防水材料。严格按照设计要求，选择合理相符的防水材料，严格控制材料的进场验收标准，采用见证取样，旁站监理的制度，从根源上遏制防水材料的质量问题。

3. 过硬的施工技术是重要保障。项目负责人应该严守项目管理制度，进行严格的过程控制，并制定防水工程专项施工方案，按图施工，结合各种防水材料和工程环境，按照规范规定的工艺和标准进行施工，做到边施工、边监控，做好隐蔽工程的质量验收，工序不到位的坚决不能进行下一道工序的施工，施工质量达不到防水相关质量验收规范的坚决不予验收。

4. 严格施工管理监督工作把控。制定完善的施工管理制度，组建合理的施工管理队伍，把好施工技术关，守好监理质量关，全员参与，并且进行及时的质量技术交底工作，提升各管理人员的责任心。

第2章 常用防水材料

工程防水材料种类繁多，本章主要介绍工程常用的防水材料。根据材料性质、性能和使用方法，将防水材料分为：防水卷材、防水涂料、防水混凝土、防水砂浆、防水剂、堵漏材料、密封材料、注浆材料等多种类型。主要介绍了防水施工中常用材料的技术指标、材料特点、适用范围等相关内容，以帮助读者了解和正确选用防水材料，进而保证工程防水质量，避免渗漏发生。

2.1 防水卷材

常用的防水卷材有：弹性体（SBS）改性沥青防水卷材、自粘聚合物改性沥青防水卷材、预铺防水卷材、湿铺防水卷材、热塑性聚烯烃（TPO）防水卷材、聚乙烯丙纶复合防水卷材六类。

2.1.1 弹性体（SBS）改性沥青防水卷材

2.1.1.1 定义

弹性体（SBS）改性沥青防水卷材执行现行国家标准《弹性体改性沥青防水卷材》GB 18242，是用苯乙烯–丁二烯–苯乙烯（SBS）橡胶改性沥青作涂层，玻纤毡、聚酯毡、玻纤增强聚酯毡为胎基，两面覆以隔离材料所做成的一种性能优异的防水材料（图2.1.1）。

图2.1.1　弹性体（SBS）改性沥青防水卷材

2.1.1.2 分类

弹性体（SBS）改性沥青防水卷材分类如图2.1.2所示。

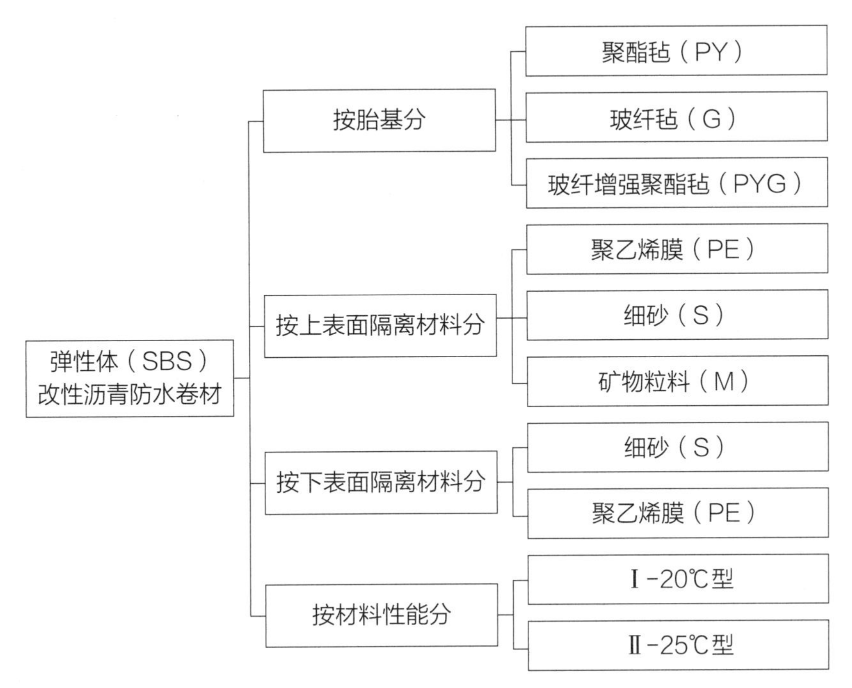

图2.1.2　弹性体（SBS）改性沥青防水卷材的分类

2.1.1.3 技术指标

弹性体（SBS）改性沥青防水卷材性能如表2.1.1所示。

弹性体（SBS）改性沥青防水卷材性能　　表2.1.1

序号	项目		指标				
			Ⅰ		Ⅱ		
			PY	G	PY	G	PYG
1	可溶物含量（g/m²）≥	3mm	2100				—
		4mm	2900				—
		5mm	3500				
		试验现象	—	胎基不燃	—	胎基不燃	—
2	耐热性	（℃）	90		105		
		（mm）≤	2				
		试验现象	无流淌、滴落				
3	低温柔性（℃）		-20		-25		
			无裂缝				

续表

序号	项目		指标				
			Ⅰ		Ⅱ		
			PY	G	PY	G	PYG
4	不透水性30min		0.3MPa	0.2MPa	0.3MPa		
5	拉力	最大峰拉力（N/50mm）≥	500	350	800	500	900
		次高峰拉力（N/50mm）≥	—	—	—	—	800
		试验现象	拉伸过程中，试件中部无沥青涂盖层开裂或与胎基分离现象				
6	延伸率	最大峰时延伸率（%） ≥	30	—	40	—	—
		第二峰时延伸率（%） ≥	—		—		15
7	浸水后质量增加（%） ≥	PE、S	1.0				
		M	2.0				
8	热老化	拉力保持率（%） ≥	90				
		延伸率保持率（%） ≥	80				
		低温柔性（℃）	-15		-20		
			无裂缝				
		尺寸变化率（%） ≤	0.7	—	0.7	—	0.3
		质量损失（%） ≤	1.0				
9	渗油性	张数 ≤	2				
10	接缝剥离强度（N/mm） ≥		1.5				
11	钉杆撕裂强度[a]（N） ≥		—				300
12	矿物粒料粘附性[b]（g） ≤		2.0				
13	卷材下表面沥青涂盖层厚度[c]（mm） ≥		1.0				
14	人工气候加速老化	外观	无滑动、流淌、滴落				
		拉力保持率（%） ≥	80				
		低温柔性（℃）	-15		-20		
			无裂缝				

a 仅适用于单层机械固定施工方式卷材。
b 仅适用于矿物粒料表面的卷材。
c 仅适用于热熔施工的卷材。

2.1.1.4 材料特性

1. SBS改性沥青防水卷材的伸长率高，大大优于普通纸胎防水卷材，对结构变形有很高的适应性。

2. 有效使用温度范围广。

3. 耐疲劳性能优异，疲劳循环1万次以上仍无异常。

4. 具有优良的耐老化性和耐久性，耐酸、碱及微生物腐蚀。

5. 施工方便，可选用冷粘结、热粘结和自粘结，可叠层施工。

2.1.1.5 适用范围

1. 弹性体改性沥青防水卷材主要适用于工业与民用建筑的屋面和地下防水工程。

2. 玻纤增强聚酯毡卷材可用于机械固定单层防水。

3. 玻纤毡卷材可用于多层防水中的底层防水。

4. 外露使用采用上表面隔离材料为不透明的矿物粒料的防水卷材。

5. 地下工程防水采用表面隔离材料为细砂的防水卷材。

2.1.2 自粘聚合物改性沥青防水卷材

2.1.2.1 定义

自粘聚合物改性沥青防水卷材是一种新型防水卷材。无论是原材料及其配方，生产工艺与生产技术，还是生产装备、应用技术、施工方法等，都在不断研究探索，积累经验（图2.1.3）。

图2.1.3　自粘聚合物改性沥青防水卷材

2.1.2.2 分类

自粘聚合物改性沥青防水卷材可按有无胎基增强和性能分类，具体如图2.1.4所示。

2.1.2.3 技术指标

N类、PY类卷材性能指标分别如表2.1.2、表2.1.3所示。

2.1.2.4 材料特性

1. 优异的粘结性确保了卷材搭接缝的连续性与密封性。

2. 施工质量容易得到确保，能够满足较高的防水要求。

3. 耐高低温，抗老化，使用寿命长。

4. 施工工艺完善、简洁，可操作性强，劳动强度低。

5. 常温下冷施工，具有极强的抗穿透、抗冲击功能。

6. 施工速度快、工效高，可确保工期。

7. 可直接在混凝土上施工，省去传统的水泥砂浆找平层。

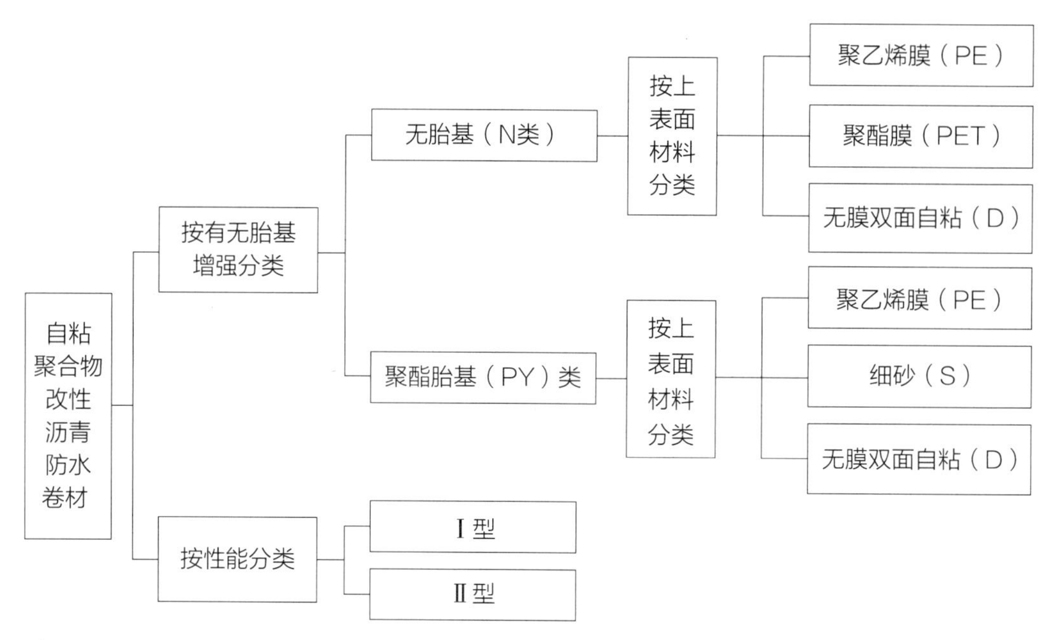

说明：卷材厚度为2.0mm的PY类只有Ⅰ型。

图2.1.4　自粘聚合物改性沥青防水卷材的分类

N类卷材性能指标　　表2.1.2

序号	项目		指标				
			PE		PET		D
			Ⅰ	Ⅱ	Ⅰ	Ⅱ	
1	拉伸性能	拉力（N/50mm）≥	150	200	150	200	
		最大拉力时延伸率（%）≥	200		30		—
		沥青断裂延伸率（%）≥	250		150		450
		拉伸时现象	拉伸过程中，在膜断裂前无沥青涂盖层与膜分离现象				—
2	钉杆撕裂强度（N）≥		60	110	30	40	—
3	耐热性		70℃滑动不超过2mm				
4	低温柔性（℃）		-20	-30	-20	-30	-20
			无裂纹				
5	不透水性		0.2MPa，120min不透水				—
6	剥离强度（N/mm）≥	卷材与卷材	1.0				
		卷材与铝板	1.5				
7	钉杆水密性		通过				
8	渗油性（张数）≤		2				
9	持粘性（min）≥		20				

续表

序号	项目		指标				
			PE		PET		D
			Ⅰ	Ⅱ	Ⅰ	Ⅱ	
10	热老化	拉力保持率（%） ≥	80				
		最大拉力时延伸率（%） ≥	200		30		400（沥青层断裂延伸率）
		低温柔性（℃）	−18	−28	−18	−28	−18
			无裂纹				
		剥离强度卷材与铝板（N/mm） ≥	1.5				
11	热稳定性	外观	无起鼓、皱褶、滑动、流淌				
		尺寸变化（%） ≤	2				

PY类卷材物理力学性能　　表2.1.3

序号	项目			指标	
				Ⅰ	Ⅱ
1	可溶物含量（g/m^2） ≥		2.0mm	1300	—
			3.0mm	2100	
			4.0mm	2900	
2	拉伸性能	拉力（N/50mm） ≥	2.0mm	350	—
			3.0mm	450	600
			4.0mm	450	800
		最大拉力时延伸率（%） ≥		30	40
3	耐热性			70℃无滑动、流淌、滴落	
4	低温柔性（℃）			−20	−30
				无裂纹	
5	不透水性			0.3MPa，120min不透水	
6	剥离强度（N/mm） ≥	卷材与卷材		1.0	
		卷材与铝板		1.5	
7	钉杆水密性			通过	
8	渗油性（张数） ≤			2	
9	持粘性（min） ≥			15	
10	热老化	最大拉力时延伸率（%） ≥		30	40
		低温柔性（℃）		−18	−28
				无裂纹	
		剥离强度卷材与铝板（N/mm） ≥		1.5	
		尺寸稳定性（%） ≤		1.5	1.0
11	自粘沥青再剥离强度（N/mm） ≥			1.5	

8. 不产生任何有毒气体，不对施工人员和环境产生损害，无安全隐患，健康环保。

9. 卷材呈现任何部分破坏，渗水都会被约束在很小的规模内，不流窜，即便呈现单个的渗漏点也会与破坏点一致，容易修复。

2.1.2.5 适用范围

1. 地下室、人防工程。
2. 房顶、种植屋面。
3. 沿海地区以及较大结构变形部位的防水防腐。

2.1.3 预铺防水卷材

2.1.3.1 定义

预铺防水卷材是指在结构施工之前先铺设的防水卷材。广泛地说，可以是专用卷材，也可以是普通卷材（图2.1.5）。

图2.1.5 预铺防水卷材

2.1.3.2 分类

预铺防水卷材的分类如图2.1.6所示。

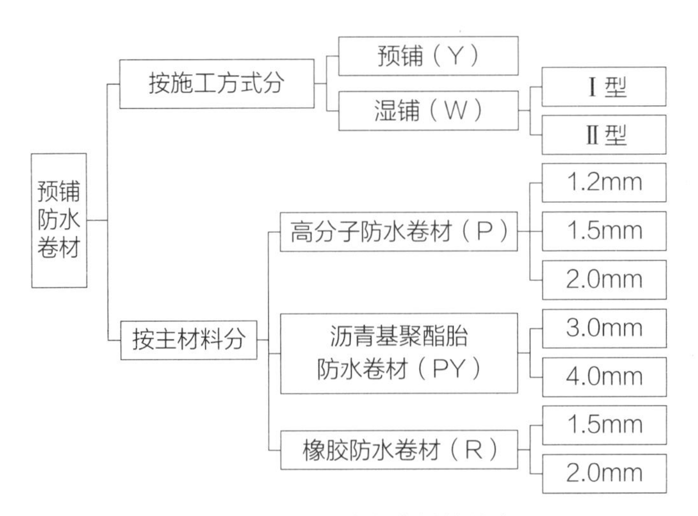

图2.1.6 预铺防水卷材的分类

2.1.3.3 技术指标

预铺防水卷材性能指标如表2.1.4所示。

预铺防水卷材性能指标 表2.1.4

序号	项目		指标		
			P	PY	R
1	可溶物含量（g/m²） ≥		—	2900	—
2	拉伸性能	拉力（N/50mm） ≥	600	800	350
		拉伸强度（MPa） ≥	16	—	9
		膜断裂伸长率（%） ≥	400	—	300
		最大拉力时伸长率（%）≥	—	40	—
		拉伸时现象	胶层与主体材料或胎基无分离现象		
3	钉杆撕裂强度（N） ≥		400	200	130
4	弹性恢复率（%） ≥		—	—	80
5	抗穿刺强度（N） ≥		350	550	100
6	抗冲击性能（0.5kg·m）		无渗漏		
7	抗静态荷载		20kg，无渗漏		
8	耐热性		80℃，2h无滑移、流淌、滴落	70℃，2h无滑移、流淌、滴落	100℃，2h无滑移、流淌、滴落
9	低温弯折性		主体材料-35℃，无裂纹	—	主体材料和胶层-35℃，无裂纹
10	低温柔性		胶层-25℃，无裂纹	-20℃，无裂纹	—
11	渗油性（张数） ≤		1	2	1
12	抗窜水性（水力梯度）（0.8MPa/35mm，4h）		不窜水		
13	不透水性（0.3MPa，120min）		不透水		
14	与后浇混凝土剥离强度（N/mm）	无处理 ≥	1.5	1.5	0.5，内聚破坏
		浸水处理 ≥	1.0	1.0	0.5，内聚破坏
		泥砂污染表面 ≥	1.0	1.0	0.5，内聚破坏
		紫外线处理 ≥	1.0	1.0	0.5，内聚破坏
		热处理 ≥	1.0	1.0	0.5，内聚破坏
15	与后浇混凝土浸水后剥离强度（N/mm）≥		1.0	1.0	0.5，内聚破坏
16	卷材与卷材剥离强度（搭接边）[a]（N/mm）	无处理 ≥	0.8	0.8	0.6
		浸水处理 ≥	0.8	0.8	0.6
17	卷材防粘处理部位剥离强度[b]（N/mm） ≤		0.1或不粘合		

续表

序号	项目		指标		
			P	PY	R
18	热老化（80℃，168h）	拉力保持率（%）　≥	90		80
		伸长率保持率（%）　≥	80		70
		低温弯折性	主体材料 -32℃，无裂纹	—	主体材料和胶层 -32℃，无裂纹
		低温柔性	胶层-23℃， 无裂纹	-18℃，无裂纹	—
19	尺寸变化率（%）　≤		±1.5	±0.7	±1.5

a 仅适用于卷材纵向长边采用自粘搭接的产品。
b 颗粒表面产品可以直接表示为不粘合。

2.1.3.4 材料特性

1. 预铺自粘防水卷材多为单面自粘。

2. 预铺自粘防水卷材高强度，高延伸性，有效避免建筑物结构伸缩位移对防水层的破坏。

3. 预铺自粘防水卷材优异的抗窜水性，有效地解决了地下防水中的难题。

2.1.3.5 适用范围

1. 广泛应用于屋面、卫生间等防水工程。

2. 停车场、阳台和屋顶、种植屋面、檐沟和天沟的防水。

3. 地下室外墙等。

2.1.4 湿铺防水卷材

2.1.4.1 定义

湿铺式防水卷材的主要原材料是活性物，同时加入适量的辅助材料和防老化剂、促进剂及其他的一些助剂，经混炼压延而成，是一款能在潮湿基面上施工的防水产品，该材料内含有特殊的活性物质能与水泥砂浆或素水泥浆实现反应，达到与基面或结构主体实现满粘的效果（图2.1.7）。

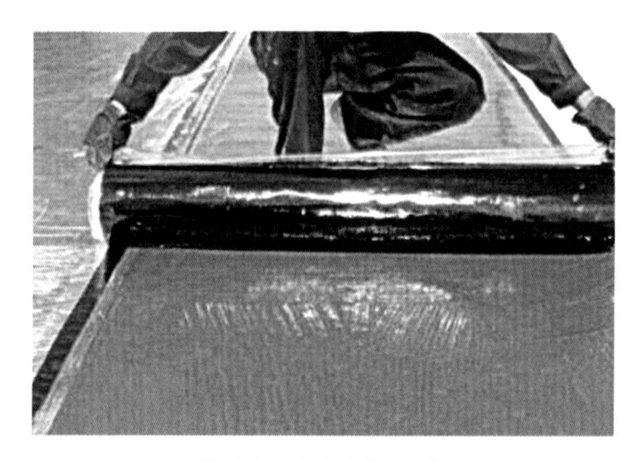

图2.1.7　湿铺防水卷材

2.1.4.2 分类

湿铺防水卷材分类如图2.1.8所示。

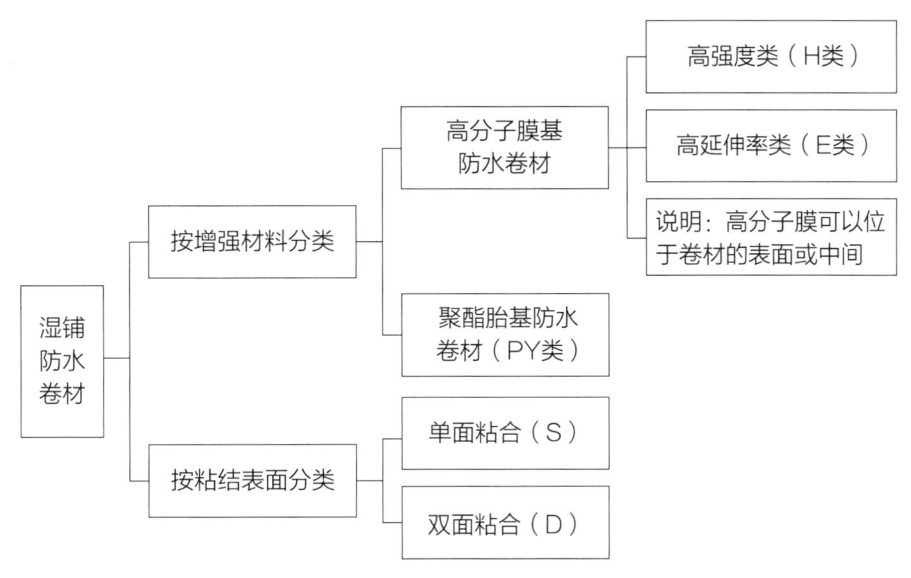

图2.1.8　湿铺防水卷材的分类

2.1.4.3 技术指标

湿铺防水卷材的性能指标如表2.1.5所示。

湿铺防水卷材性能指标　表2.1.5

序号	项目		指标 H	指标 E	指标 PY
1	可溶物含量（g/m^2） ≥		—		2100
2	拉伸性能	拉力（N/50mm） ≥	300	200	500
		最大拉力时伸长率（%）≥	50	180	30
		拉伸时现象	胶层与高分子膜或胎基无分离		
3	撕裂力（N） ≥		20	25	200
4	耐热性（70℃，2h）		无流淌、滴落，滑移≤2mm		
5	低温柔性（-20℃）		无裂纹		
6	不透水性（0.3MPa，120min）		不透水		
7	卷材与卷材剥离强度（搭接边）（N/mm）	无处理 ≥	1.0		
		浸水处理 ≥	0.8		
		热处理 ≥	0.8		

续表

序号	项目			指标		
				H	E	PY
8	渗油性（张数）		≤	2		
9	持粘性（min）		≥	30		
10	与水泥砂浆剥离强度（N/mm）	无处理	≥	1.5		
		热处理	≥	1.0		
11	与水泥砂浆浸水后剥离强度（N/mm）		≥	1.5		
12	热老化（80℃，168h）	拉力保持率（%）	≥	90		
		伸长率保持率（%）	≥	80		
		低温柔性（-18℃）		无裂纹		
13	尺寸变化率（%）			±1.0	±1.5	±1.5
14	热稳定性			无起鼓、流淌，高分子膜或胎基边缘卷曲最大不超过边长1/4		

2.1.4.4 材料特性

1. 对基面要求低，施工自由度高，不受天气变化的影响，能在潮湿基面上施工。

2. 能大大地缩短工期、节约成本。

3. 采用湿铺法能与基面实现满粘，与结构粘结可靠，安全环保。

2.1.4.5 适用范围

1. 工业与民用建筑的地下室、屋面的防水工程。

2. 地铁、公路、铁路、桥梁和隧道工程的防水。

2.1.5 热塑性聚烯烃（TPO）防水卷材

2.1.5.1 定义

热塑性聚烯烃（TPO）防水卷材，是以采用先进的聚合技术将乙丙橡胶与聚丙烯结合在一起的热塑性聚烯烃（TPO）合成树脂为基料，加入抗氧剂、防老剂、软化剂制成的新型防水卷材，可以用聚酯纤维网格布作内部增强材料制成增强型防水卷材，属合成高分子防水卷材类防水产品（图2.1.9）。

2.1.5.2 分类

热塑性聚烯烃（TPO）防水卷材的分类如图2.1.10所示。

2.1.5.3 技术指标

热塑性聚烯烃（TPO）防水卷材性能指标如表2.1.6所示。

图2.1.9 热塑性聚烯烃（TPO）防水卷材

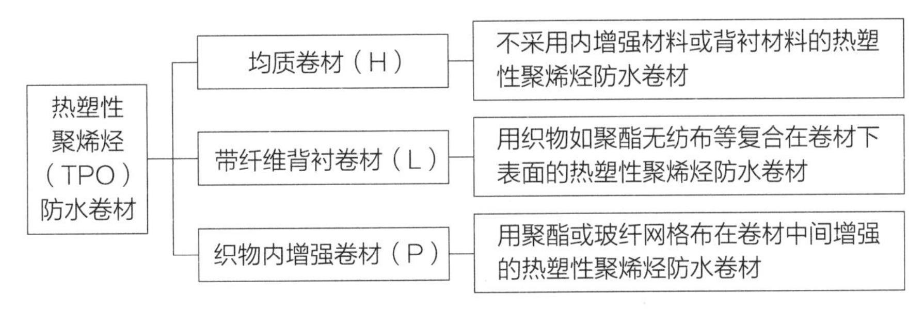

图2.1.10 热塑性聚烯烃（TPO）防水卷材的分类

热塑性聚烯烃（TPO）防水卷材性能 表2.1.6

序号	项目			指标		
				H	L	P
1	中间胎基上面树脂层厚度（mm）		≥	—		0.40
2	拉伸性能	最大拉力（N/cm）	≥	—	200	250
		拉伸强度（MPa）	≥	12.0	—	—
		最大拉力时伸长率（%）	≥	—	—	15
		断裂伸长率（%）	≥	500	250	—
3	热处理尺寸变化率（%）		≤	2.0	1.0	0.5
4	低温弯折性（-40 ℃）			无裂纹		
5	不透水性（0.3MPa，2h）			不透水		
6	抗冲击性能（0.5kg·m）			不渗水		
7	抗静态荷载[a]			—	—	20kg不渗水
8	接缝剥离强度（N/mm）		≥	4.0或卷材破坏	3.0	
9	直角撕裂强度（N/mm）		≥	60	—	—
10	梯形撕裂强度（N）		≥	—	250	450
11	吸水率（70℃，168h）（%）		≤	4.0		

续表

序号	项目			指标	
			H	L	P
12	热老化（115℃）	时间（h）	672		
		外观	无起泡、裂纹、分层、粘结和孔洞		
		最大拉力保持率（%） ≥	—	90	90
		拉伸强度保持率（%） ≥	90	—	—
		最大拉力时伸长率保持率（%） ≥	—	—	90
		断裂伸长率保持率（%） ≥	90	90	—
		低温弯折性（-40℃）	无裂纹		
13	耐化学性	外观	无起泡、裂纹、分层、粘结和孔洞		
		最大拉力保持率（%） ≥	—	90	90
		拉伸强度保持率（%） ≥	90	—	—
		最大拉力时伸长率保持率（%） ≥	—	—	90
		断裂伸长率保持率（%） ≥	90	90	—
		低温弯折性（-40℃）	无裂纹		
14	人工气候加速老化	时间（h）	1500[b]		
		外观	无起泡、裂纹、分层、粘结和孔洞		
		最大拉力保持率（%） ≥	—	90	90
		拉伸强度保持率（%） ≥	90	—	—
		最大拉力时伸长率保持率（%） ≥	—	—	90
		断裂伸长率保持率（%） ≥	90	90	—
		低温弯折性（-40℃）	无裂纹		

a 抗静态荷载仅对用于压铺屋面的卷材要求。
b 单层卷材屋面使用产品的人工气候加速老化时间为2500h。

2.1.5.4 材料特性

1. 粘结性：具有良好的初粘性、持粘性，并且抗剥离性好。

2. 绿色性：没有增塑剂，施工及使用中绿色环保。

3. 焊接性：搭接采用热风焊接，接缝强度高。

4. 耐久性：在室外暴露，紫外线强烈照射的情况下，理论使用寿命达到50年以上。

5. 适应性：追随性强、抗变形能力好，适应基层变形能力强。

6. 耐候性：自粘胶膜（非沥青）与TPO主防水层同寿命，抗UV性能好，耐低温（-40℃），抗高温。

7. 耐化学性：TPO具有较强的抵抗酸碱盐的能力，可以在地下复杂环境中使用。

8. 耐穿刺性：具有物理阻根功能，可减少植物根系穿透，同时具备防水及阻根双重作用。

2.1.5.5 适用范围

1. 工业与民用建筑的屋面、地下室。
2. 水利工程、轨道交通工程以及地下综合管廊。
3. 粮库、游泳池、水池等防水、防潮工程。
4. 车库屋面及种植屋面的防水工程。

2.1.6 聚乙烯丙纶复合防水卷材

2.1.6.1 定义

聚乙烯丙纶复合防水卷材是以原生聚乙烯合成高分子材料加入抗老化剂、稳定剂、助粘剂等与高强度新型丙纶涤纶长丝无纺布，经过自动化生产线一次复合而成的新型防水卷材，其按材料厚度分为0.6mm、0.7mm、0.8mm、0.9mm、1.0mm、1.2mm和1.5mm等不同厚度材料（图2.1.11）。

图2.1.11 聚乙烯丙纶复合防水卷材

2.1.6.2 技术指标

聚乙烯丙纶卷材、聚合物水泥防水胶粘材料的性能指标分别如表2.1.7、表2.1.8所示。

聚乙烯丙纶卷材性能指标 表2.1.7

项目		指标
断裂拉伸强度（N/cm）	纵向	≥60
	横向	≥60
胶断伸长率（%）	纵向	≥400
	横向	≥400

续表

项目		指标
不透水性（0.3MPa，30min）		无渗漏
低温弯折性（-20℃）		无裂纹
加热伸缩量（mm）	延伸	≤2
	收缩	≤4
撕裂强度（N）		≥20

聚合物水泥防水胶粘材料性能指标　　表2.1.8

项目		指标
与水泥基层的拉伸粘结强度（MPa）	常温28d	≥0.6
	耐水	≥0.4
	耐冻融	≥0.4
操作时间（h）		≥2
抗渗性能（MPa）	抗渗压力差（7d）	≥0.2
	抗渗压力（7d）	≥1.0
抗压强度（MPa，7d）		≥9
柔韧性（28d）	抗压强度/抗折强度	≤3
剪切状态下的粘合性（常温）（N·mm）	卷材与卷材	≥2.0
	卷材与基底	≥1.8

2.1.6.3 材料特性

1. 丙纶无纺布呈现无规则交叉结构形成立体网孔表面，故结合面积大，可直接用水泥胶粘贴在水泥建筑结构上，防水、防渗。

2. 水泥浆可直接进入卷材表面的网孔中，随水泥固化为一体，故粘结永久牢固，不易剥离。

3. 防水层表面可直接进行装饰、装修（如粘瓷砖、地板砖、马赛克、抹水泥浆等）。

4. 特别是地下防水工程，对找平层（基层）的含水率没有特殊要求，只要没有水即可施工。

2.1.6.4 适用范围

1. 各种建筑结构的屋面、墙体、卫生间、地下室。

2. 冷库、桥梁、水池、地下管道等工程的防水、防渗、防潮、隔气等。

3. 地下管道、高速公路、地下隧道、河道的防渗、防漏。

2.1.7 沥青防水卷材

沥青防水卷材是指以沥青材料、胎料和表面撒布防黏材料等制成的成卷材料，又称油毡，常用于张贴式防水层。沥青防水卷材指的是有胎卷材和无胎卷材。凡是用厚纸或玻璃丝布、石棉布、棉麻织品等胎料浸渍石油沥青制成的卷状材料，称为有胎卷材；将石棉、橡胶粉等掺入沥青材料中，经碾压制成的卷状材料称为辊压卷材即无胎卷材。

按制造方法不同，分为浸渍卷材（有胎的）及辊压卷材（无胎的）两种类型。前者是用原纸或玻璃布、织品等胎料浸渍并涂盖沥青，再在其表面撒上撒布材料（滑石粉、细砂、云母粉等）制成；后者是将石棉、橡胶粉等掺入沥青中，经辊压而成。

石油沥青玻璃布油毡、石油沥青玻璃纤维油毡、铝箔面油毡等，其柔韧性、耐久性等性能均优于纸胎油毡，可用于防水要求较高的工程或结构复杂的工程。

关于沥青防水卷材的更多信息可以扫描下方二维码了解。

2.2 防水涂料

建筑防水涂料是由合成高分子材料、沥青、聚合物改性沥青、无机材料等为主体，掺入适量助剂、改性材料、填充材料等加工制成的溶剂类、水溶型、水乳型或粉末型的防水材料。与防水卷材相比，防水涂料施工简单方便，适用于任何形状的基础，并形成致密无缝的涂膜。常用的防水涂料有：非固化橡胶沥青防水涂料、喷涂速凝橡胶沥青防水涂料、聚合物水泥（JS）防水涂料、聚合物水泥防水浆料、水泥基渗透结晶型防水材料、高渗透改性环氧防水涂料（KH-2）。

2.2.1 非固化橡胶沥青防水涂料

2.2.1.1 定义

非固化橡胶沥青防水涂料是以橡胶、沥青为主要组分，加入助剂混合制成的在使用年限内保持粘性膏状体的防水涂料（图2.2.1）。

图2.2.1 非固化橡胶沥青防水涂料

2.2.1.2 材料技术指标

非固化橡胶沥青防水涂料性能指标如表2.2.1所示。

非固化橡胶沥青防水涂料性能指标　　表2.2.1

<table>
<tr><th>序号</th><th colspan="2">项目</th><th>指标</th></tr>
<tr><td>1</td><td colspan="2">闪点（℃）</td><td>≥180</td></tr>
<tr><td>2</td><td colspan="2">固含量（%）</td><td>≥98</td></tr>
<tr><td rowspan="2">3</td><td rowspan="2">粘结性能</td><td>干燥基面</td><td rowspan="2">100%内聚破坏</td></tr>
<tr><td>潮湿基面</td></tr>
<tr><td>4</td><td colspan="2">延伸性（mm）</td><td>≥15</td></tr>
<tr><td>5</td><td colspan="2">低温柔性</td><td>-20℃，无断裂</td></tr>
<tr><td rowspan="2">6</td><td colspan="2" rowspan="2">耐热性（℃）</td><td>65</td></tr>
<tr><td>无滑动、流淌、滴落</td></tr>
<tr><td rowspan="2">7</td><td rowspan="2">热老化（70℃，168h）</td><td>延伸性（mm）</td><td>≥15</td></tr>
<tr><td>低温柔性</td><td>-15℃，无断裂</td></tr>
</table>

续表

序号	项目		指标
8	耐酸性（2%・H_2SO_4溶液）	外观	无变化
		延伸性（mm）	≥15
		质量变化（%）	±2.0
9	耐碱性［0.1% NaOH + 饱和$Ca(OH)_2$溶液］	外观	无变化
		延伸性（mm）	≥15
		质量变化（%）	±2.0
10	耐盐性（3%NaCl溶液）	外观	无变化
		延伸性（mm）	≥15
		质量变化（%）	±2.0
11	自愈性		无渗水
12	渗油性（张）		≤2
13	应力松弛（%）	无处理	≤35
		热老化（70℃，168h）	
14	抗窜水性（0.6MPa）		无窜水

2.2.1.3 材料特性

1. 永久非固化：产品施工后，一直保持弹塑性胶状体状态，在整个使用年限中，永久保持性能不变，不老化。

2. 神奇的自愈性：可自行修复外力作用下造成的破损。

3. 极强的蠕变性：与卷材复合使用，即使是满粘，也能达到空铺的效果。

4. 高低温施工无障碍：适应高温和低温施工，-20～40℃均可施工。防窜水性能卓越。与基层微观满粘，封堵毛细孔和细微裂缝，实现真正的皮肤式防水。

5. 粘结性能卓越：几乎与任何材料良好粘结，即使在无明水的潮湿基层，粘结力同样不受影响。

6. 出色的耐受性：与空气长期接触也不固化，性能不变。

7. 施工工法多样化：同样的材料，既可喷涂又可刮涂、注浆，融合性好。立面施工注意下垂。

8. 抗开裂性，不受基层变形，沉降等外力造成的开裂的影响。

9. 安全环保：无毒、无溶剂，施工无明火，安全环保。

10. 常规非固化橡胶沥青防水涂料用于立面施工时易流挂，不易起厚，与卷材复合后因重力、温度等因素易发生脱落、滑移等问题。

2.2.1.4 适用范围

1. 起伏较大、应力较大的基层和可预见发生和经常性发生变形的部位。特别是不能使用明火施工、机械施工和冷粘剂施工的工程。

2. 混凝土、彩钢等屋面，地下、水池及隧道等防水工程。

2.2.1.5 侧墙立面非固化橡胶沥青防水涂料与防水卷材不脱落保证措施

1. 车库立面侧墙与顶板部位，可以上翻至顶板20～30cm，预防卷材脱落。

2. 主楼与车库立面侧墙部位，高度大于8m又不具备上翻条件的，在卷材收口处采用专用金属压条横向单排固定，镀锌钢钉固定间距60cm，对钉子部分做非固化防水增强处理。收口部位采用BCS－231沥青基卷材密封膏密封。高度每增加4m加一排横向金属压条固定。

3. 车库顶板与主楼立面侧墙上返部位，高度大于2.5m又不具备上翻条件的，采用专用5cm直径金属压片固定，固定间距50cm，对中间钉子部分做非固化防水增强处理，卷材收口部位采用BCS－231沥青基卷材密封膏密封。

2.2.2 喷涂速凝橡胶沥青防水涂料

2.2.2.1 定义

喷涂速凝橡胶沥青防水涂料是一种采用特殊工艺，将超细、悬浮、微乳型的改性阴离子乳化沥青和合成高分子聚合物配制而成（A组分），再与特种固化剂（B组分）混合、反应后生成的一种性能优异的防水、防渗、防腐、防护涂料（图2.2.2）。

图2.2.2　喷涂速凝橡胶沥青防水涂料

2.2.2.2 材料技术指标

喷涂速凝橡胶沥青防水涂料性能指标如表2.2.2所示。

喷涂速凝橡胶沥青防水涂料性能指标　　表2.2.2

项目		指标
固体含量（%）　≥		55
耐热度（℃）		100±2
		无流淌、滑动、滴落
不透水性（0.30MPa，30min）		无渗水
粘结强度[a]（MPa）≥3	干燥基面	0.40
	潮湿基面	0.40
凝胶时间（s）　≤		10
实干时间（h）　≤		24
弹性恢复率（%）　≥		90
钉杆水密性		无渗水
吸水率（24h）（%）　≤		2
低温柔性[b]（℃）	标准条件	-20
	碱处理	-15
	酸处理	
	盆处理	
	热处理	
	紫外线处理	
拉伸强度（MPa）　≥	标准条件	1.00
断裂伸长率（%）　≥	标准条件	1000
	碱处理	800
	酸处理	
	盐处理	
	热处理	
	紫外线处理	

a 粘结基材可以根据供需双方要求采用其他基材。
b 供需双方可以商定更低温度的低温柔性指标。

2.2.2.3 材料特性

1. 对基层适应能力强，可用于钢筋混凝土、压型钢板、塑料以及各种砌体材料等基层材料上。

2. 喷涂表面处理简便，无特殊要求可以不做找平层，在潮湿度低于80%的情况下可以直接施工。

3. 施工过程中，可以连续作业，不含挥发性有机化合物，无毒无味，无废气排放，不污染环境，可以适用于密闭的空间中。

4. 涂层耐候、耐酸碱性、耐老化性能优越，无需面层保护层，可有效降低工程成本。

5. 使用寿命长达50年以上，在不低于5℃环境下均可使用，比较出色的抗剥离、抗穿刺能力。

6. 喷涂后，3～5s内即可成型，可以踩踏，且有超越15倍延展性和95%复原性及有效的隔声性能。

7. 多种施工方式（喷涂、涂刷等），灵活简便，可以满足排水口、女儿墙、阴阳角、开裂部位等各种环境的使用要求。

8. 超高伸长率，这样可以解决因为应力变形而出现的渗漏。因为采用喷涂速凝施工，所以可以很快形成一层膜，做到不窜水。

9. 抗穿刺性强，因为材料包括橡胶，有很好的延展性。

10. 耐化学性优异、耐温性好。

2.2.2.4 适用范围

1. 屋面防水。

2. 地下防水。

3. 阳台、卫生间、厨房防水。

2.2.3 聚合物水泥（JS）防水涂料

2.2.3.1 定义

聚合物水泥（JS）防水涂料是以丙烯酸酯、乙烯-乙酸乙烯酯等聚合物乳液和水泥为主要原料，加入填料及其他助剂配制而成，经水分挥发和水泥水化反应固化成膜的双组分水性防水涂料（图2.2.3）。

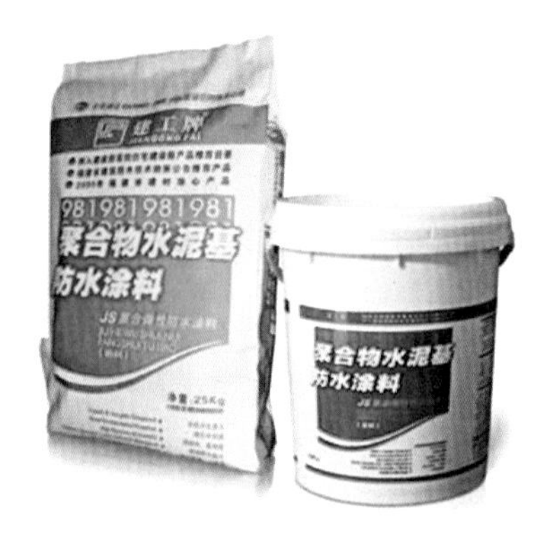

图2.2.3 聚合物水泥（JS）防水涂料

2.2.3.2 分类

聚合物水泥（JS）防水涂料的分类如图2.2.4所示。

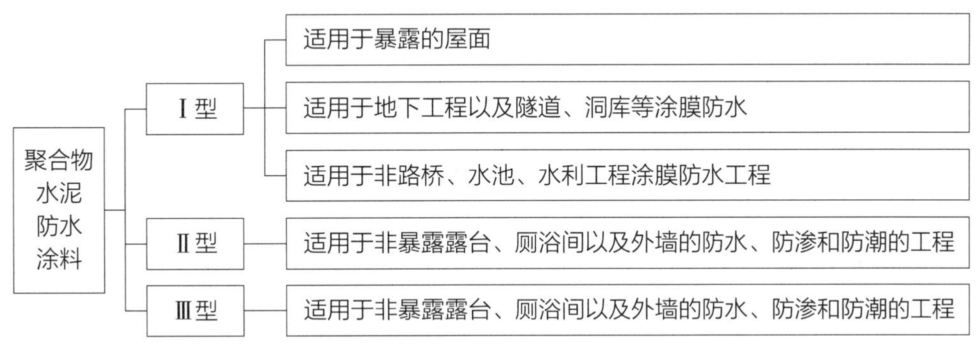

图2.2.4 聚合物水泥（JS）防水涂料的分类

2.2.3.3 材料技术指标

聚合物水泥（JS）防水涂料性能指标如表2.2.3所示。

聚合物水泥（JS）防水涂料性能指标 表2.2.3

序号	试验项目			指标		
				Ⅰ型	Ⅱ型	Ⅲ型
1	固体含量（%）		≥	70	70	70
2	拉伸强度	无处理（MPa）	≥	1.2	1.8	1.8
		加热处理后保持率（%）	≥	80	80	80
		碱处理后保持率（%）	≥	60	70	70
		浸水处理后保持率（%）	≥	60	70	70
		紫外线处理后保持率（%）	≥	80	—	—
3	断裂伸长率	无处理（%）	≥	200	80	30
		加热处理（%）	≥	150	65	20
		碱处理（%）	≥	150	65	20
		浸水处理（%）	≥	150	65	20
		紫外线处理（%）	≥	150	—	—
4	低温柔性（Φ10mm棒）			-10℃无裂纹	—	—
5	粘结强度	无处理（MPa）	≥	0.5	0.7	1.0
		潮湿基层（MPa）	≥	0.5	0.7	1.0
		碱处理（MPa）	≥	0.5	0.7	1.0
		浸水处理（MPa）	≥	0.5	0.7	1.0
6	不透水性（0.3MPa，30min）			不透水	不透水	不透水
7	抗渗性（砂浆背水面）（MPa）		≥	—	0.6	0.8

2.2.3.4 材料特性

1. 粘结力特强，耐高静水压，可做负面防水；涂层高强、高弹、可加颜色。

2. 刚柔结合可弥补2mm裂缝。

3. 涂膜防水、防霉、耐磨、耐老化，无需做保护层。

4. 抗根穿性好，可在潮湿或干燥的基面上施工。

5. 产品水性无毒无害，可用于饮用水工程；符合环保要求。

6. 施工安全、简单、工期短。

2.2.3.5 适用范围

1. 厨房、卫生间、中间防水层。

2. 地下室内外墙、底板。

3. 游泳池、污水池、水槽等。

4. 种植屋面防水。

5. 隧道涵洞、桥面路面。

2.2.4 聚合物水泥防水浆料

2.2.4.1 定义

聚合物水泥防水浆料是以水泥、细骨料为主要组分，聚合物和添加剂等为改性材料按适当配比混合而成的、具有一定柔性的防水浆料（图2.2.5）。

图2.2.5 聚合物水泥防水浆料

2.2.4.2 分类

聚合物水泥防水浆料的分类如图2.2.6所示。

2.2.4.3 材料技术指标

聚合物水泥防水浆料的性能指标如表2.2.4所示。

2.2.4.4 材料特性

1. 抗渗性极强的持续防水能力：可承受0.8MPa的水压，低温－35℃不开裂，高温100℃无变化。

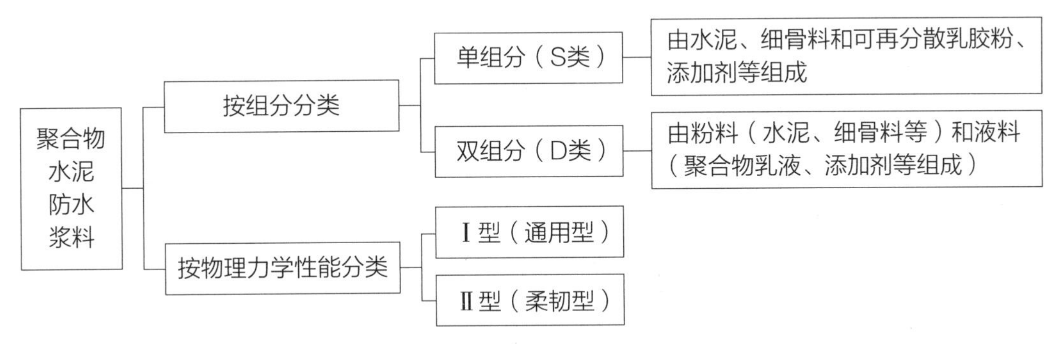

图2.2.6　聚合物水泥防水浆料的分类

聚合物水泥防水浆料的性能指标　　表2.2.4

序号	试验项目			指标	
				Ⅰ型	Ⅱ型
1	干燥时间[a]（h）	表干时间	≤	4	
		实干时间	≤	8	
2	抗渗压力（MPa）		≥	0.5	0.6
3	不透水性（0.3MPa，30min）			—	不透水
4	柔韧性	横向变形能力（mm）	≥	2.0	—
		弯折性		—	无裂纹
5	粘结强度（MPa）	无处理	≥	0.7	
		潮湿基层	≥	0.7	
		碱处理	≥	0.7	
		浸水处理	≥	0.7	
6	抗压强度（MPa）		≥	12.0	—
7	抗折强度（MPa）		≥	4.0	—
8	耐碱性			无开裂、剥落	
9	耐热性			无开裂、剥落	
10	抗冻性			无开裂、剥落	
11	收缩率（%）		≤	0.3	—

a 干燥时间项目可根据用户需要及季节变化进行调整。

2. 耐久性：具有很强的耐水性、耐候性、耐酸、耐碱、耐腐蚀等性能。

3. 施工性：施工简单，可采用批刮、滚涂、刷涂的方式，特别复杂的形状也能形成完整、无缝致密、稳定的柔性防水层，在潮湿基面上，迎水面、背水面均可施工，节约成本。

4. 安全性：绿色无毒无害，无环境污染，适用范围没有限制，透气不透水，不会因有可燃、助燃气体挥发而引起火灾。

2.2.4.5 适用范围

1. 水泥砂浆、混凝土、加气块、纤维水泥板、纸面石膏板等基层。
2. 室内装饰工程的厨房、卫浴间、阳台等墙、地面的防水处理。
3. 木地板、墙面木饰面等基层防潮处理。
4. 潮湿基层上施工（表面不能有明水）。

2.2.5 水泥基渗透结晶型防水材料

2.2.5.1 定义

水泥基渗透结晶型防水材料是以硅酸盐水泥、石英砂为基料，掺入活性化学物质制成的一种刚性防水材料。其与水作用后，材料中含有的活性化学物质以水为载体在混凝土中渗透，与水泥水化产物生成不溶于水的针状结晶体，填塞毛细孔道和微细缝隙，从而提高混凝土致密性与防水性。水泥基渗透结晶型防水材料按使用方法分为水泥基渗透结晶型防水涂料和水泥基渗透结晶型防水剂（图2.2.7）。

图2.2.7　水泥基渗透结晶型防水涂料

2.2.5.2 分类

水泥基渗透结晶型防水材料分类如图2.2.8所示。

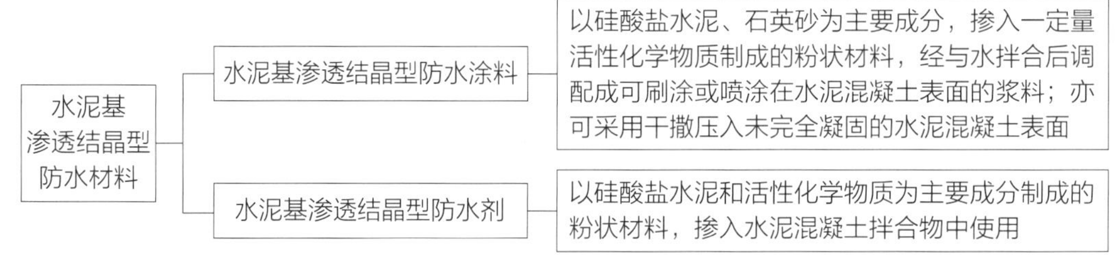

图2.2.8　水泥基渗透结晶防水材料的分类

2.2.5.3 材料技术指标

水泥基渗透结晶型防水涂料、水泥基渗透结晶型防水剂的性能指标分别如表2.2.5、表2.2.6所示。

水泥基渗透结晶型防水涂料性能指标　　表2.2.5

<table>
<tr><th>序号</th><th colspan="3">试验项目</th><th>指标</th></tr>
<tr><td>1</td><td colspan="3">外观</td><td>均匀、无结块</td></tr>
<tr><td>2</td><td colspan="2">含水率（%）</td><td>≤</td><td>1.5</td></tr>
<tr><td>3</td><td colspan="2">细度（%，0.63mm筛余）</td><td>≤</td><td>5</td></tr>
<tr><td>4</td><td colspan="2">氯离子含量（%）</td><td>≤</td><td>0.10</td></tr>
<tr><td rowspan="2">5</td><td rowspan="2">施工性</td><td colspan="2">加水搅拌后</td><td>刮涂无障碍</td></tr>
<tr><td colspan="2">20min</td><td>刮涂无障碍</td></tr>
<tr><td>6</td><td colspan="2">抗折强度（MPa，28d ）</td><td>≥</td><td>2.8</td></tr>
<tr><td>7</td><td colspan="2">抗压强度（MPa，28d）</td><td>≥</td><td>15.0</td></tr>
<tr><td>8</td><td colspan="2">湿基面粘结强度（MPa，28d）</td><td>≥</td><td>1.0</td></tr>
<tr><td rowspan="4">9</td><td rowspan="4">砂浆抗渗性能</td><td colspan="2">带涂层砂浆的抗渗压力[a]（MPa，28d）</td><td>报告实测值</td></tr>
<tr><td>抗渗压力比（带涂层）（%，28d）</td><td>≥</td><td>250</td></tr>
<tr><td colspan="2">去除涂层砂浆的抗渗压力[a]（MPa，28d）</td><td>报告实测值</td></tr>
<tr><td>抗渗压力比（去除涂层）（%，28d）</td><td>≥</td><td>175</td></tr>
<tr><td rowspan="5">10</td><td rowspan="5">混凝土抗渗性能</td><td colspan="2">带涂层混凝土的抗渗压力[a]（MPa，28d）</td><td>报告实测值</td></tr>
<tr><td>抗渗压力比（带涂层）（%，28d）</td><td>≥</td><td>250</td></tr>
<tr><td colspan="2">去除涂层混凝土的抗渗压力[a]（MPa，28d）</td><td>报告实测值</td></tr>
<tr><td>抗渗压力比（去除涂层）（%，28d）</td><td>≥</td><td>175</td></tr>
<tr><td>带涂层混凝土的第二次抗渗压力（MPa，56d）</td><td>≥</td><td>0.8</td></tr>
</table>

a 基准砂浆和基准混凝土28d抗渗压力应为0.4（+0.0、−0.1）MPa，并在产品质量检验报告中列出。

水泥基渗透结晶型防水剂性能指标　　表2.2.6

序号	试验项目		指标
1	外观		均匀、无结块
2	含水率（%）	≤	1.5
3	细度（%，0.63mm筛余）	≤	5
4	氯离子含量（%）	≤	0.10
5	总碱量（%）		报告实测值
6	减水率（%）	≤	8
7	含气量（%）	≤	3.0

续表

序号	试验项目			指标
8	凝结时间差	初凝（min）	>	90
		终凝（h）		—
9	抗压强度比（%）	7d	≥	100
		28d	≥	100
10	收缩率比（%，28d）		≤	125
11	混凝土抗渗性能	掺防水剂混凝土的抗渗压力（MPa，28d）		报告实测值
		抗渗压力比（%，28d）	≥	200
		掺防水剂混凝土的第二次抗渗压力（MPa，56d）		报告实测值
		第二次抗渗压力比（%，56d）	≥	150

a 基准混凝土28d抗渗压力应为0.4（+0.0、−0.1）MPa，并在产品质量检验报告中列出。

2.2.5.4 材料特性

1. 水泥基渗透结晶型防水涂料与混凝土结合后，可向混凝土内部渗透，在混凝土中形成不溶于水的结晶体，填塞毛细孔道，从而使混凝土致密、防水。水泥基渗透结晶型防水涂料处理过的混凝土多年后遇水，材料中的活性物质还能重新激活，混凝土中未完全水化的成分再产生结晶，封闭后期形成的裂缝。

2. 属无机物，不易老化，膨胀系数与混凝土基本一致，防水年限基本与结构的寿命相同，并可增强混凝土的耐久性，延缓混凝土的碳化过程，防止钢筋锈蚀。

3. 施工工艺简便，施工时无明火作业，无毒，无刺激性气味。

4. 承受1.5~1.9MPa的强水压。

5. 施工操作简便，既可作用在迎水面，也可作用于背水面；能在潮湿的基面上施工，也可在涂层表面做别的涂层。混凝土结构表面上不需要找平层，施工后也不需做保护层，用于地下室外墙施工完毕7d后便可回填，不会对防水涂层造成破坏。

2.2.5.5 适用范围

1. 地下工程、水利工程的刚性防水，如建筑物地下室、隧道、游泳池、水坝等。

2. 迎水面，背水面。

2.2.6 高渗透改性环氧防水涂料（KH－2）

2.2.6.1 定义

高渗透改性环氧防水涂料（KH－2）是一种新型防水材料，其特点是具有优异的渗透性和固结性，能渗入混凝土、木材结构内固结，达到防水并加固双重效果。主剂为改性环氧。由于使稀释剂活化并参加主体材料的固化反应，不仅大大减少了固结体的收缩性，而且进一步提高了固结体的力学强度和耐老化、耐腐蚀性能（图2.2.9）。

图2.2.9　高渗透改性环氧防水涂料（KH－2）

2.2.6.2 材料技术指标

高渗透改性环氧防水涂料性能指标如表2.2.7所示。

高渗透改性环氧防水涂料性能指标　　表2.2.7

项目		指标
固体含量（%）		≥40
渗透性（mm）		≥2.00
初始黏度（Pa·s）		≤100
干燥时间（h）	表干时间	≤12
	实干时间	≤48
可操作时间（30min）		合格
柔韧性		涂层无开裂
粘结强度（MPa）	干燥基面	≥3.0
	潮湿基面	≥2.5
	浸水处理	≥2.5
	热处理	≥2.5
涂层抗渗压力（MPa）		≥1.0
耐化学介质	耐酸性	涂层无开裂、起皮、剥落
	耐碱性	涂层无开裂、起皮、剥落
	耐盐性	涂层无开裂、起皮、剥落
抗冲击性（落球法）（500g，500mm）		涂层无开裂、剥落

2.2.6.3 材料特性

高渗透改性环氧防水涂料（KH－2）的特性如图2.2.10所示。

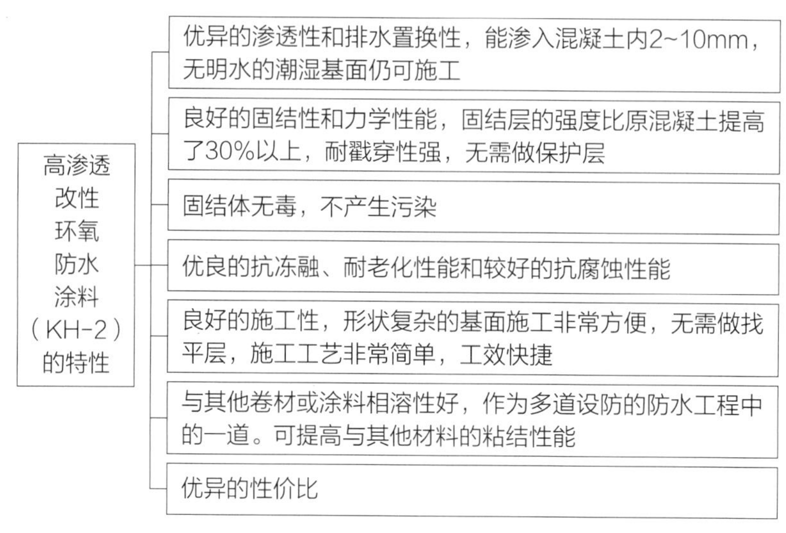

图2.2.10　高渗透改性环氧防水涂料（KH-2）的特性

2.2.6.4 适用范围

1. 屋面和地下室等混凝土的防水或补强，厨房、卫生间的防水。
2. PVC管与楼板间连接部位的防渗。
3. 桥梁桥面防水、防腐蚀。
4. 地下工程地面与墙体及桩头的防水兼防腐蚀。
5. 地铁工程大开挖地段结构及车站顶板与侧墙的防水兼防腐蚀。
6. 过江隧道大沉管的外防水兼防腐蚀。
7. 混凝土保护剂等。

2.2.7 聚氨酯防水涂料

2.2.7.1 定义

聚氨酯防水涂料是由异氰酸酯、聚醚等经加成聚合反应而成的含异氰酸酯基的预聚体，配以催化剂、无水助剂、无水填充剂、溶剂等，经混合等工序加工制成的单组分聚氨酯防水涂料。该类涂料为反应固化型（湿气固化）涂料，具有强度高、延伸率大、耐水性能好等特点。对基层变形的适应能力强（图2.2.11）。

2.2.7.2 分类

聚氨酯防水涂料的分类如图2.2.12所示。

图2.2.11　聚氨酯防水涂料

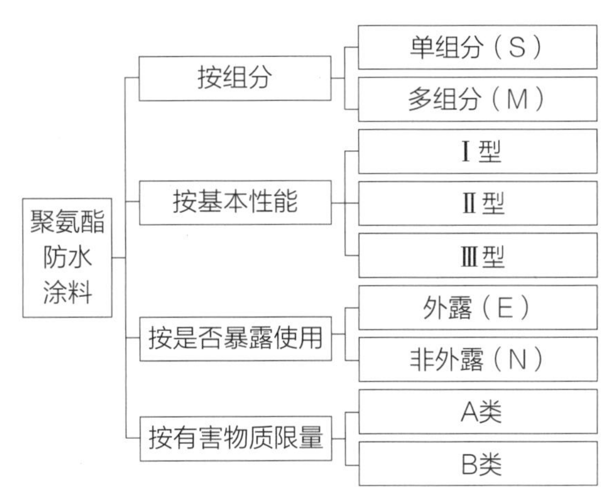

图2.2.12　聚氨酯防水涂料的分类

2.2.7.3 材料技术指标

聚氨酯防水涂料性能指标如表2.2.8所示。

聚氨酯防水涂料性能指标　　表2.2.8

序号	项目			指标		
				Ⅰ	Ⅱ	Ⅲ
1	固体含（%）	单组分	≥	85.0		
		多组分	≥	92.0		
2	表干时间（h）		≤	12		
3	实干时间（h）		≤	24		
4	流平性[a]（20min）			无明显齿痕		
5	拉伸强度（MPa）		≥	2.00	6.00	12
6	断裂伸长率（%）		≥	500	450	250
7	撕裂强度（N/mm）		≥	15	30	40
8	低温弯折性（-35℃）			无裂纹		
9	不透水性（0.3MPa，120min）			不透水		
10	加热伸缩率（%）			-4.0～+1.0		
11	粘结强度（MPa）		≥	1.0		
12	吸水率（%）		≤	5.0		
13	定伸时老化	加热老化		无裂纹及变形		
		人工气候老化[b]		无裂纹及变形		

续表

序号	项目		指标		
			Ⅰ	Ⅱ	Ⅲ
14	热处理（80℃，168h）	拉伸强度保持率（%）	80~150		
		断裂伸长率（%） ≥	450	400	200
		低温弯折性（-30℃）	无裂纹		
15	碱处理［0.1% NaOH+饱和Ca（OH）$_2$溶液，168h］	拉伸强度保持率（%）	80~150		
		断裂伸长率（%） ≥	450	400	200
		低温弯折性（-30℃）	无裂纹		
16	酸处理（2% H_2SO_4，溶液，168h）	拉伸强度保持率（%）	80~150		
		断裂伸长率（%） ≥	450	400	200
		低温弯折性（-30℃）	无裂纹		
17	人工气候老化[b]（1000h）	拉伸强度保持率（%）	80~150		
		断裂伸长率（%） ≥	450	400	200
		低温弯折性（-30℃）	无裂纹		
18	燃烧性能[b]（点火15s，燃烧20s，F_s≤150mm无燃烧滴落物引燃滤纸）	B_2-E			

a 该项性能不适用于单组分和喷涂施工的产品。流平时间也可根据工程要求和施工环境由供需双方商定，并在供货合同和产品包装上明示。
b 仅外露产品要求测定。

2.2.7.4 材料特性

1. 能在潮湿或干燥的各种基面上直接施工。

2. 与基面粘结力强，涂膜中的高分子物质能渗入基面微细裂缝内，追随性强。

3. 涂膜有良好的柔韧性，对基层伸缩或开裂的适应性强，抗拉性强度高。

4. 绿色环保，无毒无味，无污染环境，对人身无伤害。

5. 耐候性好，高温不流淌，低温不龟裂，优异的抗老化性能，能耐油、耐磨、耐臭氧、耐酸碱侵蚀。

6. 涂膜密实，防水层完整，无裂缝，无针孔，无气泡，水蒸气渗透系数小，既具有防水功能，又具有隔气功能。

7. 施工简便，工期短，维修方便。

8. 根据需要，可调配各种颜色。

9. 质量轻，不增加建筑物负载。

2.2.7.5 适用范围

适用于屋面和厕浴间、地下室、蓄水池、墙面的防水、防渗、防潮。

2.3 防水混凝土

常用防水混凝土分为普通防水混凝土、外加剂防水混凝土、水泥基渗透结晶型掺合剂防水混凝土、补偿防水混凝土、纤维防水混凝土、自密实高性能防水混凝土、聚合物水泥混凝土七类。

2.3.1 普通防水混凝土

2.3.1.1 定义

普通防水混凝土所用原材料与普通混凝土基本相同，但两者的配制原则不同。普通防水混凝土主要借助于采用较小的水灰比（不大于0.6），适当提高水泥用量（不小于320kg/m^3）、砂率（35%~40%）及灰砂比（1：2.5~1：2），控制石子最大粒径，加强养护等方法，以抑制或减小混凝土孔隙率，改变孔隙特征，提高砂浆及其与粗骨料界面之间的密实性和抗渗性（图2.3.1）。

图2.3.1　普通防水混凝土

2.3.1.2 分类

普通防水混凝土按配制方法分类如图2.3.2所示。

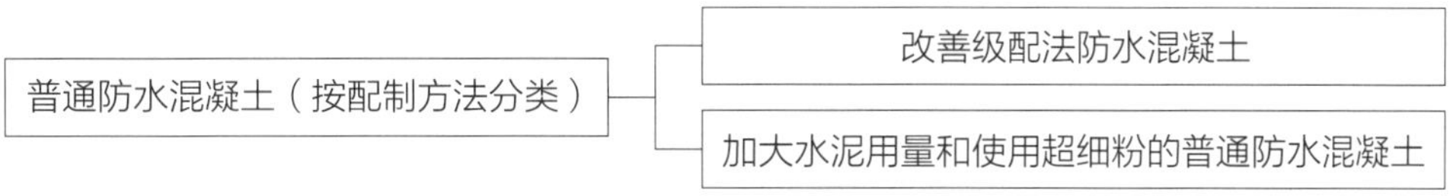

- 普通防水混凝土（按配制方法分类）
  - 改善级配法防水混凝土
  - 加大水泥用量和使用超细粉的普通防水混凝土

图2.3.2　普通防水混凝土按配制方法的分类

2.3.1.3 技术指标

防水混凝土为在0.6MPa及以上水压下不透水的混凝土，常用抗渗等级为P6、P8、P10、P12、大于P12五个等级。

2.3.1.4 材料特性

防水混凝土具有防水可靠、耐久性好、成本低、简化施工、缩短工期及修补较易等优点。

2.3.1.5 适用范围

一般工业、民用、公共建筑地下防水工程。

2.3.2 外加剂防水混凝土

2.3.2.1 定义

外加剂防水混凝土，在混凝土拌合物中加入微量有机物（引气剂、减水剂、三乙醇胺等）或无机盐（如无机铝盐等），以改善混凝土的和易性，提高混凝土的耐冻融性、密实性和抗渗性，适用于泵送混凝土及薄壁防水结构（图2.3.3）。

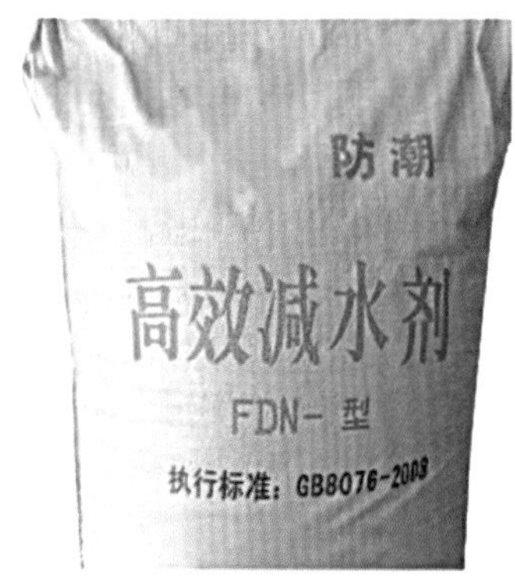

图2.3.3 混凝土外加剂

2.3.2.2 分类

外加剂防水混凝土的分类如图2.3.4所示。

2.3.2.3 技术指标

常用抗渗等级为P6、P8、P10、P12、大于P12五个等级。严格控制混凝土外加剂中的碱含量，避免碱含量过大发生碱骨料反应。

2.3.2.4 材料特性

1. 加引气剂防水混凝土：通过加入有憎水作用的引气剂，大大降低混凝土拌合水的表面张力，在混凝土搅拌时产生微量、均匀的气泡，改善拌合物和易性，减少沉降泌水及分层离析。由于微小气泡的阻隔作用，减少了渗水通道，从而提高混凝土的密实性和抗渗性。

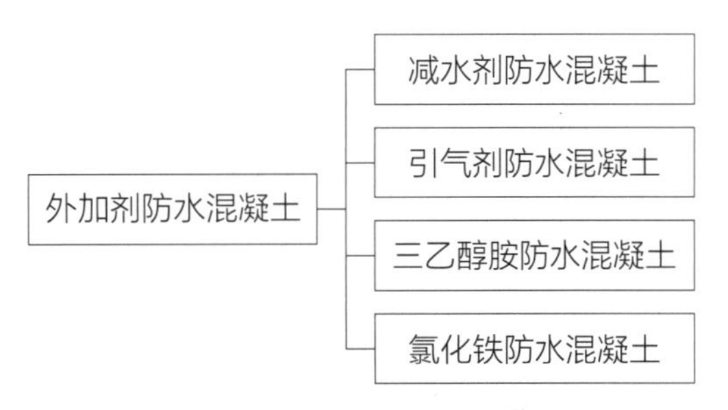

图2.3.4　外加剂防水混凝土的分类

2. 加三乙醇胺防水混凝土：三乙醇胺的催化作用加速了水泥水化，相应减少了游离水分蒸发遗留的毛细孔，使三乙醇胺混凝土结构密实，抗渗性好。

3. 加减水剂防水混凝土：减水剂对水泥具有强烈的分散作用，可大大降低水泥颗粒之间的吸引力，防止水泥颗粒间出现凝絮作用，并释放出凝絮体中的水，相当于减少混凝土拌合用水量，提高混凝土的和易性、坍落度，满足特殊施工的要求。减水剂防水混凝土硬化后的孔径和总孔隙率会显著减小，混凝土的密实性、抗渗性得到提高。

2.3.2.5 适用范围

1. 掺加引气剂防水混凝土适用于北方高寒地区，抗冻性要求较高的防水工程及一般防水工程，不适用于抗压强度大于20MPa或耐磨性较高的防水工程。

2. 掺加三乙醇胺防水混凝土适用于工期紧迫、要求早强及抗渗性较高的防水工程及一般的地下防水工程，如地下室、泵房、电缆沟、设备基础和蓄水池等。

3. 掺加减水剂防水混凝土适用于钢筋密集或捣固困难的薄壁型防水构筑物，也适用于对混凝土凝结时间（促凝或缓凝）和流动性有特殊要求的防水混凝土工程（如泵送混凝土工程）。

2.3.3 膨胀混凝土

2.3.3.1 定义

在混凝土拌合物中掺入一定量的膨胀剂（图2.3.5），使混凝土在水化过程中产生一定的体积膨胀，以弥补混凝土的收缩，使混凝土具有抗裂、抗渗的性能。

图2.3.5 混凝土膨胀剂

膨胀混凝土分补偿收缩混凝土和自应力混凝土两大类。前者指在有约束条件下，由于膨胀水泥或膨胀剂的作用能产生0.2~0.7MPa自应力的混凝土；自应力混凝土是指在约束的条件下，由于膨胀水泥或膨胀剂作用能产生2.0~8.0MPa自应力的混凝土。

2.3.3.2 分类

膨胀混凝土分为补偿收缩混凝土和自应力混凝土，如图2.3.6所示。

膨胀混凝土
- 补偿收缩混凝土
- 自应力混凝土

图2.3.6 膨胀混凝土的分类

2.3.3.3 技术指标

膨胀混凝土外加剂膨胀剂（碱含量不应大于0.75%）性能指标应满足表2.3.1要求。

膨胀混凝土外加剂膨胀剂性能指标 表2.3.1

项目			指标值	
			Ⅰ型	Ⅱ型
细度	比表面积（m^2/kg）	≥	200	
	1.18mm筛筛余（%）	≤	0.5	
凝结时间	初凝（min）	≥	45	
	终凝（min）	≤	600	
限制膨胀率（%）	水中7d	≥	0.035	0.050
	空气中21d	≥	-0.015	-0.010
抗压强度（MPa）	7d	≥	22.5	
	28d	≥	42.5	

2.3.3.4 材料特性

膨胀剂防水混凝土是以水泥为基材，通过不同膨胀剂掺量，可配制成不同膨胀剂等级的膨胀混凝土，如补偿收缩混凝土、填充性膨胀混凝土及自应力混凝土。混凝土中掺入膨胀剂可以补偿水泥固化时的收缩，减少混凝土的开裂和渗漏。

2.3.3.5 适用范围

1. 膨胀剂防水混凝土适用屋面及地下防水、堵漏、基础后浇带、混凝土构件补强、钢筋混凝土及预应力钢筋混凝土。

2. 自应力混凝土适用于设备底座二次灌浆、地脚螺栓固定、梁柱接头及防水堵漏等。

2.3.4 纤维混凝土

2.3.4.1 定义

纤维混凝土（图2.3.7）是纤维和水泥基料（水泥石、砂浆或混凝土）组成的复合材料的统称。

图2.3.7　纤维混凝土

2.3.4.2 分类

纤维混凝土的分类如图2.3.8所示。

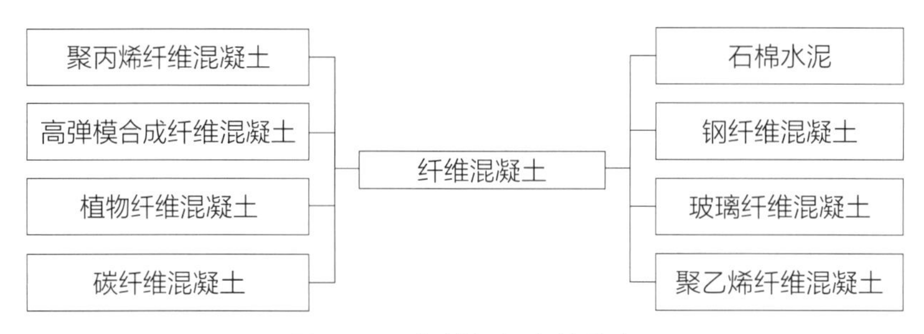

图2.3.8　纤维混凝土的分类

2.3.4.3 技术指标

合成纤维混凝土的强度等级不应小于C20，钢纤维混凝土的强度等级应采用CF表示，并不应小于CF25，喷射钢纤维混凝土的强度等级不宜小于CF30，除应满足强度及抗渗等级外，其掺加纤维亦应满足表2.3.2、表2.3.3的性能要求。

钢纤维抗拉强度等级　　表2.3.2

钢纤维抗拉强度等级	抗拉强度（MPa）	
	平均值	最小值
380级	$600>R\geqslant 380$	342
600级	$1000>R\geqslant 600$	540
1000级	$R\geqslant 1000$	900

合成纤维性能参数　　表2.3.3

项目	防裂抗裂纤维	增韧纤维
抗拉强度（MPa）	≥270	≥450
初始模量（MPa）	$\geqslant 3.0\times 10^3$	$\geqslant 5.0\times 10^3$
断裂伸长率（%）	≤40	≤30
耐碱性能（%）	≥95.0	

2.3.4.4 材料特性

1. 钢纤维混凝土具有抗裂、抗冲击性能强，耐磨强度高，与水泥亲和性好，可增加构件强度，延长使用寿命等特点。

2. 合成纤维混凝土具有韧性高，抗冲击性能好，可塑性好等特点。

2.3.4.5 适用范围

1. 广泛应用于高层、大跨度的建筑工程和建筑中常用混凝土预制构件、预制管道。

2. 桥梁与隧道工程、道路工程。

3. 荷载较大的仓库地面、机场、贮水池等结构。

2.4 防水砂浆

常用的防水砂浆有外加剂水泥防水砂浆、聚合物水泥防水砂浆、高分子益胶泥三类。

2.4.1 外加剂水泥防水砂浆

2.4.1.1 定义

在施工现场，通过掺加一定量的外加剂使水泥砂浆具有一定的抗渗性能。其作用机理通常是通过提高水泥砂浆的密实度或阻断硬化水泥砂浆中的毛细孔道，使水泥砂浆的不透水性得以提高，从而达到防水的目的。

2.4.1.2 分类

外加剂水泥防水砂浆的分类如图2.4.1所示。

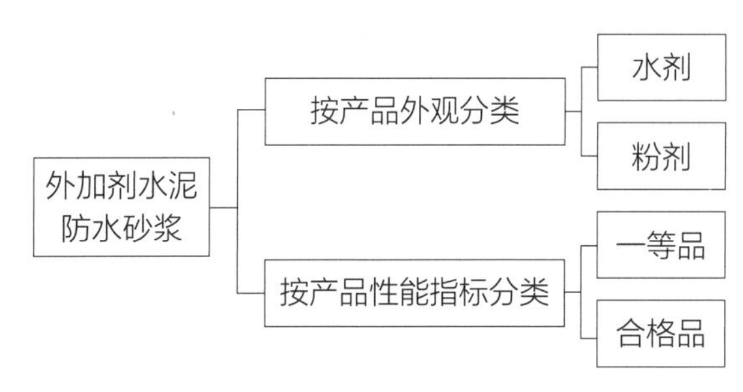

图2.4.1　外加剂水泥防水砂浆的分类

2.4.1.3 材料技术指标

外加剂防水砂浆主要性能指标应满足表2.4.1的要求。

2.4.1.4 材料特性

防水外加剂配制的防水砂浆价格较为低廉，耐久性好，但其抗渗性能逊于由高分子聚合物配制的防水砂浆。

2.4.1.5 适用范围

多用于水压较低部位的防水设防或多道防水设防中的一道防水。

外加剂防水砂浆主要性能指标 表2.4.1

参数名称		指标	
		一等品	合格品
抗压强度比	7d	≥100	≥85
	28d	≥90	≥80
透水压力比（%）		≥300	≥200
吸水量比（%，48h）		≤65	≤75
收缩率比（%，28d）		≤125	≤135
对钢筋锈蚀作用		应说明对钢筋有无腐蚀作用	应说明对钢筋有无腐蚀作用

2.4.2 聚合物水泥防水砂浆

2.4.2.1 定义

聚合物水泥防水砂浆是以水泥细骨料为主要组分，以聚合物乳液或可再分散乳胶粉为改性剂，添加适量助剂混合制成的防水砂浆。

2.4.2.2 分类

聚合物水泥防水砂浆的分类如图2.4.2所示。

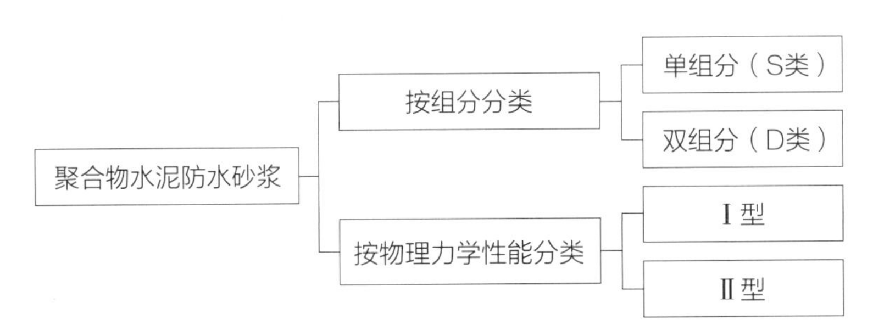

图2.4.2 聚合物水泥防水砂浆的分类

2.4.2.3 材料技术指标

聚合物水泥防水砂浆主要性能指标应满足表2.4.2的要求。

2.4.2.4 材料特性

聚合物水泥防水砂浆具有较好的抗渗性能，可采用薄层抹灰施工，同时该产品还具有一定的柔性和较好的粘结、防裂性能。由于采用水性聚合物胶乳作为改性成分，无有机溶剂挥发，对环境无污染。

聚合物水泥防水砂浆性能指标 表2.4.2

<table>
<tr><th rowspan="2">序号</th><th colspan="4" rowspan="2">项目</th><th colspan="2">指标</th></tr>
<tr><th>I型</th><th>II型</th></tr>
<tr><td rowspan="2">1</td><td rowspan="2">凝结时间[a]</td><td colspan="2">初凝（min）</td><td>≥</td><td colspan="2">45</td></tr>
<tr><td colspan="2">终凝（h）</td><td>≤</td><td colspan="2">24</td></tr>
<tr><td rowspan="2">2</td><td rowspan="2">抗渗压力[b]（MPa）</td><td>涂层试件</td><td>≥</td><td>7d</td><td>0.4</td><td>0.5</td></tr>
<tr><td>砂浆试件</td><td>≥</td><td>7d</td><td>0.8</td><td>1.0</td></tr>
<tr><td>3</td><td colspan="3">抗压强度（MPa）</td><td>≥</td><td>18.0</td><td>24.0</td></tr>
<tr><td>4</td><td colspan="3">抗折强度（MPa）</td><td>≥</td><td>6.0</td><td>8.0</td></tr>
<tr><td>5</td><td colspan="3">柔倾性（横向变形能力）（mm）</td><td>≥</td><td colspan="2">1.0</td></tr>
<tr><td rowspan="2">6</td><td colspan="2" rowspan="2">粘结强度（MPa）</td><td rowspan="2">≥</td><td>7d</td><td>0.8</td><td>1.0</td></tr>
<tr><td>28d</td><td>1.0</td><td>1.2</td></tr>
<tr><td>7</td><td colspan="4">耐碱性</td><td colspan="2">无开裂、剥落</td></tr>
<tr><td>8</td><td colspan="4">耐热性</td><td colspan="2">无开裂、剥落</td></tr>
<tr><td>9</td><td colspan="4">抗冻性</td><td colspan="2">无开裂、剥落</td></tr>
<tr><td>10</td><td colspan="3">收缩率（%）</td><td>≤</td><td>0.30</td><td>0.15</td></tr>
<tr><td>11</td><td colspan="3">吸水率（%）</td><td>≤</td><td>6.0</td><td>4.0</td></tr>
</table>

a 凝结时间可根据用户需要及季节变化进行调整。
b 当产品使用的厚度不大于5mm时测定涂层试件抗渗压力；当产品使用的厚度大于5mm时测定砂浆试件抗渗压力，亦可根据产品用途，选择测定涂层或砂浆试件的抗渗压力。

2.4.2.5 适用范围

聚合物水泥防水砂浆适用于新旧砖、石、混凝土结构的地面、墙面、厨房、厕浴间、地下室、蓄水池、游泳池、水塔、粮库贮仓、洞库、隧道、地铁、堤坝等防水、防渗工程。

2.4.3 益胶泥

2.4.3.1 定义

益胶泥是以硅酸盐水泥或普通硅酸盐水泥、掺合料、细砂为基料，加入高分子改性添加剂或其他添加剂，经工厂化生产方式制成的具有抗渗性能和粘结性能的匀质、干粉状、水硬性、可薄涂层应用的防水粘结材料（图2.4.3）。

2.4.3.2 分类

益胶泥按应用范围分类如图2.4.4所示。

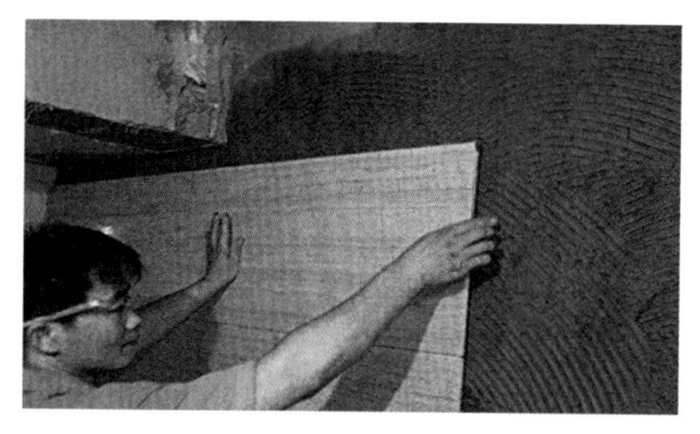

图2.4.3 益胶泥

图2.4.4 益胶泥按应用范围分类

2.4.3.3 材料技术指标

益胶泥性能指标应满足表2.4.3的要求。

益胶泥性能指标　　表2.4.3

项目		指标	
		T型	S型
凝结时间	初凝（min）	≥180	
	终凝（min）	≤780	
抗折强度（MPa，7d）		≥3.0	
抗压强度（MPa，7d）		≥9.0	
涂层抗渗压力（MPa，7d）		≥1.0	
拉伸粘结强度[a]（MPa）		≥0.5	≥1.0
拉伸粘结强度（MPa）	浸水后	≥0.5	≥1.0
	热老化后	≥0.5	≥1.0
	晾置20min后	≥0.5	≥1.0
耐碱性		无开裂、剥落	

a 该项目T型和S型试验方法不同。

2.4.3.4 材料特性

益胶泥粘结力大、抗渗性好、耐水、耐裂；施工适应性好，能在立面和潮湿基面上进行操作，可用作工业和民用建筑防水层、界面剂，亦用作防潮抗裂层及粘结层，也可用于外墙外保温防渗抗裂层，还可用于瓷砖、锦砖、大理石等石板材的粘贴；涂层薄、用量少、工艺简单快速，防水、粘贴只需一道工序；工程造价低、施工质量好，既节约成本又缩短工期。益胶泥同时具备防水、粘贴、堵漏的性能。

2.4.3.5 使用范围

1. T型主要用于工业和民用建筑中工程防水以及有防水抗渗要求的陶瓷砖粘贴。

2. S型主要用于工业和民用建筑中工程防水以及有防水抗渗要求的饰面石板材粘贴。

2.5 密封材料

常用的密封材料有聚硫防水密封胶、聚氨酯防水密封胶、丙烯酸酯防水密封胶、硅橡胶防水密封胶、丁基防水密封胶等。

2.5.1 聚硫防水密封胶

2.5.1.1 定义

聚硫防水密封胶（图2.5.1）在使用过程中一次固化成型，无收缩变形现象，抗渗漏的性能稳定。

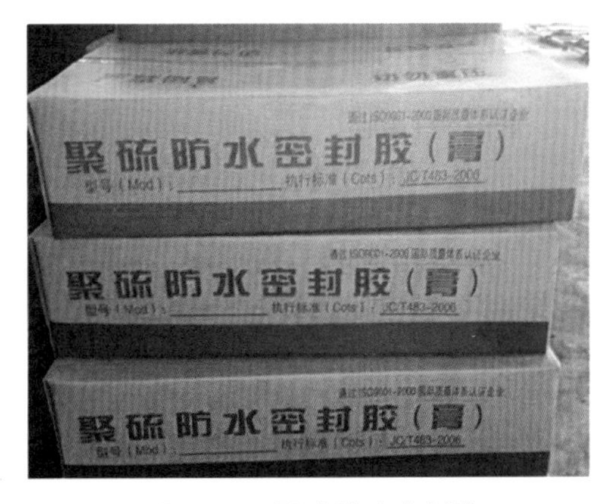

图2.5.1　聚硫防水密封胶

2.5.1.2 分类

聚硫防水密封胶按流动性的分类如图2.5.2所示。

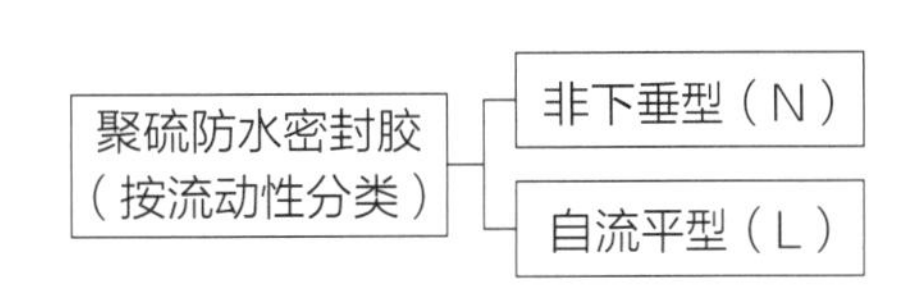

图2.5.2　聚硫防水密封胶按流动性的分类

2.5.1.3 技术指标

聚硫防水密封胶性能指标应满足表2.5.1的要求。

2.5.1.4 材料特性

1. 聚硫防水密封胶对水泥、钢铁、玻璃、木材、石材等都有较好的粘结性。一般建筑及水利工程上宜使用低模量、高伸长的密封胶，其粘结强度≥0.2MPa，聚硫防水密封胶对海水、自来水、蒸馏水的作用是稳定的。

2. 聚硫防水密封胶耐酸、碱性能：密封胶不耐浓酸、碱，但对稀的酸、碱及各种盐类还是稳定的。聚硫防水密封胶热老化性能很好。

聚硫防水密封胶性能指标 表2.5.1

序号	项目		指标		
			20HM	25LM	20LM
1	密度（g/cm^3）		规定值±0.1		
2	流动性	下垂度（N型）（mm）	≤3		
		流平性（L型）	光滑平整		
3	表干时间（h）		≤24		
4	适用期（h）		≥2		
5	弹性恢复率（%）		≥70		
6	拉伸模量（MPa）		>0.4（23℃时）或 >0.6（-20℃时）	≤0.4（23℃时）且 ≤0.6（-20℃时）	
7	定伸粘结性		无破坏		
8	浸水后定伸粘结性		无破坏		
9	冷拉-热压后粘结性		无破坏		
10	质量损失率（%）		≤5		

注：适用期允许采用供需双方商定的其他指标值。

2.5.1.5 适用范围

1. 聚硫防水密封胶适用于混凝土幕墙接缝、地下工程（如洞涵）、水库、蓄水池等构筑物的防水密封。

2. 公路路面、飞机跑道等伸缩缝的伸缩密封、建筑物裂缝的修补恢复密封。

3. 适用于水厂净配水池接缝、滤池滤板间密封、大型污水处理厂的污水池伸缩缝密封等各种贮液构筑物变形缝的防水密封。

2.5.2 聚氨酯防水密封胶

2.5.2.1 定义

聚氨酯防水密封胶是以聚氨酯橡胶及聚氨酯预聚体为主要成分的密封胶（图2.5.3）。

图2.5.3 聚氨酯防水密封胶

2.5.2.2 分类

聚氨酯防水密封胶按流动性分类如图2.5.4所示。

聚氨酯防水密封胶（按流动性分类）
- 非下垂型（N）
- 自流平型（L）

图2.5.4 聚氨酯防水密封胶按流动性分类

2.5.2.3 技术指标

聚氨酯防水密封胶性能指标应满足表2.5.2的要求。

聚氨酯防水密封胶性能指标　表2.5.2

试验项目		指标		
		20HM	25LM	20LM
密度（g/cm^3）		规定值±0.1		
流动性	下垂度（N型）（mm）	≤3		
	流平性（L型）	光滑平整		
表干时间（h）		≤24		
挤出性[a]（mL/min）		≥80		
适用期[b]（h）		≥1		
弹性恢复率（%）		≥70		
拉伸模量（MPa）		>0.4（23℃时）或>0.6（-20℃时）	≤0.4（23℃时）且≤0.6（-20℃时）	
定伸粘结性		无破坏		
浸水后定伸粘结性		无破坏		
冷拉-热压后的粘结性		无破坏		
质量损失率（%）		≤7		

a 此项仅适用于单组分产品。
b 此项仅适用于多组分产品，允许采用供需双方商定的其他指标值。

2.5.2.4 材料特性

1. 聚氨酯密封胶是单组分涂料，具有很强的拉伸强度，而且稳定性高，气味小，对于环境的污染比较小，是一种新型环保材料。

2. 聚氨酯密封胶具有高触变性，即使是在竖立的表面，或者是顶部使用的时候也很稳定，不会流淌，不影响使用效果。

3. 聚氨酯密封胶耐磨、耐寒，而且对其他材料没有腐蚀性，所以可以在大部分材料上使用。

4. 聚氨酯密封胶表面可以进行喷漆、打磨等，不影响使用效果。

5. 聚氨酯密封胶具有很强的抗老化性，使用寿命可以长达15～20年。

2.5.2.5 适用范围

1. 屋面、墙面的水平和垂直接缝。

2. 游泳池工程。

3. 公路及机场跑道的补缝、接缝。

4. N型用于立缝或斜缝的密封，不下垂；L型用于水平接缝的密封，能自动流平。

2.5.3 丙烯酸酯防水密封胶

2.5.3.1 定义

丙烯酸酯密封胶（图2.5.5）是以丙烯酸酚橡胶为基体的密封胶，属弹性型密封胶。主要有丙烯酸乙酯氯乙基乙烯醚共聚体和丙烯酸丁醋–丙烯，具有优良的耐热性和耐油性，还具有良好的耐臭氧性、耐紫外线辐射性、抗挠曲性和气密性。

图2.5.5 丙烯酸酯防水密封胶

2.5.3.2 分类

丙烯酸酯防水密封胶按位移能力分类如图2.5.6所示。

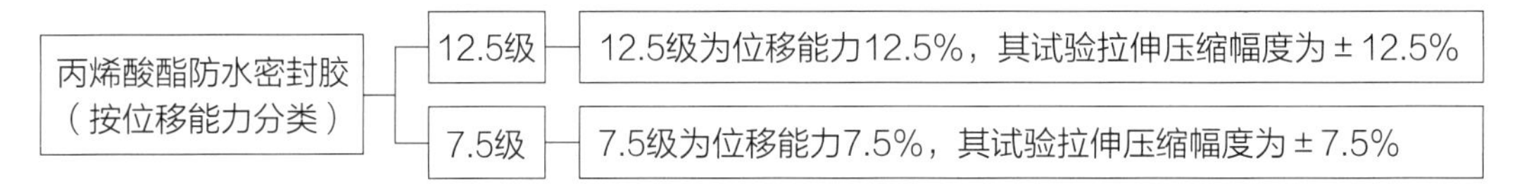

图2.5.6 丙烯酸酯防水密封胶按位移能力分类

2.5.3.3 技术指标

丙烯酸酯防水密封胶性能指标应满足表2.5.3的要求。

丙烯酸酯防水密封胶性能指标 表2.5.3

序号	项目	技术指标		
		12.5E	12.5P	7.5P
1	密度（g/cm^3）	规定值±0.1		
2	下垂度（mm）	≤3		
3	表干时间（h）	≤1		
4	挤出性（mL/min）	≥100		
5	弹性恢复率（%）	≥40	报告实测值	
6	定伸粘结性	无破坏	—	

续表

序号	项目	技术指标		
		12.5E	12.5P	7.5P
7	浸水后定伸粘结性	无破坏	—	
8	冷拉-热压后粘结性	无破坏	—	
9	断裂伸长率（%）	—	≥100	
10	浸水后断裂伸长率（%）	—	≥100	
11	同一温度下拉伸-压缩循环后粘结性	—	无破坏	
12	低温柔性（℃）	-20	-5	
13	体积变化率（%）	≤30		

注：报告实测值。

2.5.3.4 材料特性

1. 粘结力强，具有很好的弹性，能适应一般伸缩变形的需要。
2. 耐候性好，能在-20～100℃情况下长期保持柔韧性。

2.5.3.5 适用范围

1. 建筑中混凝土墙板、楼板和通风管道的防水密封。
2. 金属制品、石棉板、石膏板、木塑等轻型板材和门窗的防水密封。

2.5.4 硅橡胶防水密封胶

2.5.4.1 定义

硅橡胶防水密封胶是以有机聚硅氧烷为主剂，加入硫化剂、硫化促进剂、增强填充料和颜料等组成的非定型密封材料。

2.5.4.2 分类

硅橡胶防水密封胶按用途分为三类，如图2.5.7所示。

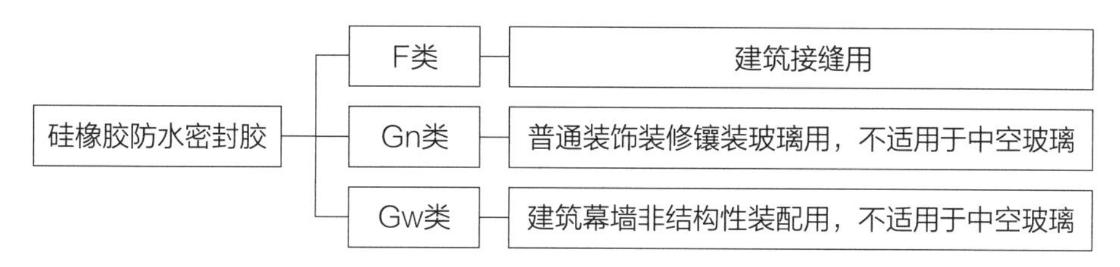

图2.5.7　硅橡胶防水密封胶的分类

2.5.4.3 技术指标

硅橡胶防水密封胶性能指标应满足表2.5.4的要求。

硅橡胶防水密封胶性能指标　　表2.5.4

序号	项目		指标							
			50LM	50HM	35LM	35HM	25LM	25HM	20LM	20HM
1	密度（g/cm^3）		规定值±0.1							
2	下垂度（mm）		≤3							
3	表干时间[a]（h）		≤3							
4	挤出性（mL/min）		≥150							
5	适用期[b]		供需双方商定							
6	弹性恢复率（%）		≥80							
7	拉伸模量（MPa）	23℃	≤0.4和≤0.6	>0.4或>0.6	≤0.4和≤0.6	>0.4或>0.6	≤0.4和≤0.6	>0.4或>0.6	≤0.4和≤0.6	>0.4或>0.6
		-20℃								
8	定伸粘结性		无破坏							
9	浸水后定伸粘结性		无破坏							
10	冷拉-热压后粘结性		无破坏							
11	紫外线辐照后粘结性[c]		无破坏							
12	浸水光照后粘结性[d]		无破坏							
13	质量损失率（%）		≤8							
14	烷烃增塑剂[e]		不得检出							

a 允许采用供需双方商定的其他指标值。
b 仅适用于多组分产品。
c 仅适用于Gn类产品。
d 仅适用于Gw类产品。
e 仅适用于Gw类产品。

2.5.4.4 材料特性

1. 粘结力强，拉伸强度大。

2. 具有耐候性、抗振性好，防潮、抗臭气和适应冷热变化大、气味低、固化速度快的特点。

2.5.4.5 适用范围

硅橡胶密封胶可用于铝合金门窗安装密封、室内外玻璃装饰、防水密封、装饰填缝、玻璃幕墙、金属板幕墙、石材幕墙等。

2.5.5 丁基防水密封胶

2.5.5.1 定义

丁基密封胶是以异丁烯类聚合物为主体材料的密封胶，为世界耗量最大的4种密封胶之一。具有优异的耐候性、抗老化、耐热、耐酸碱性能及优良的气密性和电绝缘性能。

2.5.5.2 分类

丁基防水密封胶按用途分为三类，如图2.5.8所示。

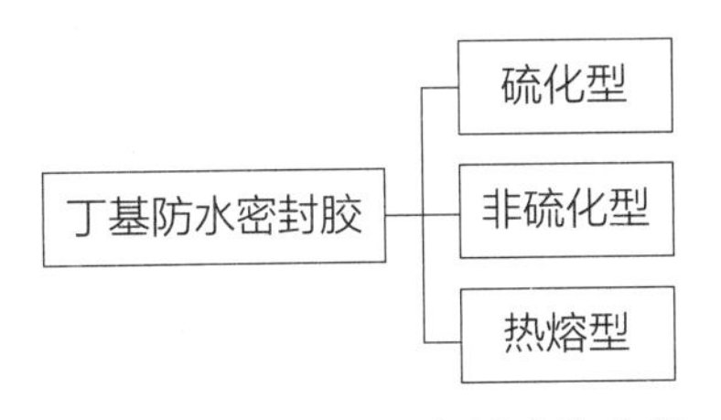

图2.5.8　丁基防水密封胶的分类

2.5.5.3 技术指标

丁基防水密封胶性能指标应满足表2.5.5的要求。

丁基防水密封胶性能指标　表2.5.5

检测项目		指标
下垂度	垂直（mm）	≤3
	水平	无变形
挤出性（mL/min）		≥80
不挥发物［（wt）%］		≥80
密度（g/mL）		1.35±0.1
表干时间（min）		≤180
剥离粘结性（N/min）		≥0.4
低温柔性（℃）		-10

2.5.5.4 材料特性

溶剂挥发固化，胶体无论固化与否，均不溶于水。对混凝土、金属、木材、石材以及塑钢表面均有良好的粘结力，固化胶体有弹性和柔韧性。可在雨期施工而不影响工程进度。

2.5.5.5 适用范围

1. 窗框与墙体间的密封。
2. 雨篷与墙体间的防水密封。
3. 有较大位移的屋面、墙体伸缩缝的嵌缝和密封。

2.6 防水剂

常用的防水剂有有机硅防水剂、无机铝盐防水剂、水性渗透型无机防水剂、脂肪酸防水剂、无机防水防潮剂、减水剂六类。

2.6.1 有机硅防水剂

2.6.1.1 定义

有机硅防水剂（图2.6.1）是一种无污染、无刺激性的新型高效防水材料。本产品喷涂（或涂刷）于建筑物表面后，可在其表面形成肉眼觉察不到的一层无色透明、抗紫外线的透气薄膜，当雨水吹打其上或遇潮湿空气时，水滴会自然流淌，阻止水分侵入，同时还可以将建筑物表面尘土冲刷干净，从而起到使内墙防潮、防霉、外墙洁净及防止风化等作用。

图2.6.1 有机硅防水剂

2.6.1.2 材料技术指标

有机硅防水剂性能指标应满足表2.6.1的要求。

有机硅防水剂性能指标 表2.6.1

序号	试验项目		指标	
			W	S
1	pH值		规定值±1	
2	固体含量（%） ≥		20	5
3	稳定性		无分层、无漂油、无明显沉淀	
4	吸水率比（%） ≤		20	
5	渗透性 ≤	标准状态	2mm，无水迹、无变色	
		热处理	2mm，无水迹、无变色	
		低温处理	2mm，无水迹、无变色	
		紫外线处理	2mm，无水迹、无变色	
		酸处理	2mm，无水迹、无变色	
		碱处理	2mm，无水迹、无变色	

注：1、2、3项为未稀释的产品性能，规定值在生产企业说明书中告知用户。

2.6.1.3 材料特性

有机硅防水剂具有两种性质，分别是水性和油性。水性的有机硅防水剂为无色或浅黄色，掺入水泥砂浆中，还可起到缓凝剂、减水剂和增强剂作用。油性的有机硅防水剂是透明的，一般用于釉面、瓷砖、地板砖、陶瓷等，可适当加入部分溶剂稀释，使用方便。

2.6.1.4 使用范围

1. 建筑物墙面尤其是面砖墙面的防渗、防漏；花岗岩、大理石墙面的防盐析或泛碱。

2. 浴厕间、厨房间、封闭阳台等的防水。

3. 仓库、档案室、图书馆等的防潮、防霉。

2.6.2 无机铝盐防水剂

2.6.2.1 定义

无机铝盐防水剂（图2.6.2）是以无机物为主体材料的水泥砂浆、混凝土防水剂。它以防水抗渗功能为主，同时兼有微膨胀、增加密实度功能，根据工程需要可配制成减水、缓凝和早强等型号。

图2.6.2　无机铝盐防水剂

2.6.2.2 材料技术指标

参照无机铝盐防水剂执行标准：《砂浆、混凝土防水剂》JC 474、《混凝土外加剂应用技术规范》GB 50119、《混凝土外加剂匀质性试验方法》GB/T 8077。

2.6.2.3 材料特性

1. 该产品为暗红色液体，无污染、无腐蚀、不燃、对人身体无害的环保防水剂。

2. 防水性能好，实测抗渗等级P12以上，不降低混凝土强度，抗老化，防水寿命长。

3. 减水率5%～10%。

4. 施工简便，易操作，可节省大量材料、人工费和维修费。

5. 耐热（120℃）、耐寒与水泥寿命同等。

2.6.2.4 使用范围

1. 用于工业与民用建筑的屋面、地下室、隧道、矿井、人防工程、地下人行道、地下商场、地下停车场、游泳场、水塔、给水排水池、水泵站等有防水抗渗要求的混凝土工程。

2. 建造水池、游泳池、水塔、贮罐，大型容器、粮仓，山洞内贮存库。

3. 建筑工程地面，内、外墙面，卫生间等部位防水。

2.6.3 水性渗透型无机防水剂

2.6.3.1 定义

水性渗透型无机防水剂以碱金属硅酸盐溶液为基料，加入催化剂、助剂，经混合反应而成，具有渗透性，可封闭水泥砂浆与混凝土毛细孔通道和裂纹功能的防水剂（图2.6.3）。

图2.6.3 水性渗透无机防水剂

2.6.3.2 分类

水性渗透型无机防水剂的分类如图2.6.4所示。

2.6.3.3 材料技术指标

水性渗透型无机防水剂产品物理力学性能指标、水性渗透型无机防水剂产品应用性能应分别满足表2.6.2、表2.6.3的要求。

2.6.3.4 材料特性

1. 无色、无味、对环境无危害。溶液不燃烧，冻结后无损害，为一种可长久储存的透明液体。

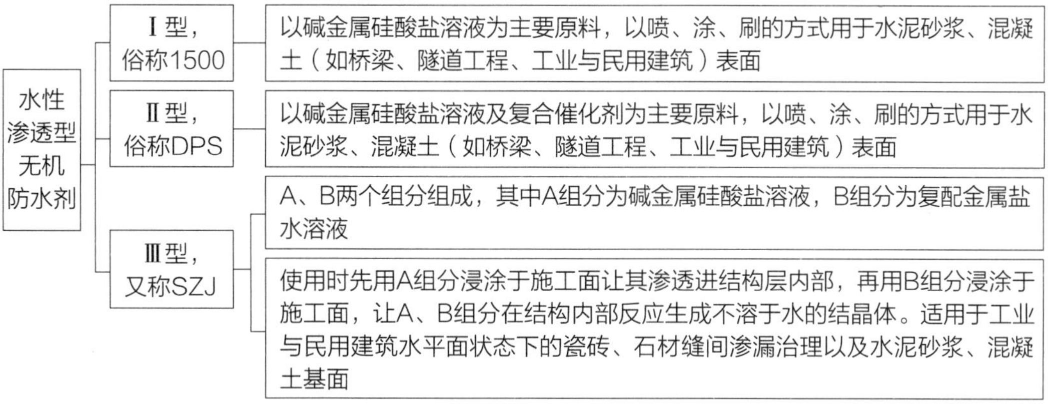

水性渗透型无机防水剂
- Ⅰ型，俗称1500：以碱金属硅酸盐溶液为主要原料，以喷、涂、刷的方式用于水泥砂浆、混凝土（如桥梁、隧道工程、工业与民用建筑）表面
- Ⅱ型，俗称DPS：以碱金属硅酸盐溶液及复合催化剂为主要原料，以喷、涂、刷的方式用于水泥砂浆、混凝土（如桥梁、隧道工程、工业与民用建筑）表面
- Ⅲ型，又称SZJ：
  - A、B两个组分组成，其中A组分为碱金属硅酸盐溶液，B组分为复配金属盐水溶液
  - 使用时先用A组分浸涂于施工面让其渗透进结构层内部，再用B组分浸涂于施工面，让A、B组分在结构内部反应生成不溶于水的结晶体。适用于工业与民用建筑水平面状态下的瓷砖、石材缝间渗漏治理以及水泥砂浆、混凝土基面

图2.6.4　水性渗透型无机防水剂的分类

水性渗透型无机防水剂产品物理力学性能指标　　表2.6.2

序号	项目		指标			
			Ⅰ型	Ⅱ型	Ⅲ型	
					A组分	B组分
1	外观		透明液体			
2	密度（g/cm^3）		≥1.10		≥1.20	≥1.10
3	pH值		11 ± 1		10±1	9±1
4	黏度（s）		11.0±1.0		14.0±2.0	12.0±2.0
5	表面张力（mN/m）		≤26.0	≤36.0	≤60.0	—
6	凝胶化时间（min）		≤200	≤300	≤300	—
7	贮存稳定性（10次循环）		外观无变化			
8	抗渗性（混凝土渗透高度比）（%）		≤60			
9	抗碳化值（%）	7d	≥30			
		28d	≥20			
10	混凝土表面亲水性		不得呈珠状滚落			

水性渗透型无机防水剂产品应用性能　　表2.6.3

序号	项目	要求
1	抗冻性（-20～20℃，15次）	表面无粉化、裂纹
2	耐热性（160℃，2h）	表面无粉化、裂纹
3	耐碱性（饱和$Ca(OH)_2$溶液168h）	表面无粉化、裂纹

注：应用性能为可选项，根据工程性质与使用环境，由供需双方协商确定，并在产品订购合同、产品说明书与检验报告中注明。

2. 喷涂于混凝土表面，不改变，不影响表面的颜色和结构，可阻止对水、油脂、石油和酸的吸收，使混凝土表面无碱、干爽、光洁；可改善与柔性防水材料或饰面层的结合，延长装饰层的使用寿命；能降低表面的化学侵蚀和物理磨损。

3. 属深层渗透防水密封剂，迎水面、背水面均可使用。对于工程易发生位移、变形部位的防水处理，需配合以柔性防水材料加强。

4. 适用于新、旧混凝土的界面连结，适用于作修补堵漏材料。

2.6.3.5 使用范围

1. 水性渗透型无机防水剂及蜂窝纸制品的防水防潮处理。

2. 蔬菜、水果、鲜花、鲜活水产品、经常出入冷库及长时间冷藏的产品包装。

2.6.4 脂肪酸防水剂

2.6.4.1 定义

脂肪酸防水剂是以植物提取的高等脂肪酸为主要原料的水泥砂浆、混凝土防水剂。它是新型的防水抗渗建筑材料，用高等脂肪酸类砂浆防水剂搅拌的水泥砂浆或混凝土，不产生微小裂纹和毛细孔，施工后能与水泥基面形成整体，在迎水面和背水面形成与建筑物同寿命周期的长久防水层。

2.6.4.2 材料技术指标

参照《砂浆、混凝土防水剂》JC 474。

2.6.4.3 材料特性

1. 良好的防水性：不但从根本上解决了渗漏问题，而且使砂浆、混凝土孔隙致密，提高了抗压、抗拉强度，同时在建筑物表面形成长久性防水膜，使屋面不膨胀、不变形、不脱落，能有效延长建筑物寿命。

2. 施工方便性：防水剂使用简单，只需按一定比例兑水后用低压喷雾器直接喷涂在干燥的建筑物表面即可，特别是厨房的防水处理，不需要刨地板砖即可完成。

3. 超强的用途：无害、不燃，对人体无害，施工时只要在气温5℃以上均可，固化后可耐－70～180℃的温度范围。

2.6.4.4 使用范围

可广泛用于对楼面、房顶、墙面、地面、墙体、地下室、卫生间、地下通道、厨房、水池等进行防水处理。

2.6.5 无机防水防潮剂

2.6.5.1 定义

无机防水防潮剂系列是优质高效、无机耐老化、无毒、无污染、无腐蚀液态材料。

2.6.5.2 材料技术指标

参照《砂浆、混凝土防水剂》JC 474执行。

2.6.5.3 材料特性

1. 既能用于新建工程，又能用于维修工程，其在水中4s凝结，40s固化。

2. 对钢筋无锈蚀；带水作业，迎水面、背水面均可，在水中强度随着时间增长而提高。

3. 具有卓越的耐久性、抗渗性、粘结性、抗冻性、早强性、和易性、耐酸碱性。

4. 该产品掺入1：1水泥砂浆中能粘牢大理石、瓷砖，大大增加强度和粘结性。

5. 用于一楼木地板防潮，旧地面不需凿毛，取代107胶，极大简化了工序，将防水、防潮与装饰融为一体。

2.6.5.4 使用范围

1. 地面、墙面、屋面，如各类仓库、住房、生产车间、剧院、旅馆、商场、洞库等。

2. 蓄水屋面，屋顶游泳池，屋顶花园及种植屋面。

3. 地下室及地下工程，人防工程，国防工程。

2.6.6 减水剂

2.6.6.1 定义

减水剂是在不影响混凝土和易性条件下，具有减水及增强作用的外加剂。

2.6.6.2 分类

减水剂可分为五大类，如图2.6.5所示。

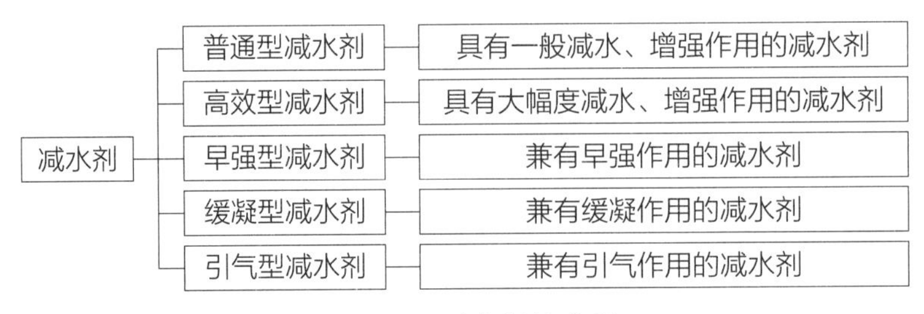

图2.6.5　减水剂的分类

2.6.6.3 材料特性

1. 掺量低、减水率高，减水率可高达45%；

2. 坍落度经时损失小，预拌混凝土坍落度损失率1h小于5%，2h小于10%；

3. 增强效果显著，混凝土3d抗压强度提高50%~110%，28d抗压强度提高40%~80%，90d抗压强度提高30%~60%；

4. 混凝土和易性优良，无离析、泌水现象，混凝土外观颜色均一。用于配制高强度等级混凝土时，混凝土黏聚性好且易于搅拌；

5. 含气量适中，对混凝土弹性模量无不利影响，抗冻耐久性好；

6. 能降低水泥早期水化热，有利于大体积混凝土和夏期施工；

7. 适应性优良，水泥、掺合料相容性好，温度适应性好，与不同品种水泥和掺合料具有很好的相容性，解决了采用其他类减水剂与胶凝材料相容性差的问题；

8. 低收缩，可明显降低混凝土收缩，抗冻融能力和抗碳化能力明显优于普通混凝土；显著提高混凝土体积稳定性和长期耐久性；

9. 碱含量极低，碱含量≤0.2%，可有效地防止碱骨料反应的发生；

10. 产品稳定性好，长期储存无分层、沉淀现象发生，低温时无结晶析出；

11. 产品绿色环保，不含甲醛，为环境友好型产品。

2.6.6.4 适用范围

1. 适用于强度等级为C15~C60及以上的泵送或常态混凝土工程。特别适用于配制高耐久、高流态、高强以及对外观质量要求高的混凝土工程。对于配制高流动性混凝土、自密实混凝土、清水饰面混凝土极为有利。

2. 普通减水剂宜用于日最低气温5℃以上施工的混凝土。高效减水剂宜用于日最低气温0℃以上施工的混凝土，并适用于制备大流动性混凝土、高强混凝土以及蒸养混凝土。

2.7 堵漏材料

工程常用的堵漏材料有粉状堵漏剂、液体堵漏剂、水泥基渗透结晶型防水材料及粉状堵漏剂等。

2.7.1 粉状堵漏剂

2.7.1.1 定义

粉状堵漏剂（图2.7.1）是一种凝结硬化快、小时强度高、具有微膨胀的水硬性材料，此原料无毒无味，经严格筛选，性能卓越，操作简便，用水调和即可使用，可在潮湿面上施工，亦可带水堵漏。

图2.7.1　粉状堵漏剂

以水泥为主要组分，掺入添加剂经一定工艺加工制成的用于防水、抗渗、堵漏用粉状无机材料。代号为FD。

2.7.1.2 分类

粉状堵漏剂可分为两大类，如图2.7.2所示。

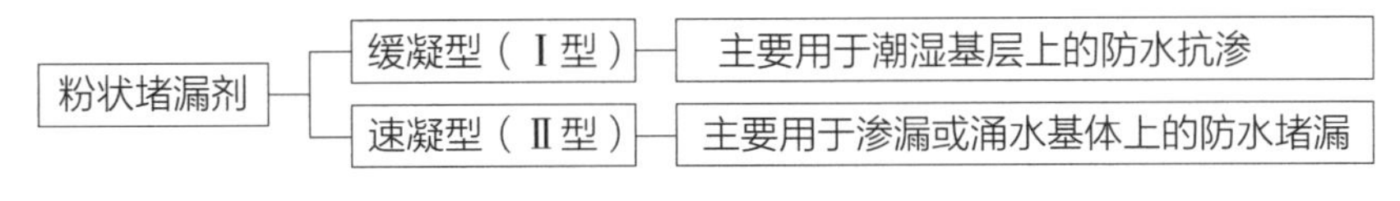

图2.7.2　粉状堵漏剂的分类

2.7.1.3 技术指标

粉状堵漏剂性能指标应满足表2.7.1的要求。

粉状堵漏剂性能指标　表2.7.1

序号	项目		缓凝型（Ⅰ型）	速凝型（Ⅱ型）
1	凝结时间	初凝（min）	≥10	≤5
		终凝（min）	≤360	≤10
2	抗压强度（MPa）	1h	—	≥4.5
		3d	≥13.0	≥15.0
3	抗折强度（MPa）	1h	—	≥1.5
		3d	≥3.0	≥4.0
4	涂层抗渗压力（MPa，7d）		≥0.4	—
	试件抗渗压力（MPa，7d）		≥1.5	
5	粘结强度（MPa，7d）		≥0.6	
6	耐热性（100℃，5h）		无开裂、起皮、脱落	
7	冻融循环（20次）		无开裂、起皮、脱落	

2.7.1.4 材料特性

1. 带水施工、防潮抗渗、快速堵漏。
2. 无毒、无害、无污染。
3. 凝固时间任意选择。
4. 粘结力强，防水、粘贴一次完成。
5. 与基体结合不老化。

2.7.1.5 适用范围

由于无机防水堵料的凝固快、堵漏性能好的特点被广泛运用于水库大坝裂缝渗水处理，地下室、卫生间、浴池和屋面的渗水堵漏，隧道涵洞渗水堵漏，各种压力管紧急抢修。

2.7.2 液体堵漏剂

2.7.2.1 定义

液体堵漏材料（图2.7.3）按其主体成分分为聚氨酯堵漏材料和丙烯酸盐堵漏材料。单组分水活性聚氨酯堵漏材料，根据固结体的亲、疏水特性又可分为亲水型聚氨酯堵漏材料（简称亲水型）和疏水型聚氨酯堵漏材料（简称疏水型）。

图2.7.3　液体堵漏剂

2.7.2.2 分类

液体堵漏材料可分为两大类，如图2.7.4所示。

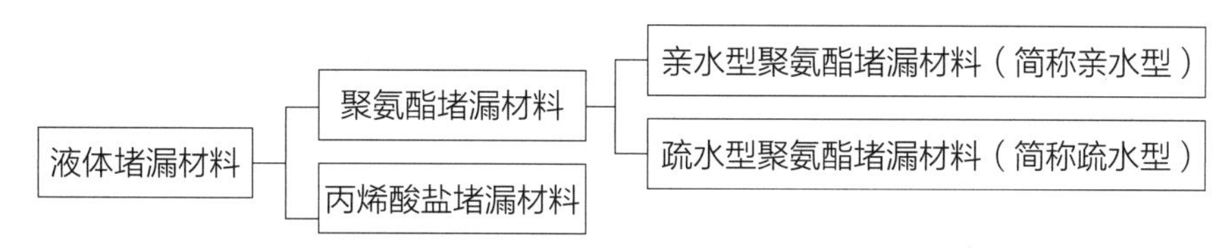

图2.7.4　液体堵漏材料的分类

2.7.2.3 技术指标

单组分水活性聚氨酯堵漏材料浆液、固结体性能指标见表2.7.2、表2.7.3。

单组分水活性聚氨酯堵漏材料浆液性能指标　　表2.7.2

序号	项目		指标	
			亲水型	疏水型
1	外观		均质液体，无结皮、无沉淀	
2	黏度（MPa·s）	23℃	$\leqslant 1.0\times10^3$	
		15℃	$\leqslant 2.5\times10^3$	
3	不挥发物（%）		≥80	
4	凝胶时间（s）		≤100	—
5	凝固时间（s）		—	≤300
6	包水性（10倍水）（s）		≤200	—
7	发泡率（%）		—	≥1000

单组分水活性聚氨酯堵漏材料固结体性能指标　　表2.7.3

序号	项目	指标	
		亲水型	疏水型
1	遇水膨胀率（%）	≥40	—
2	干湿循环后遇水膨胀率变化率（%）	≤10	—
3	潮湿基面粘结强度[a]（MPa）	—	≥0.20
4	拉伸强度[a]（MPa）	—	≥0.40
5	断裂伸长率[a]（%）	—	≥100
6	干燥后尺寸线性变化率（%）	—	≤5

a 仅当工程部位有形变要求时检测。

丙烯酸盐堵漏材料浆液、固结体性能指标见表2.7.4、表2.7.5。

丙烯酸盐堵漏材料浆液性能指标 表2.7.4

序号	项目	指标
1	外观	均质液体，不含固体颗粒
2	黏度（MPa·s）	≤20
3	凝胶时间（min）	≤30
4	pH值	≥7.0

丙烯酸盐堵漏材料固结体性能指标 表2.7.5

序号	项目	要求
1	渗透系数（cm/s）	$<1.0\times10^{-6}$
2	挤出破坏比降	≥300
3	固结体抗压强度（MPa）	≥0.2
4	遇水膨胀率（%）	≥30

2.7.2.4 材料特性

1. 聚氨酯堵漏材料特性：与水接触立刻起化学反应而膨胀；高膨胀率、高硬度、低韧性；与基材粘结力强且抗化学性佳；可抗饮用水、海水、废水、稀释之酸碱性化学品；不会有干缩现象。

2. 丙烯酸盐堵漏材料特性：可灌性好，黏度极低；施工性能好，固化时间可调，快速固化小于30s，慢速固化大于10min；凝胶体具有一定的弹性，延伸率大于100%，有效地解决了结构的伸缩变形问题；粘结性能好，与混凝土面具有极佳的粘结性能，粘结强度大于自身凝胶体的强度；抗渗性好，固结体具有极高的抗渗性。

2.7.2.5 适用范围

1. 可用于连续壁、隧道、箱涵。
2. 裂缝、伸缩缝、窗框之间的堵漏。
3. 地下室、外墙裂缝、水库等。

2.7.3 水泥基渗透结晶型防水材料及粉状堵漏剂

2.7.3.1 定义

水泥基渗透结晶型防水涂料是一种用于水泥混凝土的刚性防水材料。其与水作用后，材料中含有的活性化学物质以水为载体在混凝土中渗透，与水泥水化产物生成不溶于水的针状结晶体，填塞毛细孔道和微细缝隙，从而提高混凝土致密性与防水性（图2.7.5）。

2.7.3.2 分类

水泥基渗透结晶型防水材料的分类如图2.7.6所示。

2.7.3.3 技术指标

水泥基渗透结晶型防水涂料的性能指标应满足表2.7.6的要求。

水泥基渗透结晶型防水剂的性能指标应满足表2.7.7的要求。

2.7.3.4 材料特性

1. 自动修复缺陷，被涂层封闭的活性物质遇水后能在基层缺陷处产

图2.7.5 水泥基渗透结晶型防水材料

水泥基渗透结晶型防水材料
- 水泥基渗透结晶型防水涂料（代号C）
- 水泥基渗透结晶型防水剂（代号A）

图2.7.6 水泥基渗透结晶型防水材料的分类

水泥基渗透结晶型防水涂料 表2.7.6

序号	试验项目			指标
1	外观			均匀、无结块
2	含水率（%）		≤	1.5
3	细度（%，0.63mm筛余）		≤	5
4	氯离子含量（%）		≤	0.10
5	施工性	加水搅拌后		刮涂无障碍
		20min		刮涂无障碍
6	抗折强度（MPa，28d）		≥	2.8
7	抗压强度（MPa，28d）		≥	15.0
8	湿基面粘结强度（MPa，28d）		≥	1.0
9	砂浆抗渗性能	带涂层砂浆的抗渗压力[a]（MPa，28d）		报告实测值
		抗渗压力比（带涂层）（%，28d）	≥	250
		去除涂层砂浆的抗渗压力[a]（MPa，28d）		报告实测值
		抗渗压力比（去除涂层）（%，28d）	≥	175
10	混凝土抗渗性能	带涂层混凝土的抗渗压力[a]（MPa，28d）		报告实测值
		抗渗压力比（带涂层）（%，28d）	≥	250
		去除涂层混凝土的抗渗压力[a]（MPa，28d）		报告实测值
		抗渗压力比（去除涂层）（%，28d）	≥	175
		带涂层混凝土的第二次抗渗压力（MPa，56d）	≥	0.8

a 基准砂浆和基准混凝土28d抗渗压力应为$0.4^{+0.0}_{-0.1}$MPa，并在产品质量检验报告中列出。

水泥基渗透结晶型防水剂　表2.7.7

序号	试验项目			指标
1	外观			均匀、无结块
2	含水率（%）		≤	1.5
3	细度（%，0.63mm筛余）		≤	5
4	氯离子含量（%）		≤	0.10
5	总碱量（%）			报告实测值
6	减水率（%）		≤	8
7	含气量（%）		≤	3.0
8	凝结时间差	初凝（min）	>	-90
		终凝（h）		—
9	抗压强度比（%）	7d	≥	100
		28d	≥	100
10	收缩率比（%，28d）		≤	125
11	混凝土抗渗性能	掺防水剂混凝土的抗渗压力[a]（MPa，28d）		报告实测值
		抗渗压力比（%，28d）	≥	200
		掺防水剂混凝土的第二次抗渗压力（MPa，56d）		报告实测值
		第二次抗渗压力比（%，56d）	≥	150

a 基准砂浆和基准混凝土28d抗渗压力应为$0.4^{+0.0}_{-0.1}$MPa，并在产品质量检验报告中列出。

生二次结晶，具有自动修复微裂纹等缺陷的功能，抗基层变化强。

2. 物化性能好：渗透性强，并有耐碱的性能。

3. 防水效果好：能真正做到一次施工，经久防水，免除返修的烦恼。

2.7.3.5 适用范围

1. 广泛用于地下人防防水工程、隧道防水、桥涵防水、饮水池、游泳池等防水工程项目。

2. 防水混凝土施工缝的处理。

2.8 注浆材料

常用的注浆材料分为无机类注浆材料、有机类注浆材料两类，其中无机类注浆材料又分为水泥浆材、水泥-水玻璃类浆液、硅酸盐浆材；有机类注浆材料又分为烯酰胺类浆液、木质素类浆液、脲醛树脂类浆液、聚氯酯类浆液等。

2.8.1 无机类注浆材料

无机类注浆材料分为三类，如图2.8.1所示。

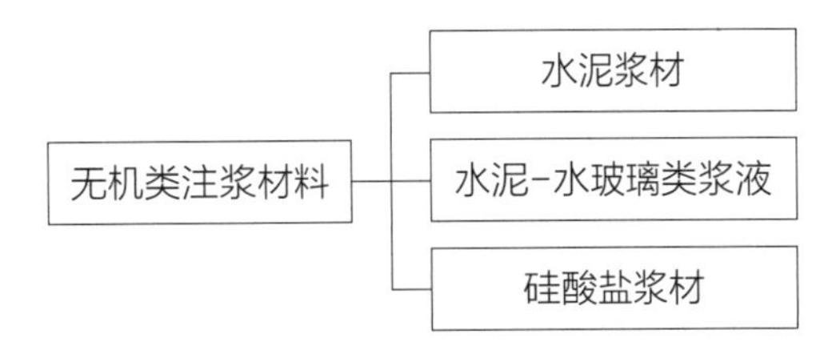

图2.8.1　无机类注浆材料的分类

1. 水泥浆材

水泥浆在国内外灌浆工程中一直是用途最广和用量最大的浆材。以水泥为主，添加一定量的外加剂，用水配制成浆液，采用单液方式注入，这样的浆液称为单液水泥浆。所谓外加剂，指水泥的早强剂、速凝早强剂、塑化剂、悬浮剂等。

2. 水泥-水玻璃类浆液

水泥浆中加入水玻璃有两个作用，一是作为速凝剂使用，掺量较少，约占水泥重的3%~5%；另一是作为主材料使用，掺量较多，即水泥水玻璃浆液，俗称CS浆液（C代表水泥，S代表水玻璃）。CS浆液克服了水泥浆液凝胶时间长，难以控制，注入地层后易被地下水稀释，无法保持其原有凝胶化性能的缺陷。CS浆液的出现推动了水泥注浆的发展，提高了效果，扩大了适用范围。

这种浆液不仅具备水泥浆的全部优点，而且兼备化学浆液的某些优越性，凝胶时间快，可以从几秒到几十分钟内准确控制，结石率高达95%~98%，可用于防渗和加固灌浆，在地下水流速较大的地层中，采用这种混合型浆材还可达到快速堵漏的目的。结石体强度高，特别是早期（1d、3d、7d）强度高，抗压强度增长率快。可灌性也明显提高，除在基岩裂隙和较大含水层中使用外，还能在中粗砂中灌注。水泥水玻璃浆材的可灌性介于水泥和水玻璃之间，材料来源丰富，价格相对较低，对地下水和环境无污染。

3. 硅酸盐浆材

硅酸盐属于溶液型化学浆材，是一种重要的灌浆材料，具有可灌性好、价格低廉、货源充足、无毒和凝结时间可调节到几秒至几小时等优点，应用十分广泛，随着无公害施工要求的提高，水玻璃类浆液将成为有实用价值的化学注浆材料，硅酸盐浆材以含水硅酸钠（又称水玻璃）为主剂，另加入胶凝剂反应生成凝胶。

胶凝剂的品种多，大体可分为盐、酸和有机物等几类，有些胶凝剂与硅酸盐的反应速度很快，例如氧化钙、磷酸和硫酸铝等，它们和主剂必须在不同的灌浆管或不同的时间内分别灌注，故被称为双液注浆法，另一些胶凝剂如盐酸、碳酸氢钠和铝酸钠等与硅酸钠的反应速度则较缓慢，因而主剂与胶凝剂能在注浆前预先混合起来注入同一钻孔中，故被称为单液注浆法或一步法。

目前，我国应用水玻璃类材料比较成熟的有水玻璃–氯化钙和水玻璃–铝酸钠两种浆液。这些浆液多用于地基加固、建筑和铁道工程。

2.8.2 有机类注浆材料

有机类注浆材料的分类如图2.8.2所示。

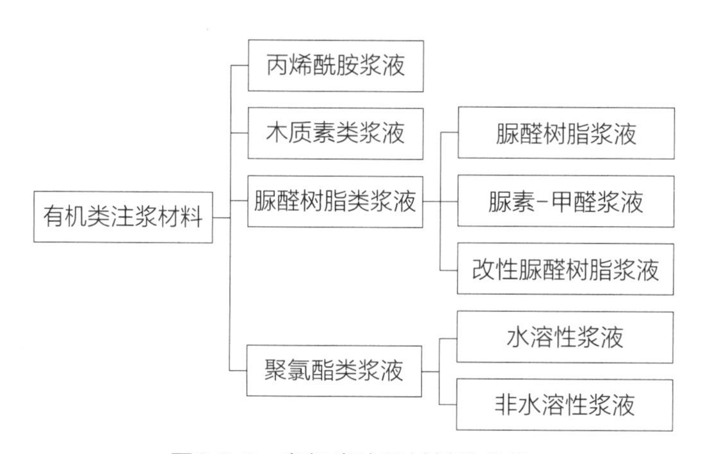

图2.8.2 有机类注浆材料的分类

1. 丙烯酰胺类浆液

丙烯酰胺类浆液（简称丙凝浆液），是以有机化合物丙烯酰胺为主剂，配合其他交联剂、促进剂和引发剂等材料而制成的液体，其以水溶液状态注入地层，在地层中发生聚合反应而形成具有弹性、不溶于水的聚合体。

丙烯酰胺类浆液特点：

（1）浆液黏度小。

（2）凝胶时间可以准确地控制在几秒至几十分钟的范围内。

（3）凝胶体抗渗性能好，抗压强度低。

2. 木质素类浆液

木质素类浆液是以纸浆废液为主剂，加入一定量的固化剂所组成的浆液。目前木质素类浆液包括：铬木质素浆液，硫木质素浆液。

铬木质素浆液是一种双液系统注入的注浆材料，浆液由三部分组成，甲液是亚硫酸钙纸浆废液（简称废液），乙液包括固化剂和促进剂，固化剂目前国内外均采用重铬酸钠，促进剂有三氯化铁、硫酸铝、硫酸铜、氯化铜等，铬木质素浆液根据促进剂不同可分为：纸浆废液–重铬酸钠浆液、纸浆废液–三氯化铁–重铬酸钠浆液、纸浆废液–铝盐及铜盐–重铬酸钠浆液、硼砂铬木质素浆液。

铬木质素浆液的特点：

（1）浆液的黏度较小，可灌性好，渗透系数为10^{-4}～10^{-3}cm/s的基础均可适于灌浆。

（2）防渗性能好，其渗透系数达10^{-8}～10^{-7}cm/s。

（3）浆液的胶凝时间可在几秒钟至数十分钟范围内调节。

（4）新老凝胶体之间的胶结较好，结石体的强度达0.4～0.9MPa。

（5）原材料来原广，价格低廉。

3. 脲醛树脂类浆液

脲醛树脂是由脲素和甲醛缩合而成的一种高分子聚合物，固化前是一种水溶性树脂，用水配制成水溶液，这种溶液在酸性条件下，在常温、常压下就能迅速固化，并且具有一定的强度，因此，可作为注浆材料使用。

4. 聚氯酯类浆液

聚氯酯类浆液是一种防渗堵漏能力较强、固结强度高的注浆材料，浆液中含有未反应的异氰酸基团，遇水发生化学反应，交联生成不溶于水的合体，因此能达到防渗、堵漏和固化目的。

5. 其他有机类浆液

糠醛树脂浆液、环氧树脂浆液、丙烯酸盐浆液、甲凝浆液。

2.9 止水材料

常用的止水材料分为遇水膨胀材料、止水带等。

2.9.1 遇水膨胀材料

2.9.1.1 定义

以水溶性聚氨酯预聚体、丙烯酸钠高分子吸水性树脂等吸水性材料与天然橡胶、氯丁橡胶等合成橡胶制得的遇水膨胀性防水橡胶（图2.9.1）。

2.9.1.2 分类

遇水膨胀止水条的分类如图2.9.2所示。

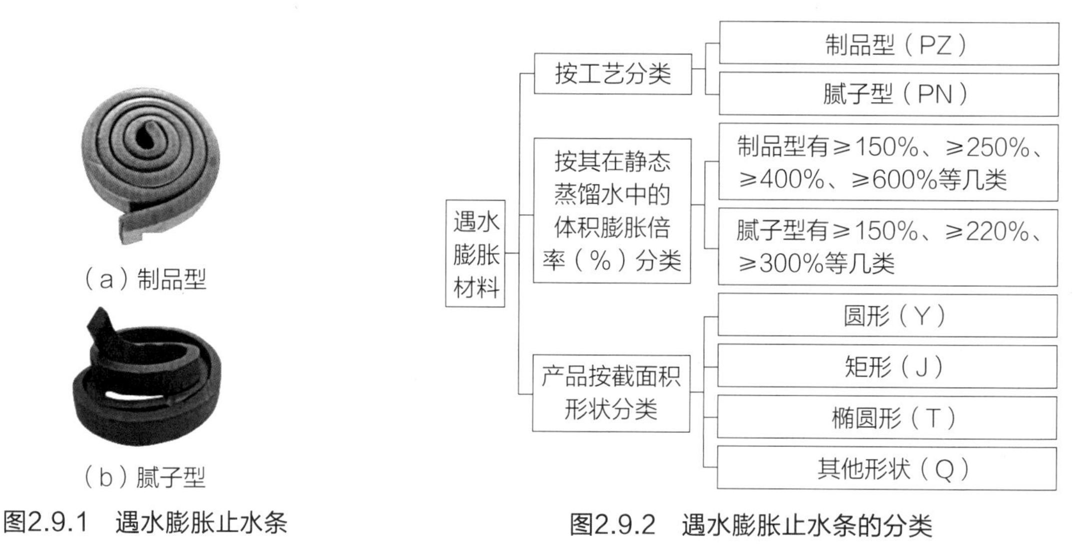

图2.9.1　遇水膨胀止水条

图2.9.2　遇水膨胀止水条的分类

2.9.1.3 技术指标

制品型遇水膨胀橡胶胶料、腻子型遇水膨胀橡胶的性能指标应分别满足表2.9.1、表2.9.2的要求。

制品型遇水膨胀橡胶胶料性能指标　　表2.9.1

项目		指标				适用试验条目（GB/T 18173.3）
		PZ-150	PZ-250	PZ-400	PZ-600	
硬度（邵尔A）(度)		42±10		45±10	48±10	6.3.2
拉伸强度（MPa） ≥		3.5		3		6.3.3
拉断伸长率（%） ≥		450		350		
体积膨胀倍率（%） ≥		150	250	400	600	6.3.4
反复浸水试验	拉伸强度（MPa） ≥	3		2		6.3.5
	拉断伸长率（%） ≥	350		250		
	体积膨胀倍率（%） ≥	150	250	300	500	
低温弯折（-20℃，2h）		无裂纹				6.3.6

注：成品切片测试拉伸强度、拉断伸长率应达到本表的80%；接头部位的拉伸强度、拉断伸长率应达到本表的50%。

腻子型遇水膨胀橡胶性能指标　　表2.9.2

项目	指标			适用试验条目（GB/T 18173.3）
	PN-150	PN-220	PN-300	
体积膨胀倍率[a]（%）　≥	150	220	300	6.3.4
高温流淌性（80℃，5h）	无流淌	无流淌	无流淌	6.3.7
低温试验（-20℃，2h）	无脆裂	无脆裂	无脆裂	6.3.8

a 检验结果应注明试验方法。

2.9.1.4 材料特性

具有浸水膨胀、“以水止水”的效果；具有膨胀速度慢；耐久性强，在长时间浸水作用下无溶解物析出；安装施工方便，能牢固地粘贴在混凝土表面，而不论基面是否潮湿、光滑粗糙；无毒无污染。

2.9.1.5 适用范围

1. 隧道、顶管、人防等地下工程、基础工程的接缝、防水密封。

2. 混凝土施工缝、后浇缝的止水，同时也适用于建筑构件拼装接缝、板缝、墙缝的防水工程。

3. 贮水池、沉淀池、地下室、地下车库、地铁、隧道、涵洞、大坝、防洪堤坝等各种地下建筑工程和水利工程。

2.9.2 止水带

2.9.2.1 定义

止水带（图2.9.3）是采用天然橡胶与各种合成橡胶为主要原料，掺加各种助剂及填充料，经塑炼、混炼、压制成型。

图2.9.3　止水带

2.9.2.2 分类

止水带可按用途和结构形式分类，具体分类如图2.9.4所示。

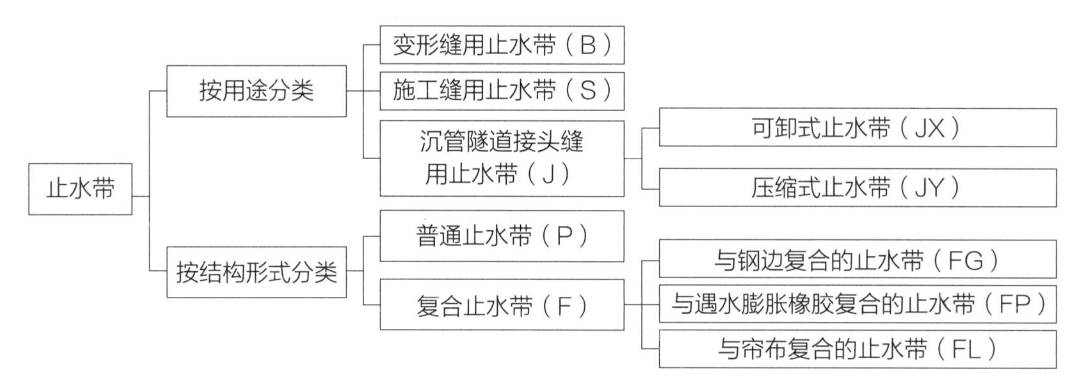

图2.9.4 止水带的分类

2.9.2.3 技术指标

橡胶止水带的性能指标应满足表2.9.3的要求。

橡胶止水带的性能指标 表2.9.3

序号	项目			指标			适用试验条目（GB/T 18173.2）
				B、S	J		
					JX	JY	
1	硬度（邵尔A）（度）			60±5	60±5	40~70[a]	5.3.2
2	拉伸强度（MPa）		≥	10	16	16	5.3.3
3	拉断伸长率（%）			380	400	400	
4	压缩永久变形（%）	70℃，24h，25%	≤	35	30	30	5.3.4
		23℃，168h，25%	≤	20	20	15	
5	撕裂强度（kN/m）		≥	30	30	20	5.3.5
6	脆性温度（℃）		≤	-45	-40	-50	5.3.6
7	热空气老化（70℃，168h）	硬度变化（邵尔A）（度）	≤	+8	+6	+10	5.3.7
		拉伸强度（MPa）	≥	9	13	13	
		拉断伸长率（%）	≥	300	320	300	
8	臭氧老化［50×10^{-8}；20%，（40±2）℃，48h］			无裂纹			5.3.8
9	橡胶与金属粘合[b]			橡胶间破坏	—	—	5.3.9
10	橡胶与帘布粘合强度[c]（N/mm）		≥	—	5	—	5.3.10

注：遇水膨胀橡胶复合止水带中的遇水膨胀橡胶部分按GB/T 18173.3的规定执行。若有其他特殊需要时，可由供需双方协议适当增加检验项目。
a 该橡胶硬度范围为推荐值，供不同沉管隧道工程JY类止水带设计参考使用。
b 橡胶与金属粘合项仅适用于与钢边复合的止水带。
c 橡胶与帘布粘合项仅适用于与帘布复合的JX类止水带。

2.9.2.4 材料特性

1．具有良好的弹性、耐磨性、耐老化性和抗撕裂性能，适应变形能力强，防水性能好。

2．利用橡胶的高弹性和压缩变形性，在各种荷载下产生弹性变形，从而起到紧固密封，有效防止建筑构件的漏水、渗水，并起到减振缓冲作用，确保建筑物的使用寿命。

2.9.2.5 适用范围

主要用于建筑工程、地下设施、隧道、水利涵洞、地铁等工程的变形缝、施工缝的密封。

2.10 膨胀剂

常用的膨胀剂为U型高效膨胀剂和其他膨胀材料等。

2.10.1 U型高效膨胀剂

U型高效膨胀剂可分为五类，具体分类如图2.10.1所示。

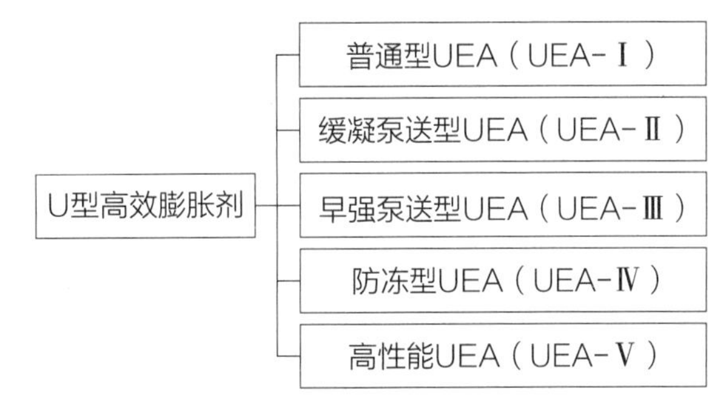

图2.10.1　U型高效膨胀剂的分类

2.10.1.1 普通型UEA（UEA－Ⅰ）

UEA－Ⅰ型不掺任何外加剂，其掺量（取代水泥量）为8%～10%。可用于现场搅拌的UEA防水混凝土和补偿收缩混凝土与砂浆。

2.10.1.2 缓凝泵送型UEA（UEA－Ⅱ）

1．技术性能

（1）在水泥中内掺（取代水泥量）8%～10% UEA－Ⅱ的混凝土与不掺的混凝土相比，坍落度提高10cm以上，1.5h坍落度保持率在80%以上；凝结时间延长约2h。可配制出不泌水、不离析，有良好可泵性的补偿收缩混凝土。

（2）在水泥中内掺8%～10% UEA－Ⅱ的混凝土，限制膨胀率为0.02%～0.04%，可在混凝土结构中建立0.2～0.7MPa预压应力，降低水化热，达到抗裂防渗效果。

（3）掺入UEA－Ⅱ的混凝土强度和其他力学性能与不掺的混凝土基本相同，后期强度检定上升，不含氧离子，对钢筋无锈蚀，对水质无影响。

（4）掺UEA－Ⅱ的混凝土在高温下（30℃以上）坍落度损失接近不掺的混凝土。

2. 适用范围

（1）高温条件下施工的补偿收缩商品混凝土和现拌混凝土。

（2）控制温差裂缝的大体积混凝土和防水混凝土。

（3）最佳使用温度15～40℃。

2.10.1.3 早强泵送型UEA（UEA－Ⅲ）

1. 技术性能

（1）在水泥中内掺（取代水泥量）8%～10% UEA－Ⅲ的混凝土与不掺的混凝土相比。减水率为12%～16%。坍落度提高10cm以上、加压失水率和常压泌水率显著降低，可配制良好的可泵性补偿收缩混凝土。

（2）在水泥中掺入8%～10% UEA－Ⅲ的混凝土，限制膨胀率为0.02%～0.04%，可在混凝土结构中建立0.2～0.7MPa预压应力，抗渗等级大于P12，起到抗裂防渗效果。

（3）掺UEA－Ⅲ的混凝土，早期抗压强度提高30%。28d强度提高20%；其他物理力学性能与普通混凝土基本相同。

2. 适用范围

（1）低温施工下的补偿收缩泵送混凝土。

（2）低温施工下控制温差裂缝的大体积混凝土和防水混凝土。

（3）最佳使用温度为0～20℃。

2.10.1.4 防冻型UEA（UEA－Ⅳ）

1. 技术性能

（1）在水泥中掺入10%～12% UEA－Ⅳ的混凝土与不掺的混凝土相比，可防止混凝土受冻，同时使混凝土在负温下仍保留部分自由水，继续水化，提高低温的混凝土强度。

（2）掺UEA－Ⅳ的混凝土，与不掺的混凝土相比，坍落度提高10cm，凝结正常，具有良好的泵送性能。

（3）掺入10%～12% UEA－Ⅳ的混凝土，限制膨胀率为0.02%～0.04%，可在混凝土结构中建立0.2～0.7MPa预应力，抗渗等级大于P12，达到抗裂防渗效果。

（4）掺入UEA－Ⅳ的混凝土防冻性能良好。按照标准方法检验，抗压强度比大于90%，本产品对钢筋无锈蚀作用。

2. 适用范围

（1）负温施工下的补偿收缩泵送混凝土和现拌混凝土。

（2）负温施工下控制温差裂缝的大体积混凝土和防水混凝土。

（3）使用温度－5～－15℃。

2.10.1.5 高性能UEA（UEA－Ⅴ）

1. 技术性能

（1）内掺（取代水泥量）8%～10% UEA－Ⅴ的混凝土与不掺的混凝土相比，其特性指标为：3d抗压强度提高30%～40%，28d抗压强度提高10%～20%，抗渗等级大于P12。抗冻标号大于D300。

（2）凝结时间延长2～4h，坍落度提高10cm以上，可泵性好，不泌水，不离析。

（3）混凝土膨胀率为0.02%～0.04%，可在混凝土结构中建立0.2～0.7MPa预压应力，提高混凝土抗裂性。

2. 适用范围

（1）高强度（C40～C60）、高抗渗、高抗冻的补偿收缩泵送混凝土和现拌混凝土。

（2）控制温差裂缝的C40～C60大体积混凝土和防水混凝土。

（3）高性能的特殊结构工程。

2.10.2 其他膨胀材料

2.10.2.1 分类

混凝土膨胀剂可按水化产物和限制膨胀率分类，具体分类如图2.10.2所示。

1. 硫铝酸钙类混凝土膨胀剂

与水泥、水拌和后经水化反应生成钙矾石的混凝土膨胀剂。

2. 氧化钙混凝土膨胀剂

与水泥、水拌和后经水化反应生成氢氧化钙的混凝土膨胀剂。

3. 硫铝酸钙类混凝土膨胀剂

与水泥、水拌和后经水化反应生成钙矾石和氢氧化钙的混凝土膨胀剂。

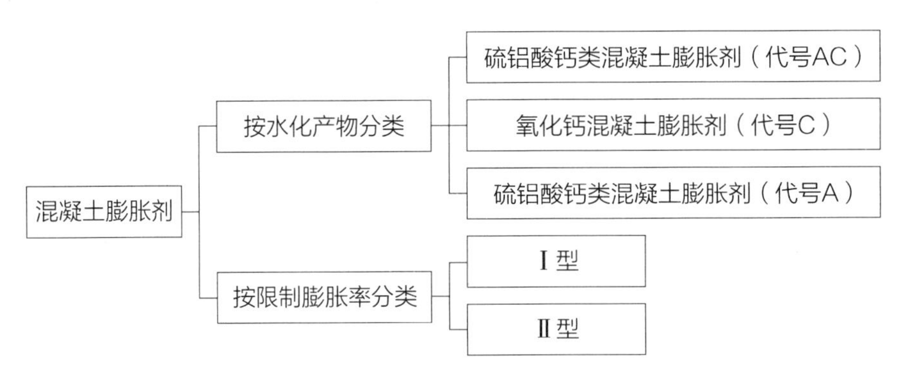

图2.10.2 混凝土膨胀剂的分类

2.10.2.2 材料性能指标

混凝土膨胀剂性能指标应满足表2.10.1的要求。

混凝土膨胀剂性能指标 表2.10.1

项目			指标	
			Ⅰ型	Ⅱ型
细度	比表面积（m^2/kg）	≥	200	
	1.18mm筛余（%）	≤	0.5	
凝结时间	初凝（min）	≥	45	
	终凝（min）	≤	600	
限制膨胀率（%）	水中7d	≥	0.025	0.050
	空气中21d	≥	-0.020	-0.010
抗压强度（MPa）	7d	≥	20.0	
	28d	≥	40.0	

注：本表中的限制膨胀率为强制性的，其余为推荐性的。

第3章 地下工程渗漏防治

本章首先介绍了相关规范对于地下工程防水设计、监理、施工、验收等方面的一般规定与技术要求；结合主要技术规范和工程实践经验，重点对地下工程中常见的渗漏部位如后浇带、侧墙、顶板、底板、通风井与采光井以及地下室车库出入口等处的渗漏现象进行详细描述，同时分析渗漏原因并提出有效防治措施；结合典型案例介绍地下工程渗漏防治的成功经验，为解决地下工程的渗漏问题提供借鉴和参考。

渗漏被公认为是地下工程中最难治理的病害。造成渗漏的原因往往是多方面的，但最终都可归结为如下几个方面：设计设防不当、施工细部处理粗糙、材料选用与质量问题以及使用管理不当。地下室各部位的渗漏在处理方式上可以采用“堵、疏、补”原则。

“堵”：适用于各种非结构裂缝，适用范围较广，堵漏效果较理想。

“疏”：适用于地下室外墙、底板较大的渗漏点。

“补”：适用于渗漏点埋深较浅的部位，易修补部位，如穿墙（顶板）套管重新填塞，附加层、防水层的修补以及顶板在较薄种植土下的防水层补漏等。地下室防水体系中比较容易产生渗漏的重点部位如图3.0.1所示，本章的编写也是主要基于这些部位展开论述。

3.1 地下防水一般规定与技术要点

3.1.1 建设单位责任

1. 建设单位应当将工程发包给具有相应资质等级的单位，建设单位不得将建设工程肢解发包。

2. 建设单位应当依法对工程建设项目的勘察、设计、施工、监理以及与

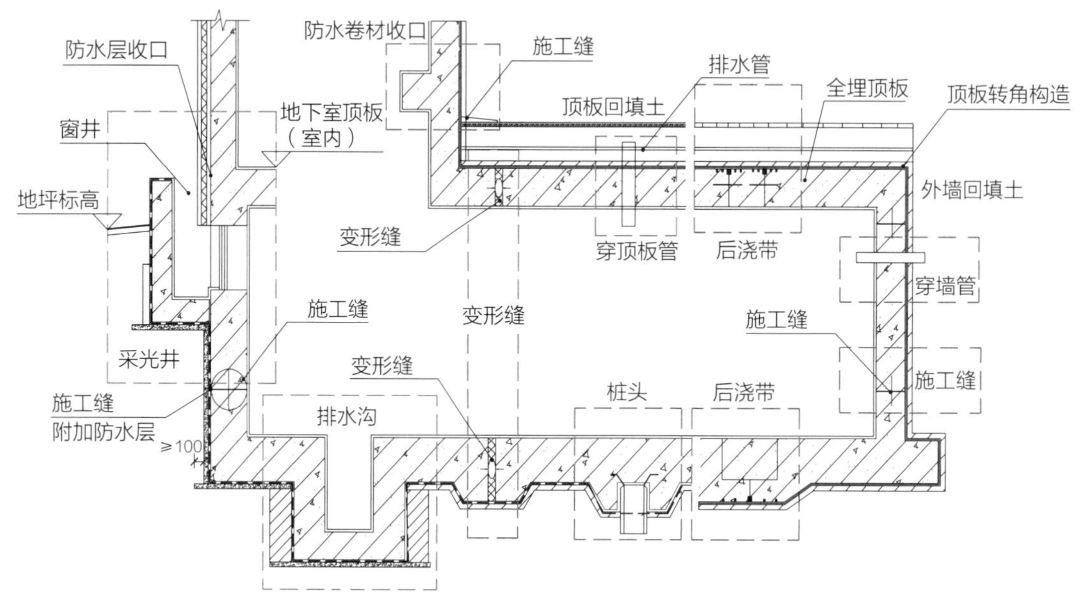

图3.0.1 地下室易渗重点部位汇总

工程建设有关的重要设备、材料等的采购进行招标。

3. 建设单位必须向有关的勘察、设计、施工、工程监理等单位提供与建设工程有关的原始资料，原始资料必须真实、准确、齐全。

4. 建设工程发包单位不得迫使承包方以低于成本的价格竞标，不得任意压缩合理工期。建设单位不得明示或者暗示设计单位或者施工单位违反工程建设强制性标准，降低工程建设质量。

5. 建设单位应当将施工图设计文件报县级以上人民政府建设行政主管部门或者其他有关部门审查。施工图设计文件审查的具体办法，由国务院建设行政主管部门会同国务院其他有关部门制定。

3.1.2 地下防水设计

3.1.2.1 一般规定

1. 地下工程应进行防水设计，并应做到定级准确、方案可靠、施工简便、耐久适用、经济合理。

2. 地下工程防水方案应根据工程规划、结构设计、材料选择、结构耐久性和施工工艺等确定。

3. 地下工程的防水设计，应根据地表水、地下水、毛细管水等的作用，以及由于人为因素引起的附近水文地质改变的影响确定。单建式的地下工程，宜采用全封闭、部分封闭的防排水设计；附建式的全地下或半地下工程的防水设防高度，应高出室外地坪高程500mm以上。

4. 地下工程迎水面主体结构应采用防水混凝土，并应根据防水等级的要求采取其他防水措施。

5. 地下工程的变形缝（诱导缝）、施工缝、后浇带、穿墙管（盒）、预埋件、预留通道接头、桩头等细部构造，应加强防水措施。

6. 地下工程的排水管沟、地漏、出入口、窗井、风井等，应采取防倒灌措施；寒冷及严寒地区的排水沟应采取防冻措施。

7. 地下工程的防水设计，应根据工程的特点和需要搜集下列资料：

（1）最高地下水位的高程、出现的年代，近几年的实际水位高程和随季节变化情况；

（2）地下水类型、补给来源、水质、流量、流向、压力；

（3）工程地质构造，包括岩层走向、倾角、节理及裂隙，含水地层的特性、分布情况和渗透系数，溶洞及陷穴，填土区、湿陷性土和膨胀土层等情况；

（4）历年气温变化情况、降水量、地层冻结深度；

（5）区域地形、地貌、天然水流、水库、废弃坑井以及地表水、洪水和给水排水系统资料；

（6）工程所在区域的地震烈度、地热，含瓦斯等有害物质的资料；

（7）施工技术水平和材料来源。

8. 地下工程防水设计，应包括下列内容：

（1）防水等级和设防要求；

（2）防水混凝土的抗渗等级和其他技术指标、质量保证措施；

（3）其他防水层选用的材料及其技术指标、质量保证措施；

（4）工程细部构造的防水措施，选用的材料及其技术指标、质量保证措施；

（5）工程的防排水系统、地面挡水、截水系统及工程各种洞口的防倒灌措施。

3.1.2.2 防水等级

1. 地下工程防水等级应分为四级，各等级防水标准应符合表3.1.1的规定。

地下工程防水标准　表3.1.1

防水等级	防水标准
一级	不允许渗水，结构表面无湿渍
二级	不允许漏水，结构表面可有少量湿渍； 工业与民用建筑：总湿渍面积不应大于总防水面积（包括顶板、墙面、地面）的1/1000；任意100m^2防水面积上的湿渍不超过2处，单个湿渍的最大面积不大于0.1m^2； 其他地下工程：总湿渍面积应大于总防水面积的2/1000；任意100m^2防水面积上的湿渍不超过3处，单个湿渍的最大面积不大于0.2m^2；其中隧道工程还要求平均渗水量不大于0.05L/（m^2·d），任意100m^2防水面积上的渗水量不大于0.15L/（m^2·d）
三级	有少量漏水点，不得有线流和漏泥砂； 任意100m^2防水面积上的漏水或湿渍点数不超过7处，单个漏水点的最大渗水量不大于2.5L/d，单个湿渍的最大面积不大于0.3m^2
四级	有漏水点，不得有线流和漏泥砂； 整个工程平均渗水量不大于2L/（m^2·d）；任意100m^2防水面积上的平均渗水量不大于4L/（m^2·d）

2. 地下工程不同防水等级的适用范围，应根据工程的重要性和使用中对防水的要求按表3.1.2选定。

不同防水等级的适用范围　表3.1.2

防水等级	适用范围
一级	人员长期停留的场所；因有少量湿渍会使物品变质、失效的贮物场所及严重影响设备正常运转和危及工程安全运营的部位；极重要的战备工程、地铁车站
二级	人员经常活动的场所；在有少量湿渍的情况下不会使物品变质、失效的贮物场所及基本不影响设备正常运转和工程安全运营的部位；重要的战备工程
三级	人员临时活动的场所；一般战备工程
四级	对渗漏水无严格要求的工程

3.1.2.3 防水设防要求

1. 地下工程的防水设防要求，应根据使用功能、使用年限、水文地质、结构形式、环境条件、施工方法及材料性能等因素确定。

（1）明挖法地下工程的防水设防要求应按表3.1.3选用；

（2）暗挖法地下工程的防水设防要求应按表3.1.4选用。

2. 处于侵蚀性介质中的工程，应采用耐侵蚀的防水混凝土、防水砂浆、防水卷材或防水涂料等防水材料。

3. 处于冻融侵蚀环境中的地下工程，其混凝土抗冻融循环不得少于300次。

4. 结构刚度较差或受振动作用的工程，宜采用延伸率较大的卷材、涂料等柔性防水材料。

明挖法地下工程防水设防要求　　　　表3.1.3

<table>
<tr><th colspan="2">工程部位</th><th colspan="7">主体结构</th><th colspan="7">施工缝</th><th colspan="5">后浇带</th><th colspan="6">变形缝（诱导缝）</th></tr>
<tr><th colspan="2">防水措施</th><th>防水混凝土</th><th>防水卷材</th><th>防水涂料</th><th>塑料防水板</th><th>膨润土防水材料</th><th>防水砂浆</th><th>金属防水板</th><th>遇水膨胀止水条（胶）</th><th>外贴式止水带</th><th>中埋式止水带</th><th>外抹防水砂浆</th><th>外涂防水涂料</th><th>水泥基渗透结晶型防水涂料</th><th>预埋注浆管</th><th>补偿收缩混凝土</th><th>外贴式止水带</th><th>预埋注浆管</th><th>遇水膨胀止水条（胶）</th><th>防水密封材料</th><th>中埋式止水带</th><th>外贴式止水带</th><th>可卸式止水带</th><th>防水密封材料</th><th>外贴防水卷材</th><th>外涂防水涂料</th></tr>
<tr><td rowspan="4">防水等级</td><td>一级</td><td>应选</td><td colspan="6">应选一至二种</td><td colspan="7">应选二种</td><td>应选</td><td colspan="4">应选二种</td><td>应选</td><td colspan="5">应选一至二种</td></tr>
<tr><td>二级</td><td>应选</td><td colspan="6">应选一种</td><td colspan="7">应选一至二种</td><td>应选</td><td colspan="4">应选一至二种</td><td>应选</td><td colspan="5">应选一至二种</td></tr>
<tr><td>三级</td><td>应选</td><td colspan="6">宜选一种</td><td colspan="7">宜选一至二种</td><td>应选</td><td colspan="4">宜选一至二种</td><td>应选</td><td colspan="5">宜选一至二种</td></tr>
<tr><td>四级</td><td>宜选</td><td colspan="6">—</td><td colspan="7">宜选一种</td><td>应选</td><td colspan="4">宜选一种</td><td>应选</td><td colspan="5">宜选一种</td></tr>
</table>

暗挖法地下工程防水设防要求　　　　表3.1.4

<table>
<tr><th colspan="2">工程部位</th><th colspan="6">衬砌结构</th><th colspan="6">内衬砌施工缝</th><th colspan="5">内衬砌变形缝（诱导缝）</th></tr>
<tr><th colspan="2">防水措施</th><th>防水混凝土</th><th>塑料防水板</th><th>防水砂浆</th><th>防水涂料</th><th>防水卷材</th><th>金属防水层</th><th>外贴式止水带</th><th>预埋注浆管</th><th>遇水膨胀止水条（胶）</th><th>防水密封材料</th><th>中埋式止水带</th><th>水泥基渗透结晶型防水涂料</th><th>中埋式止水带</th><th>外贴式止水带</th><th>可卸式止水带</th><th>防水密封材料</th><th>遇水膨胀止水条（胶）</th></tr>
<tr><td rowspan="4">防水等级</td><td>一级</td><td>必选</td><td colspan="5">应选一至二种</td><td colspan="6">应选一至二种</td><td>应选</td><td colspan="4">应选一至二种</td></tr>
<tr><td>二级</td><td>应选</td><td colspan="5">应选一种</td><td colspan="6">应选一种</td><td>应选</td><td colspan="4">应选一种</td></tr>
<tr><td>三级</td><td>宜选</td><td colspan="5">宜选一种</td><td colspan="6">宜选一种</td><td>应选</td><td colspan="4">宜选一种</td></tr>
<tr><td>四级</td><td>宜选</td><td colspan="5">宜选一种</td><td colspan="6">宜选一种</td><td>应选</td><td colspan="4">宜选一种</td></tr>
</table>

5. 种植顶板防水设计应包括主体结构防水、管线、花池、排水沟、通风井和亭、台、架、柱等构配件的防排水、泛水设计。

6. 地下室顶板为车道或硬铺地面时，应根据工程所在地区现行建筑节能标准进行绝热（保温）层的设计。

7. 少雨地区的地下工程顶板种植土宜与大于1/2周边的自然土体相连，若低于周边土体时，宜设置蓄排水层。

8. 种植土中的积水宜通过盲沟排至周边土体或建筑排水系统。

9. 地下工程种植顶板的防排水构造应符合下列要求：

（1）耐根穿刺防水层应铺设在普通防水层上面。

（2）耐根穿刺防水层表面应设置保护层，保护层与防水层之间应设置隔离层。

（3）排（蓄）水层应根据渗水性、储水量、稳定性、抗生物性和碳酸盐含量等因素进行设计；排（蓄）水层应设置在保护层上面，并应结合排水沟分区设置。

（4）排（蓄）水层应设置过滤层，过滤层材料的搭接宽度不应小于200mm。

（5）种植土层与植被层应符合国家现行标准《种植屋面工程技术规程》JGJ 155的有关规定。

10. 地下工程种植顶板防水材料应符合下列要求：

（1）绝热（保温）层应选用密度小、压缩强度大、吸水率低的绝热材料，不得选用散状绝热材料。

（2）耐根穿刺层防水材料的选用应符合国家相关标准的规定或具有相关权威检测机构出具的材料性能检测报告。

（3）排（蓄）水层应选用抗压强度大且耐久性好的塑料排水板、网状交织排水板或轻质陶粒等轻质材料。

3.1.3 地下防水施工

3.1.3.1 防水混凝土

1. 防水混凝土施工前应做好降排水工作，不得在有积水的环境中浇筑混凝土。

2. 防水混凝土的配合比，应符合下列规定：

（1）胶凝材料用量应根据混凝土的抗渗等级和强度等级

等选用，其总用量不宜小于320kg/m³；当强度要求较高或地下水有腐蚀性时，胶凝材料用量可通过试验调整。

（2）在满足混凝土抗渗等级、强度等级和耐久性条件下，水泥用量不宜小于260kg/m³。

（3）砂率宜为35%～40%，泵送时可增至45%。

（4）灰砂比宜为1∶2.5～1∶1.5。

（5）水胶比不得大于0.50，有侵蚀性介质时水胶比不宜大于0.45。

（6）防水混凝土采用预拌混凝土时，入泵坍落度宜控制在120～160mm，坍落度每小时损失值不应大于20mm，坍落度总损失值不应大于40mm。

（7）掺加引气剂或引气型减水剂时，混凝土含气量应控制在3%～5%。

（8）预拌混凝土的初凝时间宜为6～8h。

3. 防水混凝土配料应按配合比准确称量，其计量允许偏差应符合表3.1.5的规定。

防水混凝土配料计量允许偏差　　表3.1.5

混凝土组成材料	每盘计量（%）	累计计量（%）
水泥、掺合料	±2	±1
粗、细骨料	±3	±2
水、外加剂	±2	±1

注：累计计量仅适用微机控制计量的搅拌站。

4. 使用减水剂时，减水剂宜配制成一定浓度的溶液。

5. 防水混凝土应分层连续浇筑，分层厚度不得大于500mm。

6. 用于防水混凝土的模板应拼缝严密、支撑牢固。

7. 防水混凝土拌合物应采用机械搅拌，搅拌时间不宜小于2min。掺外加剂时，搅拌时间应根据外加剂的技术要求确定。

8. 防水混凝土拌合物在运输后如出现离析，必须进行二次搅拌。当坍落度损失后不能满足施工要求时，应加入原水胶比的水泥浆或掺加同品种的减水剂进行搅拌，严禁直接加水。

9. 防水混凝土应采用机械振捣，避免漏振、欠振和超振。

10. 防水混凝土应连续浇筑，宜少留施工缝。当留设施工缝时，应符合下列规定：

（1）墙体水平施工缝不应留在剪力最大处或底板与侧墙的交接处，应留在高出底板表面不小于300mm的墙体上。拱（板）墙结合的水平施工缝，宜留在拱（板）墙接缝线以下150～300mm处。墙体有预留孔洞时，施工缝距孔洞边缘不应小于300mm。

（2）垂直施工缝应避开地下水和裂隙水较多的地段，并宜与变形缝相结合。

11. 施工缝防水构造形式宜按图3.1.1～图3.1.4选用，当采用两种以上构造措施时可进行有效组合。

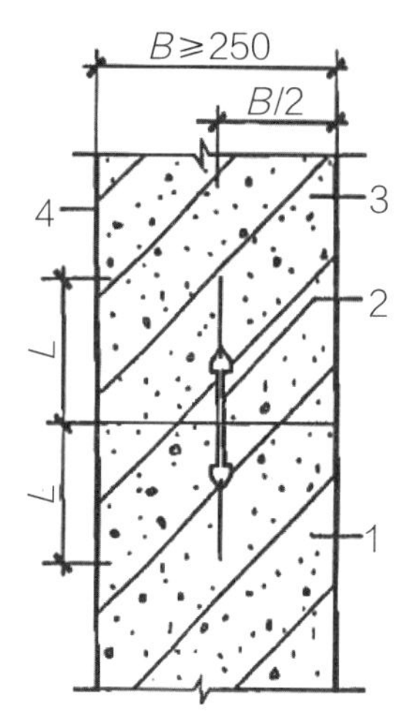

图3.1.1 施工缝防水构造（一）

钢板止水带$L\geq150$；橡胶止水带$L\geq200$；钢边橡胶止水带$L\geq120$；1—先浇混凝土；2—中埋止水带；3—后浇混凝土；4—结构迎水面

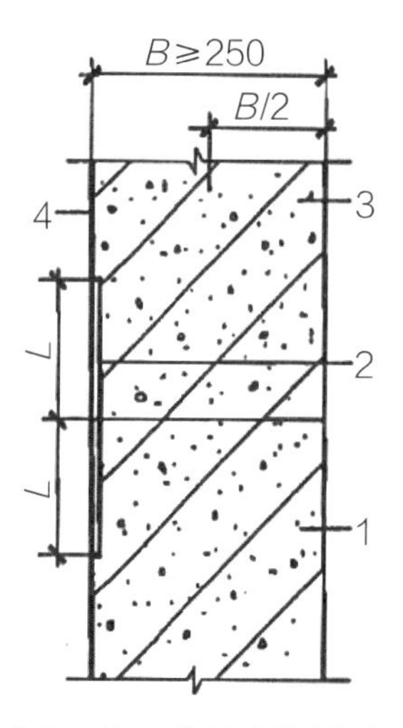

图3.1.2 施工缝防水构造（二）

外贴止水带$L\geq150$；外涂防水涂料$L=200$；外抹防水砂浆$L=200$；1—先浇混凝土；2—外贴止水带；3—后浇混凝土；4—结构迎水面

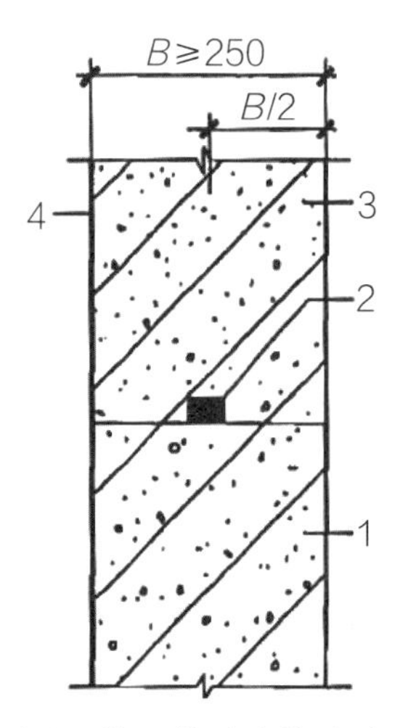

图3.1.3 施工缝防水构造（三）

1—先浇混凝土；2—遇水膨胀止水条（胶）；3—后浇混凝土；4—结构迎水面

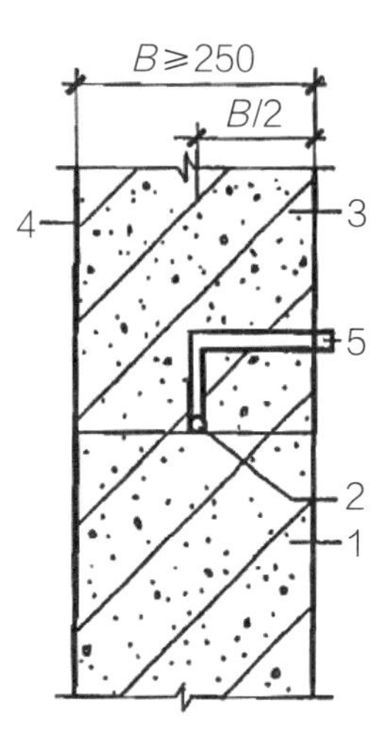

图3.1.4 施工缝防水构造（四）

1—先浇混凝土；2—预埋注浆管；3—后浇混凝土；4—结构迎水面；5—注浆导管

12. 施工缝的施工应符合下列规定：

（1）水平施工缝浇筑混凝土前，应将其表面浮浆和杂物清除，然后铺设净浆或涂刷混凝土界面处理剂、水泥基渗透结晶型防水涂料等材料，再铺30～50mm厚的1∶1水泥砂浆，并应及时浇筑混凝土。

（2）垂直施工缝浇筑混凝土前，应将其表面清理干净，再涂刷混凝土界面处理剂或水泥基渗透结晶型防水涂料，并应及时浇筑混凝土。

（3）遇水膨胀止水条（胶）应与接缝表面密贴。

（4）选用的遇水膨胀止水条（胶）应具有缓胀性能，7d的净膨胀率不宜大于最终膨胀率的60%，最终膨胀率宜大于220%。

（5）采用中埋式止水带或预埋式注浆管时，应定位准确、固定牢靠。

13. 大体积防水混凝土的施工，应符合下列规定：

（1）在设计许可的情况下，掺粉煤灰混凝土设计强度等级的龄期宜为60d或90d。

（2）宜选用水化热低和凝结时间长的水泥。

（3）宜掺入减水剂、缓凝剂等外加剂和粉煤灰、磨细矿渣粉等掺合料。

（4）炎热季节施工时，应采取降低原材料温度、减少混凝土运输时吸收外界热量等降温措施，入模温度不应大于30℃。

（5）混凝土内部预埋管道，宜进行水冷散热。

（6）应采取保温保湿养护。混凝土中心温度与表面温度的差值不应大于25℃，表面温度与大气温度的差值不应大于20℃，温降梯度不得大于3℃/d，养护时间不应少于14d。

14. 防水混凝土结构内部设置的各种钢筋或绑扎铁丝，不得接触模板。用于固定模板的螺栓必须穿过混凝土结构时，可采用工具式螺栓或螺栓加堵头，螺栓上应加焊方形止水环。拆模后应将留下的凹槽用密封材料封堵密实，并应用聚合物水泥砂浆抹平（图3.1.5）。

15. 防水混凝土终凝后应立即进行养护，养护时间不得少于14d。

16. 防水混凝土的冬期施工，应符合下列规定：

（1）混凝土入模温度不应低于5℃；

（2）混凝土养护应采用综合蓄热法、蓄热法、暖棚法、掺化学外加剂等方法，不得采用电热法或蒸气直接加热法；

（3）应采取保湿保温措施。

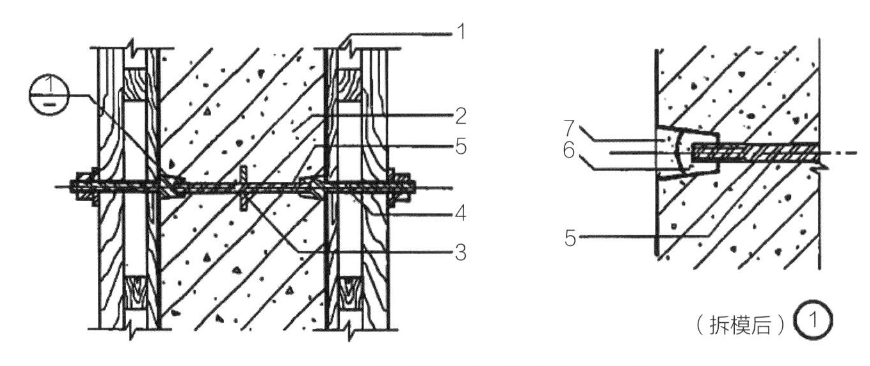

图3.1.5　固定模板用螺栓的防水构造
1—模板；2—结构混凝土；3—止水环；4—工具式螺栓；
5—固定模板用螺栓；6—密封材料；7—聚合物水泥砂浆

3.1.3.2 水泥砂浆防水层

1. 基层表面应平整、坚实、清洁，并应充分湿润、无明水。

2. 基层表面的孔洞、缝隙，应采用与防水层相同的防水砂浆堵塞并抹平。

3. 施工前应将预埋件、穿墙管预留凹槽内嵌填密封材料后，再施工水泥砂浆防水层。

4. 防水砂浆的配合比和施工方法应符合所掺材料的规定，其中聚合物水泥防水砂浆的用水量应包括乳液中含水量。

5. 水泥砂浆防水层应分层铺抹或喷射，铺抹时应压实、抹平，最后一层表面应提浆压光。

6. 聚合物水泥防水砂浆拌合后应在规定时间内用完，施工中不得任意加水。

7. 水泥砂浆防水层各层应紧密粘合，每层宜连续施工；必须留设施工缝时，应采用阶梯坡形槎，但离阴阳角处的距离不得小于200mm。

8. 水泥砂浆防水层不得在雨天、五级及以上大风中施工。冬期施工时，气温不应低于5℃。夏期不宜在30℃以上或烈日照射下施工。

9. 水泥砂浆防水层终凝后，应及时进行养护，养护温度不宜低于5℃，并应保持砂浆表面湿润，养护时间不得少于14d。

10. 聚合物水泥防水砂浆未达到硬化状态时，不得浇水养护或直接受雨水冲刷，硬化后应采用干湿交替的养护方法。潮湿环境中，可在自然条件下养护。

3.1.3.3 卷材防水层

1. 卷材防水层的基面应坚实、平整、清洁，阴阳角处应做圆弧或折角，并应符合所用卷材的施工要求。细部做法如图3.1.6所示。

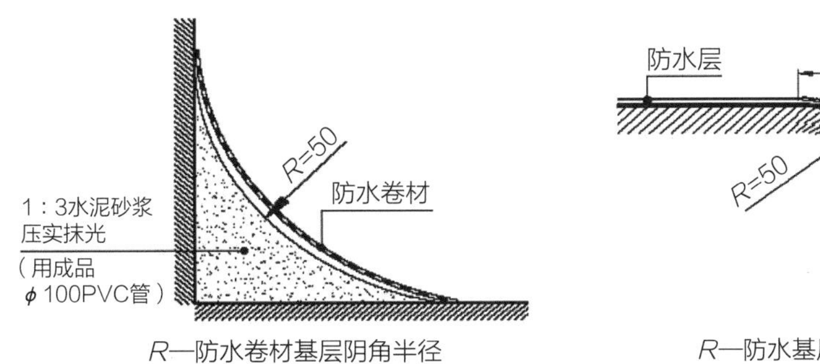

（a）阴角基层处理示意图

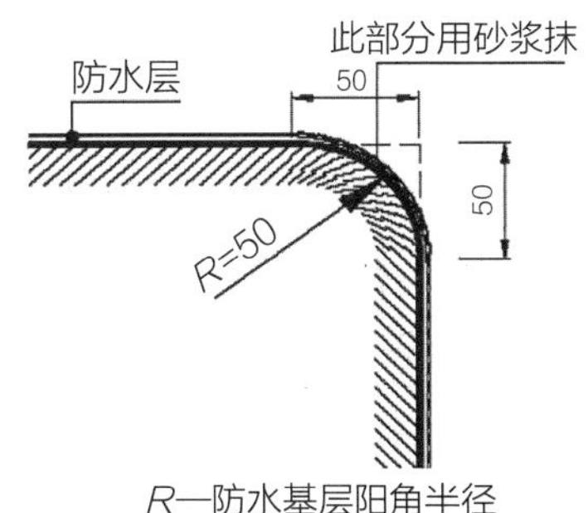

（b）阳角基层处理示意图

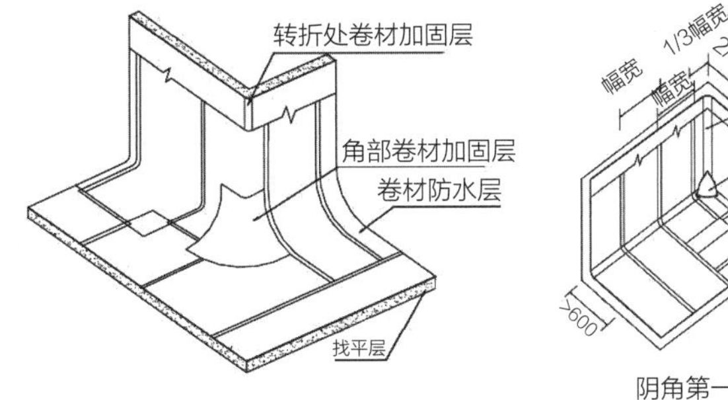

（c）阴角基层处理示意图

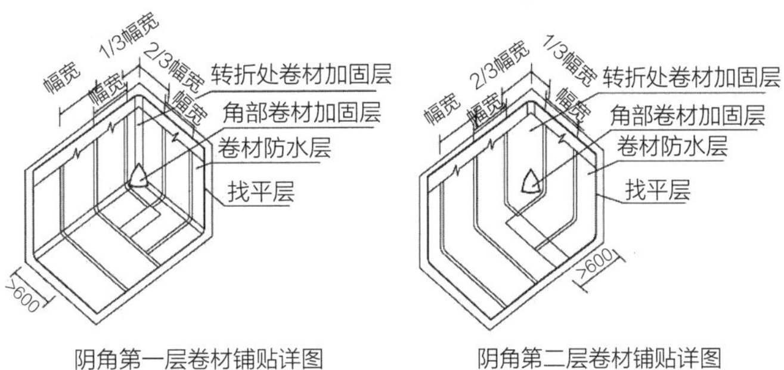

（d）阳角防水附加层示意图

（e）防水附加层效果图

图3.1.6　防水层细部做法

2. 铺贴卷材严禁在雨天、雪天、五级及以上大风中施工；冷粘法、自粘法施工的环境气温不宜低于5℃，热熔法、焊接法施工的环境气温不宜低于－10℃。施工过程中下雨或下雪时，应做好已铺卷材的防护工作。

3. 不同品种卷材的搭接宽度，应符合表3.1.6的要求。

4. 防水卷材施工前，基面应干净、干燥，并应涂刷基层处理剂；当基面潮湿时，应涂刷湿固化型胶粘剂或潮湿界面隔离剂。基层处理剂的配制与施工应符合下列要求：

各类防水卷材的搭接宽度 表3.1.6

卷材品种	搭接宽度（mm）
弹性体改性沥青防水卷材	100
改性沥青聚乙烯胎防水卷材	100
自粘聚合物改性沥青防水卷材	80
三元乙丙橡胶防水卷材	100/60（胶粘剂/胶粘带）
聚氯乙烯防水卷材	60/80（单焊缝/双焊缝）
	100（胶粘剂）
聚乙烯丙纶复合防水卷材	100（粘结料）
高分子自粘胶膜防水卷材	70/80（自粘胶/胶粘带）

（1）基层处理剂应与卷材及其粘结材料的材性相容。

（2）基层处理剂喷涂或刷涂应均匀一致，不应露底，表面干燥后方可铺贴卷材。

5. 铺贴各类防水卷材应符合下列规定：

（1）应铺设卷材加强层。

（2）结构底板垫层混凝土部位的卷材可采用空铺法或点粘法施工，其粘结位置、点粘面积应按设计要求确定；侧墙采用外防外贴法的卷材及顶板部位的卷材应采用满粘法施工。

（3）卷材与基面、卷材与卷材间的粘结应紧密、牢固；铺贴完成的卷材应平整顺直，搭接尺寸应准确，不得产生扭曲和皱折。

（4）卷材搭接处和接头部位应粘贴牢固，接缝口应封严或采用材性相容的密封材料封缝。

（5）铺贴立面卷材防水层时，应采取防止卷材下滑的措施。

（6）铺贴双层卷材时，上下两层和相邻两幅卷材的接缝应错开1/3～1/2幅宽，且两层卷材不得相互垂直铺贴。卷材搭接如图3.1.7所示。

6. 弹性体改性沥青防水卷材和改性沥青聚乙烯胎防水卷材采用热熔法施工应加热均匀，不得加热不足或烧穿卷材，搭接缝部位应溢出热熔的改性沥青。

7. 铺贴自粘聚合物改性沥青防水卷材应符合下列规定：

（1）基层表面应平整、干净、干燥、无尖锐突起物或空隙；

（2）排除卷材下面的空气，应辊压粘贴牢固，卷材表面不得有扭曲、皱折

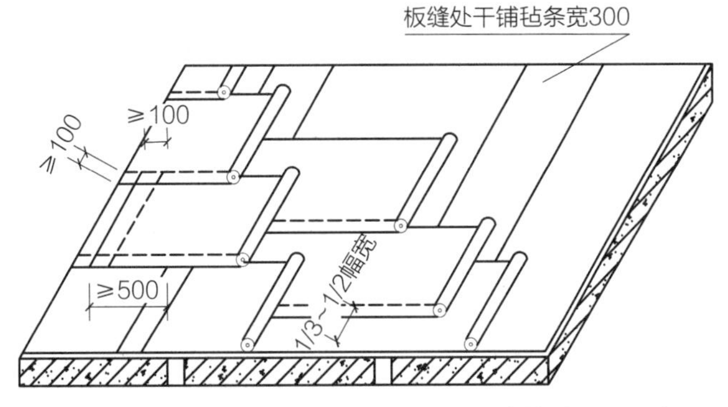

图3.1.7　SBS防水卷材搭接示意图（单位：mm）

和起泡现象；

（3）立面卷材铺贴完成后，应将卷材端头固定或嵌入墙体顶部的凹槽内，并应用密封材料封严；

（4）低温施工时，宜对卷材和基面适当加热，然后铺贴卷材。

8. 铺贴三元乙丙橡胶防水卷材应采用冷粘法施工，并应符合下列规定：

（1）基底胶粘剂应涂刷均匀，不应露底、堆积；

（2）胶粘剂涂刷与卷材铺贴的间隔时间应根据胶粘剂的性能控制；

（3）铺贴卷材时，应辊压粘贴牢固；

（4）搭接部位的粘合面应清理干净，并应采用接缝专用胶粘剂或胶粘带粘结。

9. 铺贴聚氯乙烯防水卷材，接缝采用焊接法施工时，应符合下列规定：

（1）卷材的搭接缝可采用单焊缝或双焊缝。单焊缝搭接宽度应为60mm，有效焊接宽度不应小于30mm；双焊缝搭接宽度应为80mm，中间应留设10～20mm空腔，有效焊接宽度不宜小于10mm。

（2）焊接缝的结合面应清理干净，焊接应严密。

（3）应先焊长边搭接缝，后焊短边搭接缝。

10. 铺贴聚乙烯丙纶复合防水卷材应符合下列规定：

（1）应采用配套的聚合物水泥防水粘结材料；

（2）卷材与基层粘贴应采用满粘法，粘结面积不应小于90%，刮涂粘结料应均匀，不应露底、堆积；

（3）固化后的粘结料厚度不应小于1.3mm；

（4）施工完的防水层应及时做保护层。

11. 高分子自粘胶膜防水卷材宜采用预铺反粘法施工，并应符合下列规定：

（1）卷材宜单层铺设；

（2）在潮湿基面铺设时，基面应平整坚固、无明显积水；

（3）卷材长边应采用自粘边搭接，短边应采用胶粘带搭接，卷材端部搭接区应相互错开；

（4）立面施工时，在自粘边位置距离卷材边缘10～20mm内，应每隔400～600mm进行机械固定，并应保证固定位置被卷材完全覆盖；

（5）浇筑结构混凝土时不得损伤防水层。

12. 采用外防外贴法铺贴卷材防水层时，应符合下列规定：

（1）应先铺平面，后铺立面，交接处应交叉搭接。

（2）临时性保护墙宜采用石灰砂浆砌筑，内表面宜做找平层。

（3）从底面折向立面的卷材与永久性保护墙的接触部位，应采用空铺法施工；卷材与临时性保护墙或围护结构模板的接触部位，应将卷材临时贴附在该墙上或模板上，并应将顶端临时固定。

（4）当不设保护墙时，从底面折向立面卷材接槎部位应采取可靠的保护措施。

（5）混凝土结构完成，铺贴立面卷材时，应先将接槎部位的各层卷材揭开，并应将其表面清理干净，如卷材有局部损伤，应及时进行修补；卷材接槎的搭接长度，高聚物改性沥青类卷材应为150mm，合成高分子类卷材应为100mm；当使用两层卷材时，卷材应错槎接缝，上层卷材应盖过下层卷材。

（6）卷材防水层甩槎、接槎构造如图3.1.8所示。

13. 采用外防内贴法铺贴卷材防水层时，应符合下列规定：

（1）混凝土结构的保护墙内表面应抹厚度为20mm的1：3水泥砂浆找平层，然后铺贴卷材；

（2）卷材宜先铺立面，后铺平面；铺贴立面时，应先铺转角，后铺大面。

14. 卷材防水层检查合格后，应及时做保护层，保护层应符合下列规定：

（1）顶板卷材防水层上的细石混凝土保护层，应符合下列规定：

①采用机械碾压回填土时，保护层厚度不宜小于70mm；

②采用人工回填土时，保护层厚度不宜小于50mm；

③防水层与保护层之间宜设置隔离层。

（2）底板卷材防水层上的细石混凝土保护层厚度不应小于50mm。

（3）侧墙卷材防水层宜采用软质保护材料或铺抹20mm厚1：2.5水泥砂浆层。

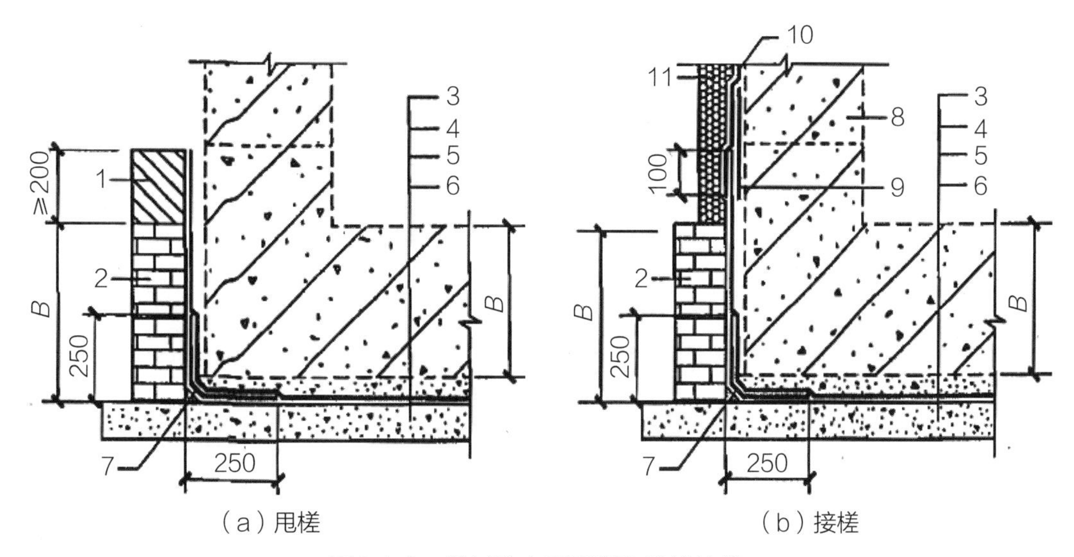

图3.1.8　卷材防水层甩槎和接槎构造

1—临时保护墙；2—永久保护墙；3—细石混凝土保护层；4—卷材防水层；5—水泥砂浆找平层；6—混凝土垫层；7—卷材加强层；8—结构墙体；9—卷材加强层；10—卷材防水层；11—卷材保护层

3.1.3.4 涂料防水层

1. 无机防水涂料基层表面应干净、平整、无浮浆和明显积水。

2. 有机防水涂料基层表面应基本干燥，不应有气孔、凹凸不平、蜂窝麻面等缺陷。涂料施工前，基层阴阳角应做成圆弧形。

3. 涂料防水层严禁在雨天、雾天、五级以上大风时施工，不得在施工环境温度低于5℃及高于35℃或烈日暴晒时施工。涂膜固化前如有降雨可能时，应及时做好已完涂层的保护工作。

4. 防水涂料的配制应按涂料的技术要求进行。

5. 防水涂料应分层刷涂或喷涂，涂层应均匀，不得漏刷漏涂；接槎宽度不应小于100mm。

6. 铺贴胎体增强材料时，应使胎体层充分浸透防水涂料，不得有露槎及褶皱。

7. 有机防水涂料施工完后应及时做保护层，保护层应符合下列规定：

（1）底板、顶板应采用20mm厚1：2.5水泥砂浆层和40～50mm厚的细石混凝土保护层，防水层与保护层之间宜设置隔离层；

（2）侧墙背水面保护层应采用20mm厚1：2.5水泥砂浆；

（3）侧墙迎水面保护层宜选用软质保护材料或20mm厚1：2.5水泥砂浆。

防水材料的喷刷如图3.1.9所示。

（a）防水层喷涂

（b）防水层刷涂

图3.1.9 有机防水涂料的涂刷

3.1.3.5 塑料防水板防水层

1. 塑料防水板防水层的基面应平整、无尖锐凸出物；基面平整度D/L不应大于1/6。

注：D为初期支护基面相邻两凸面间凹进去的深度；L为初期支护基面相邻两凸面间的距离。

2. 铺设塑料防水板前应先铺缓冲层，缓冲层应采用暗钉圈固定在基面上（图3.1.10）。钉距应根据基面平整情况确定，拱部宜为0.5～0.8m、边墙宜为1.0～1.5m、底部宜为1.5～2.0m，局部凹凸较大时，应在凹处加密固定点。

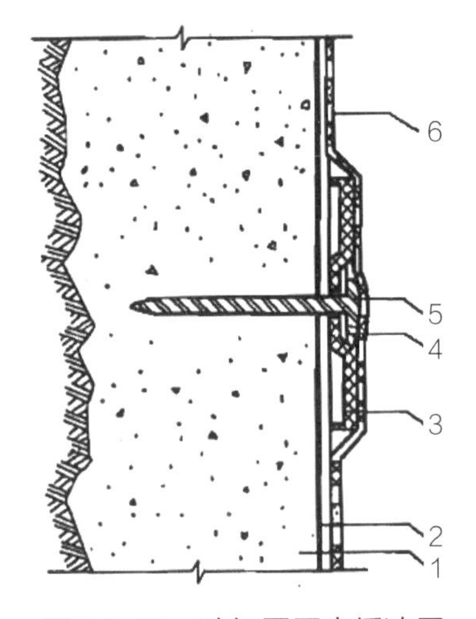

图3.1.10 暗钉圈固定缓冲层

1—初期支护；2—缓冲层；3—热塑性暗钉圈；4—金属垫圈；5—射钉；6—塑料防水板

3. 塑料防水板的铺设应符合下列规定：

（1）铺设塑料防水板时，宜由拱顶向两侧展铺，并应边铺边用压焊机将塑料板与暗钉圈焊接牢靠，不得有漏焊、假焊和焊穿现象。两幅塑料防水板的搭接宽度不应小于100mm。搭接缝应为热熔双焊缝，每条焊缝的有效宽度不应小于10mm；

（2）环向铺设时，应先拱后墙，下部防水板应压住上部防水板；

（3）塑料防水板铺设时宜设置分区预埋注浆系统；

（4）分段设置塑料防水板防水层时，两端应采取封闭措施。

4. 接缝焊接时，塑料板的搭接层数不得超过三层。

5. 塑料防水板铺设时应少留或不留接头，当留设接头时，应对接头进行保护。再次焊接时应将接头处的塑料防水板擦拭干净。

6. 铺设塑料防水板时，不应绷得太紧，宜根据基面的平整度留有充分余地。

7. 防水板的铺设应超前混凝土施工，超前距离宜为5～20m，并应设临时挡板防止机械损伤和电火花灼伤防水板。

8. 二次衬砌混凝土施工时应符合下列规定：

（1）绑扎、焊接钢筋时应采取防刺穿、灼伤防水板的措施；

（2）混凝土出料口和振捣棒不得直接接触塑料防水板。

9. 塑料防水板防水层铺设完毕后，应进行质量检查，并应在验收合格后进行下道工序施工。

10. 常用塑料防水板施工如图3.1.11所示。

3.1.3.6 金属防水层

1. 金属防水层可用于长期浸水、水压较大的水工及过水隧道，所用的金属板和焊条的规格及材料性能，应符合设计要求。

图3.1.11 塑料防水板

2. 金属板的拼接应采用焊接，拼接焊缝应严密。竖向金属板的垂直接缝，应相互错开。

3. 主体结构内侧设置金属防水层时，金属板应与结构内的钢筋焊牢，也可在金属防水层上焊接一定数量的锚固件（图3.1.12）。

4. 主体结构外侧设置金属防水层时，金属板应焊在混凝土结构的预埋件上。金属板经焊缝检查合格后，应将其与结构间的空隙用水泥砂浆灌实（图3.1.13）。

5. 金属板防水层应用临时支撑加固。金属防水层底板上应预留浇捣孔，并应保证混凝土浇筑密实，待底板混凝土浇筑完成后补焊严密。

6. 金属板防水层如先焊成箱体，再整体吊装就位时，应在其内部加设临时支撑。

7. 金属板防水层应采取防锈措施。

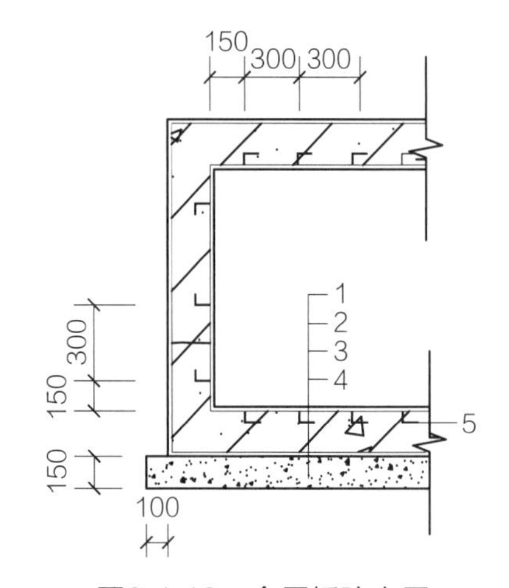

图3.1.12 金属板防水层
1—金属板；2—主体结构；3—防水砂浆；
4—垫层；5—锚固筋

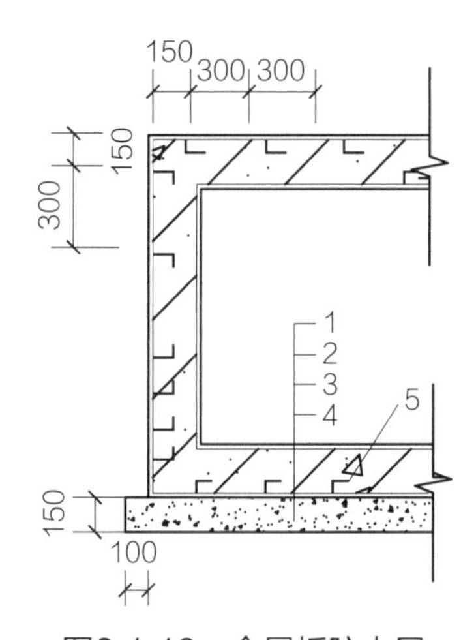

图3.1.13 金属板防水层
1—防水砂浆；2—主体结构；3—金属板；
4—垫层；5—锚固筋

3.1.3.7 膨润土防水材料防水层

1. 基层应坚实、清洁，不得有明水和积水。基面平整度D/L不应大于1/6（D为初期支护基面相邻两凸面间凹进去的深度；L为初期支护基面相邻两凸面间的距离）。

2. 膨润土防水材料应采用水泥钉和垫片固定。立面和斜面上的固定间距宜为400～500mm，平面上应在搭接缝处固定。

3. 膨润土防水毯的织布面应与结构外表面或底板垫层混凝土密贴；膨润土防水板的膨润土面应与结构外表面或底板垫层密贴。

4. 膨润土防水材料应采用搭接法连接，搭接宽度应大于100mm。搭接部位的固定位置距搭接边缘的距离宜为25～30mm，搭接处应涂膨润土密封膏。平面搭接缝可干撒膨润土颗粒，用量宜为0.3～0.5kg/m。

5. 立面和斜面铺设膨润土防水材料时，应上层压着下层，卷材与基层、卷材与卷材之间应密贴，并应平整无褶皱。

6. 膨润土防水材料分段铺设时，应采取临时防护措施。

7. 甩槎与下幅防水材料连接时，应将收口压板、临时保护膜等去掉，并应将搭接部位清理干净，涂抹膨润土密封膏，然后搭接固定。

8. 膨润土防水材料的永久收口部位应用收口压条和水泥钉固定，并应用膨润土密封膏覆盖。

9. 膨润土防水材料与其他防水材料过渡时，过渡搭接宽度应大于400mm，搭接范围内应涂抹膨润土密封膏或铺撒膨润土粉。

10. 破损部位应采用与防水层相同的材料进行修补，补丁边缘与破损部位边缘的距离不应小于100mm；膨润土防水板表面膨润土颗粒损失严重时应涂抹膨润土密封膏。

3.1.3.8 地下工程种植顶板防水

1. 地下工程种植顶板防水等级应为一级。

2. 种植土与周边自然土体不相连，且高于周边地坪时，应按种植屋面要求设计。

3. 地下工程种植顶板结构应符合下列规定：

（1）种植顶板应为现浇防水混凝土，结构找坡，坡度宜为1%～2%；

（2）种植顶板厚度不应小于250mm，最大裂缝宽度不应大于0.2mm，并不得贯通。

（3）种植顶板的结构荷载设计应按现行行业标准《种植屋面工程技术规程》JGJ 155的有关规定执行。

4. 地下室顶板面积较大时，应设计蓄水装置；寒冷地区的设计，冬秋季时宜将种植土中的积水排出。

5. 已建地下工程顶板的绿化改造应经结构验算，在安全允许的范围内进行。

6. 种植顶板应根据原有结构体系合理布置绿化。

7. 原有建筑不能满足绿化防水要求时，应进行防水改造。加设的绿化工程不得破坏原有防水层及其保护层。

8. 防水层下不得埋设水平管线。垂直穿越的管线应预埋套管，套管超过种植土的高度应大于150mm。

9. 变形缝应作为种植分区边界，不得跨缝种植。

10. 种植顶板的泛水部位应采用现浇钢筋混凝土，泛水处防水层高出种植土应大于250mm。

11. 泛水部位、水落口及穿顶板管道四周宜设置200～300mm宽的卵石隔离层。

12. 地下工程种植顶板防水如图3.1.14所示。

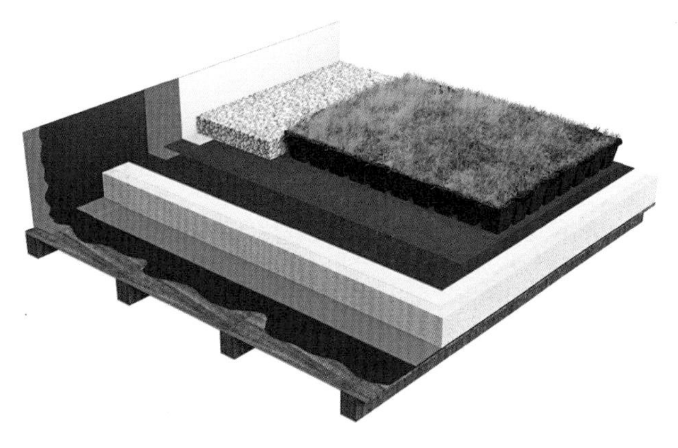

图3.1.14 地下工程种植顶板防水示意图

3.1.4 地下防水监理

1. 工程监理单位应当依照法律、法规以及有关技术标准、设计文件和建设工程承包合同，代表建设单位对施工质量实施监理，并对施工质量承担监理责任。

2. 监理单位应当依法取得资质证书，并在其资质等级许可的范围内从事建设工程活动。禁止工程监理单位超越本单位资质等级许可的范围或者以其他工程监理单位的名义承担工程监理业务。禁止工程监理单位允许其他单位或者个人以本单位的名义承担工程监理业务。工程监理单位不得转让工程监理业务。

3. 工程监理单位与被监理工程的施工承包单位以及建筑材料、建筑构配件和设备供应单位有隶属关系或者其他利害关系的，不得承担该项建设工程的监理业务。

4. 监理企业应当根据工程规模、技术要求和合同约定，配备总监理工程师、专业监理工程师和监理员，总监理工程师资格应符合要求，并到岗履职；总监理工程师不得擅自变更，确需变更的，需经建设单位同意并报住房城乡建设主管部门备案。

5. 实行工程质量责任主体项目负责人质量终身责任制。监理单位的法定代表人应当签署授权委托书。总监理工程师应当签署工程质量终身责任承诺书。法定代表人和总监理工程师在工程设计使用年限内对工程质量承担相应责任。

6. 编制并实施监理规划、监理实施细则。

7. 监理企业应当对施工组织设计和专项施工方案进行审批，并对其落实情况实施监理。

8. 对分包单位的资质进行审核。

9. 对建筑材料、建筑构配件和设备投入使用或安装前进行审查。监理企业应当按照规定对进场的建筑材料、建筑构配件等进行检验，并查验产品合格证、检验报告等质量合格证明文件。对涉及工程结构安全、主要使用功能的试块、试件和材料，应当按照规定比例进行见证取样和送检，未经检测或者检测不合格的，不得使用。

10. 对重点部位、关键工序应当按照规定实施旁站监理，做好旁站记录。

11. 对施工质量进行巡查，做好巡查记录；对施工质量进行平行检验，做好平行检验记录；对隐蔽工程进行验收；对检验批工程进行验收；对分项、分部（子分部）工程按规定进行质量验收。

12. 监理企业在实施监理过程中，发现存在工程质量问题的，应当及时签发质量问题通知单要求施工企业整改，复查质量问题整改结果，并报告建设单位。涉及工程结构安全和主要使用功能的工程质量问题，施工单位拒不整改的，监理企业应当及时向住房城乡建设主管部门报告。

13. 监理企业应当同步收集整理监理资料，并对资料的真实性、准确性、完整性、有效性负责，不得弄虚作假。

3.1.5 地下防水检查验收

3.1.5.1 防水混凝土

1. 防水混凝土的原材料、配合比及坍落度必须符合设计要求：

（1）防水混凝土适用于抗渗等级不小于P6的地下混凝土结构。不适用于环境温度高于80℃的地下工程。处于侵蚀性介质中，防水混凝土的耐侵蚀性要求应符合现行国家标准《工业建筑防腐蚀设计标准》GB/T 50046和《混凝土结构耐久性设计标准》GB/T 50476的有关规定。

（2）水泥的选择应符合下列规定：

①宜采用普通硅酸盐水泥或硅酸盐水泥，采用其他品种水泥时应经试验确定；

②在受侵蚀性介质作用时，应按介质的性质选用相应的水泥品种；

③不得使用过期或受潮结块的水泥，并不得将不同品种或强度等级的水泥混合使用。

（3）砂、石的选择应符合下列规定：

①砂宜选用中粗砂，含泥量不应大于3.0%，泥块含量不宜大于1.0%；

②不宜使用海砂；在没有使用河砂的条件时，应对海砂进行处理后才能使用，且控制氯离子含量不得大于0.06%；

③碎石或卵石的粒径宜为5～40mm，含泥量不应大于1.0%，泥块含量不应大于0.5%；

④对长期处于潮湿环境的重要结构混凝土用砂、石，应进行碱活性检验。

（4）矿物掺合料的选择应符合下列规定：

①粉煤灰的级别不应低于Ⅱ级，烧失量不应大于5%；

②硅粉的比表面积不应小于15000m^2/kg，SiO_2含量不应小于85%；

③粒化高炉矿渣粉的品质要求应符合现行国家标准《用于水泥、砂浆和混凝土中的粒化高炉矿渣粉》GB/T 18046的有关规定。

（5）混凝土拌合用水，应符合现行行业标准《混凝土用水标准》JGJ 63的有关规定。

（6）外加剂的选择应符合下列规定：

①外加剂的品种和用量应经试验确定，所用外加剂应符合现行国家标准《混凝土外加剂应用技术规范》GB 50119的质量规定；

②掺加引气剂或引气型减水剂的混凝土，其含量宜控制在3%～5%；

③考虑外加剂对硬化混凝土收缩性能的影响；

④严禁使用对人体产生危害、对环境产生污染的外加剂。

（7）防水混凝土的配合比应经试验确定，并符合下列规定：

①试配要求的抗渗水压值应比设计值高0.2MPa；

②混凝土胶凝材料总量不宜小于320kg/m^3，其中水泥用量不宜小于260kg/m^3，粉煤灰掺量宜为胶凝材料总量的20%～30%，硅粉的掺量宜为胶凝材料总量的2%～5%；

③水胶比不得大于0.50，有侵蚀性介质时水胶比不宜大于0.45；

④砂率宜为35%～40%，泵送时可增至45%；

⑤灰砂比宜为1∶2.5～1∶1.5；

⑥混凝土拌合物的氯离子含量不应超过胶凝材料总量的0.1%；混凝土中各类材料的总碱量即Na_2O当量不得大于3kg/m^3。

（8）防水混凝土采用预拌混凝土时，入泵坍落度宜控制在120～160mm，坍落度每小时损失不应大于20mm，坍落度总损失值不应大于40mm。

（9）混凝土拌制和浇筑过程控制应符合下列规定：

①拌制混凝土所用材料的品种、规格和用量，每工作班检查不应少于两次。每盘混凝土组成材料计量结果允许偏差应符合表3.1.7的规定。

混凝土组成材料计量结果的允许偏差（%） 表3.1.7

混凝土组成材料	每盘计量	累计计量
水泥、掺合料	±2	±1
粗、细骨料	±3	±2
水、外加剂	±2	±1

注：累计计量仅适用于微机控制计量的搅拌站。

②混凝土在浇筑地点的坍落度，每工作班至少检查两次，坍落度试验应符合现行国家标准《普通混凝土拌合物性能试验方法标准》GB/T 50080的有关规定。混凝土坍落度允许偏差应符合表3.1.8的规定。

混凝土坍落度允许偏差（mm）　表3.1.8

规定坍落度	允许偏差
≤40	±10
50～90	±15
>90	±20

③泵送混凝土在交货地点的入泵坍落度，每工作班至少检查两次。混凝土入泵时的坍落度允许偏差应符合表3.1.9的规定。

混凝土入泵坍落度允许偏差（mm）　表3.1.9

所需坍落度	允许偏差
≤100	±20
>100	±30

④当防水混凝土拌合物在运输后出现离析，必须进行二次搅拌。当坍落度损失后不能满足施工要求时，应加入原水胶比的水泥浆或掺加同品种的减水剂进行搅拌，严禁直接加水。

2. 防水混凝土的抗压强度和抗渗性能必须符合设计要求：

（1）防水混凝土抗压强度试件，应在混凝土浇筑地点随机取样后制作，并应符合下列规定：

①同一工程、同一配合比的混凝土，取样频率与试件留置组数应符合现行国家标准《混凝土结构工程施工质量验收规范》GB 50204的有关规定。

②抗压强度试验应符合现行国家标准《混凝土物理力学性能试验方法标准》GB/T 50081的有关规定。

③结构构件的混凝土强度评定应符合现行国家标准《混凝土强度检验评定标准》GB/T 50107的有关规定。

（2）防水混凝土抗渗性能应采用标准条件下养护混凝土抗渗试件的试验结果评定，试件应在混凝土浇筑地点随机取样后制作，并应符合下列规定：

①连续浇筑混凝土每500m^3应留置一组6个抗渗试件，且每项工程不得少于两组；采用预拌混凝土的抗渗试件，留置组数应视结构的规模和要求而定；

②抗渗性能试验应符合现行国家标准《普通混凝土长期性能和耐久性能试验方法标准》GB/T 50082的有关规定。

（3）大体积混凝土的施工应采取材料选择、温度控制、保温保湿等技术措施。在设计许可的情况下，掺粉煤灰混凝土设计强度等级的龄期宜为60d或90d。防水混凝土分项工程检验批的抽样检验数量，应按混凝土外露面积每100m^2抽查1处，每处10m^2，且不得少于3处。

（4）防水混凝土结构的施工缝、变形缝、后浇带、穿墙管、埋设件等设置和构造必须符合设计要求。

（5）防水混凝土结构表面应坚实、平整，不得有露筋、蜂窝等缺陷；埋设件位置应准确。

（6）防水混凝土结构表面的裂缝宽度不应大于0.2mm，且不得贯通。

（7）防水混凝土结构厚度不应小于250mm，其允许偏差应为+8mm，－5mm；主体结构迎水面钢筋保护层厚度不应小于50mm，其允许偏差应为±5mm。

3.1.5.2 水泥砂浆防水层

1. 水泥砂浆防水层适用于地下工程主体结构的迎水面或背水面。不适用于受持续振动或环境高于80℃的地下工程。

2. 水泥砂浆防水层分项工程检验批的抽样检验数量，应按施工面积每100m^2抽查1处，每处10m^2，且不得少于3处。

3. 防水砂浆的原材料及配合比必须符合设计要求。

4. 防水砂浆粘结强度和抗渗性能必须符合设计规定。

检验方法：检查砂浆粘结强度、抗渗性能检验报告。

5. 水泥砂浆防水层与基层之间应结合牢固，无空鼓现象。

6. 水泥砂浆防水层表面应密实、平整，不得有裂纹、起砂、麻面等缺陷。

7. 水泥砂浆防水层施工缝留槎位置应正确，接槎应按层次顺序操作，层层搭接紧密。

8. 水泥砂浆防水层的平均厚度应符合设计要求，最小厚度不得小于设计厚度的85%。

9. 水泥砂浆防水层表面平整度的允许偏差为5mm。

3.1.5.3 卷材防水层

1. 卷材防水层适用于受侵蚀性介质作用或受振动作用的地下工程；卷材防水层应铺设在主体结构的迎水面。

2. 卷材防水层应采用高聚物改性沥青类防水卷材和合成高分子类防水卷材。所选用的基层处理剂、胶粘剂、密封材料等均应与铺贴的卷材相匹配。

3. 铺贴防水卷材前，基面应干净、干燥，并应涂刷基层处理剂；当基面潮湿时，应涂刷湿固化型胶粘剂或潮湿界面隔离剂。

4. 基层阴阳角应做成圆弧或45°坡角，其尺寸应根据卷材品种确定；在转角处、变形缝、施工缝，穿墙管等部位应铺贴卷材加强层，加强层宽度不应小于500mm。

5. 防水卷材的搭接宽度应符合表3.1.10的要求。铺贴双层卷材时，上下两层和相邻两幅卷材的接缝应错开1/3～1/2幅宽，且两层卷材不得相互垂直铺贴。

防水卷材的搭接宽度　　表3.1.10

卷材品种	搭接宽度（mm）
弹性体改性沥青防水卷材	100
改性沥青聚乙烯胎防水卷材	100
自粘聚合物改性沥青防水卷材	80
三元乙丙橡胶防水卷材	100/60（胶粘剂/胶粘带）
聚氯乙烯防水卷材	60/80（单焊缝/双焊缝）
	100（胶粘剂）
聚乙烯丙纶复合防水卷材	100（粘结料）
高分子自粘胶膜防水卷材	70/80（自粘胶/胶粘带）

6. 冷粘法铺贴卷材应符合下列规定：

（1）胶粘剂应涂刷均匀，不得露底、堆积；

（2）根据胶粘剂的性能，应控制胶粘剂涂刷与卷材铺贴的间隔时间；

（3）铺贴时不得用力拉伸卷材，排除卷材下面的空气，辊压粘贴牢固；

（4）铺贴卷材应平整、顺直，搭接尺寸准确，不得扭曲、皱折；

（5）卷材接缝部位应采用专用胶粘剂或胶粘带满粘，接缝口应用密封材料封严，其宽度不应少于10mm。

7. 热熔法铺贴卷材应符合下列规定：

（1）火焰加热器加热卷材应均匀，不得加热不均或烧穿卷材；

（2）卷材表面热熔后应立即滚铺，排除卷材下面的空气，并粘贴牢固；

（3）铺贴卷材应平整、顺直，搭接尺寸准确，不得扭曲、皱折；

（4）卷材接缝部位应溢出热熔的改性沥青胶料，并粘贴牢固，封闭严密。

8. 自粘法铺贴卷材应符合下列规定：

（1）铺贴卷材时，应将有黏性的一面朝向主体结构；

（2）外墙、顶板铺贴时，排除卷材下面的空气，辊压粘贴牢固；

（3）铺贴卷材应平整、顺直，搭接尺寸准确，不得扭曲、皱折和起泡；

（4）立面卷材铺贴完成后，应将卷材端头固定，并应用密封材料封严；

（5）低温施工时，宜对卷材和基面采用热风适当加热，然后铺贴卷材。

9. 卷材接缝采用焊接法施工应符合下列规定：

（1）焊接前卷材应铺放平整，搭接尺寸准确，焊接缝的结合面应清扫干净；

（2）焊接时应先焊长边搭接缝，后焊短边搭接缝；

（3）控制热风加热温度和时间，焊接处不得漏焊、跳焊或焊接不牢；

（4）焊接时不得损害非焊接部位的卷材。

10. 铺贴聚乙烯丙纶复合防水卷材应符合下列规定：

（1）应采用配套的聚合物水泥防水粘结材料；

（2）卷材与基层粘贴应采用满粘法，粘结面积不应小于90%，刮涂粘结料应均匀，不得露底、堆积、流淌；

（3）固化后的粘结料厚度不应小于1.3mm；

（4）卷材接缝部位应挤出粘结料，接缝表面处应刮涂1.3mm厚50mm宽聚合物水泥粘结料封边；

（5）聚合物水泥粘结料固化前，不得在其上行走或进行后续作业。

11. 高分子自粘胶膜防水卷材宜采用预铺反粘法施工，并应符合下列规定：

（1）卷材宜单层铺设；

（2）在潮湿基面铺设时，基面应平整坚固、无明水；

（3）卷材长边应采用自粘边搭接，短边应采用胶粘带搭接，卷材端部搭接区应相互错开；

（4）立面施工时，在自粘边位置距离卷材边缘10～20mm，每隔400～600mm应进行机械固定，并应保证固定位置被卷材完全覆盖；

（5）浇筑结构混凝土时不得损伤防水层。

12. 卷材防水层完工并经验收合格后应及时做保护层。保护层应符合下列规定：

（1）顶板的细石混凝土保护层与防水层之间宜设置隔离层。细石混凝土保护层厚度：机械回填时不宜小于70mm，人工回填时不宜小于50mm；

（2）底板细石混凝土保护层厚度不应小于50mm；

（3）侧墙宜采用软质保护材料或铺抹20mm厚1：2.5水泥砂浆。

13. 卷材防水层分项工程检验批的抽样检验数量，应按铺贴面积每100m^{2}抽查1处，每处10m^2，且不得少于3处。

14. 卷材防水层所用卷材及其配套材料必须符合设计要求。

15. 卷材防水层在转角处、变形缝、施工缝、穿墙管等部位做法必须符合设计要求。

16. 卷材防水层的搭接缝应粘贴或焊接牢固，密封严密，不得有扭曲、皱折、翘边和起泡等缺陷。

17. 采用外防外贴法铺贴卷材防水层时，立面卷材接槎的搭接宽度，高聚物改性沥青类卷材应为150mm，合成高分子类卷材应为100mm，且上层卷材应盖过下层卷材。

18. 侧墙卷材防水层的保护层与防水层应结合紧密，保护层厚度应符合设计要求。

19. 卷材搭接宽度的允许偏差应为-10mm，尺量检查。

3.1.5.4 涂料防水层

1. 涂料防水层所用材料及配合比必须符合设计要求。

2. 涂料防水层的平均厚度应符合设计要求，最小厚度不得小于设计厚度的90%。

3. 涂料防水层在转角处、变形缝、施工缝、穿墙管等部位做法必须符合设计要求。

4. 涂料防水层应与基层粘贴牢固，涂刷均匀，不得流淌、鼓泡、露槎。

5. 涂层以间夹铺胎体增强材料时，应使防水涂料浸透胎体覆盖完全，不得有胎体外露现象。

6. 侧墙涂料防水层的保护层与防水层应结合紧密，保护层厚度应符合设计要求。

3.1.5.5 塑料防水板防水层

1. 塑料防水板及其配套材料必须符合设计要求。

2. 塑料防水板的搭接缝必须采用双缝热熔焊接，每条焊缝的有效宽度不应小于10mm。

3. 塑料防水板应采用无钉孔铺设，其固定点的间距应符合设计要求。

4. 塑料防水板与暗钉圈应焊接牢靠，不得漏焊、假焊和焊穿。

5. 塑料防水板的铺设应平顺，不得有下垂、绷紧和破损现象。

6. 塑料防水板搭接宽度的允许偏差应为-10mm，尺量检查。

3.1.5.6 金属板防水层

1. 金属板防水层分项工程检验批的抽样检验数量，应按铺设面积每$10m^2$抽查一处，每处$1m^2$，且不得少于3处。焊缝表面缺陷检验应按焊缝的条数抽查5%，且不得少于1条焊缝；每条焊缝检查1处，总抽查处不得少于10处。

2. 金属板和焊接材料必须符合设计要求。

3. 焊工应持有有效的执业资格证书。

4. 金属板表面不得有凹面和损伤。

5. 焊缝不得有裂纹、未熔合、夹渣、焊瘤、咬边、烧穿、弧坑、针状气孔等缺陷。

6. 焊缝的焊波应均匀，焊渣和飞溅物应清除干净；保护涂层不得有漏涂、脱皮和反锈现象。

3.1.5.7 膨润土防水材料防水层

1. 膨润土防水材料防水层分项工程检验批的抽样检验数量，应按铺设面积每$100m^2$抽查1处，每处$10m^2$，且不得少于3处。

2. 膨润土防水材料必须符合设计要求。

3. 膨润土防水材料防水层在转角处和变形缝、施工缝、后浇带、穿墙管等部位做法必须符合设计要求。

4. 膨润土防水毯的织布面或防水板的膨润土面，应朝向工程主体结构的迎水面。

5. 膨润土防水材料的搭接和收口部位应符合下列规定：

（1）膨润土防水材料应采用水泥钉和垫片固定；立面和斜面上的固定间距宜为400～500mm，平面上应在搭接缝处固定。

（2）膨润土防水材料的搭接宽度应大于100mm；搭接部位的固定间距宜为200～300mm，固定点与搭接边缘的距离宜为25～30mm，搭接处应涂抹膨润土密封膏。平面搭接缝处可干撒膨润土颗粒，其用量宜为0.3～0.5kg/m。

（3）膨润土防水材料的收口部位应采用金属压条和水泥钉固定，并用膨润土密封膏覆盖。

6. 膨润土防水材料搭接宽度的允许偏差应为－10mm。

3.1.6 地下防水管理与维护

1. 地下防水工程质量验收的程序和组织，分检验批、分项工程、子分部工程进行验收，应符合现行国家标准《建筑工程施工质量验收统一标准》GB 50300的有关规定，观感质量检查应符合要求。

2. 地下防水工程竣工和记录资料应符合表3.1.11的规定，做好隐蔽工程验收记录。

地下防水工程竣工和记录资料　表3.1.11

序号	项目	竣工和记录资料
1	防水设计	施工图、设计交底记录、图纸竣工记录、设计变更通知单和材料代用核定单
2	资质、资格证明	施工单位资质及施工人员上岗证复印证件
3	施工方案	施工方法、技术措施、质量保证措施
4	技术交底	施工操作要求及安全等注意事项
5	材料质量证明	产品合格证、产品性能检测报告、材料进场检验报告
6	混凝土、砂浆质量证明	试配及施工配合比、混凝土抗压强度、抗渗性能检验报告，砂浆粘结强度、抗渗性能检验报告
7	中间检查记录	施工质量验收记录、隐蔽工程验收记录、施工检查记录
8	检验记录	渗漏水检测记录、观感质量检查记录
9	施工日志	逐日施工情况
10	其他资料	事故处理报告、技术总结

3.2 地下工程常见渗漏问题分析与防治

3.2.1 地下室底板上拱导致渗漏

1. 现象描述

（1）地下室底板上拱变形（图3.2.1）引起的开裂冒水。

（2）底板承受弯剪作用引起的开裂渗水。

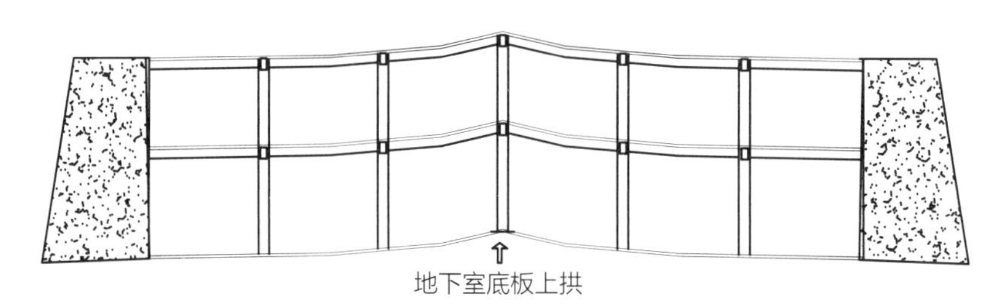

图3.2.1 地下室底板上拱示意图

2. 原因分析

设计方面：

（1）未充分考虑地下水对承台底板或基础筏板的上浮压力，由于地下水压力过大引起的地下室底板开裂。

（2）未设置足够的抗拔桩或锚杆锚固力不足。

（3）承台底板或基础筏板结构厚度不足，或配筋不足。

施工方面：

（1）抗拔桩长度不足，未进入设计持力层。

（2）抗拔桩扩大头尺寸不满足设计要求。

（3）混凝土浇筑出现质量问题而引起的地下室底板开裂。

（4）建筑物基础沉降引起的地下室底板开裂。

（5）季节性因素：在雨期进行地下室施工时，在基坑肥槽回填前，地表如果排水不畅导致水流进入基坑四周，容易形成集水区域。此时如果地下室一直浸泡于积水区会受到较大浮力作用（图3.2.2）。

一旦浮力超过地下室自重与抗浮措施形成的抗力之和（又称为水盆效应），就容易引起地下室底板上拱和裂缝，造成底板涌水以及地下室各层的梁柱板以及填充墙产生不同程度的裂缝（图3.2.3）。

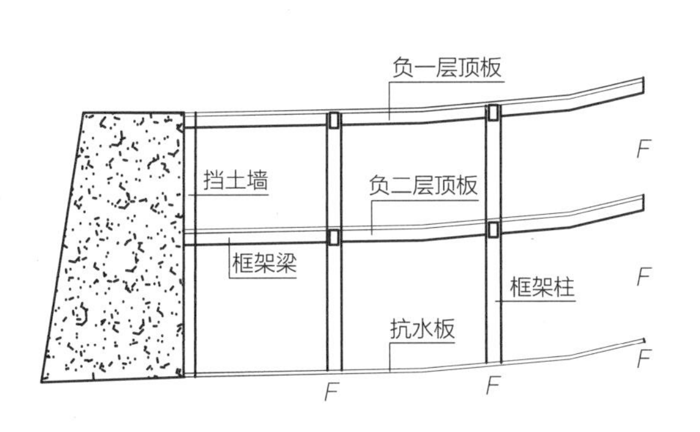

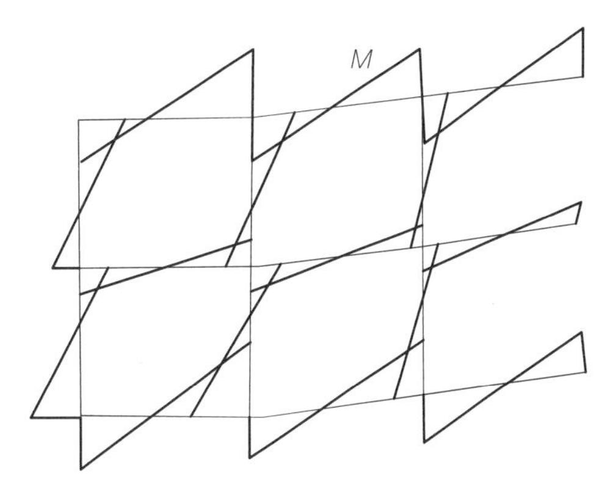

图3.2.2 地下室底板上拱作用力及弯矩分布

（a）“水盆效应”造成梁柱节点开裂

（b）地下室底板涌水

图3.2.3 地下室渗漏质量事故

3. 防治措施

（1）当采用抗拔桩抗浮时，抗拔桩长度和抗拔桩扩大头尺寸应满足现行行业标准《建筑桩基技术规范》JGJ 94以及设计文件的要求。

（2）设计时，充分考虑1～2个水文年度的雨季地下水位高度，地下水位高度应从室外地坪算起。

（3）设计地下室平板式或梁板式筏形承台底板，要按雨期水位计算地下水浮力，底板混凝土的厚度、刚度、配筋要满足主体尚未封顶时的抗浮要求，要计算底板抗弯、抗剪切能力；除了验算地下室整体抗浮外，还要验算每跨底板的局部抗浮能力；高层建筑平板式和梁板式筏形承台底板厚度不应小于400mm。

（4）设计和施工抗拔桩或锚杆，要充分考虑桩型和地质存在不确定性缺陷，要有一定的安全系数。

（5）施工过程中严格设置后浇带，防止基础沉降引起的地下室底板开裂。

（6）基坑降水应严格按照设计及施工方案要求，严禁私自提前停止基坑降水。

（7）对于施工单位来说，当施工期间的抗浮稳定性验算不能满足时，应采取合理的抗浮措施。使用SWM工法桩进行深基坑挡水防渗支护时，不能为了节约型钢的租赁费用而过早拔出型钢，否则易导致基坑渗水。地下室顶板混凝土浇筑28d后，应及时进行回填工作。肥槽回填土应采用“弱透水材料”，如用分层夯实的黏性土、灰土或浇筑预拌流态固化土、自密实回填土技术等，保证回填质量，不仅可满足嵌固、地基下沉量等要求，还可以解决“水盆效应”（图3.2.4）。

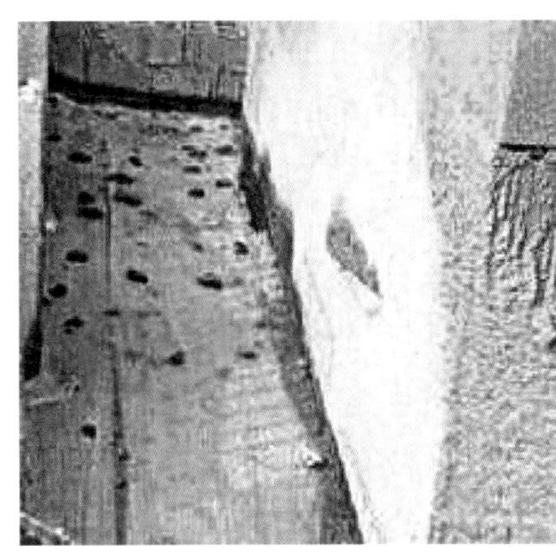

（a）预拌流态固化土　　（b）自密实回填土技术

图3.2.4 “弱透水材料”回填肥槽

3.2.2 地下室后浇带渗漏

后浇带是为防止现浇混凝土结构在温度变化、收缩应力、沉降等不均匀作用下产生裂缝而在建筑基础底板、墙体、梁柱等相应位置临时留设的施工缝（图3.2.5）。

图3.2.5 地下室底板后浇带渗漏

1. 现象描述

后浇带或施工缝施工不规范引起渗漏。在上述接缝部位会产生渗水，严重时候渗漏水会成线状。

2. 产生原因

（1）后浇带或施工缝未按设计或规范设置止水带、企口缝，不能满足混凝土二次接缝的需要。

（2）后浇带混凝土浇筑时没有使用补偿收缩性防水混凝土，且混凝土的抗渗和抗压强度等级与两侧结构混凝土相同。

（3）沉降后浇带在主体封顶但沉降未趋于稳定即施工；后浇带施工时其两侧混凝土龄期未达到60d。

（4）后浇带接缝处表面凿毛，松散混凝土块、杂渣等没有冲洗干净；混凝土浇筑时接缝处没有涂刷水泥素浆、混凝土界面处理剂或水泥基渗透结晶型防水涂料。混凝土浇筑后没有及时覆盖养护，养护时间不足28d。

（5）未按要求设置防水加强层或防水层破损。

（6）混凝土浇筑时振捣不密实。

3. 防治措施

（1）沉降后浇带在主体结构封顶、沉降趋于稳定，并由勘察设计确认后施工。后浇带施工时需在两侧混凝土龄期60d后开始，其他要求与沉降后浇带相同。

（2）施工前将接缝处混凝土凿毛，清理干净，保持湿润，并刷水泥净浆，混凝土采用比两侧混凝土提高一等级的补偿收缩混凝土，一次浇筑完成，覆盖湿润养护时间不得少于28d。

（3）后浇带结构形式及有关节点做法满足设计要求。

（4）后浇带应该设置在受力和变形较小的部位，间距应为30～60m，宽度应为700～1000mm。

（5）后浇带施工要做好清理，墙板两侧的止水钢板及表面混凝土的清理凿毛工作要做到位，同时在施工过程中加强对后浇带混凝土的振捣后，应增设防水加强层。后浇带部位在混凝土浇捣结束，选用具有渗透性的防水材料在后浇带部位提前做好，然后再进行大面积防水层的施工，这样能起到加强防水的作用。

3.2.3 地下室侧墙渗漏

1. 现象描述

地下室侧墙裂缝造成侧墙渗漏。主要现象为地下室侧墙混凝土孔眼出现漏点、墙面裂缝渗漏水和墙面施工缝处的渗漏水。

2. 原因分析

（1）剪力墙根部吊模部位由于吊模高度通常为300mm，混凝土在入模时具有较大的流动性，所以不易振捣密实，容易产生漏振、振捣不到位等现象而出现渗漏。

（2）水平施工缝部位的止水钢板及施工缝面层的混凝土清理不到位，水平施工缝施工结束时剪力墙模板支设前对止水钢板表面的浮浆及水平施工缝不予以清理，从而造成水平施工缝部位渗水。墙板后浇带清理不到位主要是对止水钢板表面的浮浆与墙板先浇部位的混凝土和钢丝网未完全清理干净，造成后施工的后浇带混凝土与先施工混凝土之间形成冷缝，导致渗漏。另外，止水钢板或止水条等施工质量不合格也容易导致渗漏。

（3）地下室底板与外墙交接处的根部出现的渗漏现象，主要是接槎部位处理不符合设计和施工规范要求，振捣不密实不到位，或者是有的地下室筏板基础及电梯井基坑内的降水管井封堵方式不正确或筏板混凝土振捣不密实等原因导致渗漏。

（4）混凝土振捣不密实，未按规范要求进行施工。

（5）未按规范设置伸缩缝或未按要求留后浇带造成墙体裂缝。

（6）防水层破损、未使用止水螺栓和无止水钢板等施工不规范、不合理行为也容易导致渗漏。

3. 防治措施

（1）墙板吊模部位容易出现漏浆、蜂窝现象，可以在底板钢筋绑扎结束后在墙板部位先铺设一道水平钢丝网后再插墙板钢筋，用钢丝网减少墙板吊模部位混凝土的流动性，同时在施工时采用二次振捣法以保证吊模部位墙板混凝土的密实度。

（2）混凝土浇筑时应加强振捣，各个部位混凝土应密实、均匀，不应漏振、欠振、过振。

（3）合理设置伸缩缝或按要求留置后浇带。

（4）规范施工行为，对重点易漏部位加强监理巡视。

（5）施工缝应按规定位置留设，墙面水平施工缝加止水条的形式防止渗水，防水薄弱部位及底板上不应留设施工缝。

一旦渗漏，墙板水平施工缝部位采取如下措施：

①在混凝土浇捣结束后应加强对后浇带钢板止水带表面浮浆的清理；

②对于吊模部位水平表面的混凝土必须进行凿毛处理，加强新老混凝土之间的结合；

③在墙板混凝土浇捣时必须注意混凝土振捣密实，采取二次复振法，在施工中安排专人跟踪检查，以防止出现漏振现象。

墙板上如必须留设垂直施工缝时，应与变形缝相一致。垂直施工缝应避开地下水和裂隙水较多的地段，并与变形缝相结合。一旦渗漏可采用防水堵漏技术进行修补。

3.2.4 地下室穿墙管道根部渗漏

穿墙管又叫作穿墙套管。给水排水管、供气管、供暖管、强弱电导线管等，都需要由室外地下隐蔽穿墙进入地下室。防水套管分为刚性防水套管和柔性防水套管（图3.2.6）。

（a）柔性防水套管　（b）刚性防水套管

图3.2.6　防水套管

1. 现象描述

外墙穿墙管和套管根部渗漏，呈环状分布（图3.2.7）。

图3.2.7　地下室穿墙管根部渗漏

2. 原因分析

（1）刚性防水套管制作时，钢管、翼环板规格不符合设计要求，翼环与钢管焊缝没有满焊，焊缝有残根。

（2）管道安装马虎，管道和套管之间空隙没有封闭密实或未按规范要求进行封堵造成渗漏，管道密集混凝土不密实等。

（3）楼面基层管道根未抹成圆弧。

（4）未做防水加强层，或在管道出墙部位防水层封闭不严密。

3. 防治措施

（1）地下防水工程施工前，管道应安装完毕，缝隙封堵密实，注意缝隙封堵的材料选用一定要准确。

（2）套管与管道间应按规范要求采用柔性防水材料密封，并填塞严密。

（3）地下室穿墙套管位置的卷材应进行下翻处理（图3.2.8）。当主体结构迎水面有柔性防水层时，防水层与穿墙管连接处应设加强层。密封材料嵌填应密实、连续、饱满，粘结牢固。

（4）当穿墙管线较多时，宜相对集中，可采用穿墙盒或组合套管（图3.2.9）。

（5）穿墙套管与穿墙管之间的缝隙嵌填密封膏，厚度要足够，严禁用普通水泥砂浆封堵。大型穿墙管道应单独设立支架，支架固定应安全牢靠（图3.2.10）。

（6）防水层施工前，楼面基层在阴阳角处、管道根等部位，必须抹成圆弧状或钝角。

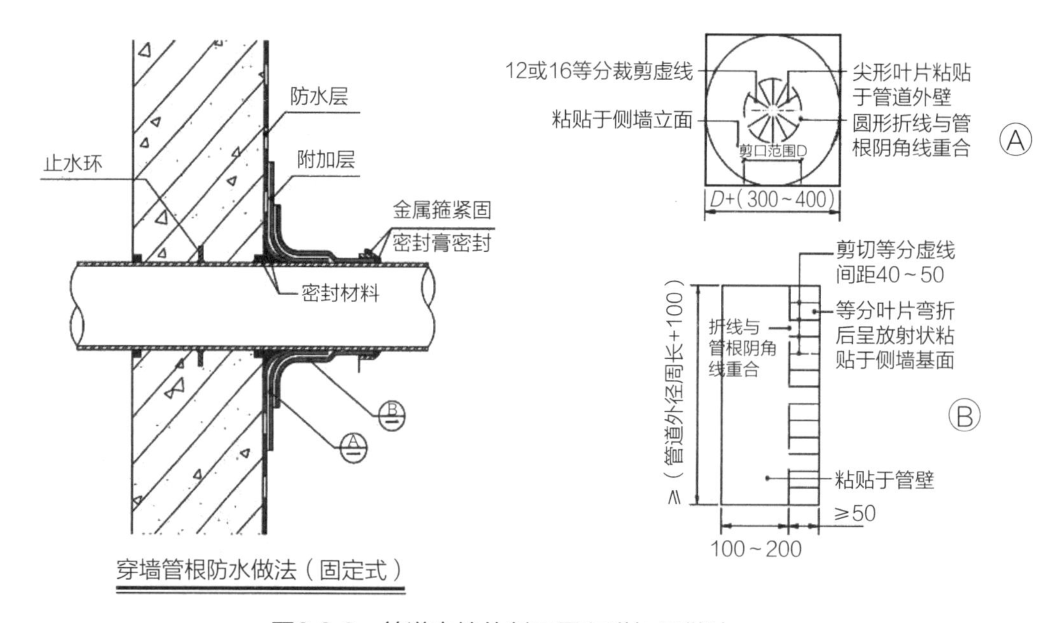

图3.2.8 管道穿墙的剖面图和附加层做法

（a）组合套管　　（b）浇筑完成后效果

图3.2.9 地下室穿墙管线

（7）如固定模板用的螺栓必须穿过防水混凝土结构时，应在螺栓或套管上加焊止水环，止水环必须满焊，环数应由设计确定。

（8）建筑物周围回填应多道回填、分层夯实。

图3.2.10 管道支架

（9）采用的主要材料有遇水膨胀止水条、JS防水涂料、聚氨酯防水涂料、硅酮密封膏等应分别符合现行国家标准《高分子防水材料 第3部分：遇水膨胀橡胶》GB/T 18173.3、《聚合物水泥防水涂料》GB/T 23445、《聚氨酯防水涂料》GB/T 19250、《硅酮和改性硅酮建筑密封胶》GB/T 14683的要求。

3.2.5 地下室顶板渗漏

1. 现象描述

地下室顶板龟裂造成顶板渗水（图3.2.11）。

2. 原因分析

（1）混凝土配合比或设计缺陷造成混凝土板面裂缝；

（2）混凝土浇筑过程加水造成水灰比过大致使板面裂缝，混凝土振捣不密实和养护不及时；

（3）过早上荷载造成板面裂缝，模板支撑稳定性不足等；

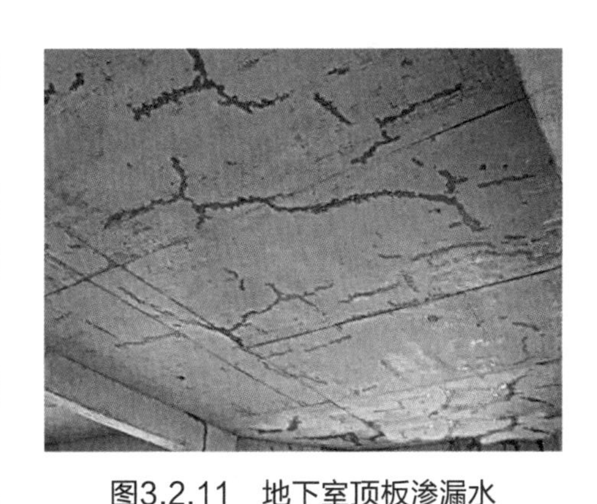

图3.2.11 地下室顶板渗漏水

（4）钢筋保护层厚度不符合设计及规范要求，柔性防水接缝不严密、失效或撕裂造成渗水。

3. 防治措施

（1）严格按规范要求对混凝土原材料（砂、石、水泥、外加剂、掺合物等）进行取样复验，各项性能经试配后并满足要求后方可用于混凝土生产。

（2）严格控制砂、石等原材料含水率及含泥量，搅拌过程中不定期实测其含水率并调整用水量。

（3）混凝土搅拌时严格称量计量，精确控制外加剂及掺合物用量；商品混凝土受长距离运输与浇筑现场等待等因素影响，混凝土二次搅拌尤为重要，每台混凝土搅拌运输车配备有一定容量的与搅拌用水一致的溶液或减水剂，但严禁浇筑过程中随意加水。

（4）混凝土不得离析。浇筑过程中，混凝土应振捣密实，不得漏振或过振。对于钢筋密集处，调整石子级配，从较大的预留洞浇筑混凝土或预留浇筑口。模板支撑加固系统牢固可靠，振捣过程中严禁振捣钢筋、预埋件及套管等，指派专人“看模”。混凝土浇筑完后覆盖塑料薄膜，柱与墙等竖向结构涂刷混凝土养护剂，保持混凝土处于湿润的状态，养护不得少于14d。

（5）现浇板混凝土完成后强度达1.2MPa以上才允许上人进行施工，一般气温达25℃以上，过12h就可以上人施工，但不可集中堆放重物及大力振动刚浇好的楼板。

（6）加强柔性防水进场质量检查，按规定进行复检，检查原材合格证、性能检测报告。

（7）采用防水涂料材料时，应按厂家提供的配合比进行组料配制。

（8）做好防水层施工过程中质量把控，并做好淋水或蓄水试验。

3.2.6 地下室顶板变形缝渗漏

1. 现象描述

顶板设计刚度不足引起的混凝土变形。

2. 原因分析

（1）图纸设计中对地下室侧壁、顶板配筋率偏小，或暗柱、暗梁设置不足，导致结构混凝土裂纹；

（2）顶板厚度设计不足，顶板承重超过设计荷载，导致结构变形，甚至裂纹；

（3）防水材料选择不当或未严格按照规范图集要求施工，其延伸率不能适应伸缩缝结构因温差、环境因素引起的拉伸开裂而被破损，防水材料粘结不牢固，结构出现拉伸开裂，导致防水层脱粘，防水失效，引起渗漏等；

（4）对结构刚度差或受振动的工程，未设计柔性防水层或未用满粘法施工卷材防水层；

（5）变形缝为按规范要求铺设加强层。

3. 防治措施

（1）仔细审阅图纸，建筑图、结构图相互结合，如存在以上问题，及时向建设、设计等单位提出，要求采取增加结构刚度，形成防水层的“全封闭”防水系统，对结构刚度差或振动的工程采用柔性防水等设计措施。

（2）若建设单位为节省费用改变防水做法，应对其说明利害关系；如建设单位不听劝阻的，要求其出具通过图审的变更文件，签字盖章齐全，并要求其签署发生地下室渗漏责任划分的文件。包括基本建筑做法，使用的防水材料、保护层以及保护层上部的排水坡度、滤水层、防穿刺做法等。

（3）以“疏通”为主要原则，在做好地下室自身防水的同时，充分考虑其使用功能及周围环境，与地下室侧壁外围、顶板上部、室外雨水管网等形成完整有效的排水体系，使雨水或种植顶板多余的绿化用水能及时排出，避免长期浸泡造成渗漏。

（4）控制变形缝处混凝土配合比，严禁加水，采用微膨胀混凝土。

（5）浇筑完成的混凝土养护不得小于14d。

（6）加强柔性防水进场质量检查，按规定进行复检，检查原材合格证、性能检测报告。

（7）严格按照国家现行规范图集要求，做好变形缝部位防水层的施工过程质量控制与细部100%验收。

3.2.7 地下室底板渗漏

1. 现象描述

后浇带、电梯井、集水坑、大面积底板、吊模、底板与竖墙交接等部位渗漏。

2. 原因分析

（1）防水层失去作用，如防水质量差或不均匀沉降等原因造成防水撕裂等，地下室底板结构发生裂缝，导致渗漏。

（2）板底裂缝主要出现原因：外部荷载、变形应力、结构次应力等。

（3）坑、池、大面积底板由于配筋量大，浇筑面广，施工过程不注意形成冷缝。

（4）吊模、墙角处振捣不密实形成孔洞和缝隙。

3. 防治措施

（1）混凝土原材料（砂、石、水泥、外加剂、掺合物等）严格按规范要求取样复验，经试配，各项性能满足要求后方可用于混凝土生产。

（2）严格控制砂、石等原材料含水率及含泥率，搅拌过程中不定期实测其含水率并调整用水量。

（3）混凝土搅拌时严格称量计量，精确控制外加剂及掺合物用量；商品混凝土受长距离运输与浇筑现场等待等因素影响，混凝土二次搅拌尤为重要（每台混凝土搅拌运输车配备有一定容量的与搅拌用水一致的溶液），但严禁浇筑过程中随意加水。

（4）混凝土不得离析，振捣密实，不得漏振或过振。对于钢筋密集处，调整石子级配，从较大的预留洞浇筑混凝土或预留浇筑口。模板支撑加固系统牢固可靠，振捣过程中严禁振捣钢筋、预埋件及套管等，指派专人“看模”。混凝土浇筑完后12h内覆盖塑料薄膜，柱与墙等竖向结构涂刷混凝土养护剂，保持混凝土处于湿润的状态，养护不得少于14d。

（5）施工完成的混凝土面严禁过早上荷载。

（6）加强吊模、墙角、坑底等处的振捣，不得漏振或过振。

（7）防水材料搭接尺寸、错槎、接槎处理、封口处理要符合图纸设计及规范要求。

3.2.8 车库顶与主体、通风井、采光井连接处的渗漏

1. 现象描述

车库顶与主体、通风井、采光井连接处渗漏。

（1）主体结构与车库、通风井以及采光井连接部位也是渗漏常发区域。主体结构与车库连接处渗漏主要是由变形缝防水的设计、施工处理不当等引起，如图3.2.12所示。

（2）主体结构与通风井以及采光井连接部位的渗漏主要是由泛水高度以及防水卷材处理不当等引起（图3.2.13）。

2. 原因分析

（1）车库顶与主体、通风井、采光井连接处振捣不到位或施工缝处未做有效处理。

图3.2.12　地下车库与主体连接沉降缝渗漏

（a）采光井泛水高度偏低造成渗漏

（b）采光井渗漏

图3.2.13　采光井处渗漏水

（2）立面防水卷材顶部收口未做压条打密封胶或立面防水卷材高度不足。

（3）防水层失去作用或撕裂。

（4）顶板采光井和出顶板通风井未做混凝土翻边或翻边高度不够，施工缝渗水。

（5）由于设计未提供节点大样图，车库顶与主体、通风井、采光井连接处的细部节点不明确，造成施工引用图集比较随意，各节点做法不统一。

（6）现场施工时候比较随意，有图不依，常采用各自习惯性做法等都容易造成渗漏。

（7）主楼与车库之间未严格按照图纸设计留置沉降后浇带，因沉降不均匀，导致连接部位卷材拉裂，造成渗漏。

3．防治措施

（1）按设计和规范要求留置沉降后浇带，车库与主体一体施工，不得将施工缝留置在主楼与车库的交接部位。

（2）加强车库与主体相交处的振捣，不得漏振或过振。

（3）完全清除失去作用的防水层，重新进行防水施工。

（4）底板、墙体、顶板大样构造做法严格按照设计节点要求进行施工，顶板采光井和出顶板通风井做混凝土翻边。

（5）通风井、采光井与车库顶板相交处的水平施工缝在施工前，先凿除表面浮浆、露出石子、冲洗干净，用所施工部位同水灰比的水泥浆坐浆后方可进行浇筑工作。

（6）加强柔性防水进场质量检查，按规定进行复检，检查原材合格证、性能检测报告。

（7）立面防水卷材顶部收口要做金属压条并施打密封胶。

3.2.9 地下车库出入口进水、侧墙及楼梯外墙的渗漏

1．现象描述

地下车库出入口进水、侧墙及楼梯外墙渗漏，如图3.2.14所示。

2．原因分析

（1）车库坡道顶部与底部截水沟设置不合理。

（2）地下车库坡道处未设置防水反坎（图3.2.15）。

图3.2.14　某地下车库出入口漏水

图3.2.15　地下车库坡道处设置防水反坎示意图

图3.2.16　地下室外墙施工不当留下的冷缝

（3）坡道侧墙振捣不到位或施工缝处未做有效处理（图3.2.16）。

（4）立面防水卷材顶部收口未做压条打密封胶。

（5）车库出入口挡土墙防水层失去作用或撕裂。

3. 防治措施

（1）为了阻止雨水的侵入。《车库建筑设计规范》JGJ 100中规定“地下车库在出入地面的坡道端应设置与坡道同宽的截流水沟和耐轮压的金属沟盖及闭合的挡水槛”。

（2）施工缝在施工前，先凿除表面浮浆、露出石子、冲洗干净后方可进行浇筑工作，水平施工缝还需用同水灰比的水泥浆坐浆。

（3）防水反坎可以防止水流进入车库、渗入侧墙，应与结构混凝土同时浇筑。

（4）加强柔性防水材料进场质量检查，按规定进行复检，检查原材合格证、性能检测报告。

（5）常见的地下室防水做法有外防外贴法和外防内贴法。卷材外防水不仅可以保护地下工程主体结构免受地下水有害作用的影响，还可以借助土压力压紧作用和承重结构一起抵抗有压地下水的渗透。

外防外贴法是先在垫层上铺贴底层卷材，四周留出接头，待底板混凝土和立面混凝土浇筑完毕，将立面卷材防水层直接铺设在防水结构的外墙外表面的施工方法（图3.2.17）。

在采用“外防内贴”这一防水工艺施工时，应加强对施工方案和施工过程管理两个方面的管控，外防内贴法一旦出现渗漏，后期是很难处理，这就要求在施工过程中，对每一个环节、工艺都要严格控制、严格检查验收。

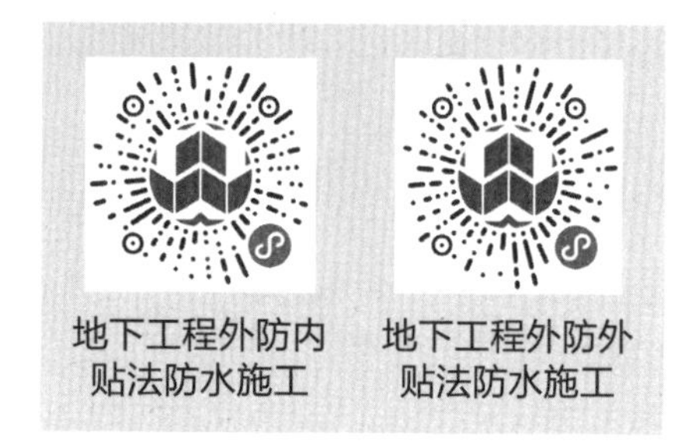

（6）立面防水卷材顶部收口要做金属压条并施打密封胶。

（7）外防水可用软质保护材料或铺抹20mm厚1：2.5水泥砂浆，然后砌筑一道砖墙作为刚性防护措施（图3.2.18）。

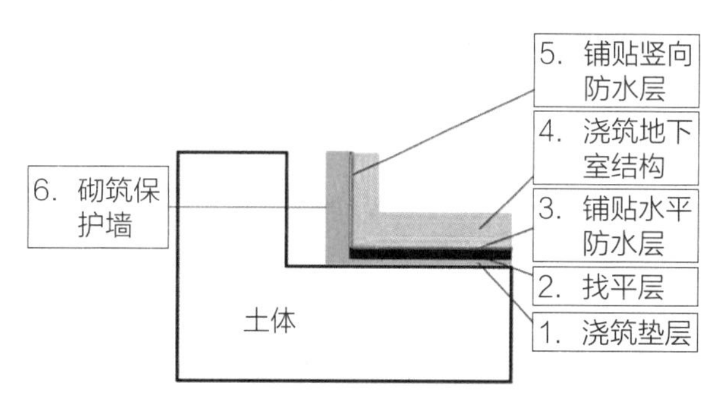

图3.2.17 外防外贴法施工步骤

图3.2.18 砌筑砖墙保护地下室外防水

3.2.10 车库顶板与主楼外墙交接处渗漏

1. 现象描述

车库顶板与主楼外墙交接处渗漏。

2. 原因分析

（1）车库屋面与主楼外墙连接处无沉降期，或施工时振捣不到位，或施工缝处未做有效处理。

（2）立面防水卷材顶部收口未做压条打密封胶。

（3）柔性防水失去作用或撕裂。

（4）车库顶板与主楼外墙交接处散水坡出现质量问题，排水或疏水不畅。

（5）未按规范要求设后浇带。

3. 防治措施

（1）车库与主楼一体施工，将施工缝留设在主楼与车库的沉降后浇带处。

（2）加强车库与主楼外墙相交处的振捣，不得漏振或过振。

（3）水平施工缝在施工前，先凿除表面浮浆、露出石子、冲洗干净，用同水灰比的水泥浆坐浆后方可进行浇筑工作。

（4）加强柔性防水材料进场质量检查，按规定进行复检，检查原材合格证、性能检测报告。

（5）立面防水卷材顶部收口要做金属压条并施打密封胶。

（6）按规范要求设后浇带。

3.3 地下工程渗漏防治的典型案例

[案例1] 某工程地下室穿墙管渗漏原因分析及处理措施

某地两栋高层办公建筑建成年份较早，2020年由于雨水偏多造成地下室灌水，深度约2cm。经专家现场观察，地下室的顶板、底板结构良好，均未发现渗漏，所有渗漏点均位于管道处。经统计，每栋楼穿越和未穿越外墙壁的管道有50处左右。由于该楼年久失修，管道错综复杂，不能确定哪些管道渗漏、哪些管道不渗漏。从管道材质统计，有钢管和UPVC、ABS、PPR等不同材质的塑料管道；从管道位置讲，有从内、外墙穿出的，也有从底板穿出的。考虑到渗漏水的危害程度，为达到立即止漏的目的，业主要求对所有的管道渗漏的原因进行确认，并全部进行管道渗漏水处理。

1. 渗漏原因分析

（1）穿墙管周边未做防水处理

经现场勘查，所有穿越地下室外墙的管道，均未做任何防水处理。在地下室灌入水后，业主曾组织人员对渗漏水严重的暖气管道使用水泥砂浆对暖气管道和套管之间的缝隙进行了填充，算是简单的防水处理，其他管道并未做任何处理措施。

（2）回填土未夯实

经现场察看，建筑周围回填土未夯实，出现不同程度的下沉，甚至非承重墙下陷达到10mm。这样雨水很容易通过楼周围的回填土向地下渗透，当雨水流经地下穿墙管道时，如果管道周边防水处理不好，可直接通过套管和管道之间的空隙流入地下室。

2. 治理方案

根据现场实际情况和上述原因，本方案根据现行防水规范，采取了“防排结合、综合治理、多道设防”的治理原则进行穿墙管道渗漏水的治理。

第一步，对原回填土进行处理。用三七灰土对建筑物周围进行回填、夯实。回填土总厚度30cm，采用分层回填，每次回填10cm后夯实，分三次完成回填，回填完成后则对回填土表面进行硬化处理。上述操作的目的是尽量减少地面雨水的下渗，将雨水直接排走，减少渗漏水对地下室的威胁。

第二步，对于管道周边漏水需确定管道是否破损，破损需要立即更换。根据管道用途（常温管还是热力管）、管道材质以及使用环境等因素灵活选用堵漏方法，通过剔凿找准漏水点、漏水线，有针对性地进行堵漏。一般地，管道渗漏水的治理方法主要根据刚柔结合、膨胀增强结合、外刚内柔的原则，对暖气管等热力管道处的止水处理还需要考虑热胀冷缩的影响。

3. 具体施工措施

（1）从室内剔除管道和套管间之间的杂物，向内剔凿150mm，宽度50mm，剔凿完后清理干净套管内部的表面残渣和浮灰。对热力管道穿外墙部位需首先剔除暖气管道和套管间的水泥砂浆，清理干净其表面残渣和浮灰。如果是热力管道穿内墙部位出现渗漏水，可将原管孔眼进行扩孔，然后采用埋设预制半圆混凝土套管法进行处理。如果是热力管道穿外墙部位出现渗漏水，可将地下水位降低到管道标高以下，通过设置橡胶止水套的方法处理。

（2）用JS防水涂料中的高分子乳液拌制灰砂比为1：2的干硬砂浆，制成水泥基聚合物水泥砂浆，填入剔凿开的套管和管道之间的缝隙的最内侧并捣实，厚度约50mm，阻止水以流入的方式从室外灌入地下室，形成靠前道防水。

（3）靠前道砂浆捣实后，随即用腻子型遇水膨胀止水条填充套管和管道之间的缝隙。要求填充密实，厚度40～50mm，缓胀型遇水膨胀止水条在套管的空隙中再次成型为和管间空隙尺寸一样的形状。止水条在非膨胀的情况下即能达到止水的效果，形成第二道防水。

（4）第二道防水施工完毕，随即用堵漏灵将剩余的空隙空间，全部填充密实，外侧与结构面平齐，形成刚性的第三道防水。

（5）第三道防水施工完毕，随即在堵漏灵外侧及管道上涂刷双组分聚氨酯防水涂料，涂刷范围为套管周围半径100mm范围内，形成第四道防水。

（6）动力电线套管一般紧邻配电柜，即使是轻微的渗漏和潮湿都会为配电设施带来巨大的安全隐患，轻则造成配电设施生锈，重则造成线路短路，影响整个楼房的安全用电。为了确保该套管不渗水，可采用设置橡胶止水套的方法处理，配合使用硅酮密封膏进行防水隔潮处理。对于其他常温管道的处理可参考上述方法，也可结合实际情况具体问题具体分析。

[案例2]某工程地下室底板开裂原因分析及处理措施

某沿海城市地下水丰富，经常受台风影响导致雨水较大且时间比较集中。位于该地区的建筑物常常由于抗浮设计不足、施工措施不当等造成建筑物发生底板起拱渗水、建筑物倾斜或结构上浮。某工程由4栋塔楼组成，地下三层，其中地下一、二层为半地下室，地下三层为全埋地下室，地下室主要用作储物间和停车库。各栋塔楼在封顶后正处于雨期，在随后的正常使用中发现地下室裙房负三层底板出现几道裂缝，当时认为是混凝土的收缩裂缝，施工单位采用了环氧树脂注浆对裂缝进行封堵。随着时间的推移，发现跟独立柱交接部位的地下室底板上拱（高度达到10cm，裂缝最大宽度1cm）并开裂，伴有渗水现象且水量较大。建设单位会同原施工单位、勘察设计单位以及监理单位、检测单位相关人员对现场情况进行了调查分析。检测单位出具的检测报告认为地下室底板厚度为200mm，底板除了应该满足设计计算要求外还须满足规范规定的最小板厚250mm的要求，本项目底板厚度明显小于最小板厚要求。经调查进一步发现，原设计地下室的顶板最小覆土厚度应该为600mm，但是裙房顶板覆土未达到要求导致裙房结构自重不足，难以抵抗地下水浮力。勘察设计单位根据检测报告提出了设计和施工方面的修复方案，分为应急措施和修复措施。

1. 应急措施

（1）在地下室上拱区域设置观测点，每隔2m设置一个，进行底板标高测量并做好观测数据记录。

（2）为防止地下室底板继续遭受破坏，在底板上拱区域开直径10cm孔泄压，以减小地下水浮力，开孔泄压汇集的地下水需提前做好排出措施。

（3）在地下室周边回填土区域设置临时集水坑、排水沟、将地表水排走引出，减轻抗浮压力。

在采取上述应急措施的同时，组织检测单位加快检测，快速出具检测报告为下一步进行加固修复提供技术支持。

2. 修复措施

（1）对地下室周边回填土重新分层回填并进行夯实，严格控制分层回填的厚度。

（2）由于底板、顶板裂缝，需要对底板、顶板进行修复加固。对地下室底板起拱采取对底板堆载方法，然后对底板裂缝进行注浆并粘贴钢板进行修复，裂缝大于0.2mm的裂缝应采用环氧树脂压力灌浆。

（3）根据重新计算，该工程混凝土底板的厚度增加到550mm，混凝土强度为C30，抗渗等级为P8。顶板板底粘贴碳纤维加固，顶板梁则粘贴型钢和钢板进行加固。

经过上述修复措施并通过一定时间的观测显示方法可行。

[案例3]某工程地下室侧墙渗漏原因分析及处理措施

某市某工程有6栋多层单体建筑和1处地下车库，该工程地下室底板的厚度为400mm，主楼部分底板厚度为600mm，混凝土强度等级C30，抗渗等级P6，底板及外墙均为3+3厚的SBS防水卷材。2021年一场大雨过后，该工程地下一层北侧外墙内侧出现渗漏水现象；另外，地下室外墙根部与基础顶面交接处等也出现零散的“点”状轻微渗漏。

1. 原因分析

由于建筑外墙具有荷载大、受力复杂的特点，施工过程中没有综合考虑各种不利因素及措施，各类构造缝、后浇带的施工不规范、处理部位不妥当、采取措施不及时是造成地下室墙体开裂渗漏的主要原因，并且混凝土浇筑过程振捣不规范容易导致内部产生蜂窝，有的地方虽然表面很好，但只是保护层外表面平整，内部却不密实。这主要是由于局部钢筋过密振动棒无法进入导致漏振造成的，同样不能超振，超振会使混凝土产生离析进而产生裂缝，综合诸多不利因素最终就可能出现结构性裂缝而导致防渗漏失败，墙面出现渗漏现象。

2. 治理方案

本工程在出现渗漏后项目部立即派专人负责逐一检查有渗漏的地方，首先将渗水部位擦干，立即在渗漏处薄薄地撒上一层干水泥，表面出现的湿点或湿线即为渗漏的孔或缝，用红笔划出点或线的记号。由于本工程渗漏水现象较轻微，直接对地下室外墙渗漏处打交错孔进行高压注浆堵漏。具体施工方法为对地下室外墙裂缝进行钻孔，然后用高压水清洗孔洞，安装注浆嘴，使用高压灌浆机由下至上实施注浆，利用高压将堵漏剂注入混凝土裂缝内部，沿裂缝延伸到所有缝隙并填满。对渗漏处进行注浆处理可以保证长期的堵漏效果，并且避免原渗漏处结构内受力钢筋的锈蚀，达到止漏目的。注浆完毕72h后，确认不漏即可拆除针嘴，清理干净已固化的溢漏出的灌浆液，用防水砂浆将针嘴孔填平墙面。

最后再查找漏点，条件允许可进行外墙淋水试验，检查漏水点并再次修复，如此循环直至外墙面无渗漏现象。维修现场如图3.3.1所示。

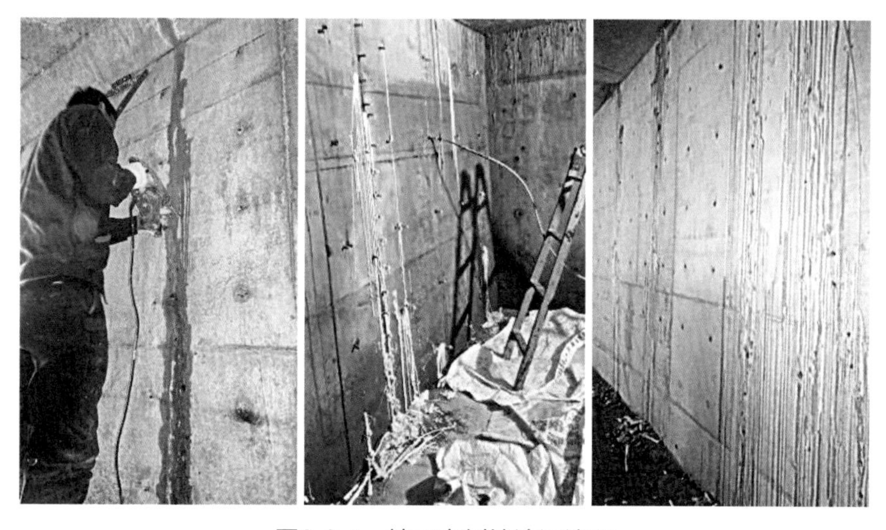

图3.3.1 地下室侧墙渗漏治理

3.4 附表

地下工程用防水材料进场抽样检验规定 表3.4.1

序号	材料名称	抽样数量	外观质量检验	物理性能检验
1	高聚物改性沥青类防水卷材	大于1000卷抽5卷，每500～1000卷抽4卷，100～499卷抽3卷，100卷以下抽2卷，进行规格尺寸和外观质量检验。在外观质量检验合格的卷材中，任取一卷做物理性能检验	断裂、皱折、孔洞、剥离、边缘不整齐，胎体露白、未浸透，撒布材料粒度、颜色，每卷卷材的接头	可溶物含量，拉力，延伸率，低温柔度，热老化后低温柔度，不透水性

续表

序号	材料名称	抽样数量	外观质量检验	物理性能检验
2	合成高分子类防水卷材	大于1000卷抽5卷，每500～1000卷 抽4卷，100～499卷抽3卷，100卷以下抽2卷，进行规格尺寸和外观质量检验。在外观质量检验合格的卷材中，任取一卷做物理性能检验	折痕、杂质、胶块、凹痕，每卷卷材的接头	断裂拉伸强度，断裂伸长率，低温弯折性，不透水性，撕裂强度
3	有机防水材料	每5t为一批，不足5t按一批抽样	均匀黏稠体，无凝胶，无结块	潮湿基面粘结强度，涂膜抗渗性，浸水168h后拉伸强度，浸水168h后断裂伸长率，耐水性
4	无机防水材料	每10t为一批，不足10t按一批抽样	液体组分：无杂质、凝胶的均匀乳液 固体组分：无杂质、结块的粉末	抗折强度，粘结强度，抗渗性
5	膨润土防水材料	每100卷为一批，不足100卷按一批抽样；100卷以下抽5卷，进行尺寸偏差和外观质量检验。在外观质量检验合格的卷材中，任取一卷做物理性能检验	表面平整、厚度均匀，无破洞、破边，无残留断针，针刺均匀	单位面积质量，膨润土膨胀指数，渗透系数、滤失量
6	混凝土建筑接缝用密封胶	每2t为一批，不足2t按一批抽样	细腻、均匀膏状物或黏稠液体，无气泡、结皮和胶凝现象	流动性、挤出性、定伸粘结性
7	橡胶止水带	每月同标记的止水带产量为一批抽样	尺寸公差；开裂，缺胶，海绵状，中心孔偏心，凹痕，气泡，杂质，明疤	拉伸强度，扯断伸长率，撕裂强度
8	腻子型遇水膨胀止水条	每5000m为一批，不足5000m按一批抽样	尺寸公差；柔软、弹性匀质，色泽均匀，无明显凹凸	硬度，7d膨胀率，最终膨胀率，耐水性
9	遇水膨胀止水胶	每5t为一批，不足5t按一批抽样	细腻、黏稠、均匀膏状物，无气泡、结皮和凝胶	表干时间，拉伸强度，体积膨胀倍率
10	弹性橡胶密封垫材料	每月同标记的密封垫材料产量为一批抽样	尺寸公差；开裂、缺胶，凹痕，气泡，杂质，明疤	硬度，伸长率，拉伸强度，压缩永久变形
11	遇水膨胀橡胶密封垫胶料	每月同标记的膨胀橡胶产量为一批抽样	尺寸公差；开裂、缺胶，凹痕，气泡，杂质，明疤	硬度，扯断伸长率，拉伸强度，体积膨胀倍率，低温弯折
12	聚合物水泥防水砂浆	每10t为一批，不足10t按一批抽样	干粉类：均匀，无结块 乳胶类：液料经搅拌后均匀无沉淀，粉料均匀、无结块	7d粘结强度，7d抗渗性，耐水性

地下室防水效果检查记录　　表3.4.2

工程名称：

试水方法	自然渗漏条例	试验日期	年　月　日
工程检查部位及情况	地下混凝土结构背水面，呈现明显色泽变化的潮湿斑。观察检查，全数检查。 轴线　轴线		
	附件：背水内表面的结构工程展开图		
验收意见			
复查意见	复查人：　　　复查日期：　年　月　日		
施工单位	项目专业质量检查员： 项目（专业）技术负责人： 年　月　日	监理（建设）单位	监理工程师： （建设单位项目负责人） 年　月　日

地下防水工程规范强制性条文检查记录 表3.4.3

<table>
<tr><td>工程名称</td><td colspan="2"></td><td colspan="2">子分部（分项）
工程名称</td><td colspan="3"></td></tr>
<tr><td>施工总承包单位</td><td colspan="2"></td><td colspan="2">项目负责人</td><td colspan="3"></td></tr>
<tr><td>分包单位</td><td colspan="2"></td><td colspan="2">分包单位
项目负责人</td><td colspan="3"></td></tr>
<tr><td>监理（建设单位）</td><td colspan="2"></td><td colspan="2">总监理工程师
（建设单位项目负责人）</td><td colspan="3"></td></tr>
<tr><td colspan="8">《地下防水工程质量验收规范》GB 50208</td></tr>
<tr><td rowspan="2">条号</td><td rowspan="2" colspan="2">项目</td><td rowspan="2" colspan="2">检查内容</td><td colspan="3">判定</td></tr>
<tr><td>A</td><td>B</td><td>C</td></tr>
<tr><td>4.1.16</td><td colspan="2">设置和构造</td><td colspan="2">防水混凝土结构的施工缝、变形缝、后浇带、穿墙管、埋设件等设置和构造必须符合设计要求</td><td></td><td></td><td></td></tr>
<tr><td>4.4.8</td><td colspan="2">防水层厚度</td><td colspan="2">涂料防水层的平均厚度应符合设计要求，最小厚度不得小于设计厚度的90%</td><td></td><td></td><td></td></tr>
<tr><td>5.2.3</td><td colspan="2">中埋式止水带埋设位置</td><td colspan="2">中埋式止水带埋设位置应准确，其中间空心圆环与变形缝的中心线应重合</td><td></td><td></td><td></td></tr>
<tr><td>5.3.4</td><td colspan="2">补偿收缩混凝土</td><td colspan="2">采用掺膨胀剂的补偿收缩混凝土，其抗压强度、抗渗性能和限制膨胀率必须符合设计要求</td><td></td><td></td><td></td></tr>
<tr><td>7.2.12</td><td colspan="2">排水系统</td><td colspan="2">隧道、坑道排水系统必须通畅</td><td></td><td></td><td></td></tr>
<tr><td></td><td colspan="2"></td><td colspan="2"></td><td></td><td></td><td></td></tr>
<tr><td></td><td colspan="2"></td><td colspan="2"></td><td></td><td></td><td></td></tr>
<tr><td></td><td colspan="2"></td><td colspan="2"></td><td></td><td></td><td></td></tr>
<tr><td colspan="8">“判定”填写说明：
1. A表示符合强制性条文；B表示违反强制性条文，但是经返工或返修处理达到合格标准；C表示违反强制性条文；
2. 由多项内容组成一条的强制性条文，取最低级判定为该条的判定。</td></tr>
<tr><td colspan="4">施工单位检查判定结果：

项目负责人：

项目技术负责人：
年 月 日</td><td colspan="4">监理（建设）单位核查结论：

总监理工程师：

（建设单位项目负责人）
年 月 日</td></tr>
</table>

防水混凝土检验批质量验收记录 表3.4.4

<table>
<tr><td colspan="3">单位（子单位）工程名称</td><td></td><td>分部（子分部）工程名称</td><td></td><td>分项工程名称</td><td></td></tr>
<tr><td colspan="3">施工单位</td><td></td><td>项目负责人</td><td></td><td>检验批容量</td><td></td></tr>
<tr><td colspan="3">分包单位</td><td></td><td>分包单位项目负责人</td><td></td><td>检验批部位</td><td></td></tr>
<tr><td colspan="3">施工依据</td><td colspan="2">《地下工程防水技术规范》GB 50108</td><td>验收依据</td><td colspan="2">《地下防水工程质量验收规范》GB 50208</td></tr>
<tr><td rowspan="4">主控项目</td><td colspan="2">验收项目</td><td>设计要求及规范规定</td><td>最小/实际抽样数量</td><td>检查记录</td><td colspan="2">检查结果</td></tr>
<tr><td>1</td><td>原材料、配合比坍落度</td><td>第4.1.14条</td><td>—</td><td></td><td colspan="2"></td></tr>
<tr><td>2</td><td>抗压强度、抗渗性能</td><td>第4.1.15条</td><td>—</td><td></td><td colspan="2"></td></tr>
<tr><td>3</td><td>施工缝、变形缝、后浇带、穿墙管、埋设件等设置和构造</td><td>第4.1.16条</td><td>—</td><td></td><td colspan="2"></td></tr>
<tr><td rowspan="3">一般项目</td><td>1</td><td>表面质量</td><td>第4.1.17条</td><td>—</td><td></td><td colspan="2"></td></tr>
<tr><td>2</td><td>裂缝宽度</td><td>≤0.2mm，并不得贯通</td><td>—</td><td></td><td colspan="2"></td></tr>
<tr><td>3</td><td>防水混凝土结构厚度≥250mm
迎水面钢筋保护层≥50mm</td><td>+8mm，-5mm
±5mm</td><td>—</td><td></td><td colspan="2"></td></tr>
<tr><td colspan="3">施工单位检查结果</td><td colspan="5">专业工长：
项目专业质量检查员：
年 月 日</td></tr>
<tr><td colspan="3">监理（建设）单位验收结论</td><td colspan="5">专业监理工程师：
（建设单位项目专业负责人）
年 月 日</td></tr>
</table>

卷材防水层检验批质量验收记录 表3.4.5

<table>
<tr><td colspan="2">单位（子单位）工程名称</td><td colspan="2"></td><td>分部（子分部）工程名称</td><td></td><td>分项工程名称</td><td></td></tr>
<tr><td colspan="2">施工单位</td><td colspan="2"></td><td>项目负责人</td><td></td><td>检验批容量</td><td></td></tr>
<tr><td colspan="2">分包单位</td><td colspan="2"></td><td>分包单位项目负责人</td><td></td><td>检验批部位</td><td></td></tr>
<tr><td colspan="2">施工依据</td><td colspan="3">《地下工程防水技术规范》GB 50108</td><td>验收依据</td><td colspan="2">《地下防水工程质量验收规范》GB 50208</td></tr>
<tr><td rowspan="3">主控项目</td><td colspan="3">验收项目</td><td>设计要求及规范规定</td><td>最小/实际抽样数量</td><td>检查记录</td><td>检查结果</td></tr>
<tr><td>1</td><td colspan="2">卷材及配套材料质量</td><td>第4.3.15条</td><td>—</td><td></td><td></td></tr>
<tr><td>2</td><td colspan="2">转角处、变形缝、施工缝、穿墙管等部位做法</td><td>第4.3.16条</td><td>—</td><td></td><td></td></tr>
<tr><td rowspan="5">一般项目</td><td>1</td><td colspan="2">卷材搭接缝</td><td>第4.3.17条</td><td>—</td><td></td><td></td></tr>
<tr><td rowspan="2">2</td><td rowspan="2">卷材外贴法立面卷材搭接宽度（mm）</td><td>高聚物改性沥青类</td><td>150</td><td>—</td><td></td><td></td></tr>
<tr><td>合成高分子类</td><td>100</td><td>—</td><td></td><td></td></tr>
<tr><td>3</td><td colspan="2">保护层</td><td>第4.3.19条</td><td>—</td><td></td><td></td></tr>
<tr><td>4</td><td colspan="2">卷材搭接宽度允许偏差（mm）</td><td>-10</td><td>—</td><td></td><td></td></tr>
<tr><td colspan="2">施工单位检查结果</td><td colspan="6">专业工长：
项目专业质量检查员：
年 月 日</td></tr>
<tr><td colspan="2">监理（建设）单位验收结论</td><td colspan="6">专业监理工程师：
（建设单位项目专业负责人）
年 月 日</td></tr>
</table>

涂料防水层检验批质量验收记录　　表3.4.6

<table>
<tr><td colspan="3">单位（子单位）工程名称</td><td></td><td>分部（子分部）工程名称</td><td></td><td>分项工程名称</td><td></td></tr>
<tr><td colspan="3">施工单位</td><td></td><td>项目负责人</td><td></td><td>检验批容量</td><td></td></tr>
<tr><td colspan="3">分包单位</td><td></td><td>分包单位项目负责人</td><td></td><td>检验批部位</td><td></td></tr>
<tr><td colspan="3">施工依据</td><td>《地下工程防水技术规范》GB 50108</td><td>验收依据</td><td colspan="3">《地下防水工程质量验收规范》GB 50208</td></tr>
<tr><td rowspan="4">主控项目</td><td colspan="3">验收项目</td><td>设计要求及规范规定</td><td>最小/实际抽样数量</td><td>检查记录</td><td>检查结果</td></tr>
<tr><td>1</td><td colspan="2">涂料质量及配合比</td><td>第4.4.7条</td><td>—</td><td></td><td></td></tr>
<tr><td>2</td><td colspan="2">涂料防水层厚度</td><td>平均厚度符合设计要求，最小厚度不小于设计要求的90%</td><td>—</td><td></td><td></td></tr>
<tr><td>3</td><td colspan="2">转角处、变形缝、施工缝、穿墙管等部位做法</td><td>第4.4.9条</td><td>—</td><td></td><td></td></tr>
<tr><td rowspan="3">一般项目</td><td>1</td><td colspan="2">基层质量</td><td>第4.4.10条</td><td>—</td><td></td><td></td></tr>
<tr><td>2</td><td colspan="2">夹铺胎体增强材料质量</td><td>第4.4.11条</td><td>—</td><td></td><td></td></tr>
<tr><td>3</td><td colspan="2">保护层与防水层粘结及保护层厚度</td><td>第4.4.12条</td><td>—</td><td></td><td></td></tr>
<tr><td colspan="3">施工单位检查结果</td><td colspan="5">专业工长：
项目专业质量检查员：
年　月　日</td></tr>
<tr><td colspan="3">监理（建设）单位验收结论</td><td colspan="5">专业监理工程师：
（建设单位项目专业负责人）
年　月　日</td></tr>
</table>

施工缝防水构造检验批质量验收记录 表3.4.7

单位（子单位）工程名称			分部（子分部）工程名称		分项工程名称	
施工单位			项目负责人		检验批容量	
分包单位			分包单位项目负责人		检验批部位	
施工依据				验收依据	《地下防水工程质量验收规范》GB 50208	
主控项目	验收项目		设计要求及规范规定	最小/实际抽样数量	检查记录	检查结果
	1	施工缝所用防水材料质量	第5.1.1条	—		
	2	施工缝防水构造做法	第5.1.2条	—		
一般项目	1	施工缝留置位置	第5.1.3条	—		
	2	继续浇筑前原混凝土强度	第5.1.4条	—		
	3	水平缝继续浇筑前处理	第5.1.5条	—		
	4	垂直施工缝继续浇筑前处理	第5.1.6条	—		
	5	中埋、外贴式止水带构造施工质量	第5.1.7条	—		
	6	遇水膨胀止水条构造施工质量	第5.1.8条	—		
	7	遇水膨胀止水胶构造施工质量	第5.1.9条	—		
	8	预埋注浆管构造施工质量	第5.1.10条	—		
施工单位检查结果	专业工长： 项目专业质量检查员： 年 月 日					
监理（建设）单位验收结论	专业监理工程师： （建设单位项目专业负责人） 年 月 日					

第4章 外墙及门窗渗漏防治

本章首先介绍了相关规范对于外墙及门窗防水设计、监理、施工、验收等方面的一般规定与技术要求；结合主要技术规范和工程实践经验，重点对砖砌体墙体、外墙预留洞口、穿墙螺栓孔洞、悬挑隔板根部、空调安装位、装配式外墙板接缝、外墙装饰部分、外门窗、玻璃幕墙等部位的渗漏现象进行详细描述，分析渗漏原因并提出有效防治措施；结合典型案例介绍外墙及外门窗工程渗漏防治的成功经验，为解决外墙及外门窗的渗漏问题提供借鉴和参考。

4.1 外墙及门窗防水的一般规定

外墙外窗渗漏为建筑工程中最为常见且头疼的通病之一，外墙渗漏包括外墙面渗漏、外墙门窗口渗漏、雨篷和外露阳台与外墙连接处渗漏、外墙面变形缝渗漏、穿墙管（洞）渗漏、装配式外墙板板缝渗漏等。建筑物外墙一旦发生渗漏，往往会降低建筑物结构的耐久性、安全性，也会影响到建筑物的装饰效果、耐用年限和使用功能，并且后期很难整改，这就需要在设计之初、施工过程、工程验收各个环节，针对造成外窗渗漏的原因进行全面分析，相应采取对策进行彻底防治。

4.1.1 建筑外墙整体防水设计条件

《建筑外墙防水工程技术规程》JGJ/T 235中规定：建筑外墙防水应具有阻止雨水、雪水侵入墙体的基本功能，并应具有抗冻融、耐高低温、承受风荷载等性能。

1. 在正常使用和合理维护的条件下，有下列情况之一的建筑外墙，宜进行墙面整体防水：

1年降水量大于等于800mm地区的高层建筑外墙；

2年降水量大于等于600mm且基本风压大于等于0.50kN/m^{2}地区的外墙；

3年降水量大于等于400mm且基本风压大于等于0.40kN/m^{2}地区有外保温的外墙；

4年降水量大于等于500mm且基本风压大于等于0.35kN/m^{2}地区有外保温的外墙；

5年降水量大于等于600mm且基本风压大于等于0.30kN/m^{2}地区有外保温的外墙。

2. 年降水量大于等于400mm地区的其他建筑外墙应采用节点构造防水措施。居住建筑外墙外保温系统的防水性能应符合现行行业标准《外墙外保温工程技术标准》JGJ 144的规定。建筑外墙防水采用的防水材料及配套材料除应符合外墙各构造层的要求外，尚应满足安全及环保的要求。

4.1.2 建筑外墙防水材料一般规定

建筑外墙防水工程所用材料应与外墙相关构造层材料相容；防水材料的性能指标应符合国家现行有关材料标准规定。

1. 普通防水砂浆主要性能应符合表4.1.1的规定，检验方法应按现行国家标准《预拌砂浆》GB/T 25181的有关规定执行。

普通防水砂浆主要性能 表4.1.1

项目		指标
稠度（mm）		50，70，90
终凝时间（h）		≥8，≥12，≥24
抗渗压力（MPa）	28d	≥0.6
拉伸粘结强度（MPa）	14d	≥0.20
收缩率（%）	28d	≤0.15

2. 聚合物水泥防水砂浆主要性能应符合表4.1.2的规定，检验方法应按现行行业标准《聚合物水泥防水砂浆》JC/T 984执行。

聚合物水泥防水砂浆主要性能 表4.1.2

项目		指标	
		干粉类	乳液类
凝结时间	初凝（min）	≥45	≥45
	终凝（h）	≤12	≤24
抗渗压力（MPa）	7d	≥1.0	
粘结强度（MPa）	7d	≥1.0	
抗压强度（MPa）	28d	≥24.0	
抗折强度（MPa）	28d	≥8.0	
收缩比（%）	28d	≤0.15	
压折比		≤3	

3. 聚合物水泥防水涂料主要性能应符合表4.1.3规定，检验方法应按现行国家标准《聚合物水泥防水涂料》GB/T 23445的有关规定执行。

聚合物水泥防水涂料主要性能 表4.1.3

项目	指标
固体含量（%）	≥70
拉伸强度（无处理）（MPa）	≥1.2
断裂伸长率（无处理）（%）	≥200
低温柔性（φ10mm棒）	-10℃，无裂纹
粘结强度（无处理）（MPa）	≥0.5
不透水性（0.3MPa，30min）	不透水

4. 聚合物乳液防水涂料主要性能应符合表4.1.4的规定，检验方法应按现行行业标准《聚合物乳液建筑防水涂料》JC/T 864的有关规定执行。

聚合物乳液防水涂料主要性能 表4.1.4

试验项目		指标	
		Ⅰ类	Ⅱ类
拉伸强度（MPa）		≥1.0	≥1.5
断裂伸长率（%）		≥300	
低温柔性（φ10mm棒，棒弯180°）		-10℃，无裂纹	-20℃，无裂纹
不透水性（0.3MPa，30min）		不透水	
固体含量（%）		≥65	
干燥时间（h）	表干时间	≤4	
	实干时间	≤8	

5. 聚氨酯防水涂料主要性能应符合表4.1.5的规定，检验方法应按现行国家标准《聚氨酯防水涂料》GB/T 19250的有关规定执行。

聚氨酯防水涂料主要性能　　表4.1.5

项目	指标			
	单组分		双组分	
	Ⅰ类	Ⅱ类	Ⅰ类	Ⅱ类
拉伸强度（MPa）	≥1.90	≥2.45	≥1.90	≥2.45
断裂伸长率（%）	≥550	≥450	≥450	≥450
低温弯折性（℃）	≤-40		≤-35	
不透水性（0.3MPa，30min）	不透水		不透水	
固体含量（%）	≥80		≥92	
表干时间（h）	≤12		≤8	
实干时间（h）	≤24		≤24	

6. 防水透气膜主要性能应符合表4.1.6的规定，检验方法应按现行国家标准《建筑防水卷材试验方法》GB/T 328和《塑料薄膜与薄片水蒸气透过性能测定 杯式增重与减重法》GB/T 1037的有关规定执行。

防水透气膜主要性能　　表4.1.6

项目	指标		检验方法
	Ⅰ类	Ⅱ类	
水蒸气透过量[g/（m^2·24h），23℃]	≥1000		应按现行国家标准《塑料薄膜与薄片水蒸气透过性能测定 杯式增重与减重法》GB/T 1037中B法的规定执行
不透水性（mm，2h）	≥1000		应按《建筑防水卷材试验方法 第10部分：沥青和高分子防水卷材 不透水性》GB/T 328.10中A法的规定执行
最大拉力（N/50mm）	≥100	≥250	应按《建筑防水卷材试验方法 第9部分：高分子防水卷材 拉伸性能》GB/T 328.9中A法的规定执行
断裂伸长率（%）	≥35	≥10	应按《建筑防水卷材试验方法 第9部分：高分子防水卷材 拉伸性能》GB/T 328.9中A法的规定执行
撕裂性能（N，钉杆法）	≥40		应按《建筑防水卷材试验方法 第18部分：沥青防水卷材 撕裂性能（钉杆法）》GB/T 328.18的规定执行

续表

项目		指标		检验方法
		I 类	II 类	
热老化（80℃，168h）	拉力保持率（%）	≥80		应按《建筑防水卷材试验方法 第9部分：高分子防水卷材 拉伸性能》GB/T 328.9中A法的规定执行
	断裂伸长率保持率（%）			
	水蒸气透过量保持率（%）			应按现行国家标准《塑料薄膜与薄片水蒸气透过性能测定 杯式增重与减重法》GB/T 1037中B法的规定执行

7. 硅酮建筑密封胶主要性能应符合表4.1.7的规定，检验方法应按现行国家标准《硅酮和改性硅酮建筑密封胶》GB/T 14683的相关规定执行。

硅酮建筑密封胶主要性能　　表4.1.7

项目		指标			
		25HM	20HM	25LM	20LM
下垂度（mm）	垂直	≤3			
	水平	无变形			
表干时间（h）		≤3			
挤出性（mL/min）		≥80			
弹性恢复率（%）		≥80			
拉伸模量（MPa）		>0.4（23℃时）或 >0.6（-20℃时）		≤0.4（23℃时）或 ≤0.6（-20℃时）	
定伸粘结性		无破坏			

8. 聚氨酯建筑密封胶主要性能应符合表4.1.8的规定，检验方法应按现行行业标准《聚氨酯建筑密封胶》JC/T 482的相关规定执行。

聚氨酯建筑密封胶主要性能　　表4.1.8

项目		指标		
		20HM	25LM	20LM
流动性	下垂型（N型）（mm）	≤3		
	流平性（L型）	光滑平整		
表干时间（h）		≤24		

续表

项目	指标		
	20HM	25LM	20LM
挤出性 [mL/min]	≥80		
适用期（h）	≥1		
弹性恢复率（%）	≥70		
拉伸模量（MPa）	>0.4（23℃时）或 >0.6（-20℃时）		≤0.4（23℃时）或 ≤0.6（-20℃时）
定伸粘结性	无破坏		

注：1. 挤出性仅适用于单组分产品。
2. 适用期仅适用于多组分产品。

9. 聚硫建筑密封胶主要性能应符合表4.1.9的规定，检验方法应按现行行业标准《聚硫建筑密封胶》JC/T 483的有关规定执行。

10. 丙烯酸酯建筑密封胶主要性能应符合表4.1.10的规定，检验方法应按现行行业标准《丙烯酸酯建筑密封胶》JC/T 484的有关规定执行。

聚硫建筑密封胶主要性能 表4.1.9

项目		指标		
		20HM	25LM	20LM
流动性	下垂型（N型）（mm）	≤3		
	流平性（L型）	光滑平整		
表干时间（h）		≤24		
适用期（h）		≥2		
弹性恢复率（%）		≥70		
拉伸模量（MPa）		>0.4（23℃时）或 >0.6（-20℃时）		≤0.4（23℃时）或 ≤0.6（-20℃时）
定伸粘结性		无破坏		

丙烯酸酯建筑密封胶主要性能 表4.1.10

项目	指标		
	12.5E	12.5P	7.5P
下垂度（mm）	≤3		
表干时间（h）	≤1		
挤出性（mL/min）	≥100		

续表

项目	指标		
	12.5E	12.5P	7.5P
弹性恢复率（%）	≥40	报告实测值	
定伸粘结性	无破坏	—	
低温柔性（℃）	-20	-5	

4.1.3 建筑外墙整体防水设计一般规定

1. 建筑外墙整体防水层设计

（1）建筑外墙整体防水层设计应包括下列内容：

①外墙防水工程的构造；

②防水层材料的选择；

③节点的密封防水构造。

建筑外墙节点构造防水设计应包括门窗洞口、雨篷、阳台、变形缝、伸出外墙管道、女儿墙压顶、外墙预埋件、预制构件等交接部位的防水设防。

（2）建筑外墙的防水层应设置在迎水面。

（3）不同结构材料的交接处应采用每边不少于150mm的耐碱玻璃纤维网布或热镀锌电焊网做抗裂增强处理。

（4）外墙相关构造层之间应粘结牢固，并宜进行界面处理。界面处理材料的种类和做法应根据构造层材料确定。

（5）建筑外墙防水材料应根据工程所在地区的气候环境特点选用。

2. 无外保温外墙的整体防水层设计

（1）采用涂料饰面时，防水层应设在找平层和涂料饰面层之间（图4.1.1），防水层宜采用聚合物水泥防水砂浆或普通防水砂浆；

（2）采用块材饰面时，防水层应设在找平层和块材粘结层之间（图4.1.2），防水层宜采用聚合物水泥防水砂浆或普通防水砂浆；

（3）采用幕墙饰面时，防水层应设在找平层和幕墙饰面之间（图4.1.3），防水层宜采用聚合物水泥防水砂浆、普通防水砂浆、聚合物水泥防水涂料、聚合物乳液防水涂料或聚氨酯防水涂料。

3. 外保温外墙的整体防水层设计

（1）采用涂料或块材饰面，防水层设在保温层和墙体基层之间时，防水层

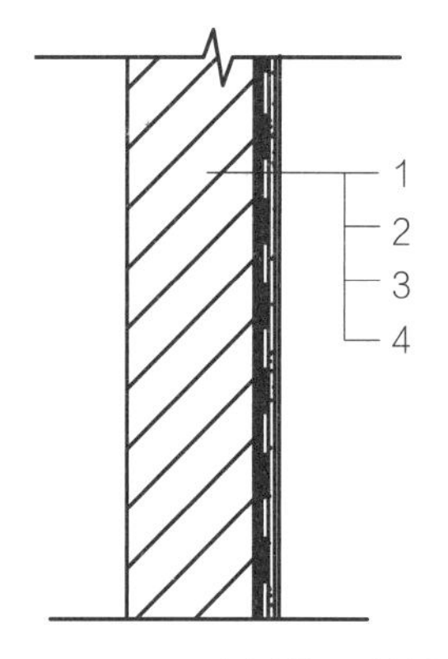

图4.1.1 涂料饰面外墙整体防水构造
1—结构墙体；2—找平层；3—防水层；4—涂料面层

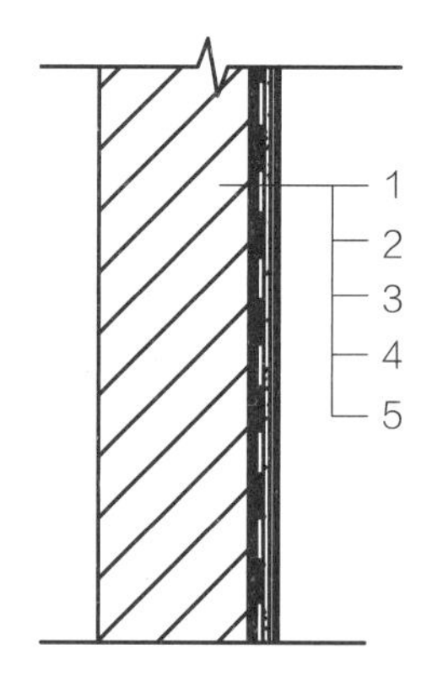

图4.1.2 块材饰面外墙整体防水构造
1—结构墙体；2—找平层；3—防水层；4—粘结层；5—块材饰面层

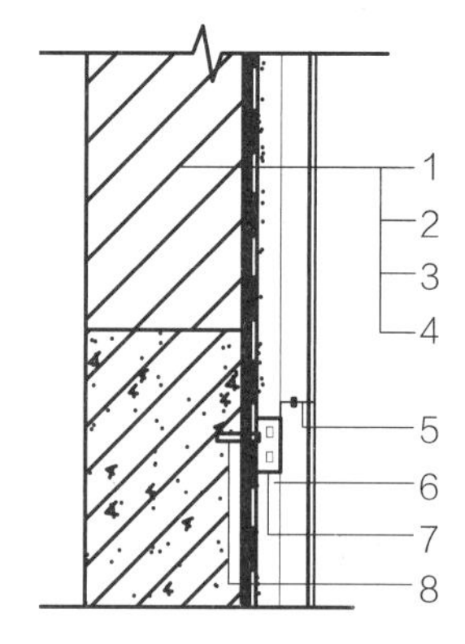

图4.1.3 幕墙饰面外墙整体防水构造
1—结构墙体；2—找平层；3—防水层；4—面板；5—挂件；6—竖向龙骨；7—连接件；8—锚栓

可采用聚合物水泥防水砂浆或普通防水砂浆（图4.1.4）；或者外墙未设计外墙整体防水，防水层设在保温层外面，在保温层外面加强网+锚栓+抗裂砂浆抹面，然后喷涂防水涂料。

（2）采用幕墙饰面时，设在找平层上的防水层宜采用聚合物水泥防水砂浆、普通防水砂浆、聚合物水泥防水涂料、聚合物乳液防水涂料或聚氨酯防水涂料；当外墙保温层选用矿物棉保温材料时，防水层宜采用防水透气膜（图4.1.5）。

墙面砂浆防水（防潮）施工

（3）砂浆防水层中可增设耐碱玻璃纤维网布或热镀锌电

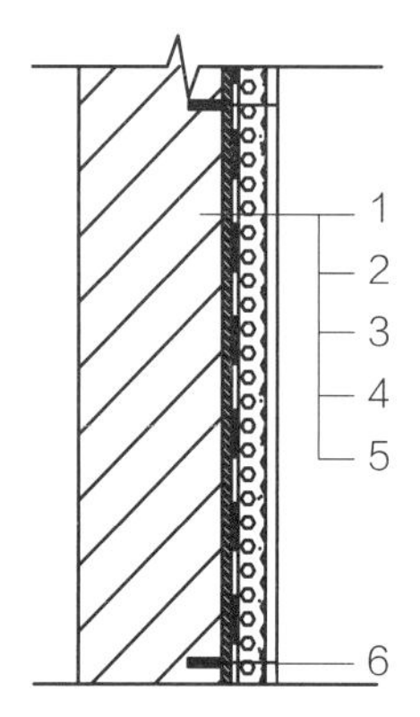

图4.1.4 涂料或块材饰面外保温外墙整体防水构造
1—结构墙体；2—找平层；3—防水层；4—保温层；5—饰面层；6—锚栓

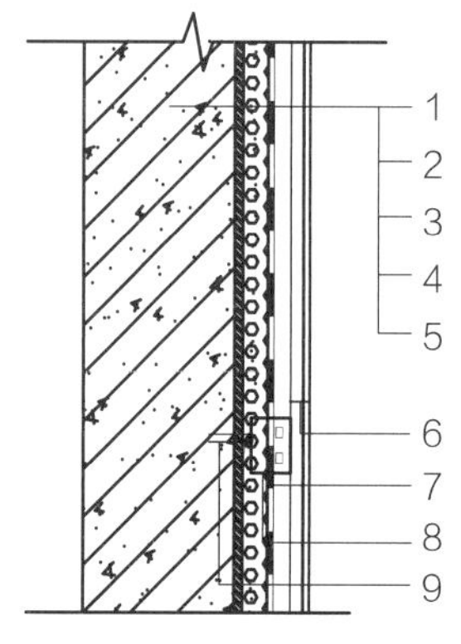

图4.1.5 幕墙饰面外保温外墙整体防水构造
1—结构墙体；2—找平层；3—保温层；4—防水透气膜；5—面板；6—挂件；7—竖向龙骨；8—连接件；9—锚栓

焊网增强，并宜用锚栓固定于结构墙体中。

（4）防水层最小厚度应符合表4.1.11的规定。

防水层最小厚度（mm）　　表4.1.11

墙体基层种类	饰面层种类	聚合物水泥防水砂浆		普通防水砂浆	防水涂料
		干粉类	乳液类		
现浇混凝土	涂料	3	5	8	1.0
	面砖				—
	幕墙				1.0
砌体	涂料	5	8	10	1.2
	面砖				—
	干挂幕墙				1.2

（5）砂浆防水层宜留分格缝，分格缝宜设置在墙体结构不同材料交接处。水平分格缝宜与窗口上沿或下沿平齐；垂直分格缝间距不宜大于6m，且宜与门、窗框两边线对齐。分格缝宽宜为8～10mm，缝内应采用密封材料做密封处理。

（6）外墙防水层应与地下墙体防水层搭接。

（7）充分发挥外墙外保温做法的防水效果，尽量将雨雪水阻止在保温层外。而少量的雨雪水侵入保温层后，聚集在保温板与外墙间的粘贴层空隙中，必须降低这部分渗水的流动性，等待自然蒸发。同时要通过技术措施减少外墙薄弱点，使得这部分渗水在蒸发的过程中不能侵入室内。

外墙外保温系统从内向外依次为：结构层—保温层—保温防护层—装饰层。较理想的系统构造设置在各种材料的透气性指标上，从内至外，材料的透气性要求越来越好，水蒸气就能够有一个顺畅的迁徙路线，不至于在墙体及保温装饰层内部形成冷凝水，同时从干燥过程来分析，也是有利于水蒸发后排出的。从吸水率的指标上来分析，主要是阻止液态水进入系统内部，面层材料相比内部材料而言，吸水率就要求比较低。

（8）保证外墙外保温防水功能的主要措施：采用“放”的抗裂原则，即采用柔性渐变、逐层释放应力，从而防止裂缝产生。

①外保温的保温效果满足建筑物的全部结构处于同一温度环境的要求。

②外保温材料系统各构造层均应满足允许变形、诱导变形与限制变形相统一的原则。

③均匀分散的软配筋（金属网应满足防锈性能，玻纤网布耐碱强度保留率）应满足寿命期的要求。

④急剧变化的温差产生的热应力集中发生在外保温的外表面，解决外保温裂缝应遵循给温度应力、变形能量释放的原则。采用“逐层渐变，柔性释放应力的抗裂技术”可以有效地控制保温层表面裂缝的产生。

⑤涂料饰面时，理想的模式应为从抗裂砂浆层→腻子层→涂料层的柔韧变形性逐渐增大；面砖饰面时，应采用具有柔性的粘结胶和勾缝胶。

⑥粘贴层空腔的施工措施：为防止雨雪水在进入保温层后，沿着粘贴层的空腔四处流动，在外保温板材粘贴施工时，必须采用点框粘贴法。在保温板的四边涂抹粘贴砂浆，宽度不小于5cm，距板材外边宽度不大于1cm，使得粘贴砂浆形成一个封闭的框，在框内再涂抹5个粘贴砂浆点。这样既保证了粘贴面积，又使得压实后的粘贴砂浆挤到板边，相邻板材之间没有空隙，阻断了渗水的路线。

4. 节点构造防水设计

（1）门窗框与墙体间的缝隙宜采用聚合物水泥防水砂浆或发泡聚氨酯填充；外墙防水层应延伸至门窗框，防水层与门窗框间应预留凹槽，并应嵌填密封材料；门窗上楣的外口应做滴水线；外窗台应设置不小于5%的外排水坡度（图4.1.6、图4.1.7）。

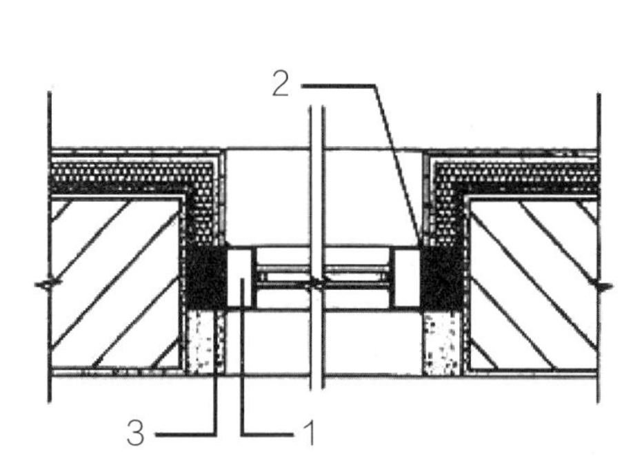

图4.1.6　门窗框防水剖面构造Ⅰ
1—窗框；2—密封材料；
3—聚合物水泥浆或发泡聚氨酯

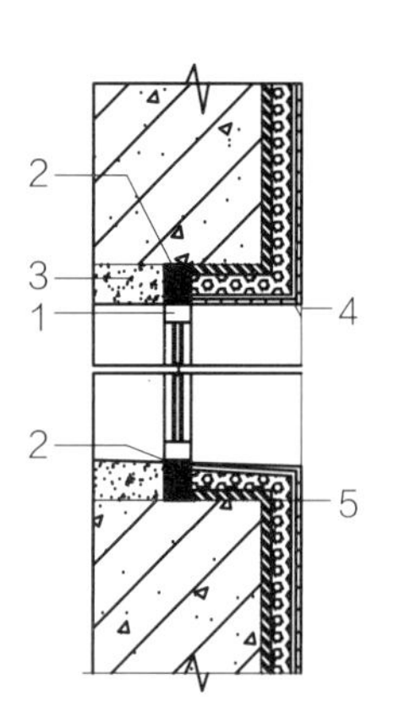

图4.1.7　门窗框防水剖面构造Ⅱ
1—窗框；2—密封材料；
3—聚合物水泥防水砂泡聚氨酯；
4—滴水线；5—防水层

（2）雨篷应设置不应小于1%的外排水坡度，外口下沿应做滴水线；雨篷与外墙交接处的防水层应连续；雨篷防水层应沿外口下翻至滴水线（图4.1.8）。

（3）阳台应向水落口设置不小于1%的排水坡度，水落口周边应留槽嵌填密封材料。阳台外口下沿应做滴水线（图4.1.9）。

（4）变形缝部位应增设合成高分子防水卷材附加层，卷材两端应满粘于墙体，满粘的宽度不应小于150mm，并应钉压固定；卷材收头应用密封材料密封（图4.1.10）。

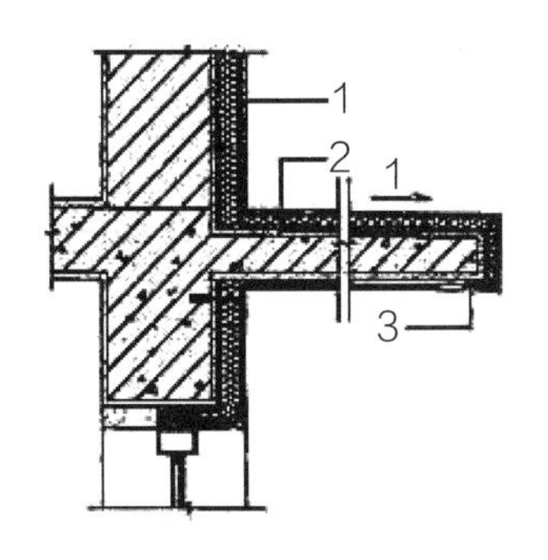

图4.1.8　雨篷防水构造
1—外墙保温层；2—防水层；
3—滴水线

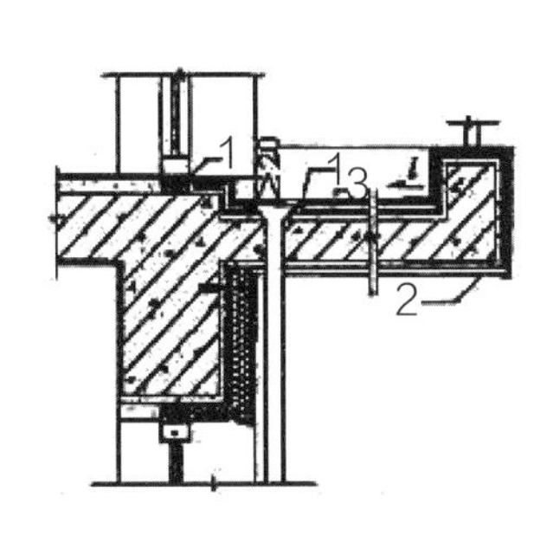

图4.1.9　阳台防水构造
1—密封材料；2—滴水线；
3—防水层

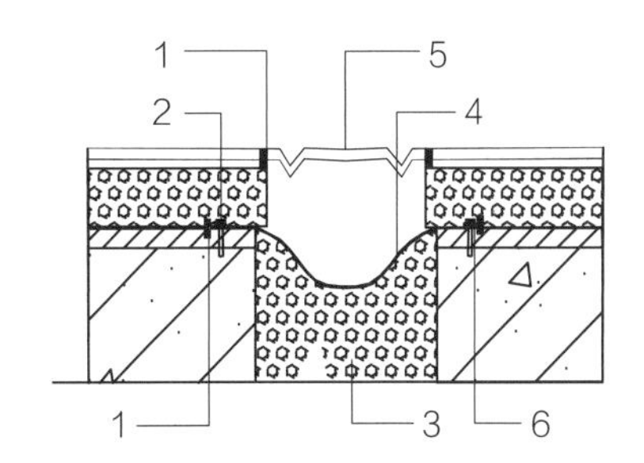

图4.1.10　变形缝防水构造
1—密封材料；2—锚栓；
3—衬垫材料；
4—合成高分子防水卷材（两端粘结）；
5—不锈钢板；6—压条

（5）穿过外墙的管道宜采用套管，套管应内高外低，坡度不应小于5%，套管周边应做防水密封处理（图4.1.11、图4.1.12）。

（6）外墙预埋件四周应用密封材料封闭严密，密封材料与防水层应连续。

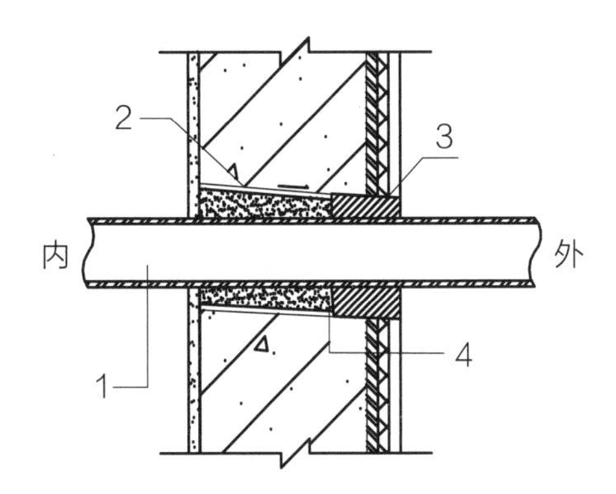

图4.1.11　伸出外墙管道防水构造（一）
1—伸出外墙管道；2—套管；
3—密封材料；4—聚合物水泥防水砂浆

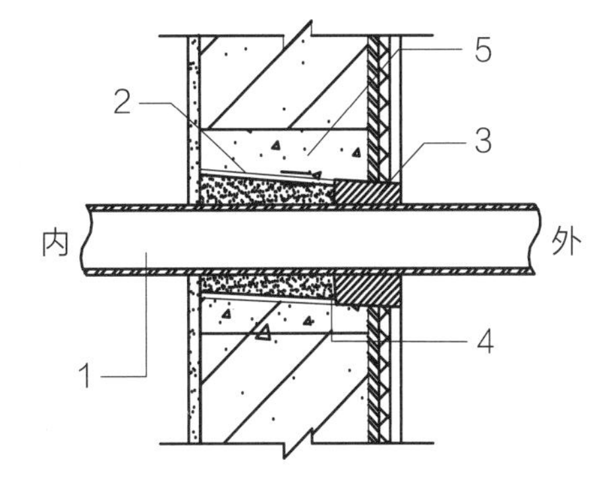

图4.1.12　伸出外墙管道防水构造（二）
1—伸出外墙管道；2—套管；3—密封材料；
4—聚合物水泥防水砂浆；5—细石混凝土

4.1.4 防水施工一般规定

1. 防水施工管理基本要求

（1）外墙防水工程应按设计要求施工，施工前应编制专项施工方案并进行技术交底。

（2）外墙防水应由有相应资质的专业队伍进行施工；作业人员应持证上岗。

（3）防水材料进场时应按设计和规范要求抽样复验。

（4）每道工序完成后，应经检查合格后再进行下道工序的施工。

（5）外墙门框、窗框、伸出外墙管道、设备或预埋件等应在建筑外墙防水施工前安装完毕。

（6）外墙防水层的基层找平层应平整、坚实、牢固、干净，不得酥松、起砂、起皮。

（7）块材的勾缝应连续、平直、密实，无裂缝、空鼓。

（8）外墙防水工程完工后，应采取保护措施，不得损坏防水层。

（9）外墙防水工程严禁在雨天、雪天和五级风及其以上时施工；施工的环境气温宜为5～35℃。施工时应采取安全防护措施。

2. 无外保温外墙防水工程施工

（1）外墙结构表面的油污、浮浆应清除，孔洞、缝隙应堵塞抹平；不同结构材料交接处的增强处理材料应可靠固定。

（2）外墙结构表面宜进行找平处理，找平层施工应符合下列规定：

①外墙基层表面应清理干净后再进行界面处理；

②界面处理材料的品种和配比应符合设计要求，拌合应均匀一致，涂层应均匀、不露底，并应待表面收水后再进行找平层施工；

③找平层砂浆的厚度超过10mm时，应分层压实、抹平。

（3）外墙防水层施工前，宜先做好节点处理，再进行大面积施工。

（4）砂浆防水层施工应符合下列规定：

①基层表面应为平整的毛面，光滑表面应进行界面处理，并应按要求湿润。

②防水砂浆的配制应满足下列要求：配合比应按照设计要求，通过试验确定。

③配制好的防水砂浆宜在1h内用完；施工中不得加水。

④界面处理材料涂刷厚度应均匀、覆盖完全，收水后应及时进行砂浆防水层施工。

⑤防水砂浆铺抹施工应符合下列规定：厚度大于10mm时，应分层施工，第二层应待前一层指触不粘时进行，各层应粘结牢固；每层宜连续施工，留槎时，应采用阶梯坡形槎，接槎部位离阴阳角不得小于200mm；上下层接槎应错开300mm以上，接槎应依层次顺序操作、层层搭接紧密；喷涂施工时，喷枪的喷嘴应垂直于基面，合理调整压力、喷嘴与基面距离；涂抹时应压实、抹平；遇气泡时应挑破，保证铺抹密实；抹平、压实应在初凝前完成。

⑥窗台、窗楣和凸出墙面的腰线等部位上表面的排水坡度应准确，外口下沿的滴水线应连续、顺直。

⑦砂浆防水层分格缝的留设位置和尺寸应符合设计要求，嵌填密封材料前，应将分格缝清理干净，密封材料应嵌填密实。

⑧砂浆防水层转角宜抹成圆弧形，圆弧半径不应小于5mm，转角抹压应顺直。

⑨门框、窗框、伸出外墙管道、预埋件等与防水层交接处应留8～10mm宽的凹槽，并应按第⑦款进行密封处理。

⑩砂浆防水层未达到硬化状态时，不得浇水养护或直接受雨水冲刷，聚合物水泥防水砂浆硬化后应采用干湿交替的养护方法；普通防水砂浆防水层应在终凝后进行保湿养护。养护期间不得受冻。

（5）涂膜防水层施工应符合下列规定：

①施工前应对节点部位进行密封或增强处理。

②涂料的配制和搅拌应满足下列要求：双组分涂料配制前，应将液体组分搅拌均匀，配料应按照规定要求进行，不得任意改变配合比；应采用机械搅拌，配制好的涂料应色泽均匀，无粉团、沉淀。

③基层的干燥程度应根据涂料的品种和性能确定；防水涂料涂布前，宜涂刷基层处理剂。

④涂膜宜多遍完成，后遍涂布应在前遍涂层干燥成膜后进行。挥发性涂料的每遍用量不宜大于0.6kg/m^2。

⑤每遍涂布应交替改变涂层的涂布方向，同一涂层涂布时，先后接槎宽度宜为30～50mm。

⑥涂膜防水层的甩槎部位不得污损，接槎宽度不应小于100mm。

⑦胎体增强材料应铺贴平整，不得有褶皱和胎体外露，胎体层充分浸透防水涂料；胎体的搭接宽度不应小于50mm。胎体的底层和面层涂膜厚度均不应小于0.5mm。

⑧涂膜防水层完工并经检验合格后，应及时做好饰面层。

（6）防水层中设置的耐碱玻璃纤维网布或热镀锌电焊网片不得外露。热镀锌电焊网片应与基层墙体固定牢固；耐碱玻璃纤维网布应铺贴平整、无皱褶，两幅间的搭接宽度不应小于50mm。

3. 外保温外墙防水工程施工

（1）防水层的基层表面应平整、干净；防水层与保温层应相容。

（2）防水透气膜施工应符合下列规定：

①基层表面应干净、牢固，不得有尖锐凸起物；

②铺设宜从外墙底部一侧开始，沿建筑立面自下而上横向铺设，并应顺流水方向搭接；

③防水透气膜横向搭接宽度不得小于100mm，纵向搭接宽度不得小于150mm，相邻两幅膜的纵向搭接缝应相互错开，间距不应小于500mm，搭接缝应采用密封胶粘带覆盖密封；

④防水透气膜应随铺随固定，固定部位应预先粘贴小块密封胶粘带，用带塑料垫片的塑料锚栓将防水透气膜固定在基层上，固定点不得少于3处/m^2；

⑤铺设在窗洞或其他洞口处的防水透气膜，应以“I”形裁开，并应用密封胶粘带固定在洞口内侧；与门、窗框连接处应使用配套密封胶粘带满粘密封，四角用密封材料封严；

⑥穿透防水透气膜的连接件周围应用密封胶粘带封严；

⑦根据图纸设计和规范要求，详细检查验收保温层外铺贴网格布粘贴、锚栓位置及数量、抗裂抹面砂浆、防水涂料的施工质量。

4.2 建筑外墙外窗防水质量检查与验收

建筑外墙外窗防水质量验收的程序和组织，应符合现行国家标准《建筑工程施工质量验收统一标准》GB 50300的规定。

4.2.1 建筑外墙防水工程质量检查与验收

1. 防水层不得有渗漏现象。

2. 采用的材料应符合设计要求。

3. 找平层应平整、坚固，不得有空鼓、酥松、起砂、起皮现象。

4. 门窗洞口、伸出外墙管道、预埋件及收头等部位的防水构造，应符合设计要求。

5. 砂浆防水层应坚固、平整，不得有空鼓、开裂、酥松、起砂、起皮现象。

6. 涂膜防水层厚度应符合设计要求，无裂纹、皱褶、流淌、鼓泡和露胎体现象。

7. 防水透气膜应铺设平整、固定牢固，不得有皱褶、翘边等现象；搭接宽度应符合要求，搭接缝和节点部位应密封严密。

8. 外墙防水材料应有产品合格证和出厂检验报告，材料的品种、规格、性能等应符合国家现行有关标准和设计要求；进场的防水材料应抽样复验；不合格的材料不得在工程中使用。

9. 外墙防水层完工后应进行检验验收。防水层渗漏检查应在雨后或持续淋水30min后无渗漏现象。

10. 外墙防水应按照外墙面面积500～1000m^{2}为一个检验批，不足500m^{2}时也应划分为一个检验批；每个检验批每100m^{2}应至少抽查一处，每处不得小于10m^2，且不得少于3处；节点构造应全部进行检查。

11. 外墙防水材料现场抽样数量和复验项目应按本章节附表的要求执行。

4.2.2 建筑外窗防水工程质量检查与验收

1. 检查门窗结构设计应根据工程特点，按规范进行严格的计算和设计；应根据工程特点进行样板窗施工。审查批量生产前的物理性能检测报告，确定门窗应达到设计要求与性能指标；应选用同一厂家，同一系列门窗型材，挡水断面高度应满足要求等。

2. 检查门窗与洞口墙体周边的标准间隙，一般控制在15～25mm（具体根据墙体饰面材料确定预留缝隙尺寸）；门窗边框四周的外墙面200mm范围内，应采用防水砂浆抹面并增涂二道防水涂料以减少雨水渗漏；窗框交接处注胶槽，宽度控制为5～8mm，嵌注密封材料时，密封材料与窗框、墙体粘结牢固。

3. 门窗全部安装后，要进行喷淋试验，以检验外窗部位有无渗漏的情况。喷淋试验可分为自然淋雨与人工喷淋二种方式。自然淋雨检查：可在雨后或持续下雨24h以后进行，检查有没有渗漏点；人工喷淋模拟暴风雨试验：可用高压消防水龙头在离外窗不到1m处进行3次高压喷水扫射，每次持续20min。在外窗安装和外墙施工结束后，将专业淋水设备悬挂在外窗墙体上，对着外窗及其周边喷水，分段进行。水压0.16MPa，淋水量不小于3L/（m^2·min），对整个窗体进行持续、均匀直射喷淋20min，24h后检查有没有渗漏点。

4.2.3 建筑幕墙防水工程质量检查与验收

1. 幕墙的检查部位：垂直和水平接缝，或其他有可能出现渗漏的部位，采用喷淋喷嘴沿与幕墙表面垂直的方向对准待测接缝进行喷水，连续往复喷水5min。同时在室内侧检查是否渗水。如果在5min内未发现有任何渗水，则转入下一个待测的部位。

2. 对有漏水现象的部位，应进行修补。待充分干燥后，进行再次测试，直到无任何漏水为止，在完成所有修补工作，且充分干燥后，应重新检测所有接缝。如果仍有漏水，则须进行进一步的修补和再测试，直到所有接缝都能满足要求。

3. 外墙防水工程验收应提交下列技术资料并归档：

（1）外墙防水工程的设计文件，图纸会审、设计变更、洽商记录单；

（2）主要材料的产品合格证、质量检验报告、进场抽检复验报告、现场施工质量检测报告；

（3）施工方案及安全技术措施文件；

（4）隐蔽工程验收记录；

（5）雨后或淋水检验记录；

（6）施工记录和施工质量检验记录；

（7）施工单位的资质证书及操作人员的上岗证书。

4.3 外墙及门窗常见渗漏问题分析与防治

建筑外墙、外窗渗漏是建筑工程质量通病防治的重点，不仅直接影响美观而且严重影响建筑物的使用功能，返修难度大，给生产、生活带来诸多不便。产生渗漏的原因是多方面的，如设计不合理、不规范、不标准，使用伪劣建筑材料，施工不规范、不标准、工人操作素质不高等因素。

4.3.1（砖混、框架）建筑主体结构相关渗漏

4.3.1.1 砖砌体墙体墙缝渗漏

1. 原因分析

（1）砌块本身质量问题（如加气混凝土砌块陈化时间达不到28d）、砖层水平灰缝砂浆饱满度不足80%，自保温砌块灰缝砂浆饱满度不足90%，砂浆强度达不到规范要求；竖向灰缝无砂浆（空缝或瞎缝），为雨水渗漏预留了内部通道。

（2）框架结构中填充墙砌至接近梁底或板底时，未经停歇，即砌斜砖顶至梁、板底，以后随着砌体因灰缝受压缩变形，造成墙体下沉，斜砌砖体与梁、板间形成间隙，外墙抹灰时，在此间隙处形成裂缝。

（3）框架柱与填充墙间的拉接筋不满足砖的模数，砌筑时折弯钢筋压入砖层内，形成局部位置砌体与柱间产生较大的间隙，抹灰时该处易产生裂缝。

（4）砌体与混凝土墙体竖向连接部位无防开裂措施。

以上质量隐患的存在，容易产生墙缝渗漏。墙缝渗漏现象如图4.3.1所示。

2. 防治措施

墙体砌筑时必须严格按墙体工程施工技术要求交底，认真进行墙体砌筑。主要注意以下几个方面：

（1）装卸小砌块应轻拿轻放、严禁倾卸丢掷，防止因砌块内伤而产生裂缝；小砌块的堆放高度不宜超过1.6m。

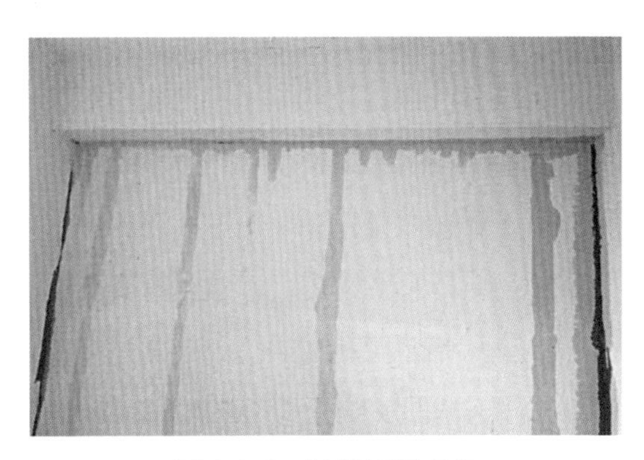

图4.3.1　墙缝渗漏现象

（2）鉴于干缩后的小砌块受潮

后，仍会产生第二次收缩。在一般气温情况下混凝土小砌块不得浇水；当天气干燥炎热时，可在砌块上稍加喷水润湿，待砌块表干后方可上墙砌筑。严禁使用过湿的砌块砌筑。应尽量采用主规格小砌块和辅助规格小砌块砌筑，严禁使用断裂小砌块、壁肋中竖向凹形裂缝的小砌块砌筑。水电预埋线管应采用切割机切割线槽。

（3）砌体灰缝应横平竖直全部灰缝均应铺填砂浆，不得出现瞎缝、透明缝。墙体内不宜设脚手眼，如必须设置时可将小砌块侧砌利用其孔洞作为脚手眼。门窗框的固定部位应砌入实心混凝土预制块。

（4）为防止外墙面渗水伸出墙面的雨篷、敞开式阳台、空调机搁板、窗套、外楼梯根部及凹凸装饰线脚处应采取有效的防水措施。

（5）当砌体填充墙砌至接近梁、板底时，应预留一定空隙，待砌体变形稳定后并至少间隔7d，再将其补砌挤紧。

（6）砌筑完并待砌体收缩稳定后（至少间隔14d）一皮实心小砌块斜砌挤紧，其倾斜度宜为60°左右，并用砌体同级砂浆灌实，或采用细石膨胀混凝土加防腐木塞填实塞紧。

（7）砌体与框架梁、柱交接处以及外窗洞口45°墙体斜向位置采用钢丝网（10mm × 10mm）或耐碱性纤缝方格网片粘贴。

4.3.1.2 外墙预留洞口处理不当

1. 原因分析

填充墙砌体施工中产生的洞口封堵不严密。

（1）预留洞口封堵砌筑时，工人未严格按照施工规范施工，造成补砌墙体与原墙体接合不严（图4.3.2）。

（2）外脚手架预留洞口采用砌块封堵，未使用微膨胀混凝土封堵。

图4.3.2 洞口封堵不到位

2. 防治措施

（1）墙体开洞时，严格控制退槎、灰缝平直度及咬槎深度，保证后砌墙灰缝能够塞严密。封堵洞口时，要认真清理留槎处的砂浆及杂物，保证退槎灰缝平直度，使接槎处部位顺线。

（2）洞口用砖、防水砂浆封堵，并用1∶3水泥砂浆抹平，封堵前要认真清理洞孔内杂物并浇水湿润。

（3）预留脚手架孔洞应采用微膨胀混凝土封堵密实。

4.3.1.3 穿墙螺栓孔洞封堵不到位渗漏

1. 原因分析

“穿墙螺栓”处防水施工

（1）外墙预留孔洞中最常出现的就是大模板的穿墙螺栓眼，几乎每个剪力墙结构工程都会存在，而且数量非常多，所以处理措施一旦不到位，必然会留下渗漏的隐患。穿墙螺栓眼的封堵未及时随结构施工进行，外立面施工前，采用吊篮进行外墙螺栓眼的封堵作业，导致检查难度增大，无法进行全面监控。

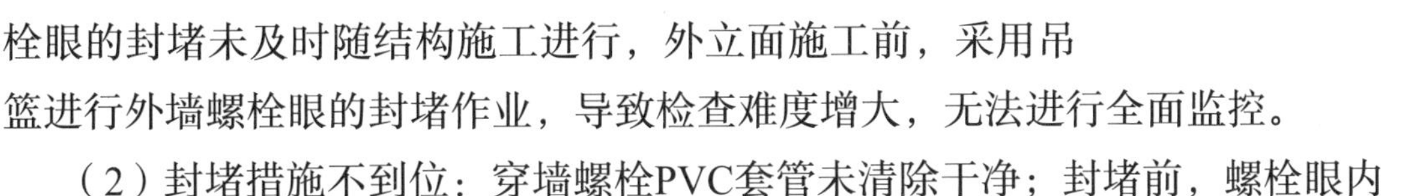

（2）封堵措施不到位：穿墙螺栓PVC套管未清除干净；封堵前，螺栓眼内灰尘未清理干净（图4.3.3）。

图4.3.3 穿墙螺栓孔封堵前，内部未清理干净

（3）穿墙螺栓封堵处未做防水处理或者防水处理不到位。

2. 防治措施

（1）穿墙对拉螺栓孔洞必须逐个封堵密实。

工艺流程：浇水湿润—外侧封堵—孔内打发泡胶—外侧刷JS防水。

节点做法参考图4.3.4。

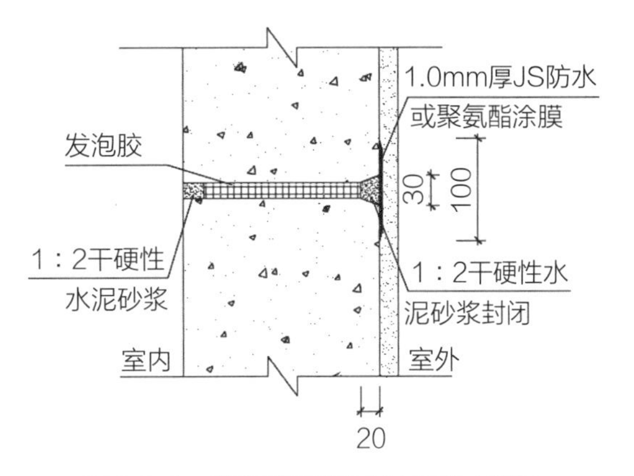

图4.3.4 普通穿墙螺栓封堵节点做法

（2）构造做法：首先清理孔内杂物垃圾，周边浇水湿润。然后从外侧堵塞1∶2干硬性水泥砂浆（添加防水剂及膨胀剂）20～25mm深。待外侧水泥砂浆终凝后，从内侧往螺栓孔中注入聚氨酯发泡胶，可打满孔洞，也可在外边预留20～30mm，待发泡胶干硬后用水泥砂浆封堵。最后待外侧水泥砂浆干燥，在外侧孔洞周边分多遍涂刷1.0mm厚JS防水，涂刷范围为100mm×100mm。

（3）验收重点：

①穿墙螺栓PVC套管清除情况。

②螺栓洞内吹孔清扫情况。

（4）管理措施：

①严格工序管理，随结构施工进行螺栓眼的封堵。

②要求按墙逐个进行严格检查，以表格形式记录检查结构。

③螺栓眼的封堵应组织专人进行，并进行专项技术交底。

④封堵后，具备条件时，可进行淋水试验检查。

混凝土外墙穿墙螺栓孔渗漏是建筑工程外墙渗漏的一种常见质量问题，而且因外墙穿墙螺栓孔造成的渗漏多发生在竣工交付使用之后，维修难度相对较大、成本较高。所以，必须在施工过程中杜绝外墙螺栓孔渗漏。

4.3.1.4 悬挑隔板根部开裂渗漏

1. 现象描述

悬挑隔板（腰线）与墙交接部位渗漏（图4.3.5）。

图4.3.5 外墙腰线部位渗漏

2. 原因分析

（1）节点设计存在遗漏；

（2）施工未完全按照图示要求进行，坡度不符合设计要求；

（3）悬挑隔板或腰线底部未设置混凝土反坎；

（4）未做防水层。

3. 防治措施

（1）在图审阶段，重点关注砌筑外墙悬挑或凸出构件的反坎留置设计情况。

（2）混凝土反坎支模时，应使用U形卡箍进行加固；具备条件时，应在结构阶段同步施工。如果后期施工，应注意反坎部位时混凝土凿毛及清理情况；

同一部位的反坎混凝土应一次性浇筑到位。

（3）结构部分完成后进行防水处理，防水要做在保温层下面，上翻高度不得小于30cm。找坡层向外找坡的坡度不得小于5%，墙根处不能有积水。

4.3.1.5 空调安装位渗漏

空调隔板与外墙交接部位渗漏（图4.3.6）。

图4.3.6 空调安装位渗漏

1. 原因分析

（1）空调隔板向外排水坡度不足，雨水排水不畅。

（2）空调隔板面未做防水层，如板根部混凝土产生开裂、蜂窝或浇捣振捣不足，导致渗漏产生。

（3）空调隔板边缘滴水线设施不到位。

（4）空调隔板根部与墙体交接处未设置反坎，导致墙体与板之间产生缝隙。

（5）空调格栅不起防雨作用或后期破坏。

2. 防治措施

（1）外墙面空调口底面应向室外倾斜，其坡度应不小于5%。

（2）板根部与墙体设置反坎混凝土梁，板边缘设置滴水线。

3. 一般工序

（1）浇筑上下板，要求上板探出宽度不少于200mm（具体尺寸应按洞口实际大小而定，以建筑设计为准），下板应按设计尺寸而定。

（2）清理上、下板饰面基面并洒水湿润。

（3）上板抹掺外加剂防水砂浆，要求坡度≥5%，并上返外墙立面200mm。

（4）在上板下部边缘设置滴水线。

（5）下板采用聚合物水泥砂浆进行批抹，要求坡度≥5%。做法参考图4.3.7。

4.3.1.6 装配式建筑主体结构相关渗漏问题分析与防治措施

随着预制装配式建筑的大量推广，由于施工及构件制作等原因在一些装配建筑节点上产生的一些渗漏水现象逐渐显现。渗漏缝隙主要有水平缝、竖直缝两种情况。

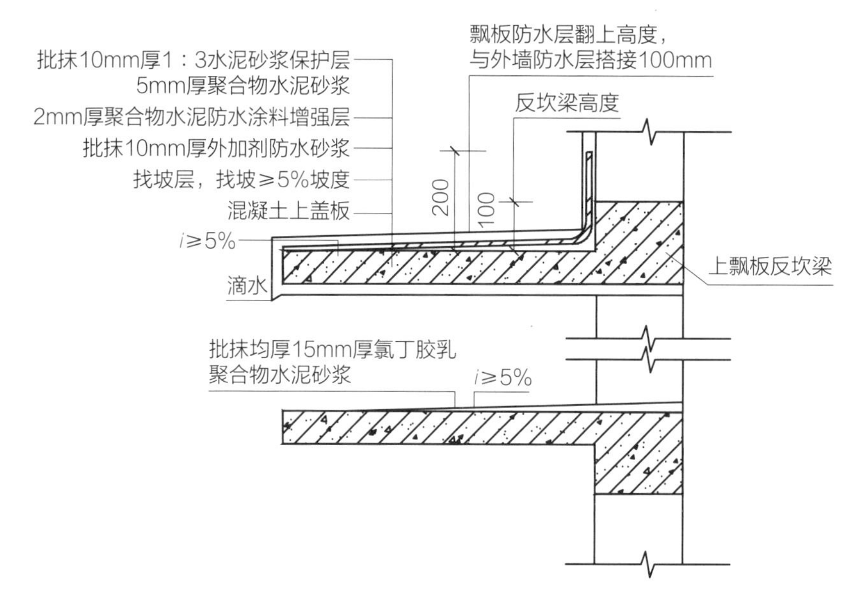

图4.3.7 空调安装位渗漏处理

1. 水平缝渗漏原因分析及防治措施

（1）现象描述及原因分析

①由于预制墙板安装时缝宽控制不当或灌浆工艺不到位导致渗漏（图4.3.8）。

②由于墙板下楼板现浇混凝土标高控制不良导致灌浆缝宽度过小，灌浆料在缝内无法流动导致灌浆不密实而导致渗漏通过（图4.3.9）。

③预制墙板下侧现浇面未按规范做成粗糙面，采用压光收光工艺过于光滑，导致灌浆料与现浇基层表面结合不良（图4.3.10~图4.3.13）。

（2）防治措施

①装配式建筑水平灌浆缝的宽度应控制在20mm，缝宽规范允许偏差为

图4.3.8 装配式建筑水平缝渗水

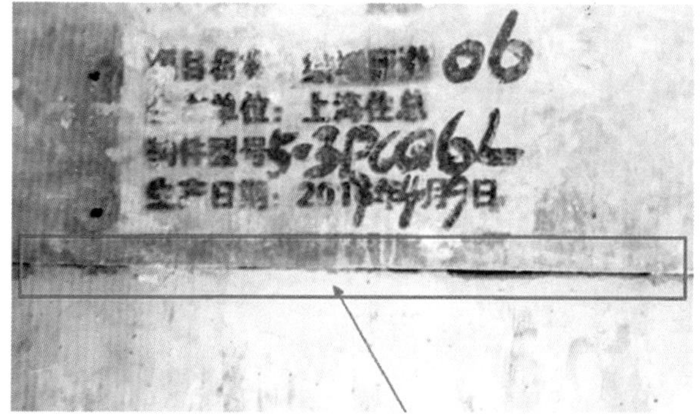

图4.3.9 水平灌浆缝宽度过小

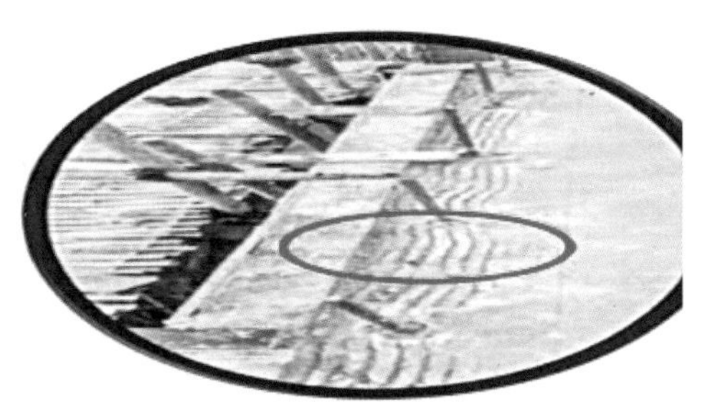

图4.3.10　现浇面应按规范做成粗糙面

图4.3.11　水平缝内存杂物

图4.3.12　垫块影响打胶厚度

图4.3.13　PE条影响打胶厚度

±5mm，当缝宽小于15mm时就不能满足规范要求的灌浆料流动要求。过窄的缝必然导致灌浆不密实，因此现浇面标高控制宁低勿高，如发现现浇面标高超出规范过高现象应坚决整改，凿除高出部分后方可吊装上部预制墙板（图4.3.14）。

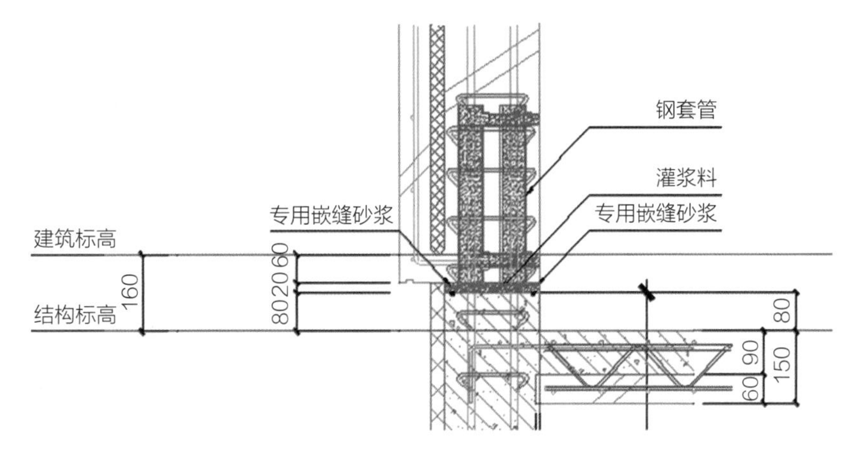

图4.3.14　水平缝安装控制参考图

②预制墙板吊装前应用专用吹风机，清除现浇面表面水泥渣及浮灰，松动的混凝土应凿除；水平缝封堵前也应吹清除表面浮灰。

③灌浆前缝内及灌浆孔内应喷水湿润但不得有明水。灌浆前缝内应用手动或电动喷雾器喷水湿润，有利于灌浆料与混凝土表面的结合。施工时严格控制灌浆料中的水分重量，过多的水分在灌浆料内蒸发后会形成细小毛细孔，不利防水及灌浆料的强度发展。

④预制墙板垫块离灌浆孔过近导致灌浆孔堵塞，造成灌浆不密实。垫块过于偏外，墙板将无法保证打胶厚度，一般预制填充墙板如需打胶一般厚度要求在10mm以上。

⑤预制墙板下现浇面应拉毛处理，拉毛深度6mm。设置粗糙面对外墙体防水及地震作用下水平接缝的抗剪都有一定作用。粗糙面设置深度应达到6mm以上，面积百分率达到80%。

⑥严禁错用灌浆料或不用灌浆料，必须采用与灌浆套筒相匹配的专用高强灌浆料。高强灌浆料要求28d标养强度达到85MPa以上，初始流动度达到300mm以上，两种灌浆料不能混用；所用灌浆料应有微膨胀要求，防止在硬化过程中收缩开裂产生渗漏现象；高强灌浆料的3h竖向自由膨胀率应大于等于0.02%。

⑦正确配置灌浆料及按正确工艺灌浆。严格按所用灌浆料说明要求称量搅拌用水，一般灌浆料用水与灌浆料的重量配比为13：100。因为灌浆料具有早强特性，所用高强灌浆料从加水拌制到灌浆完成必须控制在30min内完成，所以灌浆作业必须随拌随用连续进行，超过时间的灌浆料因流动度不能达标必须丢弃，不能加水再次搅拌使用。

⑧灌浆过程中如发生意外爆仓可用高压水枪及时冲洗干净重新封堵后再灌浆；如灌浆结束后检查发现灌浆不密实，如在30min内可以再次从进浆孔补灌，如已超过灌浆时间应从出浆孔用细管进行补灌，确保灌浆密实。

2. 竖向缝渗漏原因分析及控制措施

（1）现象描述及原因分析

预制墙板竖向缝渗漏（图4.3.15）一般没有水平缝严重，但时有发生，主要由以下原因产生：预制墙板与现浇墙板在接缝处模板未做双面胶密封处理，造成现浇混凝土漏浆，引起渗漏（图4.3.16）。

（2）防治措施

①预制墙板与现浇混凝土结合处支模前应粘贴双面胶条防止漏浆，混凝土

图4.3.15　装配式建筑竖向缝渗水现象

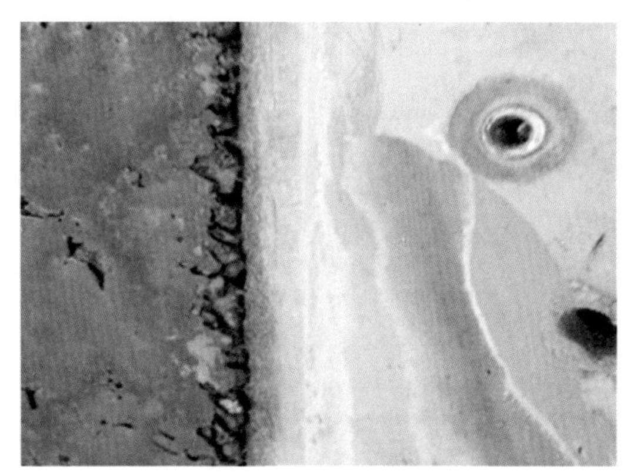
图4.3.16　预制墙板与现浇墙板接缝处渗漏

应振捣密实。

②墙板两个侧边及上下边粗糙面需符合规范要求，深度为6mm，面积率大于80%。

③严格控制叠合板板面平整度，搁置后现浇混凝土不能漏浆。

④应严格控制构件质量，保证板底及梁边的平整，当发现不平整时及时进行修整后吊装，相邻叠合板及梁底允许错位偏差应控制在3mm以内。吊装前须在间隙处粘贴双面胶条或吊装后用专用封堵料进行封堵，防止现浇混凝土漏浆。

4.3.2 建筑外墙装饰部分渗漏

1. 原因分析

（1）外墙抹灰空鼓、裂缝；外墙分格条未按规范施工，分格条直接在毛墙上镶嵌，若墙体砂浆不饱满出现通缝现象，雨水则沿着分格条的缝隙进入室内（图4.3.17）。

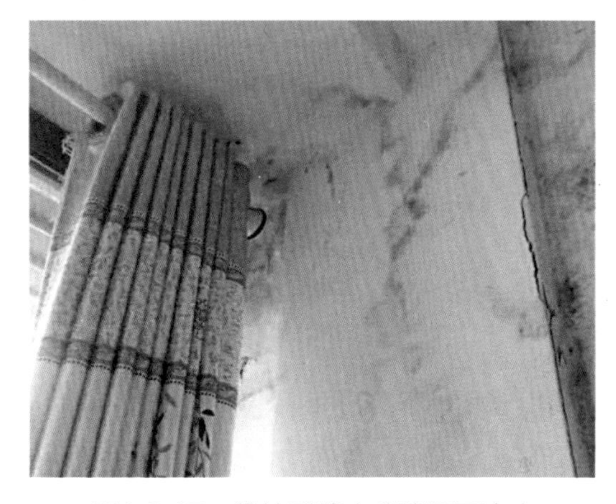
图4.3.17　外墙裂缝水分渗漏至室内

（2）外墙饰面施工不良引起渗漏；饰面砖质量低劣，表面裂缝、气孔、吸水率大使雨水渗到粘结层；面砖勾缝用砂浆强度等级太低、勾缝不认真、不密实、面砖粘结不实、出现空鼓而出现渗漏。

（3）外墙涂料面层以及腻子由于产品质量及施工工艺原因引起涂料面层开裂、起壳从而引起墙面雨水渗入墙体。

2. 预防措施

（1）抹灰前，应将基层表面清理干净，脚手架眼等孔洞填实堵严；混凝土墙表面凸出较大的地方要事先剔平刷净，并用界面剂抹砂浆进行毛化处理，并喷水养护，增大砂浆与基层的粘结力。

（2）抹灰工程宜在砌体砌筑完毕后60d进行，不得少于30d；

（3）砖砌体抹灰前一天，应对施工墙体浇水湿润，让基层吸足水分，以抹底灰后，用刮杠刮平、搓抹时砂浆保持潮湿柔软为宜。

（4）外墙抹灰必须分层进行，严禁一遍成活，待每层终凝后，方可进行下一层抹灰。施工时每层厚度宜控制在6～10mm。各层接缝位置应错开，并设置在混凝土梁、柱的中部。

（5）外粉必须设置分格缝。窗台、阳台等处粉刷的坡度不小于5%，不得出现排水不畅现象。

（6）窗台抹灰后应加强养护，以防止水泥砂浆的收缩内力和由窗间墙及窗台下的墙身自重大小及沉陷不同产生的负弯矩引起的外力组合在一起，加速产生抹灰的裂缝。

（7）夏季应避免在日光曝晒下进行抹灰，气温高或风大时施工应加强养护，防止水泥砂浆过早失水产生裂缝。养护应在每层抹灰终凝后进行。

（8）水泥砂浆抹灰时宜用普通硅酸盐水泥或矿渣水泥，砂宜用中、粗砂，不可使用细砂、粉砂，其含泥量不得超过2%。

（9）粘贴面砖前，应先将面砖在清水中浸泡2h，然后取出晾干。使用时达到外干内湿，待中层抹灰终凝后，方可进行粘结。

（10）面砖粘结完工后，认真清理面砖缝内的残余砂浆，喷水湿润后，用1∶1水泥砂浆勾缝。勾缝要凹进面砖1mm。勾缝砂浆要嵌填密实，接搓处要平整，不留孔隙。

（11）根据图纸设计和规范要求，详细检查验收保温层外铺贴网格布粘贴、锚栓位置及数量、抗裂抹面砂浆、防水涂料的施工质量。如果保温层出现裂缝需要进行结构加固处理，应将保温层沿裂缝处各向两边延伸20～50cm截掉，直至水泥或砌体基层，清理去除杂质，让裂缝完全暴露，然后依据有关部门对加固的要求进行加固处理，待确认处理合格后，用相应的材料将保温层修复完好。

（12）对于保温板空鼓渗水部位，在裂缝、空鼓部位将原来的保温板清理掉，在清理好的基层上滚涂界面剂一遍，待实干后将裁好的尺寸相当的聚苯板粘贴到基层上，然后再用具有很好柔韧的抹面砂浆（中夹网格布）将该部位修复平整，必要时加设锚固栓。

4.3.3 建筑外墙门窗常见渗漏

4.3.3.1 门窗渗漏原因综合分析

1. 设计方面

（1）未专门设计竖向杆件端部固定节点，往往施工过程中也未对杆件端部进行特别连接，导致端部有位移产生，与设计计算模型不一致；随着人们对开窗尺寸的要求越来越大，窗越做越高，分格越来越大。若设计时不考虑以上两点，容易造成挠度变形和位移引起的胶缝开裂（图4.3.18）。

图4.3.18 窗框变形引起胶缝开裂

（2）门窗型材腔体及密封条构造设计不合理：导致进入等压腔内的水不能从出水孔有效排出；未针对窗型型材构造设计皮条形状，未考虑皮条搭接量和压紧程度；皮条堵住出水孔，等压腔内的水不能排出。

2. 窗框制作工艺不到位

（1）窗框及扇的加工精度不够

现在很多加工厂都过度信任门窗制作软件，全按软件出工艺单，不做样品就直接成批加工，加工误差得不到消除。此外，搭接量小，密封性能不够，搭接量大，五金件因受到挤压而变形等问题出现，也给渗漏水带来隐患；精度不够，造成对角线偏差大，现场拆改，造成组角胶的破坏，也给渗漏水造成隐患。

（2）排水孔尺寸及位置不准确

排水孔尺寸偏小，导致水量大的时候排水不及时，发生小雨不漏，大雨漏水的情况；排水孔位置偏高，孔位倾斜，导致等压腔内的水不能完全排出，有存水现象。

（3）中挺固定不合理

中挺固定未采用专用的固定角码，固定松动，运输安装过程中易变形，角部胶水易开裂；固定中挺的螺钉打穿外框腔体，存在渗漏水隐患；有转换框时，未对中挺与框连接处未打胶密封，转换框与主框又未注胶安装。此时雨水从转换框进入连接框内，存在渗漏水隐患。

3. 安装质量影响

（1）受膨胀系数差异影响

在外窗施工中常使用铝合金、塑钢等材料，而与窗框相接触的一般为混凝土材料，铝合金、塑钢等材料与混凝土材料有着不相同的膨胀系数，在热胀冷缩作用下可使窗框与混凝土结构之间的缝隙增大，甚至造成嵌缝材料脱落等不良问题。

（2）外窗洞口未合理预留：洞口未按门窗设计要求设置预砌混凝土块；洞口尺寸过大，又未考虑外墙开裂防治措施。

（3）固定铁片或卡扣数量达不到设计要求。

（4）窗框未设置泄水孔或泄水孔太小，泄水孔堵塞。

（5）窗楣、窗台做法不当，未留鹰嘴、滴水槽和斜坡，因而出现倒坡。

4. 防治措施

（1）窗下框必须有泄水构造

推拉窗：导轨在靠两边框位处铣8mm口泄水；

平开窗：在框靠中梃位置每个扇洞铣一个宽8mm口泄水。

（2）结构施工时门窗洞口每边留设的尺寸宜比窗框每边小20mm，采用聚氨酯PU发泡胶填塞密实；宜在交界处贴高分子自粘型接缝带进行密封处理。

（3）门窗框与洞口边之间的缝隙控制应满足表4.3.1的要求，外窗洞口尺寸允许偏差应满足表4.3.2的要求。

（4）窗框与周边墙体装饰层之间留宽5mm、深8mm槽，清理干净后，用防水密封胶密封。

（5）窗内外窗台高差＞20mm，外窗台应低于内窗台，外窗台应有5%的向

门窗框与洞口边之间的缝隙控制　　表4.3.1

墙体饰面材料	门窗框与洞口边之间的缝隙
清水墙	15mm
砂浆+涂料	20～25mm
面砖	25～30mm
石材	40～50mm（采用混凝土企口或增加副框高度）
外保温墙体	外保温厚度+饰面材料做法缝隙-10mm

外窗洞口尺寸允许偏差　　表4.3.2

项目	允许偏差
洞口高度、宽度	±5mm
洞口对角线长度	不大于5mm
洞口侧边垂直度	1.5/1000且不大于2mm
洞口中心线与基线偏差	不大于5mm
洞口下平面标高	±5mm

外排水坡度（图4.3.19）；在窗楣上做鹰嘴或滴水槽（图4.3.20）。

（6）对铝合金窗框的榫接、铆接、滑撑、方槽、螺钉等部位，以及组合窗拼樘杆件两侧的缝隙，均应用防水玻璃硅胶密封严实。

（7）将铝合金推拉窗框内的低边挡水板下滑道改换成高边挡水板内下滑道。

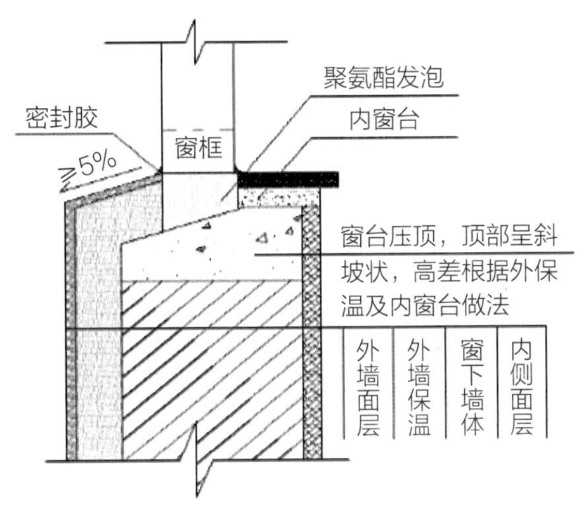

图4.3.19　外窗台处保温及密封处理参考图

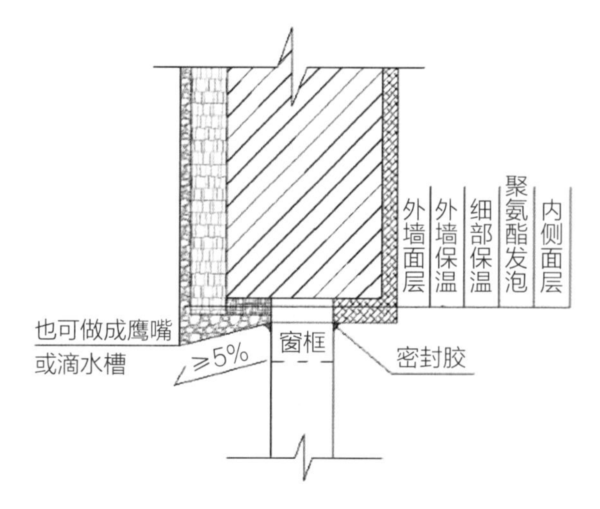

图4.3.20 窗楣上做鹰嘴参考图

4.3.3.2 建筑施工现场常见门窗渗漏现象及防治措施

1．制作工艺不到位、窗框变形

（1）现象描述

沿门窗四周有水渗入，墙面发霉，窗台有水渍产生（图4.3.21～图4.3.24）。

（2）防治措施

①依据规范进行型材进场验收：同一规格、类型的外门窗，每百樘为一个检验批。高层外门窗，每一检验批至少抽检10%，且不得少于6樘。

②框体与洞口的连接点设置：距角部应小于200mm；连接点间距应小于400mm，且均匀布置。

③框体与洞口塞缝推荐做法：底部防水砂浆塞缝，两侧及顶部发泡聚氨酯塞缝。

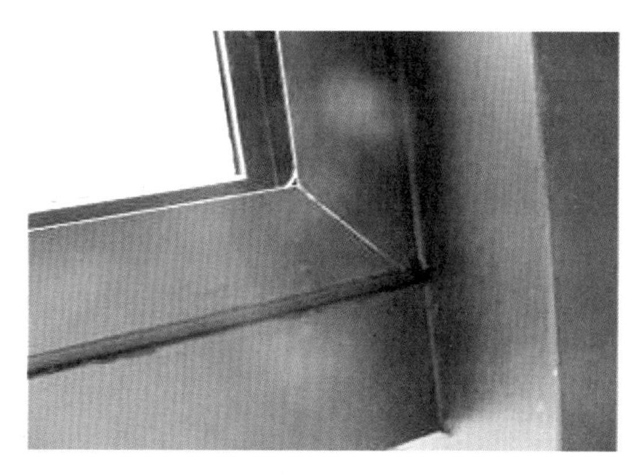

图4.3.21 框料45°斜拼拼缝不严

图4.3.22 角部组角胶不到位

图4.3.23　型材破损

图4.3.24　框料变形接缝不严

④框料安装完成后，应采取有效成保措施。内外窗口收口前，撕除保护膜。

2. 门窗施工安装不到位

（1）现象描述

采光窗顶部玻璃直接与装饰面连接，未探入结构面；立面构件或饰面层施工存在偏差，导致缝隙过大（图4.3.25），产生渗漏。

（2）原因分析

①外立面保温层、饰面层施工完成后，进行采光窗的安装，导致采光窗顶部玻璃与保温层、饰面层直接相连，产生渗漏通道；采光窗外窗边缘部位探出过短，造成溅雨渗漏。

②框体安装之前，未及时进行洞口偏差的处理，导致出现缝隙过大或过小的情况（图4.3.26）。

③框体安装后，塞缝之前，未进行及时清理灰渣，导致塞缝不密实。

图4.3.25　采光顶安装不到位

图4.3.26　副框与洞口之间缝隙过小，无法嵌缝

④塞缝时，未及时撕除窗体保护膜（图4.3.27），窗体保护膜后期撕除时，产生裂缝。

⑤发泡剂固化前，未能及时用手或专用工具处理溢出胶体，后期刀片切割，导致产生渗水路径（图4.3.28）。

图4.3.27 框体塞缝前保护膜未撕除

图4.3.28 固定木楔未取出，发泡剂外漏

（3）防治措施

①采光窗上部及周围保温层后做；采光窗外窗边缘部位探出距离不小于100mm。

②结构施工之前，应依据外墙做法，确定洞口尺寸；窗体主框现场实测后，偏差调整后，再进行加工安装；洞口结构留置时，考虑饰面层及保温层的厚度要求。外立面施工时，提前对不同立面的洞口标高误差进行纠偏，防止窗下口存在水平贯通线条形成外高内低；装饰线条安装前，应对存在的误差进行及时纠偏。

③窗体顶部与墙体交接，预留10mm缝隙，缝隙处泡沫棒填塞后，采用嵌缝油膏封闭。窗体部位保温层及饰面层完成后，窗体顶部玻璃与饰面层之间，打耐候胶收边。

④调整垫块禁止残留于门窗框内，拆除后要及时进行二次填充密实，填充注意与基体的可靠粘结，除清除残渣外应湿润基体；室外窗台应低于室内窗台板20mm为宜，并设置顺水坡，雨水排放畅通，避免积水渗透（图4.3.29、图4.3.30）。

⑤结构施工过程中，应随层及时进行洞口偏差的处理。

⑥外窗的窗台外侧必须低于内侧不小于10mm，且外窗台向外坡度≥5%。

图4.3.29　外窗台倒坡或高于内窗台，排水不畅产生渗漏

图4.3.30　外窗台明显高于内窗台现象

3. 门窗洞口施工质量粗糙

（1）现象描述如图4.3.31～图4.3.34所示。

（2）原因分析

①施工时，滴水线固定不牢，造成脱落失效。

②涂料等外饰面施工时造成，滴水线被覆盖或污染（图4.3.31、图4.3.32）。

③块材类饰面层（如石材），细部材料加工时遗漏滴水线做法（图4.3.33、图4.3.34）。

（3）防治措施

①采用成品塑料滴水线（槽）：线条顺直，无褶皱、凹坑，滴水槽宽度不小于10mm，滴水条深度不小于10mm。

②截水处理：滴水线（槽）不可通到墙边，可在离墙2～2.5cm的地方截断。

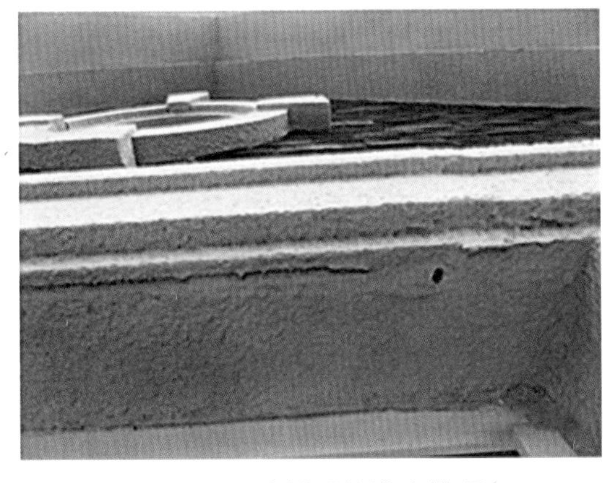

图4.3.31　涂料覆盖滴水槽现象

图4.3.32　滴水槽留置过浅现象

图4.3.33 未设置滴水线（涂料饰面）现象

图4.3.34 未设置滴水线（石材饰面）现象

③块材类饰面层（如石材），应对窗楣、檐口及线条部位的加工图纸，进行重点审核。管理措施：

④针对窗洞口、外墙装饰线条及空调板等凸出构件，分别绘制滴水线节点图，明确滴水线做法。

4.3.4 建筑幕墙常见渗漏

近年来建筑幕墙在建筑工程中大面积使用，作为一种新型的建筑外围护结构发展迅速，玻璃幕墙在现代建筑中的应用十分广泛。幕墙在实际使用过程中，经常出现漏水现象，这也是业主能够最直接感受到烦恼的质量问题，其渗水原因涉及设计、材料应用、施工和管理等各个方面。

4.3.4.1 建筑幕墙渗漏原因综合分析

1．材料方面

（1）铝型材。铝型材出现以下问题时可能导致渗漏：铝型材表面涂层附着力不强导致密封胶结失败；没有采用优质高精度等级铝型材造成幕墙的平面度、垂直度达不到规范的要求；铝型材的加工质量不理想、开缝过多、缝隙过大、型材缝隙和开孔部位密封处理不理想。

（2）结构墙体、保温层及防水钢板。结构墙体、保温层及防水钢板存在以下缺陷时会导致幕墙渗漏：结构墙体的砌筑或混凝土不密实，出现裂缝、脚手架眼及施工孔洞封堵不密实；外保温层未采用憎水材料，在施工过程中出现外保温层含水过高现象；防水钢板出现翘曲、弯折等缺陷。

（3）密封胶或密封胶条。密封胶或密封胶条也是关键材料，出现下列情况会导致渗漏：采用普通密封胶替代耐候硅酮密封胶进行室外嵌缝，在幕墙上经太阳光紫外线照射，胶缝过早老化造成开裂；使用过期的结构硅酮密封胶、耐候硅酮密封胶、墙边胶导致胶缝起泡、开裂或不凝固进而导致幕墙渗水；没有按规范要求对硅酮密封胶与接触材料进行相容性试验，出现硅酮密封胶与铝型材、胶条、玻璃、石材等材料不相容，发生影响粘结性的化学变化，同时影响密封作用；密封胶条尺寸不符或材质不合格，很快脱落或老化失去防水功能。

（4）面层材料。面层材料也应引起注意，避免出现下列情况：玻璃没有进行强度验算或石材未认真选材存在缺陷，在外荷载作用下出现开裂破碎导致进水；玻璃幕墙中玻璃没有进行热应力计算，面层吸收日照，热应力超过其允许应力引起热断裂。石材幕墙未设置伸缩缝或石材之间缝隙过小，在温度应力下互相挤压出现开裂；玻璃没有进行边缘倒棱倒角处理产生应力集中，导致暗裂或自爆。

2. 施工方面

（1）幕墙的施工是防止幕墙渗漏的关键环节。施工过程中不应出现下列情况：防水钢板部分未考虑温度效应，未按要求做伸缩缝，咬合部位不能适应温度变形；防水钢板细部处理不到位，打眼部分未做密封处理，接缝部位的密封胶不严密；铝框架安装时水平度、垂直度、对角线差和直线度超标；耐候硅酮密封胶施工不严密，封堵不严或长宽比不符合规范要求；没有采用弹性定位垫块玻璃与构件直接接触；当建筑变形或温度变化时，构件对玻璃产生较大应力，往往从玻璃底部开始挤裂玻璃；玻璃的嵌入量和空隙不符合规范和设计要求；干挂石材的连接螺栓过紧，使石材出现暗伤、暗裂或破损。

（2）现场成品保护不到位，出现人为破坏；施工工序组织不合理，出现工序颠倒，增加了施工缝隙和人为破坏等问题；打胶前基层未进行认真清理，使密封胶失效。

（3）施工环境方面。为防止幕墙渗漏，还应注意以下几点：在雨期施工时未按照规范要求进行操作，如在雨期强行露天施工耐候密封胶，无法保证密封质量；选用结构胶没有注意到结构胶的温度、湿度条件；冬期施工时选用的密封胶、胶条不能满足当地最低温度的要求；未按操作工艺要求，在大风、暴雨等恶劣环境中停工，既增加了不安全因素又不能保证施工质量。

4.3.4.2 建筑幕墙渗漏综合防治措施

1. 材料方面

（1）铝型材。加强对铝型材的现场检验工作，重点检查铝型材的壁厚、材质、加工精度、表面处理等；加强对铝型材加工制作的质量管理工作，尽量采用工厂定型制作加工，减少现场加工制作，减小加工误差；加强幕墙样品的水密性检验工作并及时将情况反馈给设计部门。

（2）结构墙体、保温层及防水钢板。针对结构墙体、保温层及防水钢板可能存在的缺陷，应加强对结构墙体的检查工作，认真做好交接检查；外墙外保温尽量采用憎水材料，并尽量避开雨期施工。

（3）密封胶或密封胶条。加强材料的现场检查工作，杜绝用普通密封胶代替耐候硅酮密封胶的现象；认真检查工程拟使用的结构硅酮密封胶、耐候硅酮密封胶、墙边胶等的有效使用期，避免使用过期产品；应按规范要求对硅酮密封胶与接触材料进行相容性试验；加强对密封胶条的检查，重点检查胶条材质和胶条尺寸。

（4）加强对进场面层材料的检验工作。重点检查面层材料所存在的缺陷；选用优质浮法玻璃，玻璃必须经过边缘处理，玻璃规格尺寸误差应符合规范要求。

2. 施工方面

（1）幕墙施工是防止渗漏的关键，施工过程中应特别强调：做好幕墙的现场水密性试验和淋水试验；对出现渗漏的部位进行记录、分析、修补、复查、重新试验，确保外墙不出现渗漏；做好工序控制和隐蔽工程控制工作，加强工序检查、隐蔽检查、交接检查工作，重点检查节点做法和施工质量问题；做好技术交底工作，尤其要明确细部节点的做法、要求等。结构硅酮密封胶、耐候硅酮密封胶、墙边胶注胶前，应先将铝框、玻璃或缝隙上的尘埃、油渍、松散物和其他脏物等清除干净，注胶后应嵌填密实、表面平整、加强养护。

（2）加强成品保护工作，完善成品保护制度，减少人为破坏；合理组织施工工序，减少不必要的返工；强化技术交底工作，完善工序检验、隐蔽检验、交接检验等质量管理制度和质量责任制；对于渗漏的修补工作，要有切实可行、可靠的施工方案；对于进行修补的人员，要有较高的责任心和较高的操作水平。

3. 施工环境方面，严格按照雨期施工和冬期施工的有关规定，做好季节性施工的专项施工方案；在选用材料时要与施工所在地的温度、湿度条件相适应；冬期施工时选用的密封胶、胶条必须满足当地最低温度的要求；按照操作工艺要求，在大风、暴雨等恶劣天气中要停止施工。

4.3.4.3 幕墙支承结构的刚度不足导致的变形渗漏原因分析及防治措施

1. 原因分析

由于幕墙承受的所有外力最终都是由型钢、铝合金骨架来承受，如果立柱或横梁的设计强度或刚度不足，在受力后会引起幕墙支承结构产生超出预期的变形，从而引起密封胶的超预期变形、甚至自行拉裂或鼓起，失去防水密封功能，最终导致渗漏发生。

2. 防治措施

主要受力构件的强度和刚度应符合“铝合金型材相对挠度不应大于L/180（L为型材长度）；绝对挠度不应大于20mm；当幕墙跨度超过4500mm时，绝对挠度不应大于30mm”。同时，铝型材立柱的接长节点应按规范设置20mm伸缩缝，并选用具有较大变形能力的密封胶嵌填密封。注胶位置、尺寸，应按《玻璃幕墙工程技术规范》JGJ 102中的要求进行计算。

4.3.4.4 密封失效导致渗漏原因分析及防治措施

1. 原因分析

幕墙接缝处是渗漏发生的主要部位。实际幕墙工程中，除开启扇部位，其他接缝处的第1道防水线都是利用建筑密封胶进行封堵处理，密封胶的接触界面处理不当或密封胶的厚度、宽度设计不合理等，都会导致密封胶出现微小缝隙或开裂或发生粘结破坏等，都有可能造成幕墙渗漏。此外，型材的耐久性不足也可能导致密封胶粘结力不足，造成渗漏隐患。

2. 防治措施

幕墙工程中采用的硅酮结构密封胶、硅酮耐候密封胶等，应保证在有效期内使用，且不得用结构胶代替密封胶使用。密封胶施工前应将接触界面清洗干净，要求表面无油污、灰尘及其他杂质；密封胶施工应做到表面平整、光滑、顺畅、没有缺口和孔洞，一旦发现胶层开裂或密封不严实，应及时修补。

4.3.4.5 幕墙与建筑主体结构接合收口处渗漏原因分析及防治措施

1. 原因分析

幕墙与建筑主体结构接合收口处，如混凝土墙、柱侧面垂直度偏差大、表面不够平整等，导致幕墙侧边铝合金方通型材与结构连接处间距不一（打胶宽窄不一），造成填缝不实，形成渗漏通道；此外，幕墙顶部与女儿墙之间的连接处，由于构造措施不良或施工面粗糙，造成封闭不严或遗漏，也会形成渗漏通道。

2. 防治措施

（1）主体结构施工偏差而妨碍幕墙施工安装时，应会同业主和土建承建商采取相应措施，并在幕墙安装前实施。具体做法为：对照设计文件，重点将幕墙与建筑接口部位的土建、幕墙单位各自的质量要求，细化到专项施工方案和技术交底，并对具体操作人员进行书面交底。实际操作中实行监理单位主持下的前后作业工序的交接验收，确保过程质量。

（2）幕墙与结构墙之间的连接构造应牢固、密封严实，螺钉孔、压顶搭接处都应打胶密封、不得遗漏，防止形成渗漏通道。

（3）剪力墙、框架柱侧边采用聚合物水泥砂浆抹平，水平、垂直偏差应符合幕墙设计要求。

（4）外墙内侧面抹灰时，应采用聚合物防水砂浆从内侧盖住预留的间隙口，从外侧采用发泡胶填塞间隙。

（5）外墙外侧面抹灰后，在铝合金方通交界处留出10mm的凹槽，嵌填幕墙用硅酮结构密封胶。幕墙玻璃表面周边与建筑内外装饰物之间的缝隙不宜小于5mm，可采用柔性材料嵌缝；全玻幕墙面板与结构面之间空隙不应小于8mm。

4.3.4.6 幕墙顶部与混凝土梁或板底交界处渗漏原因分析及防治措施

1. 原因分析

大跨度梁在结构模板施工时，可能出现跨中的梁底起拱，而幕墙顶部横方通是水平顺直的，这就造成幕墙与混凝土结构之间缝隙宽窄不一，极易造成局部胶缝开裂，形成渗漏通道。

2. 防治措施

对于大跨度梁，应先在与幕墙顶部相接触的混凝土梁底采用聚合物砂浆找平；幕墙顶方通与混凝土梁、板连接处预留不小于8mm的间隙，间隙内用发泡胶填塞；梁、板外侧面抹灰时粉出“鹰嘴”，而后在与铝合金方通交界处嵌填泡沫棒，表面留出10mm深的凹槽，并嵌填硅酮耐候密封胶。

4.3.4.7 幕墙与裙楼屋面落地部分渗漏原因分析及防治措施

1. 原因分析

当塔楼的幕墙坐落在裙楼屋面上时，单元式幕墙下框龙骨与裙楼屋面交界处，有雨水渗入室内。主要原因是幕墙底部固定在楼面上的铝合金方通龙骨标高低于屋面室外完成面，幕墙下框龙骨与楼面之间填充材料不够密实，在温度变化作用下产生缝隙，造成防水功能失效。一旦屋面排水不畅，雨水就会顺幕墙根部与屋面连接处渗入室内。

2. 防治措施

幕墙底部收口铝合金方通龙骨不能直接固定在楼面结构上，应设混凝土反坎，要求混凝土反坎宽度不小于方通宽度加50mm；高度高出屋面完成面200mm以上。幕墙根部的基础，设有向外的排水坡度；附加防水层从屋面基层上翻至混凝土反坎上；幕墙系统与基础交界处采用幕墙专用聚氨酯建筑密封胶填实。

4.3.4.8 幕墙底部与楼面接口处理不当造成渗漏原因分析及防治措施

1. 原因分析

幕墙下框龙骨与楼面交界处通常会进行封闭处理，当幕墙局部出现渗漏，雨水最终会在幕墙内侧与结构墙体之间汇集。幕墙底部的铝合金方通龙骨的标高平于或低于地面或屋面完成面时，雨水就从幕墙下框龙骨与楼面之间的缝隙，进入屋面各构造层，年久失修后，通过构造层薄弱部位，渗入室内。

2. 防治措施

在幕墙设计时，保证幕墙最底部龙骨高出楼地面最终完成面200mm以上。在最下层的玻璃安装前，对幕墙底部进行收口密封。

4.3.4.9 幕墙出屋面收口与建筑女儿墙交界处渗漏原因分析及防治措施

1. 原因分析

幕墙出屋面的收口部位与侧向混凝土构件相同部位连接节点构造，仅设置密封胶密封。由于屋面女儿墙自身为薄壁构件，受温度变化产生的变形较大，胶缝不光要承受垂直于幕墙面的拉伸应力，而且还有平行于幕墙的温度应力，很容易发生粘结破坏，形成渗漏点，最终造成幕墙系统内漏水。

2. 防治措施

（1）幕墙设计时，充分考虑屋面女儿墙的设计高度等，采用金属板材对幕墙、女儿墙统一封闭，封顶节点应设内倾排水坡度，盖缝板材留缝间距宜同幕墙立面垂直缝，墙顶接闪带支架钢筋应从留置缝伸出，并用耐候密封胶密封。

（2）在女儿墙压顶梁上做混凝土挑檐，挑出长度为幕墙外侧与女儿墙之间的距离，混凝土挑檐板盖住幕墙顶部收口方通。饰面层在此处做滴水线，挑板表面应设防水层，然后完成表面饰面层。

4.3.5 建筑外墙其他细部渗漏

4.3.5.1 建筑外墙变形缝渗漏原因分析及防治措施

在建筑工程中，室外变形缝渗漏在室外渗漏质量通病中占比很高，而且一旦渗漏则不易处理，在施工过程中必须加强室外变形缝施工质量控制，力争做到不渗不漏。

由于室外变形缝样式多样，需详细审图，根据图纸设计要求选用图集，并仔细研究图集选用的适宜性，结合实际情况编制初步施工方案，明确各部位做法，严格控制施工质量。具体做法可参照图4.3.35。

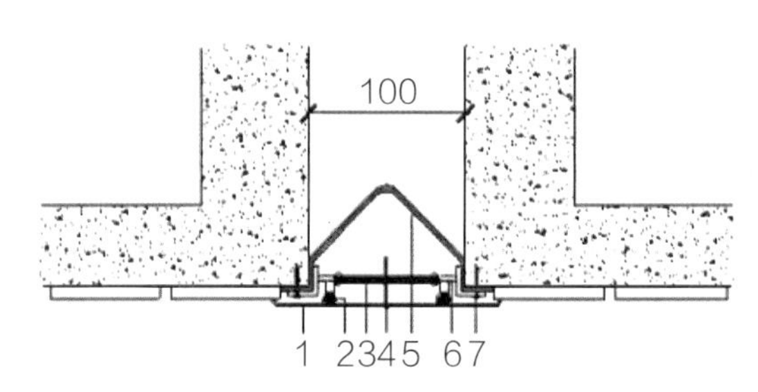

图4.3.35 外墙变形缝平面内部示意图
1—外层防水面板；2—热塑性橡胶条；3—滑杆@500；4—固定用螺杆；
5—橡胶止水带；6—铝合金型材；7—固定型材用胀管螺栓

1. 原因分析

变形缝设置不当或未按要求处理，变形缝内嵌填的密封材料材质水密性差，盖板构造错误，不能满足变形缝正常工作，导致盖板拉开，产生渗漏。渗漏水分使变形缝两侧的墙体潮湿，影响到两侧室内房间的使用环境。

2. 防治措施

（1）防水设计。外墙变形缝应采用两道防水：包括内部粘贴防水布，外扣防水面板。变形缝部位应增设合成高分子防水卷材附加层，卷材两端应满粘于墙体，满粘的宽度不应小于150mm，并应钉压固定；卷材收头应用密封材料密封。

（2）抗变形设计。从外墙立面变形缝开始，选用内滑撑的方式来抵抗变形拉伸，具体做法为将变形缝两侧用带滑槽的型材固定，用来安装中间可活动滑撑，面板不与墙体两端刚性连接固定，而是与可活动滑撑连接，这样既保证防水，又保证变形缝两端变形的影响。

（3）变形缝施工质量控制。在实施中严格过程控制，样板先行，明确材料及施工质量标准，落实施工前交底，实行施工质量责任制，专人负责动态跟踪，执行工序检查验收制度，确保施工方案的实施。

4.3.5.2 建筑外墙装饰线条渗漏原因分析及防治措施

1. 原因分析

由于线条处结构未上翻，大雨墙面淋水，水慢慢顺着线条往墙内渗透。

2. 防治措施

（1）凿除线条上部200mm高至砌体基层，并凹进去20～30mm。

（2）清理基层，再用防水砂浆与原装饰层补平。

（3）刷纳米硅防水胶浆料两道1.5mm。

（4）两侧小露台墙体四周根部也同样处理，防止雨水从此处渗入外墙保温层内。

（5）外墙淋水、露台蓄水试验确保不漏后，恢复面层。

4.3.5.3 空调管预留洞口渗漏原因分析及防治措施

1. 原因分析

未调整流水坡度空调洞口倒泛水，且PVC管外边缘与外墙抹灰层交接处渗漏。

2. 防治措施

找好流水坡度，并外扩管洞口，周圈做防水涂膜。

4.3.5.4 燃气管穿墙处渗漏原因分析及防治措施

1. 原因分析

钢套管与燃气管、外墙抹灰层间存在缝隙。

2. 防治措施

在钢套管与燃气管、外墙抹灰层间使用耐候密封胶。

4.3.5.5 脚手架穿墙孔洞渗漏原因分析及防治措施

1. 原因分析

孔洞封堵不严密，孔洞周边产生裂缝。

2. 防治措施

在外墙脚手架眼周围应先采用与原结构同强度等级的混凝土或C20细石混凝土封堵洞眼，再在迎水面用1：2防水砂浆进行粉刷。粉刷时还应该注意保证外墙粉刷的整体性，防止渗水通道的产生。

4.4 外墙及门窗渗漏防治的典型案例

[案例1] 幕墙渗漏防治典型案例

1. 工程概况

某项目二期TB、TC、TD商办楼工程，为3栋超高层，地下均为3层，地上TB 46层、TC 47层、TD 53层，建筑高度分别为151.95m、159.65m、179.45m。地下建筑面积74000m^2，地上建筑面积107000m^2。

本工程外立面采用铝板幕墙。地上外墙防水技术主要考虑了雨水突破铝板、胶缝后，通过外墙面向下流到地面，不至于通过外墙、门窗渗漏到室内。为此，在外墙、门窗处均做了防水处理措施。

2. 幕墙外墙渗漏维修的难点

外墙发生渗漏时，在室内很容易发现渗漏点，但通常在幕墙外却很不容易找到渗漏的地方，因为此处渗漏的源头很可能在很远的地方甚至在难以发现的地方。铝板裂缝很容易发现，但耐候密封胶微裂缝很难发现，表面长期积聚的灰尘便是其中原因之一。

业主方前一个工程曾发生过铝板幕墙渗漏水难以维修而返工重做的情况，教训深刻。因此在本工程施工前，业主在外墙填充墙选材方面精心选择，并在外墙面、门窗处增加防水处理措施，以期彻底解决外墙面渗漏水问题。

3. 主要技术措施

（1）填充墙选材

填充墙采用特拉块（烧结页岩保温砌块），其具有高强度、孔洞率大、自重轻、保温性能好、节约砂浆、施工速度快、建筑节能的特点。更为重要的是，特拉块作为外墙具有抗渗和防裂的性能，吸水率只有9.5%。本工程主砌块采用规格为290mm×190mm×190mm的特拉块。

（2）基层处理措施

外墙由剪力墙和填充墙组成，剪力墙方面主要是处理结构施工产生的穿墙对拉螺栓洞，填充墙方面主要处理其与混凝土结构之间的接缝。

剪力墙螺栓洞封堵，室内采用打发泡剂、室外采用厚20mm微膨胀水泥砂浆封堵的措施。填充墙特拉块与混凝土结构接缝处做抹灰加强处理：厚2mm混凝土界面剂+300g/m^{2}耐碱网格布+厚6mm抗裂砂浆，宽400mm，同时做好养护工作（图4.4.1、图4.4.2）。

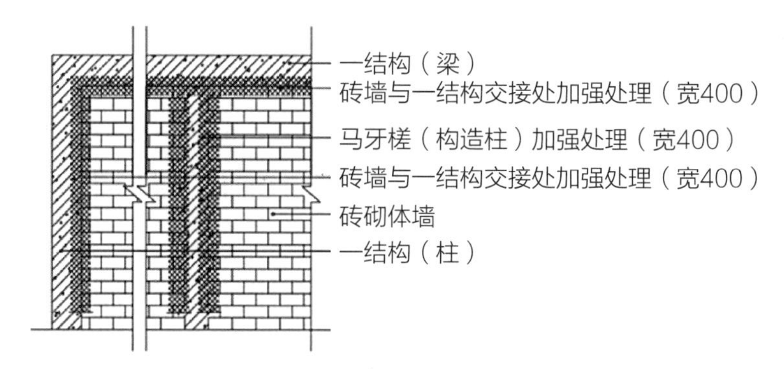

图4.4.1　特拉块与混凝土结构接缝处抹灰处理立面示意

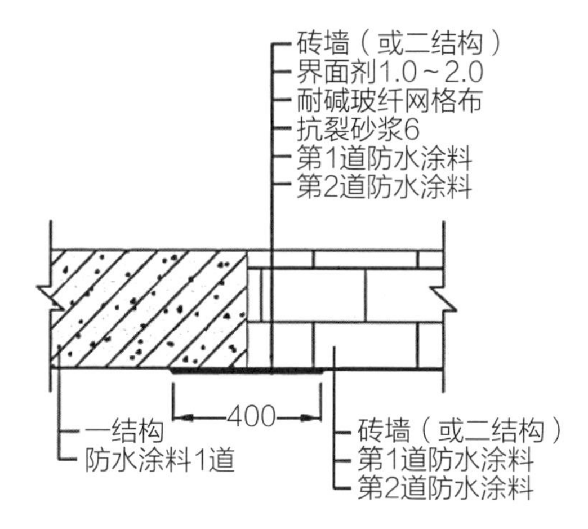

图4.4.2　特拉块与混凝土结构接缝处基层加强处理节点

（3）门窗洞口四周处理措施

除装饰层铝板（含胶缝）外，从外到内设置3道防线，第1道防线设置在窗上部，采用厚1.0mm、宽110mm镀锌钢板披水板。第2道防线设置在窗框钢副框与结构之间，采用厚1.0mm、宽60mm镀锌钢板披水板，披水板与结构之间的缝隙采用耐候密封胶密封，与钢副框之间采用螺钉固定，钉眼部用密封胶密封。第3道防线，在门窗钢副框与基层之间刷水泥基防水涂料2道，厚1.2～1.5mm（门窗钢副框与结构之间的缝隙采用商品防水水泥砂浆塞缝）。钢副框防水涂料先于披水板施工。

4. 施工工艺遇到的问题及处理措施

外墙建筑做法从内到外依次为基层、防水层、岩绒建筑保温系统（界面层、岩绒保温层、护面层）、幕墙龙骨、铝板（图4.4.3）。

外墙面基层处理完成后要做防水层，防水层采用聚合物水泥基防水涂料

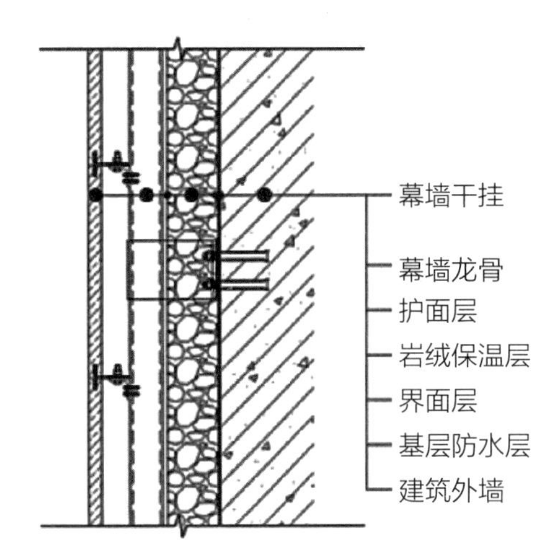

图4.4.3 外墙建筑做法剖面

（Ⅲ型），大面施工采用机械喷涂法，局部门窗节点后施工部位采用滚涂法。混凝土剪力墙和一结构梁、柱部位防水涂料喷涂1道，厚度不小于1.2mm；砖墙部位和一、二结构交接缝加强处防水涂料喷涂2道，厚度不小于2.0mm。

当一个立面的防水层施工完毕后，从该施工段最上层往下做淋水试验。持续淋水检验时在该施工段最顶层安装淋水管道，采用φ25mm的管材上钻φ5mm的孔若干。水自该施工段顶层顺墙往下流，淋水时间不少于24h。

淋水试验检查发现有2个地方比较容易出现渗漏水：一是螺栓洞，二是一结构与二结构接缝处上角部。分析原因，螺栓洞出现渗漏水是由于夏天气温高、砂浆失水干缩形成裂缝所致；一结构与二结构接缝处上角部渗漏水是由于抗裂砂浆施工不到位（二次压实过早、养护不到位造成砂浆失水干缩产生裂缝）所致。解决的办法是将上述部位返工重做，并对螺栓洞的封堵作了改进。因为夏天气温高，再加上砂浆二次压实过早，立面很难做到保湿养护，砂浆很容易失水干缩产生裂缝。改进做法：螺栓洞全用发泡剂封堵，外边贴网格布抹一层界面剂，并刷JS防水涂料1道。通过此改进做法，螺栓洞渗漏水在以后的淋水试验中杜绝。

施工中还碰到的另一个问题是窗上口披水条与结构有缝隙，其主要原因是结构施工误差造成。解决此问题的措施是在结构与披水板缝隙之间打发泡剂填实，上部涂料施工到披水板上，可有效阻止上部墙面的水通过缝隙。

施工中还碰到窗洞口由于施工偏差造成的窗框钢副框与结构之间缝隙过大和过小的问题：过大是指缝隙宽度大于30mm，过小是指缝隙宽度小于

10mm。经过研究后，解决此问题的措施如下：缝隙宽度大于30mm，用掺加防水剂细石混凝土塞缝；缝隙宽度小于10mm，打入发泡剂填充。

5. 暴风雨的考验

幕墙施工采用由下向上、分段施工、分段封堵上部水源的办法，期间经受了台风“菲特”影响的考验。暴风雨过后检查，已完成施工段室内外墙面、门窗无渗漏水。施工质量得到保证。

6. 结语

本项目二期超高层外墙采用的防水设防技术，外墙面采用聚合物水泥基防水涂料（Ⅲ型）尤其是在门窗四周设置3道防线，确保外墙面及门窗能有效地止水，也经受了淋水试验和暴风雨的考验。实践证明，采用此种方法有效、可靠，富于创新，尤其在披水板的使用上面。在防止外墙和门窗渗漏水，尤其是在雨水突破铝板和耐候密封胶防线后外墙防渗漏方面，能给同行提供一个很好的参考和借鉴。

［案例2］大面积饰面砖外墙防渗漏的典型案例

1. 工程概况

某商业城建筑是一幢集商场、娱乐于一体的现代化多层建筑。地下一层，地上五层，建筑面积12.8万m^2，总高度33.80m。建筑物平面呈长方形，尺寸为107m×194m，在长方向两端各43m处设有伸缩缝，外墙面全部镶贴条形饰面砖，面积约1.9万m^2。对于大面积外墙饰面砖施工，如何减少温差引起的变形影响，防止外墙面开裂、空鼓和面砖脱落是防止饰面砖外墙渗漏的关键。

2. 饰面砖外墙面防渗漏技术措施

（1）基层处理。先将脚手架孔、施工孔洞堵塞严实后，清洗墙面的灰尘、污垢和油渍，并对混凝土基体表面进行“毛化处理”。由于混凝土与黏土砖墙两种不同基体材料的温度线膨胀系数不一样，在温差的影响下，两种材料的接缝处容易产生裂缝。本工程长、宽均在百米以上，受温差变形影响比一般工程大，因此在基层处理时预先用水泥钉将一层300mm宽的金属网带固定在接缝处作为过渡层，每侧超过接缝150mm。抹灰层施工完后，检查发现1～4层接缝处抹灰层未出现裂缝，顶层接缝处抹灰层沿金属网带产生锯齿状裂缝。检查表明，该方法对温差较小的1～4层适用，但对温差大的顶层不适用。对顶层接缝处的处理将结合饰面砖镶贴另行处理。

（2）抹灰层施工。抹灰层的空鼓、裂缝是常见的质量通病，也是引起外墙渗漏的原因之一，因此要加强抹灰层的质量控制。施工前先对基层进行湿润，接着进行分层抹灰。每层抹灰厚度不宜太厚，各层之间抹灰不能跟得太紧，要待前一层抹灰层凝结后（6~7成干）方可抹后一层，防止水泥砂浆干缩后产生空鼓或裂缝。若前一层抹灰已干，则应浇水湿润后再抹后一层。各抹灰层在凝结前应防止快干、暴晒、水冲、撞击和振动，以保证其抹灰层的强度。为减少温差变形，防止抹灰层开裂，在水平向每层设置一条分格缝，垂直向每跨设置2条分格缝，缝深25mm，宽20mm，缝中埋设泡沫条。在粘结层施工前对抹灰层进行全面检查，对空鼓部位进行返工，复检合格后方可进行粘结层施工。

（3）粘结材料的选择。粘结层材料选用具有防水功能的新材料高分子益胶泥。选用该种材料具有三大优点：①其内部孔隙为球状或近似球状的闭合孔隙，不会形成连通的毛细管，水分无法从该材料的一面渗透到另一面，具有防水的功能。②保水性好，能干作业粘贴，基层不必洒水湿润，面砖不必浸泡阴干，避免传统工艺因浸泡不够引起空鼓、脱落。③收缩率低，粘结强度大，确保面砖与抹灰层牢固粘结，防止面砖脱落。

（4）饰面砖镶贴。饰面砖镶贴前先做样板，待监理、业主、设计检查验收合格后再大面积施工。粘结层采用双面涂层法（图4.4.4）。先在抹灰层上满刮一层3mm厚的益胶泥作为粘结层，兼作防水层。另一层粘结层刮涂在面砖背面，使面砖与基层粘结牢固。施工时益胶泥与水严格按4：1配合比进行拌制，搅拌均匀成厚糊状，不得有生粉团。清除饰面砖背面的灰尘、油渍等污物，但不必浸泡。在饰面砖背面满刮3~4mm厚的益胶泥，用力挤压，并用灰刀柄轻轻敲实。镶贴时浆厚要均匀一致、饱满，用力均匀。贴完一排后检查一次，收

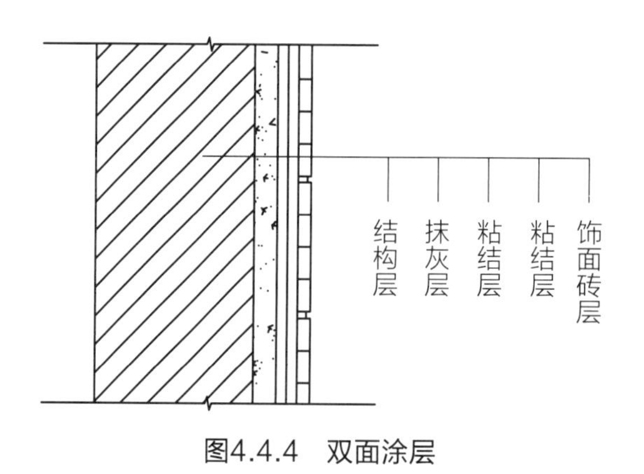

图4.4.4　双面涂层

水后严禁强行纠偏移动。勾缝前要对所有面砖进行空鼓检查，符合要求后进行勾缝。勾缝时要深浅一致，密实光滑，不得有孔隙、漏勾等现象。为防止温差变形引起开裂、空鼓、脱落而渗漏，对饰面砖层也设置分格缝，分格缝位置与抹灰层分格缝位置一致，缝宽8mm，用黑色硅酮胶填缝，填完后凹进面砖外皮2mm，其外观与面砖缝基本一致。

（5）顶层混凝土与砖墙接缝处处理。由于顶层日照时间较长，温差较大，接缝处用金属网处理的办法不能防止抹灰层开裂。经现场分析认为，顶层温差引起的变形较大，如果采用加强的方法使两种不同基体材料变形协调，其难度较大。最好能找到一种方法，既能让两种不同的基体材料各自变形，又能保证外墙面施工质量。经讨论和现场试验后，采用如图4.4.5所示方法。用1.2mm厚钢板，板面上加一层金属网，一端用自攻螺钉固定在混凝土上，另一端自由。钢板宽度要与饰面砖排列相匹配，使面砖缝恰好落在钢板的下边沿。饰面砖与钢板间用益胶泥粘结。施工前经试验表明，该种粘结牢固可靠。自由端饰面砖与下部饰面砖间设置分格缝，缝宽8mm，用硅酮胶填缝。顶层边柱混凝土与砖墙接缝处也按这种方法进行处理。检查表明该种方法能有效减小温差变形的影响，历经两年未发现外墙面有裂缝产生。

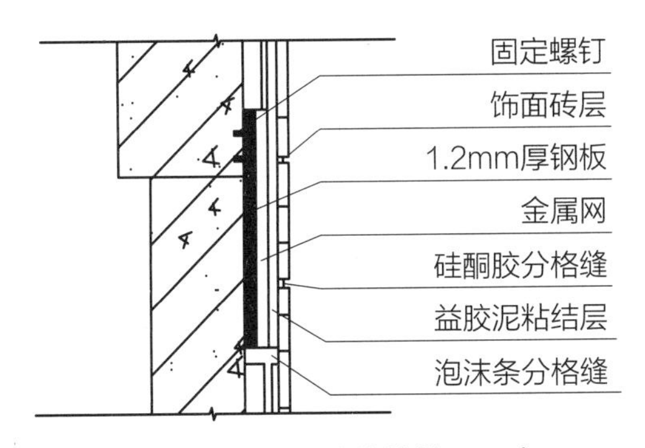

图4.4.5　顶层接缝处处理示意

3. 结束语

该工程大面积饰面砖外墙经受雨期的考验，没有出现渗漏现象。结合该工程的施工，笔者有以下两点体会：

（1）采用高分子益胶泥作为粘结材料，既方便施工，又有较强的防水作用。

（2）对于大面积饰面砖外墙，从基层处理、抹灰层施工到饰面砖的镶贴，处理好温差变形是防止外墙渗漏的关键。

外墙饰面砖由于造型美观，价格适中，越来越多地被用于建筑物的外装饰，特别是一些高档的住宅小区都将外墙饰面砖作为一个卖点，但是随着外墙饰面砖的大量应用，一些住宅在刚交工时就出现了外墙渗漏的现象，影响了住宅的使用功能，并且影响了住宅的销售。另外外墙砖渗漏后不易处理，处理成本较高，所以在施工中就应该增强质量意识，避免渗漏的产生。

[案例3] 水泥砂浆粉刷粘贴条形釉面砖外墙面渗漏防治典型案例

1. 工程概况

建筑主体采用框架结构，墙体为多孔砖砌筑，墙面用水泥砂浆粉刷粘贴条形釉面砖装饰。竣工使用不到几年外墙即发生严重渗漏水，个别房间因墙壁严重发霉脱落，业主曾委托有关施工单位进行重新粉刷处理，但仍无法杜绝渗漏水，以致影响正常使用（图4.4.6）。

图4.4.6 外墙饰面层开裂

2. 渗漏水原因分析

（1）通过现场观察了解，由于该工程外墙最后一道要粘贴瓷砖，贴瓷砖之间的外墙找平层砂浆质量不被重视，只是一道抹灰层且刮糙拉毛，造成孔隙率极高，而且缺乏养护，干缩裂缝现象严重，使得砂浆找平层失去了挡水的作用。

（2）由于条形瓷砖的自身特点，铺贴时为便于调整平整度和水平线，采用传统的非满浆粘贴工艺，每块瓷砖的边缘10mm内不抹浆，导致存在大量的纵横缝隙和空鼓面砖的“空鼓囊”。

（3）部分条形砖质量较差，经风吹日晒釉面已有细微裂缝，雨水已可渗入砖体；加之许多门窗框四周嵌填不严密或存有裂缝，有的密封材料甚至酥松脱落。一旦遇到下雨，由于温度突然降低，这些沟缝、“空鼓囊”在负压状态就形成有虹吸作用的毛细通道，墙体大量地吸水和蓄水，出现雨停后内墙还会持续渗水多日的现象。

3. 施工方案

（1）根据大楼的使用功能和行业特点，业主提出在解决大楼墙面渗漏问题选材时，既要施工后不影响建筑物原有的外貌色彩，又要起到防渗漏作用，还不能影响建筑物正常使用。

（2）材料方面，经多种材料对比分析，最终选择JS防水乳胶做嵌缝腻子和补漏材料，再用无色透明的纳米硅防水剂全面喷涂施工。

纳米硅防水剂特点：纳米硅防水剂是一种憎水剂，以水为溶剂，无色无毒透明，不燃，透气性、保色、抗污染性能好。经防水剂处理过的墙面形成一层肉眼观察不到的憎水膜，雨水打在墙上呈荷叶滚水珠的类似效果，使墙面始终处于干燥状态，而且不改变原基底颜色，不增光、不增色，瓷砖完全保持原来风貌，同时该材料能渗透到墙内一定深度，因而受紫外线照射及大气老化影响小，使用寿命长。

JS防水乳胶的特点：JS防水乳胶配方设计机理是基于有机聚合物乳液失水而成为具有粘结性和连续性的弹性膜层，水泥吸收乳液中的水而硬化，柔性的聚合物与水泥硬化体相互渗透而牢固地粘结成一个坚固的有弹性的防水层。柔性的聚合物填充在水泥硬化体的空隙中，使水泥硬化体更加致密而又富有弹性，涂膜具有较好的延伸率；水泥硬化体又填充在聚合物中，使其具有更好的户外耐久性和基层适应性。

它的抗拉强度变化规律为当涂膜受拉时，最大拉伸强度呈现在受拉前期（一般合成高分子涂膜最大强度呈现在断裂时），类似于加筋型防水卷材的力学性能变化规律。当基层出现裂缝变形时，容易产生剥离区，而不跟随裂缝变形，易保证防水效果。调节JS乳液与水泥填料配比，将得到一系列不同强度和延伸率的材料，如柔性防水涂料、弹性腻子、密封材料等。根据防水应用部位的特点和要求来设计防水材料自身的性能，既能针对性地满足工程技术要求，也可以在一定程度上节约工程造价。

4. 施工方法及步骤

本工程确定对条形瓷砖接缝，墙面基层进行清理；修补所有裂缝、沟缝；防水剂全面喷涂施工三个程序。

修缮前先对渗漏墙体部位进行现场查勘，采用雨天观察和对墙体淋水检查方法，确定渗漏部位，查明原因，确定修缮工序。

（1）清除缝内浮灰杂物，对较宽且通长裂缝进行处理，必要时需用小型切割机切割裂缝，并用净水或外墙清洁剂清洗干净。

（2）认真检查外墙的瓷砖是否有脱落、空壳的现象，将严重空壳的面砖凿除，然后把脱落、空壳的面砖重新铺贴好。

（3）遇有孔、洞和明显裂缝须用JS防水乳胶填实密封。如发现窗周边渗漏，则将原窗周边的硅胶全部铲除，清理干净，用JS防水乳胶腻子进行填充修补。

（4）墙面经清理、修补后将整个外墙面砖缝用JS防水乳胶调成腻子进行勾缝。一般分二遍涂刷，当第一涂施工完毕固化后再涂第二遍，一般涂层厚在1～1.5mm。在常温条件下施工，施工温度太高、干燥太快易开裂，施工温度太低不易成膜，粘结性差。如果裂缝、孔洞较大，可用腻子调水泥（或直接用瞬间堵漏剂）填平补齐，然后施工即可。

（5）经清理、修补干燥后（含水率小于10%），瓷墙即可喷防水剂。将防水剂和水按指定比例搅拌均匀，用清洁的农用喷雾器和刷子直接喷刷在干燥的墙面和其他需要防水处理的基面上，纵横连续两遍。

喷涂时要注意第一遍与第二遍喷涂间隔时间不可太长，如在第一遍涂层固化后再喷第二遍，固化后的涂膜已开始憎水第二遍就喷不上去了，喷上去也会滚落；喷涂时不得跳跃、无序或随意地乱喷，否则很容易出现少喷或漏喷现象，影响施工质量。

墙面的砖缝是防渗治理的重点，因接缝常呈凹槽形，和瓷材料不处在同一平面上，即使用“十”字交叉法喷涂也很难使凹缝处的微孔部喷到乳液。因此，门窗框四周、异形部位、接缝部位应先用刷子紧贴上下、左右往返充分涂刷，以保证施工质量（图4.4.7）。

外墙渗漏水的治理虽然有许多材料和方法，但只有选择恰当的材料，合理的施工方案，严密的施工组织，才能保证达到真正的治理效果。

图4.4.7　墙面砖缝防渗处理

4.5 附表

外墙工程用防水材料进场抽样检验规定　　表4.5.1

序号	材料名称	现场抽样数量	复验项目	
			外观质量	主要性能
1	普通防水砂浆	每10m²为一批，不足10m²按一批抽样	均匀，无凝结团状	应满足《建筑外墙防水工程技术规程》JGJ/T 235表4.2.1的要求
2	聚合物水泥防水砂浆	每10t为一批，不足10t按一批抽样	包装完好无损，标明产品名称、规格、生产日期、生产厂家、产品有效期	应满足《建筑外墙防水工程技术规程》JGJ/T 235表4.2.2的要求
3	防水涂料	每5t为一批，不足5t按一批抽样	包装完好无损，标明产品名称、规格、生产日期、生产厂家、产品有效期	应满足《建筑外墙防水工程技术规程》JGJ/T 235表4.2.3、表4.2.4和表4.2.5的要求
4	防水透气膜	每3000m²为一批，不足3000m²按一批抽样	包装完好无损，标明产品名称、规格、生产日期、生产厂家、产品有效期	应满足《建筑外墙防水工程技术规程》JGJ/T 235表4.2.6的要求
5	密封材料	每1t为一批，不足1t按一批抽样	均匀膏状物，无结皮、凝胶或不易分散的固体团状	应满足《建筑外墙防水工程技术规程》JGJ/T 235表4.3.1、表4.3.2、表4.3.3和表4.3.4的要求

幕墙淋水试验记录　　表4.5.2

工程名称		验收日期	年　月　日
试水方法	模拟雨水喷淋	图　号	
工程检查验收部位及情况	以20m长度作为一个试验段，要在进行镶嵌密封后，并在接缝上按设计要求先进行防水处理后，再进行渗漏性检测。 喷淋水头应垂直于墙面，沿接缝前缓缓移动，每处喷射时间约为5min（水压力至少达210kPa）。试验时在墙内侧安排人员检查是否存在渗漏现象		
试验结果			
施工单位	专业质量检查员： 试验员： 年　月　日	监理（建设）单位	专业监理工程师： （建设单位项目负责人） 年　月　日

外墙砂浆防水检验批质量验收记录 表4.5.3

单位（子单位）工程名称			分部（子分部）工程名称		分项工程名称	
施工单位			项目负责人		检验批容量	
分包单位			分包单位项目负责人		检验批部位	
施工依据	《住宅装饰装修工程施工规范》GB 50327			验收依据	《建筑装饰装修工程质量验收标准》GB 50210	
验收项目			设计要求及规范规定	最小/实际抽样数量	检查记录	检查结果
主控项目	1	砂浆防水层所用砂浆品种及性能	第5.2.1条	—		
	2	砂浆防水层在变形缝、门窗洞口、穿外墙管道和预埋件等部位的做法	第5.2.2条	—		
	3	砂浆防水层不得有渗漏现象	第5.2.3条	—		
	4	砂浆防水层与基层之间及防水层各层之间应粘结牢固，不得有空鼓	第5.2.4条	—		
一般项目	1	砂浆防水层表面应密实、平整，不得有裂纹、起砂和麻面等缺陷	第5.2.5条	—		
	2	砂浆防水层施工缝位置及施工方法	第5.2.6条	—		
	3	砂浆防水层厚度	第5.2.7条	—		
施工单位检查结果	专业工长： 项目专业质量检查员： 年 月 日					
监理（建设）单位验收结论	专业监理工程师： （建设单位项目专业负责人） 年 月 日					

涂膜防水检验批质量验收记录 表4.5.4

<table>
<tr><td colspan="3">单位（子单位）工程名称</td><td></td><td>分部（子分部）工程名称</td><td></td><td>分项工程名称</td><td></td></tr>
<tr><td colspan="3">施工单位</td><td></td><td>项目负责人</td><td></td><td>检验批容量</td><td></td></tr>
<tr><td colspan="3">分包单位</td><td></td><td>分包单位项目负责人</td><td></td><td>检验批部位</td><td></td></tr>
<tr><td colspan="3">施工依据</td><td colspan="2">《住宅装饰装修工程施工规范》GB 50327</td><td>验收依据</td><td colspan="2">《建筑装饰装修工程质量验收标准》GB 50210</td></tr>
<tr><td colspan="4">验收项目</td><td>设计要求及规范规定</td><td>最小/实际抽样数量</td><td>检查记录</td><td>检查结果</td></tr>
<tr><td rowspan="4">主控项目</td><td>1</td><td colspan="2">防水层所用防水涂料及配套材料的品种及性能</td><td>第5.3.1条</td><td>—</td><td></td><td></td></tr>
<tr><td>2</td><td colspan="2">涂膜防水层在变形缝、门窗洞口、穿外墙管道、预埋件等部位的做法</td><td>第5.3.2条</td><td>—</td><td></td><td></td></tr>
<tr><td>3</td><td colspan="2">涂膜防水层不得有渗漏现象</td><td>第5.3.3条</td><td>—</td><td></td><td></td></tr>
<tr><td>4</td><td colspan="2">涂膜防水层与基层粘结牢固</td><td>第5.3.4条</td><td>—</td><td></td><td></td></tr>
<tr><td rowspan="2">一般项目</td><td>1</td><td colspan="2">涂膜防水层表面应平整，涂刷应均匀，不得有流坠、露底、气泡、皱折和翘边等缺陷</td><td>第5.3.5条</td><td>—</td><td></td><td></td></tr>
<tr><td>2</td><td colspan="2">涂膜防水层的厚度</td><td>符合设计要求</td><td>—</td><td></td><td></td></tr>
<tr><td colspan="3">施工单位检查结果</td><td colspan="5">专业工长：
项目专业质量检查员：
年 月 日</td></tr>
<tr><td colspan="3">监理（建设）单位验收结论</td><td colspan="5">专业监理工程师：
（建设单位项目专业负责人）
年 月 日</td></tr>
</table>

第 5 章
屋面渗漏防治

本章首先介绍了相关规范对于屋面工程防水设计、监理、施工、验收等方面的一般规定与技术要求；结合主要技术规范和工程实践经验，对金属屋面、瓦屋面、种植屋面、正（倒）置式屋面等不同种类屋面中的渗漏现象，以及屋面变形缝、屋面突出构件收口部位、防水卷材节点等重点部位的渗漏现象进行详细描述，同时分析渗漏原因并提出有效防治措施；结合典型案例介绍屋面工程渗漏防治的成功经验，为解决屋面工程的渗漏问题提供借鉴和参考。

5.1 屋面防水一般规定与技术要点

5.1.1 屋面防水设计

5.1.1.1 一般规定

1. 屋面工程应根据建筑物的建筑造型、使用功能、环境条件，对下列内容进行设计：

（1）屋面防水等级和设防要求；

（2）屋面构造设计；

（3）屋面排水设计；

（4）找坡方式和选用的找坡材料；

（5）防水层选用的材料、规格、厚度及其主要的性能；

（6）保温层选用的材料、厚度、燃烧性能及其主要的性能；

（7）接缝密封防水选用的材料及其主要的性能。

2. 屋面防水层设计应采取下列技术措施：

（1）卷材防水层易拉裂部位，宜选用空铺、点粘、条粘或机械固定等施工方法；

（2）结构易发生较大变形、易渗漏和损坏的部位，应设置卷材或涂膜附加层；

（3）在坡度较大和垂直面上粘贴防水卷材时，宜采用机械固定和对固定点进行密封的方法；

（4）卷材或涂膜防水层上应设置保护层；

（5）在刚性保护层与卷材、涂膜防水层之间应设置隔离层。

3. 屋面工程所使用的防水材料在下列情况下应具有相容性：

（1）卷材或涂料与基层处理剂；

（2）卷材与胶粘剂或胶粘带；

（3）卷材与卷材复合使用；

（4）卷材与涂料复合使用；

（5）密封材料与接缝基材。

4. 防水材料的选择应符合下列规定：

（1）外露使用的防水层，应选用耐紫外线、耐老化、耐候性好的防水材料；

（2）上人屋面，应选用耐霉变、拉伸强度高的防水材料；

（3）长期处于潮湿环境的屋面，应选用耐腐蚀、耐霉变、耐穿刺、耐长期水浸等性能的防水材料；

（4）薄壳、装配式结构、钢结构及大跨度建筑屋面，应选用耐候性好、适应变形能力强的防水材料；

（5）倒置式屋面应选用适应变形能力强、接缝密封保证率高的防水材料；

（6）坡屋面应选用与基层粘结力强、感温性小的防水材料；

（7）屋面接缝密封防水，应选用与基材粘结力强和耐候性好、适应位移能力强的密封材料；

（8）基层处理剂、胶粘剂和涂料，应符合现行行业标准《建筑防水涂料中有害物质限量》JC 1066的有关规定；

（9）屋面工程用防水及保温材料标准和主要性能指标，应符合国家相关标准的要求。

5.1.1.2 排水设计

1. 屋面排水方式的选择，应根据建筑物屋顶形式、气候条件、使用功能等因素确定。

2. 屋面排水方式可分为有组织排水和无组织排水。有组织排水时，宜采用雨水收集系统。

3. 高层建筑屋面宜采用内排水；多层建筑屋面宜采用有组织外排水；低层建筑及檐高小于10m的屋面，可采用无组织排水。多跨及汇水面积较大的屋面宜采用天沟排水，天沟找坡较长时，宜采用中间内排水和两端外排水。

4. 屋面排水系统设计采用的雨水流量、暴雨强度、降雨历时、屋面汇水面积等参数，应符合现行国家标准《建筑给水排水设计标准》GB 50015的有关规定。

5. 屋面应适当划分排水区域，排水路线应简捷，排水应通畅。

6. 采用重力式排水时，屋面每个汇水面积内，雨水排水立管不宜少于2根；水落口和水落管的位置，应根据建筑物的造型要求和屋面汇水情况等因素确定。

7. 高跨屋面为无组织排水时，其低跨屋面受水冲刷的部位应加铺一层卷材，并应设40～50mm厚、300～500mm宽的C20细石混凝土保护层；高跨屋面为有组织排水时，水落管下应加设水簸箕。

8. 暴雨强度较大地区的大型屋面，宜采用虹吸式屋面雨水排水系统。

9. 严寒地区应采用内排水，寒冷地区宜采用内排水。

10. 湿陷性黄土地区宜采用有组织排水，并应将雨雪水直接排至排水管网。

11. 檐沟、天沟的过水断面，应根据屋面汇水面积的雨水流量经计算确定。钢筋混凝土檐沟、天沟净宽不应小于300mm，分水线处最小深度不应小于100mm；沟内纵向坡度不应小于1%，沟底水落差不得超过200mm；檐沟、天沟排水不得流经变形缝和防火墙。

12. 金属檐沟、天沟的纵向坡度宜为0.5%。

13. 坡屋面檐口宜采用有组织排水，檐沟和水落斗可采用金属或塑料成品。

5.1.1.3 找坡层和找平层设计

1. 混凝土结构层宜采用结构找坡，坡度不应小于3%；当采用材料找坡时，宜采用质量轻、吸水率低和有一定强度的材料，坡度宜为2%。

2. 卷材、涂膜的基层宜设找平层。找平层厚度和技术要求应符合表5.1.1的规定。

找平层厚度和技术要求 表5.1.1

找平层分类	适用的基层	厚度（mm）	技术要求
水泥砂浆	整体现浇混凝土板	15～20	1：2.5水泥砂浆
	整体材料保温层	20～25	
细石混凝土	装配式混凝土板	30～35	C20混凝土，宜加钢筋网片
	板状材料保温层		C20混凝土

3. 保温层上的找平层应留设分格缝，缝宽宜为5～20mm，纵横缝的间距不宜大于6m。分格缝内宜采用密封材料嵌填。

5.1.1.4 保温层和隔热层设计

1. 保温层应根据屋面所需传热系数或热阻选择轻质、高效的保温材料，保温层及其保温材料应符合表5.1.2的规定。

保温层及其保温材料 表5.1.2

保温层	保温材料
板状材料保温层	聚苯乙烯泡沫塑料，硬质聚氨酯泡沫塑料，膨胀珍珠岩制品，泡沫玻璃制品，加气混凝土砌块，泡沫混凝土砌块
纤维材料保温层	玻璃棉制品，岩棉、矿渣棉制品
整体材料保温层	喷涂硬泡聚氨酯，现浇泡沫混凝土

2. 保温层设计应符合下列规定：

（1）保温层宜选用吸水率低、密度和导热系数小，并有一定强度的保温材料；

（2）保温层厚度应根据所在地区现行建筑节能设计标准，经计算确定；

（3）保温层的含水率，应相当于该材料在当地自然风干状态下的平衡含水率；

（4）屋面为停车场等高荷载情况时，应根据计算确定保温材料的强度；

（5）纤维材料作保温层时，应采取防止压缩的措施；

（6）屋面坡度较大时，保温层应采取防滑措施；

（7）封闭式保温层或保温层干燥有困难的卷材屋面，宜采取排汽构造措施。

3. 屋面热桥部位，当内表面温度低于室内空气的露点温度时，均应做保温处理。

4. 当严寒及寒冷地区屋面结构冷凝界面内侧实际具有的蒸汽渗透阻小于所需值，或其他地区室内湿气有可能透过屋面结构层进入保温层时，应设置隔汽层。隔汽层设计应符合下列规定：

（1）隔汽层应设置在结构层上、保温层下；

（2）隔汽层应选用气密性、水密性好的材料；

（3）隔汽层应沿周边墙面向上连续铺设，高出保温层上表面不得小于150mm。

5. 屋面排汽构造设计应符合下列规定：

（1）找平层设置的分格缝可兼作排汽道，排汽道的宽度宜为40mm；

（2）排汽道应纵横贯通，并应与大气连通的排气孔相通，排气孔可设在檐口下或纵横排汽道的交叉处；

（3）排汽道纵横间距宜为6m，屋面面积每36m^{2}宜设置一个排气孔，排气孔应做防水处理；

（4）在保温层下也可铺设带支点的塑料板。

6. 倒置式屋面保温层设计应符合下列规定：

（1）倒置式屋面的坡度宜为3%；

（2）保温层应采用吸水率低，且长期浸水不变质的保温材料；

（3）板状保温材料的下部纵向边缘应设排水凹缝；

（4）保温层与防水层所用材料应相容匹配；

（5）保温层上面宜采用块体材料或细石混凝土作保护层；

（6）檐沟、水落口部位应采用现浇混凝土堵头或砖砌堵头，并应做好保温层排水处理。

7. 屋面隔热层设计应根据地域、气候、屋面形式、建筑环境、使用功能等条件，采取种植、架空和蓄水等隔热措施。

8. 种植隔热层的设计应符合下列规定：

（1）种植隔热层的构造层次应包括植被层、种植土层、过滤层和排水层等；

（2）种植隔热层所用材料及植物等应与当地气候条件相适应，并应符合环境保护要求；

（3）种植隔热层宜根据植物种类及环境布局的需要进行分区布置，分区布置应设挡墙或挡板；

（4）排水层材料应根据屋面功能及环境、经济条件等进行选择；过滤层宜采用200～400g/m^{2}的土工布，过滤层应沿种植土周边向上铺设至种植土高度；

（5）种植土四周应设挡墙，挡墙下部应设泄水孔，并应与排水出口连通；

（6）种植土应根据种植植物的要求选择综合性能良好的材料；种植土厚度应根据不同种植土和植物种类等确定；

（7）种植隔热层的屋面坡度大于20%时，其排水层、种植土应采取防滑措施。

9. 架空隔热层的设计应符合下列规定：

（1）架空隔热层宜在屋顶有良好通风的建筑物上采用，不宜在寒冷地区采用；

（2）当采用混凝土板架空隔热层时，屋面坡度不宜大于5%；

（3）架空隔热制品及其支座的质量应符合国家现行有关材料标准的规定；

（4）架空隔热层的高度宜为180～300mm，架空板与女儿墙的距离不应小于250mm；

（5）当屋面宽度大于10m时，架空隔热层中部应设置通风屋脊；

（6）架空隔热层的进风口，宜设置在当地炎热季节最大频率风向的正压区，出风口宜设置在负压区。

10. 蓄水隔热层的设计应符合下列规定：

（1）蓄水隔热层不宜在寒冷地区、地震设防地区和振动较大的建筑物上采用；

（2）蓄水隔热层的蓄水池应采用强度等级不低于C25、抗渗等级不低于P6的现浇混凝土，蓄水池内宜采用20mm厚防水砂浆抹面；

（3）蓄水隔热层的排水坡度不宜大于0.5%；

（4）蓄水隔热层应划分为若干蓄水区，每区的边长不宜大于10m，在变形缝的两侧应分成两个互不连通的蓄水区。长度超过40m的蓄水隔热层应分仓设置，分仓隔墙可采用现浇混凝土或砌体；

（5）蓄水池应设溢水口、排水管和给水管，排水管应与排水出口连通；

（6）蓄水池的蓄水深度宜为150～200mm；

（7）蓄水池溢水口距分仓墙顶面的高度不得小于100mm；

（8）蓄水池应设置人行通道。

5.1.1.5 **卷材及涂膜防水层设计**

1. 卷材、涂膜屋面防水等级和防水做法应符合表5.1.3的规定。

卷材、涂膜屋面防水等级和防水做法　　表5.1.3

防水等级	防水做法
Ⅰ级	卷材防水层和卷材防水层、卷材防水层和涂膜防水层、复合防水层
Ⅱ级	卷材防水层、涂膜防水层、复合防水层

注：在Ⅰ级屋面防水做法中，防水层仅作单层卷材时，应符合有关单层防水卷材屋面技术的规定。

2. 防水卷材的选择应符合下列规定：

（1）防水卷材可按合成高分子防水卷材和高聚物改性沥青防水卷材选用，其外观质量和品种、规格应符合国家现行有关材料标准的规定；

（2）应根据当地历年最高气温、最低气温、屋面坡度和使用条件等因素，选择耐热度、低温柔性相适应的卷材；

（3）应根据地基变形程度、结构形式、当地年温差、日温差和振动等因素，选择拉伸性能相适应的卷材；

（4）应根据屋面卷材的暴露程度，选择耐紫外线、耐老化、耐霉烂相适应的卷材。

3. 防水涂料的选择应符合下列规定：

（1）防水涂料可按合成高分子防水涂料、聚合物水泥防水涂料和高聚物改性沥青防水涂料选用，其外观质量和品种、型号应符合国家现行有关材料标准的规定；

（2）应根据当地历年最高气温、最低气温、屋面坡度和使用条件等因素，选择耐热性、低温柔性相适应的涂料；

（3）应根据地基变形程度、结构形式、当地年温差、日温差和振动等因素，选择拉伸性能相适应的涂料；

（4）应根据屋面涂膜的暴露程度，选择耐紫外线、耐老化相适应的涂料；

（5）屋面坡度大于25%时，应选择成膜时间较短的涂料。

4. 复合防水层设计应符合下列规定：

（1）选用的防水卷材与防水涂料应相容；

（2）防水涂膜宜设置在防水卷材的下面；

（3）挥发固化型防水涂料不得作为防水卷材粘结材料使用；

（4）水乳型或合成高分子类防水涂膜上面，不得采用热熔型防水卷材；

（5）水乳型或水泥基类防水涂料，应待涂膜实干后再采用冷粘铺贴卷材。

5. 每道卷材防水层最小厚度应符合表5.1.4的规定。

每道卷材防水层最小厚度（mm） 表5.1.4

防水等级	合成高分子防水卷材	高聚物改性沥青防水卷材		
		聚酯胎、玻纤胎、聚乙烯胎	自粘聚酯胎	自粘无胎
Ⅰ级	1.2	3.0	2.0	1.5
Ⅱ级	1.5	4.0	3.0	2.0

6. 每道涂膜防水层最小厚度应符合表5.1.5的规定。

每道涂膜防水层最小厚度（mm） 表5.1.5

防水等级	合成高分子防水涂膜	聚合物水泥防水涂膜	高聚物改性沥青防水涂膜
Ⅰ级	1.5	1.5	2.0
Ⅱ级	2.0	2.0	3.0

7. 复合防水层最小厚度应符合表5.1.6的规定。

复合防水层最小厚度（mm） 表5.1.6

防水等级	合成高分子防水卷材+合成高分子防水涂膜	自粘聚合物改性沥青防水卷材（无胎）+合成高分子防水涂膜	高聚物改性沥青防水卷材+高聚物改性沥青防水涂膜	聚乙烯丙纶卷材+聚合物水泥防水胶结材料
Ⅰ级	1.2+1.5	1.5+1.5	3.0+2.0	（0.7+1.3）×2
Ⅱ级	1.0+1.0	1.2+1.0	3.0+1.2	0.7+1.3

8. 下列情况不得作为屋面的一道防水设防：

（1）混凝土结构层；

（2）Ⅰ型喷涂硬泡聚氨酯保温层；

（3）装饰瓦及不搭接瓦；

（4）隔汽层；

（5）细石混凝土层；

（6）卷材或涂膜厚度不符合规范规定的防水层。

9. 附加层设计应符合下列规定：

（1）檐沟、天沟与屋面交接处、屋面平面与立面交接处，以及水落口、伸出屋面管道根部等部位，应设置卷材或涂膜附加层；

（2）屋面找平层分格缝等部位，宜设置卷材空铺附加层，其空铺宽度不宜小于100mm；

（3）附加层最小厚度应符合表5.1.7的规定。

附加层最小厚度（mm） 表5.1.7

附加层材料	最小厚度
合成高分子防水卷材	1.2
高聚物改性沥青防水卷材（聚酯胎）	3.0
合成高分子防水涂料、聚合物水泥防水涂料	1.5
高聚物改性沥青防水涂料	2.0

注：涂膜附加层应夹铺胎体增强材料。

10. 防水卷材接缝应采用搭接缝，卷材搭接宽度应符合表5.1.8的规定。

卷材搭接宽度（mm） 表5.1.8

卷材类别		搭接宽度
合成高分子防水卷材	胶粘剂	80
	胶粘带	50
	单缝焊	60，有效焊接宽度不小于25
	双缝焊	80，有效焊接宽度10×2+空腔宽
高聚物改性沥青防水卷材	胶粘剂	100
	自粘	80

11. 胎体增强材料设计应符合下列规定：

（1）胎体增强材料宜采用聚酯无纺布或化纤无纺布；

（2）胎体增强材料长边搭接宽度不应小于50mm，短边搭接宽度不应小于70mm；

（3）上下层胎体增强材料的长边搭接缝应错开，且不得小于幅宽的1/3；

（4）上下层胎体增强材料不得相互垂直铺设。

5.1.1.6 接缝密封防水设计

1. 屋面接缝应按密封材料的使用方式，分为位移接缝和非位移接缝。屋面接缝密封防水技术要求应符合屋面接缝密封防水质量验收相关规范规定。

2. 接缝密封防水设计应保证密封部位不渗水，并应做到接缝密封防水与主体防水层相匹配。

3. 密封材料的选择应符合下列规定：

（1）应根据当地历年最高气温、最低气温、屋面构造特点和使用条件等因素，选择耐热度、低温柔性相适应的密封材料；

（2）应根据屋面接缝变形的大小以及接缝的宽度，选择位移能力相适应的密封材料；

（3）应根据屋面接缝粘结性要求，选择与基层材料相容的密封材料；

（4）应根据屋面接缝的暴露程度，选择耐高低温、耐紫外线、耐老化和耐潮湿等性能相适应的密封材料。

4. 位移接缝密封防水设计应符合下列规定：

（1）接缝宽度应按屋面接缝位移量计算确定；

（2）接缝的相对位移量不应大于可供选择密封材料的位移能力；

（3）密封材料的嵌填深度宜为接缝宽度的50%～70%；

（4）接缝处的密封材料底部应设置背衬材料，背衬材料应大于接缝宽度20%，嵌入深度应为密封材料的设计厚度；

（5）背衬材料应选择与密封材料不粘结或粘结力弱的材料，并应能适应基层的伸缩变形，同时应具有施工时不变形、复原率高和耐久性好等性能。

5.1.1.7 保护层和隔离层设计

1. 上人屋面保护层可采用块体、细石混凝土等材料，不上人屋面保护层可采用浅色涂料、铝箔、矿物粒料、水泥砂浆等材料。保护层材料的适用范围和技术要求应符合表5.1.9的规定。

铝箔橡胶改性
沥青防水卷材

保护层材料的适用范围和技术要求　　表5.1.9

保护层材料	适用范围	技术要求
浅色涂料	不上人屋面	丙烯酸系反射涂料
铝箔	不上人屋面	0.05mm厚铝箔反射膜
矿物粒料	不上人屋面	不透明的矿物粒料
水泥砂浆	不上人屋面	20mm厚1：2.5或M15水泥砂浆
块体材料	上人屋面	地砖或30mm厚C20细石混凝土预制块
细石混凝土	上人屋面	40mm厚细石混凝土或50mm厚C20细石混凝土内配φ4@100双向钢筋网片

2. 采用块体材料做保护层时，宜设分格缝，其纵横间距不宜大于10m，分格缝宽度宜为20mm，并应用密封材料嵌填。

3. 采用水泥砂浆做保护层时，表面应抹平压光，并应设表面分格缝，分格缝宽度宜为20mm，分格面积宜为1m^2。

4. 采用细石混凝土做保护层时，表面应抹平压光，并应设分格缝，其纵横间距不应大于6m，分格缝宽度宜为10～20mm，并应用密封材料嵌填。

5. 采用淡色涂料做保护层时，应与防水层粘结牢固，厚薄应均匀，不得漏涂。

6. 块体材料、水泥砂浆、细石混凝土保护层与女儿墙或山墙之间，应预留宽度为30mm的缝隙，缝内宜填塞聚苯乙烯泡沫塑料，并应用密封材料嵌填。

7. 需经常维护的设施周围和屋面出入口至设施之间的人行道，应铺设块体材料或细石混凝土保护层。

8. 块体材料、水泥砂浆、细石混凝土保护层与卷材、涂膜防水层之间，应设置隔离层。隔离层材料的适用范围和技术要求宜符合表5.1.10的规定。

隔离层材料的适用范围和技术要求　　表5.1.10

隔离层材料	适用范围	技术要求
塑料膜	块体材料、水泥砂浆保护层	0.4mm厚聚乙烯膜或3mm厚发泡聚乙烯膜
土工布	块体材料、水泥砂浆保护层	200g/m^{2}聚酯无纺布
卷材	块体材料、水泥砂浆保护层	石油沥青卷材一层

续表

隔离层材料	适用范围	技术要求
低强度等级砂浆	细石混凝土保护层	10mm厚黏土砂浆，石灰膏：砂：黏土=1：2.4：3.6
		10mm厚灰土砂浆，石灰膏：砂=1：4
		5mm厚掺有纤维的石灰砂浆

5.1.1.8 瓦屋面设计

1. 瓦屋面防水等级和防水做法应符合表5.1.11的规定。

瓦屋面防水等级和防水做法　　表5.1.11

防水等级	防水做法
Ⅰ	瓦+防水层
Ⅱ	瓦+防水垫层

2. 瓦屋面应根据瓦的类型和基层种类采取相应的构造做法。

3. 瓦屋面与山墙及突出屋面结构的交接处，均应做不小于250mm高的泛水处理。

4. 在大风及地震设防地区或屋面坡度大于100%时，瓦片应采取固定加强措施。

5. 严寒及寒冷地区瓦屋面，檐口部位应采取防止冰雪融化下坠和冰坝形成等措施。

6. 防水垫层宜采用自粘聚合物沥青防水垫层、聚合物改性沥青防水垫层，其最小厚度和搭接宽度应符合表5.1.12的规定。

防水垫层的最小厚度和搭接宽度（mm）　　表5.1.12

防水垫层品种	最小厚度	搭接宽度
自粘聚合物沥青防水垫层	1.0	80
聚合物改性沥青防水垫层	2.0	100

7. 在满足屋面荷载的前提下，瓦屋面持钉层厚度应符合下列规定：

（1）持钉层为木板时，厚度不应小于20mm；

（2）持钉层为人造板时，厚度不应小于16mm；

（3）持钉层为细石混凝土时，厚度不应小于35mm。

8. 瓦屋面檐沟、天沟的防水层，可采用防水卷材或防水涂膜，也可采用金属板材。

Ⅰ　烧结瓦、混凝土瓦屋面

9. 烧结瓦、混凝土瓦屋面的坡度不应小于30%。

10. 采用的木质基层、顺水条、挂瓦条，均应做防腐、防火和防蛀处理；采用的金属顺水条、挂瓦条，均应做防锈蚀处理。

11. 烧结瓦、混凝土瓦应采用干法挂瓦，瓦与屋面基层应固定牢靠。

12. 烧结瓦和混凝土瓦铺装的有关尺寸应符合下列规定：

（1）瓦屋面檐口挑出墙面的长度不宜小于300mm；

（2）脊瓦在两坡面瓦上的搭盖宽度，每边不应小于40mm；

（3）脊瓦下端距坡面瓦的高度不宜大于80mm；

（4）瓦头伸入檐沟、天沟内的长度宜为50～70mm；

（5）金属檐沟、天沟伸入瓦内的宽度不应小于150mm；

（6）瓦头挑出檐口的长度宜为50～70mm；

（7）突出屋面结构的侧面瓦伸入泛水的宽度不应小于50mm。

Ⅱ　沥青瓦屋面

13. 沥青瓦屋面的坡度不应小于20%。

14. 沥青瓦应具有自粘胶带或相互搭接的连锁构造。矿物粒料或片料覆面沥青瓦的厚度不应小于2.6mm，金属箔面沥青瓦的厚度不应小于2mm。

15. 沥青瓦的固定方式应以钉为主、粘结为辅。每张瓦片上不得少于4个固定钉；在大风地区或屋面坡度大于100%时，每张瓦片不得少于6个固定钉。

16. 天沟部位铺设的沥青瓦可采用搭接式、编织式、敞开式。搭接式、编织式铺设时，沥青瓦下应增设不小于1000mm宽的附加层；敞开式铺设时，在防水层或防水垫层上应铺设厚度不小于0.45mm的防锈金属板材，沥青瓦与金属板材应用沥青基胶结材料粘结，其搭接宽度不应小于100mm。

17. 沥青瓦铺装的有关尺寸应符合下列规定：

（1）脊瓦在两坡面瓦上的搭盖宽度，每边不应小于150mm；

（2）脊瓦与脊瓦的压盖面不应小于脊瓦面积的1/2；

（3）沥青瓦挑出檐口的长度宜为10～20mm；

（4）金属泛水板与沥青瓦的搭盖宽度不应小于100mm；

（5）金属泛水板与突出屋面墙体的搭接高度不应小于250mm；

（6）金属滴水板伸入沥青瓦下的宽度不应小于80mm。

5.1.1.9 金属板屋面设计

1. 金属板屋面防水等级和防水做法应符合表5.1.13的规定。

金属板屋面防水等级和防水做法　　表5.1.13

防水等级	防水做法
Ⅰ级	压型金属板+防水垫层
Ⅱ级	压型金属板、金属面绝热夹芯板

注：1. 当防水等级为Ⅰ级时，压型铝合金板基板厚度不应小于0.9mm；压型钢板基板厚度不应小于0.6mm；
2. 当防水等级为Ⅰ级时，压型金属板应采用360°咬口锁边连接方式。

2. 金属板屋面可按建筑设计要求，选用镀层钢板、涂层钢板、铝合金板、不锈钢板和钛锌板等金属板材。金属板材及其配套的紧固件、密封材料，其材料的品种、规格和性能等应符合现行国家有关标准的规定。

3. 金属板屋面应按围护结构进行设计，并应具有相应的承载力、刚度、稳定性和变形能力。

4. 金属板屋面设计应根据当地风荷载、结构体形、热工性能、屋面坡度等情况，采用相应的压型金属板板型及构造系统。

5. 金属板屋面在保温层的下面宜设置隔汽层，在保温层的上面宜设置防水透汽膜。

6. 金属板屋面的防结露设计，应符合现行国家标准《民用建筑热工设计规范》GB 50176的有关规定。

7. 压型金属板采用咬口锁边连接时，屋面的排水坡度不宜小于5%；压型金属板采用紧固件连接时，屋面的排水坡度不宜小于10%。

8. 金属檐沟、天沟的伸缩缝间距不宜大于30m；内檐沟及内天沟应设置溢流口或溢流系统，沟内宜按0.5%找坡。

9. 金属板的伸缩变形除应满足咬口锁边连接或紧固件连接的要求外，还应满足檩条、檐口及天沟等使用要求，且金属板最大伸缩变形量不应超过100mm。

10. 金属板在主体结构的变形缝处宜断开，变形缝上部应加扣带伸缩的金属盖板。

11. 金属板屋面的下列部位应进行细部构造设计：

（1）屋面系统的变形缝；

（2）高低跨处泛水；

（3）屋面板缝、单元体构造缝；

（4）檐沟、天沟、水落口；

（5）屋面金属板材收头；

（6）洞口、局部凸出体收头；

（7）其他复杂的构造部位。

12. 压型金属板采用咬口锁边连接的构造应符合下列规定：

（1）在檩条上应设置与压型金属板波形相配套的专用固定支座，并应用自攻螺钉与檩条连接；

（2）压型金属板应搁置在固定支座上，两片金属板的侧边应确保在风吸力等因素作用下扣合或咬合连接可靠；

（3）在大风地区或高度大于30m的屋面，压型金属板应采用360°咬口锁边连接；

（4）大面积屋面和弧状或组合弧状屋面，压型金属板的立边咬合宜采用暗扣直立锁边屋面系统；

（5）单坡尺寸过长或环境温差过大的屋面，压型金属板宜采用滑动式支座的360°咬口锁边连接。

13. 压型金属板采用紧固件连接的构造应符合下列规定：

（1）铺设高波压型金属板时，在檩条上应设置固定支架，固定支架应采用自攻螺钉与檩条连接，连接件宜每波设置一个；

（2）铺设低波压型金属板时，可不设固定支架，应在波峰处采用带防水密封胶垫的自攻螺钉与檩条连接，连接件可每波或隔波设置一个，但每块板不得少于3个；

（3）压型金属板的纵向搭接应位于檩条处，搭接端应与檩条有可靠的连接，搭接部位应设置防水密封胶带。压型金属板的纵向最小搭接长度应符合表5.1.14的规定；

压型金属板的纵向最小搭接长度（mm）　表5.1.14

压型金属板		纵向最小搭接长度
高波压型金属板		350
低波压型金属板	屋面坡度≤10%	250
	屋面坡度>10%	200

（4）压型金属板的横向搭接方向宜与主导风向一致，搭接不应小于一个波，搭接部位应设置防水密封胶带。搭接处用连接件紧固时，连接件应采用带防水密封胶垫的自攻螺钉设置在波峰上。

14. 金属面绝热夹芯板采用紧固件连接的构造，应符合下列规定：

（1）应采用屋面板压盖和带防水密封胶垫的自攻螺钉，将夹芯板固定在檩条上；

（2）夹芯板的纵向搭接应位于檩条处，每块板的支座宽度不应小于50mm，支承处宜采用双檩或檩条一侧加焊通长角钢；

（3）夹芯板的纵向搭接应顺流水方向，纵向搭接长度不应小于200mm，搭接部位均应设置防水密封胶带，并应用拉铆钉连接；

（4）夹芯板的横向搭接方向宜与主导风向一致，搭接尺寸应按具体板型确定，连接部位均应设置防水密封胶带，并应用拉铆钉连接。

15. 金属板屋面铺装的有关尺寸应符合下列规定：

（1）金属板檐口挑出墙面的长度不应小于200mm；

（2）金属板伸入檐沟、天沟内的长度不应小于100mm；

（3）金属泛水板与突出屋面墙体的搭接高度不应小于250mm；

（4）金属泛水板、变形缝盖板与金属板的搭盖宽度不应小于200mm；

（5）金属屋脊盖板在两坡面金属板上的搭盖宽度不应小于250mm。

16. 压型金属板和金属面绝热夹芯板的外露自攻螺钉、拉铆钉，均应采用硅酮耐候密封胶密封。

17. 固定支座应选用与支承构件相同材质的金属材料。当选用不同材质金属材料并易产生电化学腐蚀时，固定支座与支承构件之间应采用绝缘垫片或采取其他防腐蚀措施。

18. 采光带设置宜高出金属板屋面250mm。采光带的四周与金属板屋面的交接处，均应做泛水处理。

19. 金属板屋面应按设计要求提供抗风揭试验验证报告。

5.1.1.10 玻璃采光顶设计

1. 玻璃采光顶设计应根据建筑物的屋面形式、使用功能和美观要求，选择结构类型、材料和细部构造。

2. 玻璃采光顶的物理性能等级，应根据建筑物的类别、高度、体形、功能以及建筑物所在的地理位置、气候和环境条件进行设计。玻璃采光顶的物理性能分级指标，应符合现行行业标准《建筑玻璃采光顶技术要求》JG/T 231的有关规定。

3. 玻璃采光顶所用支承构件、透光面板及其配套的紧固件、连接件、密封材料，其材料的品种、规格和性能等应符合国家现行有关材料标准的规定。

4. 玻璃采光顶应采用支承结构找坡，排水坡度不宜小于5%。

5. 玻璃采光顶的下列部位应进行细部构造设计：

（1）高低跨处泛水；

（2）采光板板缝、单元体构造缝；

（3）天沟、檐沟、水落口；

（4）采光顶周边交接部位；

（5）洞口、局部凸出体收头；

（6）其他复杂的构造部位。

6. 玻璃采光顶的防结露设计，应符合现行国家标准《民用建筑热工设计规范》GB 50176的有关规定；对玻璃采光顶内侧的冷凝水，应采取控制、收集和排除的措施。

7. 玻璃采光顶支承结构选用的金属材料应做防腐处理，铝合金型材应做表面处理；不同金属构件接触面之间应采取隔离措施。

8. 玻璃采光顶的玻璃应符合下列规定：

（1）玻璃采光顶应采用安全玻璃，宜采用夹层玻璃或夹层中空玻璃；

（2）玻璃原片应根据设计要求选用，且单片玻璃厚度不宜小于6mm；

（3）夹层玻璃的玻璃原片厚度不宜小于5mm；

（4）上人的玻璃采光顶应采用夹层玻璃；

（5）点支承玻璃采光顶应采用钢化夹层玻璃；

（6）所有采光顶的玻璃应进行磨边倒角处理。

9. 玻璃采光顶所采用夹层玻璃除应符合现行国家标准《建筑用安全玻

璃 第3部分：夹层玻璃》GB 15763.3有关规定外，尚应符合下列规定：

（1）夹层玻璃宜为干法加工合成，夹层玻璃的两片玻璃厚度相差不宜大于2mm；

（2）夹层玻璃的胶片宜采用聚乙烯醇缩丁醛胶片，聚乙烯醇缩丁醛胶片的厚度不应小于0.76mm；

（3）暴露在空气中的夹层玻璃边缘应进行密封处理。

10. 玻璃采光顶所采用夹层中空玻璃除应符合规范和现行国家标准《中空玻璃》GB/T 11944的有关规定外，尚应符合下列规定：

（1）中空玻璃气体层的厚度不应小于12mm；

（2）中空玻璃宜采用双道密封结构。隐框或半隐框中空玻璃的二道密封应采用硅酮结构密封胶；

（3）中空玻璃的夹层面应在中空玻璃的下表面。

5.1.1.11 细部构造设计

1. 屋面细部构造应包括檐口、檐沟和天沟、女儿墙和山墙、水落口、变形缝、伸出屋面管道、屋面出入口、反梁过水孔、设施基座、屋脊、屋顶窗等部位。

2. 细部构造设计应做到多道设防、复合用材、连续密封、局部增强，并应满足使用功能、温差变形、施工环境条件和可操作性等要求。

3. 细部构造中容易形成热桥的部位均应进行保温处理。

4. 檐口、檐沟外侧下端及女儿墙压顶内侧下端等部位均应做滴水处理，滴水槽宽度和深度不宜小于10mm。

Ⅰ 檐口

5. 卷材防水屋面檐口800mm范围内的卷材应满粘，卷材收头应采用金属压条钉压，并应用密封材料封严。檐口下端应做鹰嘴和滴水槽（图5.1.1）。

6. 涂膜防水屋面檐口的涂膜收头，应用防水涂料多遍涂刷。檐口下端应做鹰嘴和滴水槽（图5.1.2）。

7. 烧结瓦、混凝土瓦屋面的瓦头挑出檐口的长度宜为50～70mm（图5.1.3、图5.1.4）。

8. 沥青瓦屋面的瓦头挑出檐口（图5.1.5）的长度宜为10～20mm；金属滴水板应固定在基层上，伸入沥青瓦下宽度不应小于80mm，向下延伸长度不应小于60mm。

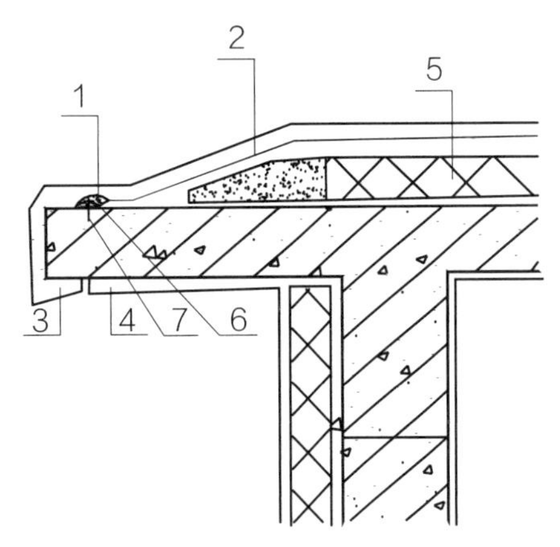

图5.1.1 卷材防水屋面檐口

1—密封材料；2—卷材防水层；3—鹰嘴；4—滴水槽；5—保温层；6—金属压条；7—水泥钉

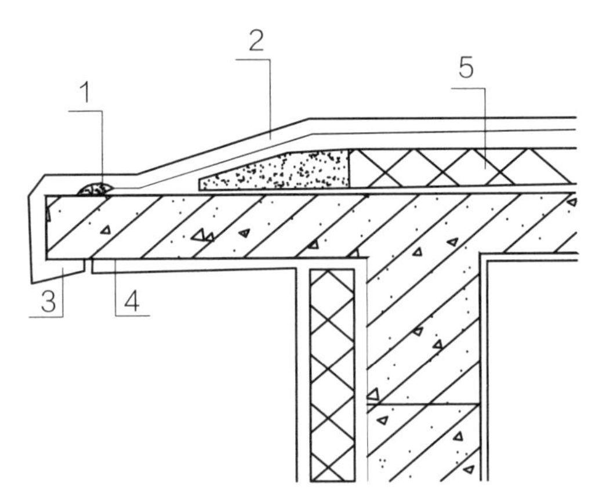

图5.1.2 涂膜防水屋面檐口

1—涂料多遍涂刷；2—涂膜防水层；3—鹰嘴；4—滴水槽；5—保温层

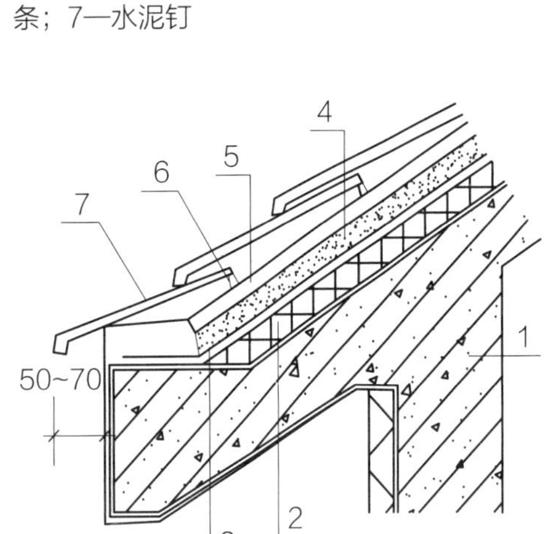

图5.1.3 烧结瓦、混凝土瓦屋面檐口

1—结构层；2—保温层；3—防水层或防水垫层；4—持钉层；5—顺水条；6—挂瓦条；7—烧结瓦或混凝土瓦

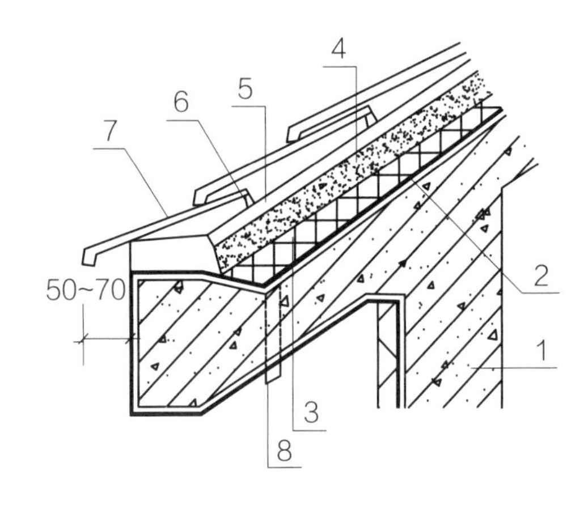

图5.1.4 烧结瓦、混凝土瓦屋面檐口

1—结构层；2—防水层或防水垫层；3—保温层；4—持钉层；5—顺水条；6—挂瓦条；7—烧结瓦或混凝土瓦；8—泄水管

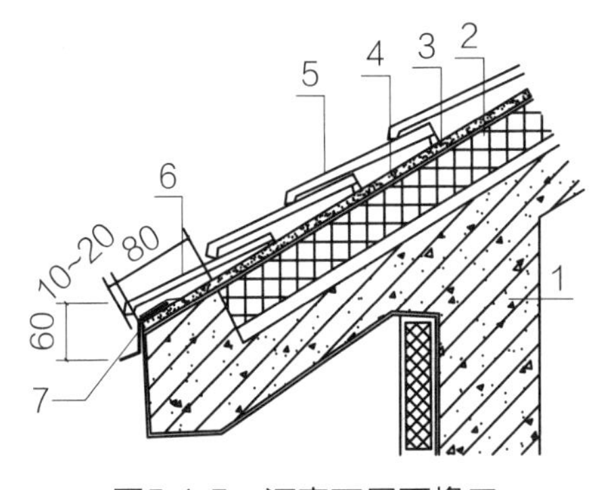

图5.1.5 沥青瓦屋面檐口

1—结构层；2—保温层；3—持钉层；4—防水层或防水垫层；5—沥青瓦；6—起始层沥青瓦；7—金属滴水板

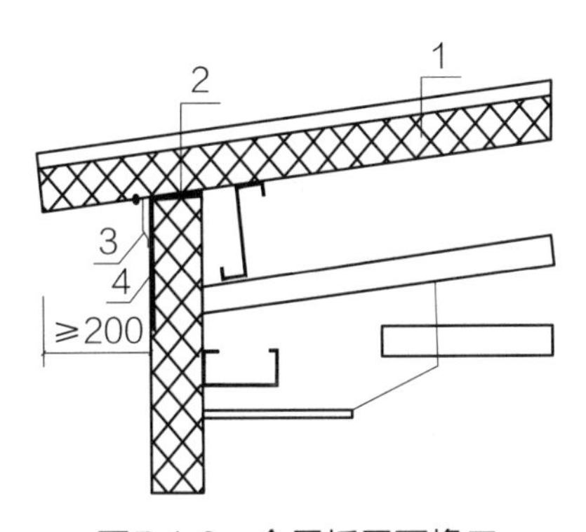

图5.1.6　金属板屋面檐口
1—金属板；2—通长密封条；3—金属压条；4—金属封檐板

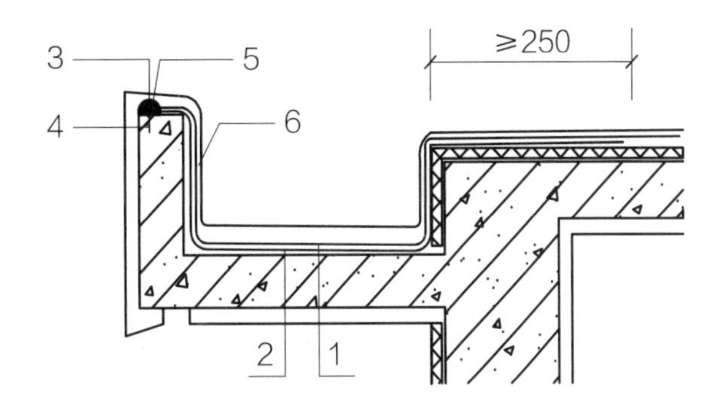

图5.1.7　卷材、涂膜防水屋面檐沟
1—防水层；2—附加层；3—密封材料；4—水泥钉；5—金属压条；6—保护层

9. 金属板屋面檐口（图5.1.6）挑出墙面的长度不应小于200mm；屋面板与墙板交接处应设置金属封檐板和压条。

Ⅱ　檐沟和天沟

10. 卷材或涂膜防水屋面檐沟（图5.1.7）和天沟的防水构造，应符合下列规定：

（1）檐沟和天沟的防水层下应增设附加层，附加层伸入屋面的宽度不应小于250mm；

（2）檐沟防水层和附加层应由沟底翻上至外侧顶部，卷材收头应用金属压条钉压，并应用密封材料封严，涂膜收头应用防水涂料多遍涂刷；

（3）檐沟外侧下端应做鹰嘴或滴水槽；

（4）檐沟外侧高于屋面结构板时，应设置溢水口。

11. 烧结瓦、混凝土瓦屋面檐沟（图5.1.8）和天沟的防水构造，应符合下列规定：

（1）檐沟和天沟防水层下应增设附加层，附加层伸入屋面的宽度不应小于500mm；

（2）檐沟和天沟防水层伸入瓦内的宽度不应小于150mm，并应与屋面防水层或防水垫层顺流水方向搭接；

（3）檐沟防水层和附加层应由沟底翻上至外侧顶部，卷材收头应用金属压条钉压，并应用密封材料封严；涂膜收头应用防水涂料多遍涂刷；

（4）烧结瓦、混凝土瓦伸入檐沟、天沟内的长度，宜为50～70mm。

12. 沥青瓦屋面檐沟和天沟（图5.1.9）的防水构造，应符合下列规定：

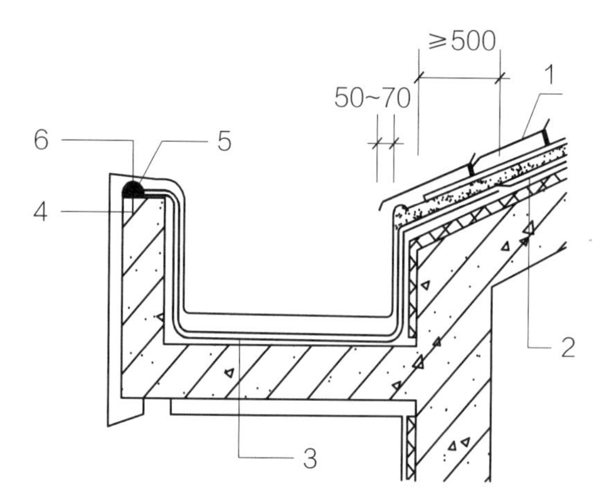

图5.1.8 烧结瓦、混凝土瓦屋面檐沟
1—烧结瓦或混凝土瓦；2—防水层或防水垫层；3—附加层；4—水泥钉；5—金属压条；6—密封材料

（1）檐沟防水层下应增设附加层，附加层伸入屋面的宽度不应小于500mm；

（2）檐沟防水层伸入瓦内的宽度不应小于150mm，并应与屋面防水层或防水垫层顺流水方向搭接；

（3）檐沟防水层和附加层应由沟底翻上至外侧顶部，卷材收头应用金属压条钉压，并应用密封材料封严；涂膜收头应用防水涂料多遍涂刷；

（4）沥青瓦伸入檐沟内的长度宜为10～20mm；

（5）天沟采用搭接式或编织式铺设时，沥青瓦下应增设不小于1000mm宽的附加层（图5.1.9）；

（6）天沟采用敞开式铺设时，在防水层或防水垫层上应铺设厚度不小于0.45mm的防锈金属板材，沥青瓦与金属板材应顺流水方向搭接，搭接缝应用沥青基胶结材料粘结，搭接宽度不应小于100mm。

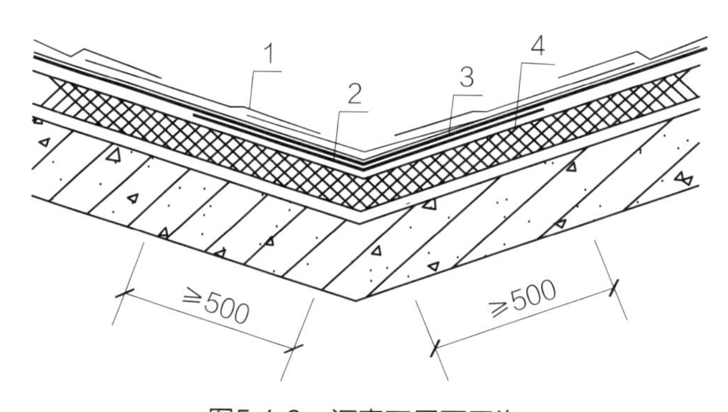

图5.1.9 沥青瓦屋面天沟
1—沥青瓦；2—附加层；3—防水层或防水垫层；4—保温层

Ⅲ　女儿墙和山墙

13. 女儿墙的防水构造应符合下列规定：

（1）女儿墙压顶可采用混凝土或金属制品。压顶向内排水坡度不应小于5%，压顶宜出挑不小于60mm，压顶内侧下端应作滴水处理；

（2）女儿墙泛水处的防水层下应增设附加层，附加层在平面和立面的宽度均不应小于250mm；

（3）低女儿墙（图5.1.10）泛水处的防水层可直接铺贴或涂刷至压顶下，卷材收头应用金属压条钉压固定，并应用密封材料封严；涂膜收头应用防水涂料多遍涂刷；

（4）高女儿墙（图5.1.11）泛水处的防水层泛水高度不应小于250mm，防水层收头应符合本条第（3）款的规定；泛水上部的墙体应做防水处理；

（5）女儿墙泛水处的防水层表面，宜采用涂刷浅色涂料或浇筑细石混凝土保护。

14. 山墙的防水构造应符合下列规定：

（1）山墙压顶可采用混凝土或金属制品。压顶应向内排水，坡度不应小于5%，压顶宜出挑不小于60mm，压顶内侧下端应作滴水处理；

（2）山墙泛水处的防水层下应增设附加层，附加层在平面和立面的宽度均不应小于250mm；

（3）烧结瓦、混凝土瓦屋面山墙（图5.1.12）泛水应采用聚合物水泥砂浆抹成，侧面瓦伸入泛水的宽度不应小于50mm；

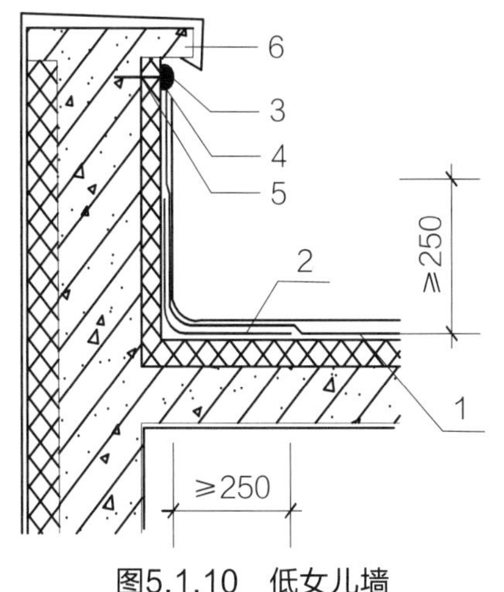

图5.1.10　低女儿墙

1—防水层；2—附加层；3—密封材料；4—金属压条；5—水泥钉；6—压顶

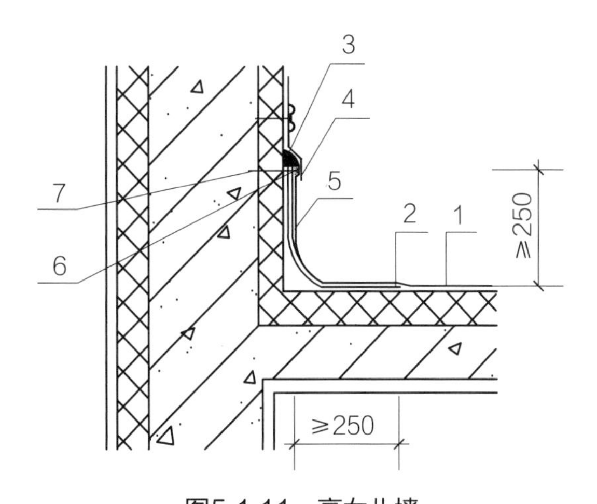

图5.1.11　高女儿墙

1—防水层；2—附加层；3—密封材料；4—金属盖板；5—保护层；6—金属压条；7—水泥钉

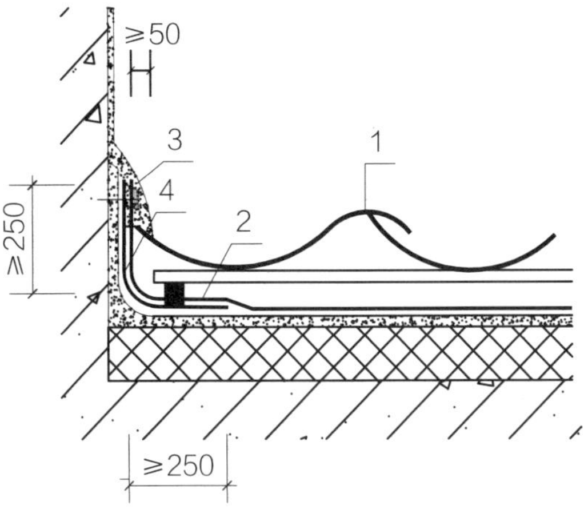

图5.1.12 烧结瓦、混凝土瓦屋面山墙

1—烧结瓦或混凝土瓦；2—防水层或防水垫层；3—聚合物水泥砂浆；4—附加层

（4）沥青瓦屋面山墙（图5.1.13）泛水应采用沥青基胶粘材料满粘一层沥青瓦片，防水层和沥青瓦收头应用金属压条钉压固定，并应用密封材料封严；

（5）金属板屋面山墙（图5.1.14）泛水应铺钉厚度不小于0.45mm的金属泛水板，并应顺流水方向搭接；金属泛水板与墙体的搭接高度不应小于250mm，与压型金属板的搭盖宽度宜为1~2波，并应在波峰处采用拉铆钉连接。

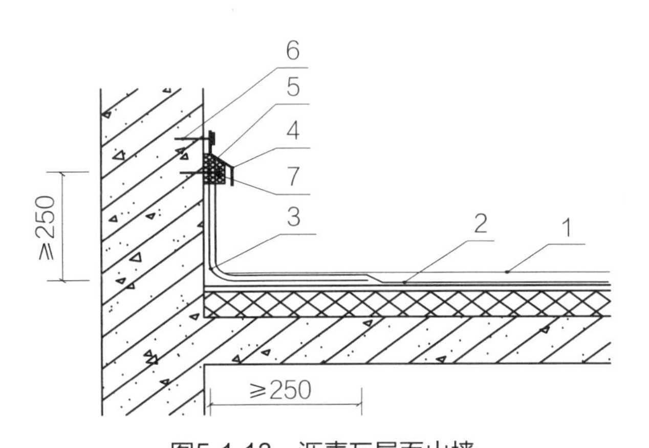

图5.1.13 沥青瓦屋面山墙

1—沥青瓦；2—防水层或防水垫层；3—附加层；4—金属盖板；5—密封材料；6—水泥钉；7—金属压条

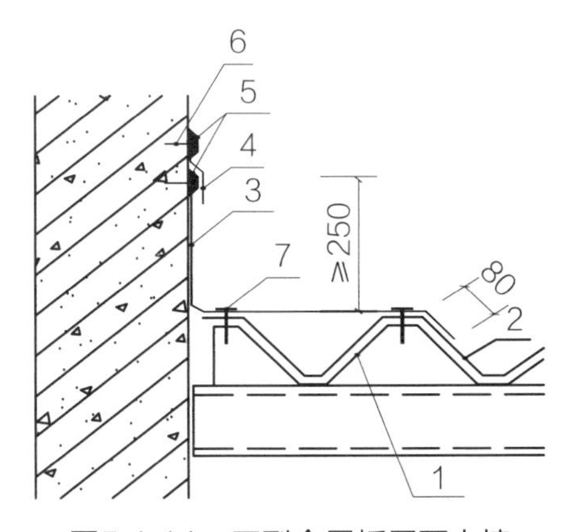

图5.1.14 压型金属板屋面山墙

1—固定支架；2—压型金属板；3—金属泛水板；4—金属盖板；5—密封材料；6—水泥钉；7—拉铆钉

Ⅳ 水落口

15. 重力式排水的水落口防水构造应符合下列规定（图5.1.15、图5.1.16）：

（1）水落口可采用塑料或金属制品，水落口的金属配件均应做防锈处理；

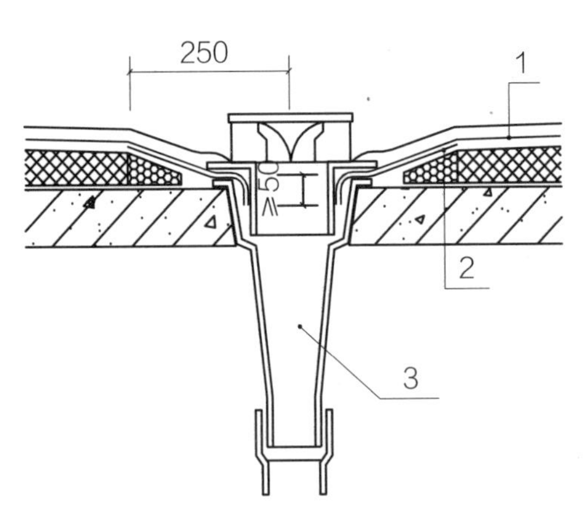

图5.1.15 直式水落口
1—防水层；2—附加层；3—水落斗

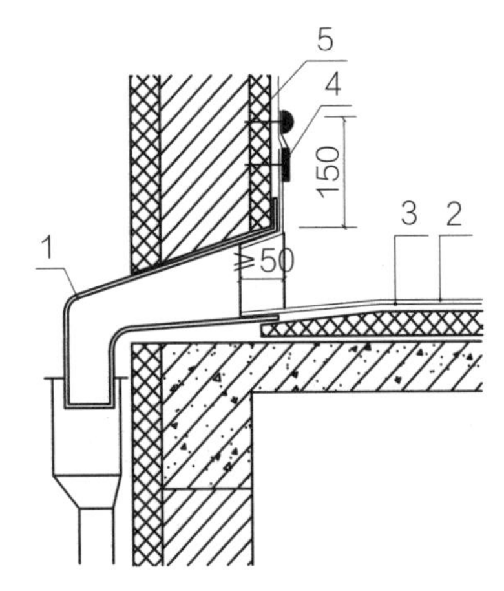

图5.1.16 横式水落口
1—水落斗；2—防水层；3—附加层；
4—密封材料；5—水泥钉

（2）水落口杯应牢固地固定在承重结构上，其埋设标高应根据附加层的厚度及排水坡度加大的尺寸确定；

（3）水落口周围直径500mm范围内坡度不应小于5%，防水层下应增设涂膜附加层；

（4）防水层和附加层伸入水落口杯内不应小于50mm，并应粘结牢固。

16. 虹吸式排水的水落口防水构造应进行专项设计。

Ⅴ 变形缝

17. 变形缝防水构造应符合下列规定：

（1）变形缝泛水处的防水层下应增设附加层，附加层在平面和立面的宽度不应小于250mm；防水层应铺贴或涂刷至泛水墙的顶部；

（2）变形缝内应预填不燃保温材料，上部应采用防水卷材封盖，并放置衬垫材料，再在其上干铺一层卷材；

（3）等高变形缝顶部宜加扣混凝土或金属盖板（图5.1.17）；

（4）高低跨变形缝在立墙泛水处，应采用有足够变形能力的材料和构造做密封处理（图5.1.18）。

Ⅵ 伸出屋面管道

18. 伸出屋面管道（图5.1.19）的防水构造应符合下列规定：

（1）管道周围的找平层应抹出高度不小于30mm的排水坡；

（2）管道泛水处的防水层下应增设附加层，附加层在平面和立面的宽度均不应小于250mm；

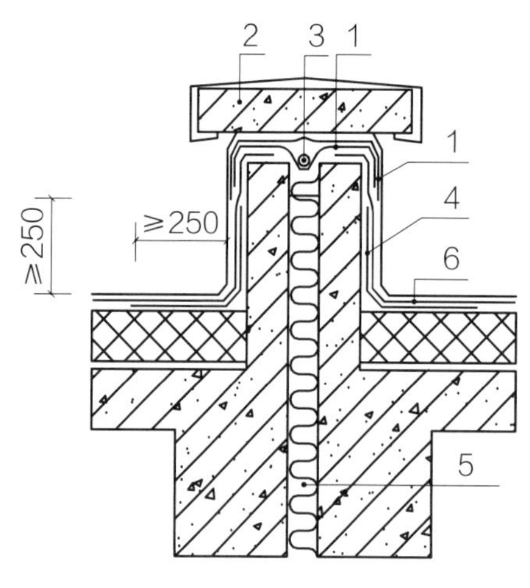

图5.1.17　等高变形缝
1—卷材封盖；2—混凝土盖板；3—衬垫材料；4—附加层；5—不燃保温材料；6—防水层

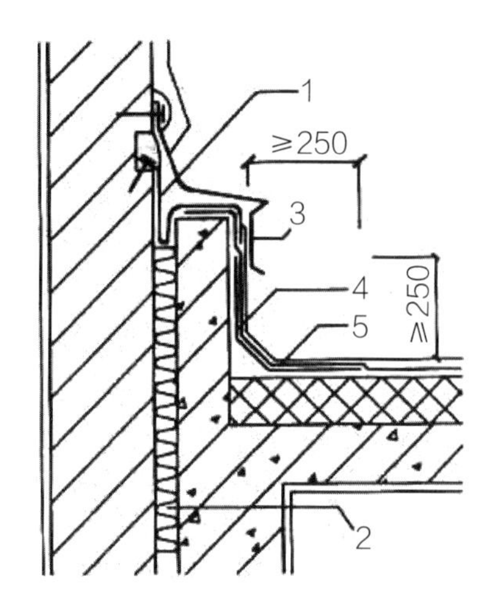

图5.1.18　高低跨变形缝
1—卷材封盖；2—不燃保温材料；3—金属盖板；4—附加层；5—防水层

（3）管道泛水处的防水层泛水高度不应小于250mm；

（4）卷材收头应用金属箍紧固和密封材料封严，涂膜收头应用防水涂料多遍涂刷。

19. 烧结瓦、混凝土瓦屋面烟囱（图5.1.20）的防水构造，应符合下列规定：

（1）烟囱泛水处的防水层或防水垫层下应增设附加层，附加层在平面和立面的宽度不应小于250mm；

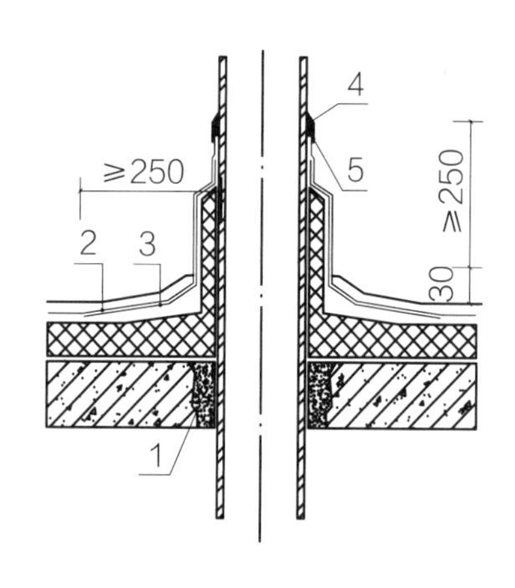

图5.1.19　伸出屋面管道
1—细石混凝土；2—卷材防水层；3—附加层；4—密封材料；5—金属箍

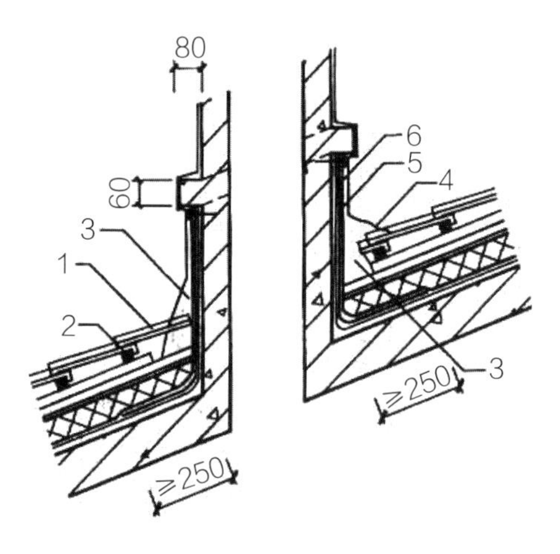

图5.1.20　烧结瓦、混凝土瓦屋面烟囱
1—烧结瓦、混凝土瓦；2—挂瓦条；3—聚合物水泥砂浆；4—分水线；5—防水层或防水垫层；6—附加层

（2）屋面烟囱泛水应采用聚合物水泥砂浆抹成；

（3）烟囱与屋面的交接处，应在迎水面中部抹出分水线，并应高出两侧各30mm。

Ⅶ 屋面出入口

20. 屋面垂直出入口泛水处应增设附加层，附加层在平面和立面的宽度均不应小于250mm；防水层收头应在混凝土压顶圈下（图5.1.21）。

21. 屋面水平出入口泛水处应增设附加层和护墙，附加层在平面上的宽度不应小于250mm；防水层收头应压在混凝土踏步下（图5.1.22）。

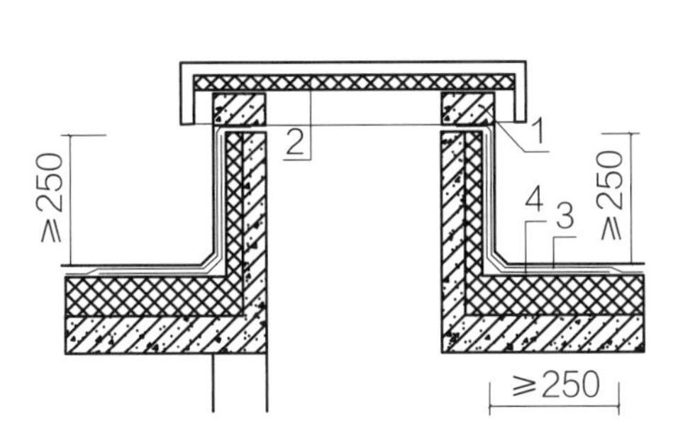

图5.1.21 垂直出入口

1—混凝土压顶圈；2—上人孔盖；3—防水层；4—附加层

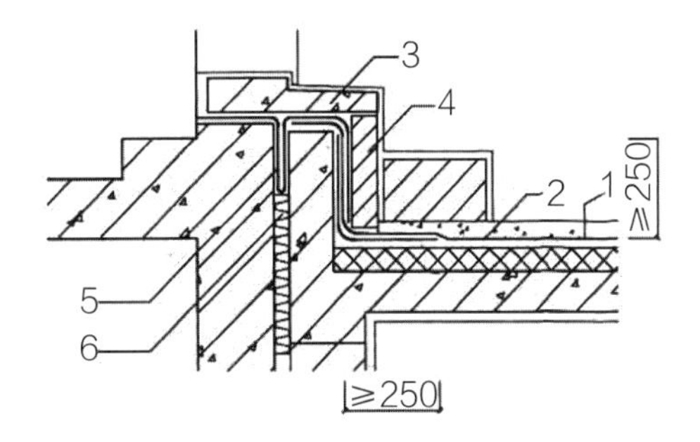

图5.1.22 水平出入口

1—防水层；2—附加层；3—踏步；4—护墙；5—防水卷材封盖；6—不燃保温材料

Ⅷ 反梁过水孔

22. 反梁过水孔构造应符合下列规定：

（1）应根据排水坡度留设反梁过水孔，图纸应注明孔底标高；

（2）反梁过水孔宜采用预埋管道，其管径不得小于75mm；

（3）过水孔可采用防水涂料、密封材料防水。预埋管道两端周围与混凝土接触处应留凹槽，并应用密封材料封严。

Ⅸ 设施基座

23. 设施基座与结构层相连时，防水层应包裹设施基座的上部，并应在地脚螺栓周围做密封处理。

24. 在防水层上放置设施时，防水层下应增设卷材附加层，必要时应在其上浇筑细石混凝土，其厚度不应小于50mm。

Ⅹ 屋脊

25. 烧结瓦、混凝土瓦屋面的屋脊（图5.1.23）处应增设宽度不小于250mm

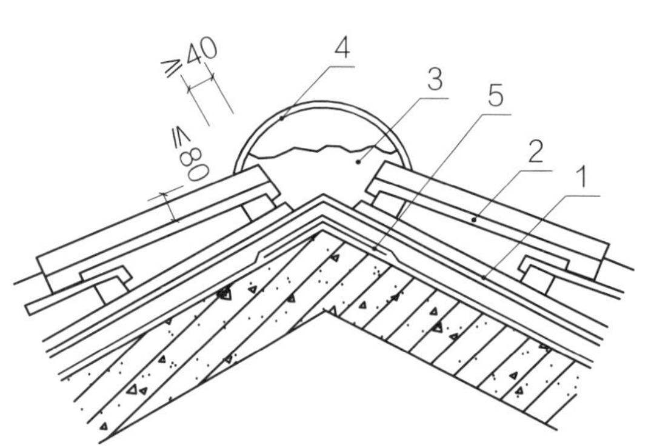

图5.1.23　烧结瓦、混凝土瓦屋面屋脊
1—防水层或防水垫层；2—烧结瓦或混凝土瓦；3—聚合物水泥砂浆；4—脊瓦；5—附加层

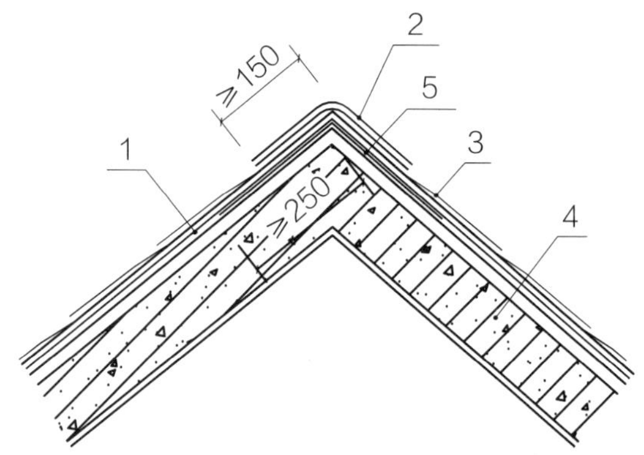

图5.1.24　沥青瓦屋面屋脊
1—防水层或防水垫层；2—脊瓦；3—沥青瓦；4—结构层；5—附加层

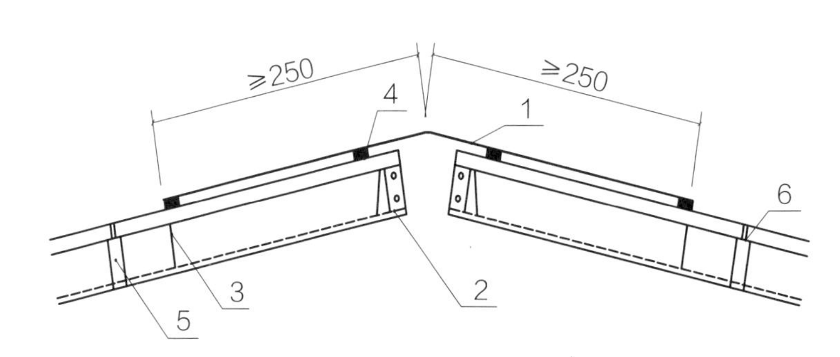

图5.1.25　金属板材屋面屋脊
1—屋脊盖板；2—堵头板；3—挡水板；4—密封材料；5—固定支架；6—固定螺栓

的卷材附加层。脊瓦下端距坡面瓦的高度不宜大于80mm，脊瓦在两坡面瓦上的搭盖宽度，每边不应小于40mm；脊瓦与坡瓦面之间的缝隙应采用聚合物水泥砂浆填实抹平。

26. 沥青瓦屋面的屋脊（图5.1.24）处应增设宽度不小于250mm的卷材附加层。脊瓦在两坡面瓦上的搭盖宽度，每边不应小于150mm。

27. 金属板屋面的屋脊盖板在两坡面金属板上的搭盖宽度每边不应小于250mm，屋面板端头应设置挡水板和堵头板（图5.1.25）。

Ⅺ　屋顶窗

28. 烧结瓦、混凝土瓦与屋顶窗交接处，应采用金属排水板、窗框固定铁脚、窗口附加防水卷材、支瓦条等连接（图5.1.26）。

29. 沥青瓦屋面与屋顶窗交接处应采用金属排水板、窗框固定铁脚、窗口附加防水卷材等与结构层连接（图5.1.27）。

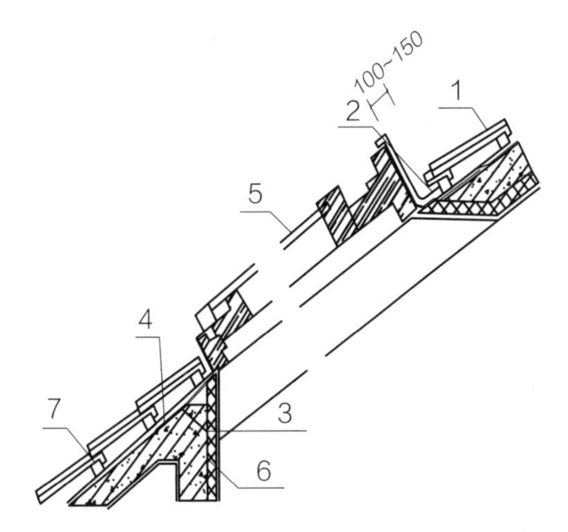

图5.1.26　烧结瓦、混凝土瓦屋面屋顶窗
1—烧结瓦或混凝土瓦；2—金属排水板；3—窗口附加防水卷材；
4—防水层或防水垫层；5—屋顶窗；6—保温层；7—支瓦条

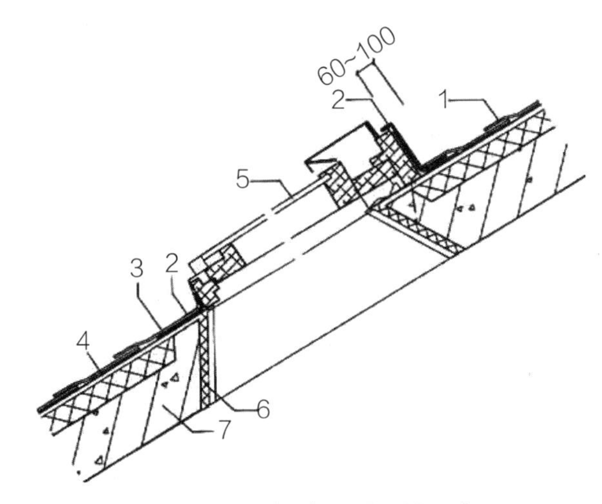

图5.1.27　沥青瓦屋面屋顶窗
1—沥青瓦；2—金属排水板；3—窗口附件防水卷材；4—防水层或防水垫层；5—屋顶窗；6—保温层；7—结构层

5.1.2　屋面防水施工

5.1.2.1　一般规定

1. 屋面防水工程应由具备相应资质的专业队伍进行施工。作业人员应持证上岗。

2. 屋面工程施工前应通过图纸会审，并应掌握施工图中的细部构造及有关技术要求；施工单位应编制屋面工程的专项施工方案或技术措施，并应进行现场技术安全交底。

3. 屋面工程所采用的防水、保温材料应有产品合格证书和性能检测报告，材料的品种、规格、性能等应符合设计和产品标准的要求。材料进场后，应按规定抽样检验，提出检验报告。工程中严禁使用不合格的材料。

4. 屋面工程施工的每道工序完成后，应经监理或建设单位检查验收，并应在合格后再进行下道工序的施工。当下道工序或相邻工程施工时，应对已完成的部分采取保护措施。

5. 屋面工程施工的防火安全应符合下列规定：

（1）可燃类防水、保温材料进场后，应远离火源；露天堆放时，应采用不燃材料完全覆盖；

（2）防火隔离带施工应与保温材料施工同步进行；

（3）不得直接在可燃类防水、保温材料上进行热熔或热粘法施工；

（4）喷涂硬泡聚氨酯作业时，应避开高温环境；施工工艺、工具及服装等应采取防静电措施；

（5）施工作业区应配备消防灭火器材；

（6）火源、热源等火灾危险源应加强管理；

（7）屋面上需要进行焊接、钻孔等施工作业时，周围环境应采取防火安全措施。

6. 屋面工程施工必须符合下列安全规定：

（1）严禁在雨天、雪天和五级风及其以上时施工；

（2）屋面周边和预留孔洞部位，必须按临边、洞口防护规定设置安全护栏和安全网；

（3）屋面坡度大于30%时，应采取防滑措施；

（4）施工人员应穿防滑鞋，特殊情况下无可靠安全措施时，操作人员必须系好安全带并扣好保险钩。

5.1.2.2 找坡层和找平层施工

1. 装配式钢筋混凝土板的板缝嵌填施工应符合下列规定：

（1）嵌填混凝土前板缝内应清理干净，并应保持湿润；

（2）当板缝宽度大于40mm或上窄下宽时，板缝内应按设计要求配置钢筋；

（3）嵌填细石混凝土的强度等级不应低于C20，填缝高度宜低于板面10～20mm，且应振捣密实和浇水养护；

（4）板端缝应按设计要求增加防裂的构造措施。

2. 找坡层和找平层的基层的施工应符合下列规定：

（1）应清理结构层、保温层上面的松散杂物，凸出基层表面的硬物应剔平扫净；

（2）在抹找坡层前，宜对基层洒水湿润；

（3）突出屋面的管道、支架等根部，应用细石混凝土堵实和固定；

（4）对不易与找平层结合的基层应做界面处理。

3. 找坡层和找平层所用材料的质量和配合比应符合设计要求，并应做到计量准确，且用机械搅拌。

4. 找坡应按屋面排水方向和设计坡度要求进行，找坡层最薄处厚度不宜小于20mm。

5. 找坡材料应分层铺设和适当压实，表面宜平整和粗糙，并应适时浇水养护。

6. 找平层应在水泥初凝前压实抹平，水泥终凝前完成收水后应二次压光，并应及时取出分格条。养护时间不得少于7d。

7. 卷材防水层的基层与突出屋面结构的交接处，以及基层的转角处，找平层均应做成圆弧形，高聚物改性沥青防水卷材的圆弧半径为50mm、合成高分子防水卷材的圆弧半径为20mm，且应整齐平顺。

8. 找坡层和找平层的施工环境温度不宜低于5℃。

5.1.2.3 保温层和隔热层施工

1. 严寒和寒冷地区屋面热桥部位，应按设计要求采取节能保温等隔断热桥措施。

2. 倒置式屋面保温层施工应符合下列规定：

（1）施工完的防水层，应进行淋水或蓄水试验，并应在合格后再进行保温层的铺设；

（2）板状保温层的铺设应平稳，拼缝应严密；

（3）保护层施工时，应避免损坏保温层和防水层。

3. 隔汽层施工应符合下列规定：

（1）隔汽层施工前，基层应进行清理，宜进行找平处理；

（2）屋面周边隔汽层应沿墙面向上连续铺设，高出保温层上表面不得小于150mm；

（3）采用卷材做隔汽层时，卷材宜空铺，卷材搭接缝应满粘，其搭接宽度不应小于80mm；采用涂膜做隔汽层时，涂料涂刷应均匀，涂层不得有堆积、起泡和露底现象；

（4）穿过隔汽层的管道周围应进行密封处理。

4. 屋面排汽构造施工应符合下列规定：

（1）排汽道及排汽孔的设置应符合规范有关规定；

（2）排汽道应与保温层连通，排汽道内可填入透气性好的材料；

（3）施工时，排汽道及排汽孔均不得被堵塞；

（4）屋面纵横排汽道的交叉处可埋设金属或塑料排汽管，排汽管宜设置在结构层上，穿过保温层及排汽道的管壁四周应打孔。排汽管应做好防水处理。

5. 板状材料保温层施工应符合下列规定：

（1）基层应平整、干燥、干净；

（2）相邻板块应错缝拼接，分层铺设的板块上下层接缝应相互错开，板间缝隙应采用同类材料嵌填密实；

（3）采用干铺法施工时，板状保温材料应紧靠在基层表面上，并应铺平垫稳；

（4）采用粘结法施工时，胶粘剂应与保温材料相容，板状保温材料应贴严、粘牢，在胶粘剂固化前不得上人踩踏；

（5）采用机械固定法施工时，固定件应固定在结构层上，固定件的间距应符合设计要求。

6. 纤维材料保温层施工应符合下列规定；

（1）基层应平整、干燥、干净；

（2）纤维保温材料在施工时，应避免重压，并应采取防潮措施；

（3）纤维保温材料铺设时，平面拼接缝应贴聚，上下层拼接缝应相互错开；

（4）屋面坡度较大时，纤维保温材料宜采用机械固定法施工；

（5）在铺设纤维保温材料时，应做好劳动保护工作。

7. 喷涂硬泡聚氨酯保温层施工应符合下列规定：

（1）基层应平整、干燥、干净；

（2）施工前应对喷涂设备进行调试，并应喷涂试块进行材料性能检测；

（3）喷涂时喷嘴与施工基面的间距应由试验确定；

（4）喷涂硬泡聚氨酯的配比应准确计量，发泡厚度应均匀一致；

（5）一个作业面应分遍喷涂完成，每遍喷涂厚度不宜大于15mm，硬泡聚氨酯喷涂后20min内严禁上人；

（6）喷涂作业时，应采取防止污染的遮挡措施。

8. 现浇泡沫混凝土保温层施工应符合下列规定：

（1）基层应清理干净，不得有油污、浮尘和积水；

（2）泡沫混凝土应按设计要求的干密度和抗压强度进行配合比设计，拌制时应计量准确，并应搅拌均匀；

（3）泡沫混凝土应按设计的厚度设定浇筑面标高线，找坡时宜采取挡板辅助措施；

（4）泡沫混凝土的浇筑出料口离基层的高度不宜超过1m，泵送时应采取低压泵送；

（5）泡沫混凝土应分层浇筑，一次浇筑厚度不宜超过200mm，终凝后应进行保湿养护，养护时间不得少于7d。

9. 保温材料的贮运、保管应符合下列规定：

（1）保温材料应采取防雨、防潮、防火的措施，并应分类存放；

（2）板状保温材料搬运时应轻拿轻放；

（3）纤维保温材料应在干燥、通风的房屋内贮存，搬运时应轻拿轻放。

10. 进场的保温材料应检验下列项目：

（1）板状保温材料应检验表观密度或干密度、压缩强度或抗压强度、导热系数、燃烧性能；

（2）纤维保温材料应检验表观密度、导热系数、燃烧性能。

11. 保温层的施工环境温度应符合下列规定：

（1）干铺的保温材料可在负温度下施工；

（2）用水泥砂浆粘贴的板状保温材料不宜低于5℃；

（3）喷涂硬泡聚氨酯宜为15～35℃，空气相对湿度宜小于85%，风速不宜大于三级；

（4）现浇泡沫混凝土宜为5～35℃。

12. 种植隔热层施工应符合下列规定：

（1）种植隔热层挡墙或挡板施工时，留设的泄水孔位置应准确，并不得堵塞；

（2）凹凸型排水板宜采用搭接法施工，搭接宽度应根据产品的规格具体确定；网状交织排水板宜采用对接法施工；采用陶粒作排水层时，铺设应平整，厚度应均匀；

（3）过滤层土工布铺设应平整、无皱折，搭接宽度不应小于100mm，搭接宜采用粘合或缝合处理；土工布应沿种植土周边向上铺设至种植土高度；

（4）种植土层的荷载应符合设计要求；种植土、植物等应在屋面上均匀堆放，且不得损坏防水层。

13. 架空隔热层施工应符合下列规定：

（1）架空隔热层施工前，应将屋面清扫干净，并应根据架空隔热制品的尺寸弹出支座中线；

（2）在架空隔热制品支座底面，应对卷材、涂膜防水层采取加强措施；

（3）铺设架空隔热制品时，应随时清扫屋面防水层上的落灰、杂物等，操作时不得损伤已完工的防水层；

（4）架空隔热制品的铺设应平整、稳固，缝隙应勾填密实。

14. 蓄水隔热层施工应符合下列规定：

（1）蓄水池的所有孔洞应预留，不得后凿。所设置的溢水管、排水管和给水管等，应在混凝土施工前安装完毕；

（2）每个蓄水区的防水混凝土应一次浇筑完毕，不得留置施工缝；

（3）蓄水池的防水混凝土施工时，环境气温宜为5～35℃，并应避免在冬期和高温期施工；

（4）蓄水池的防水混凝土完工后，应及时进行养护，养护时间不得少于14d；蓄水后不得断水；

（5）蓄水池的溢水口标高、数量、尺寸应符合设计要求；过水孔应设在分仓墙底部，排水管应与水落管连通。

5.1.2.4 卷材防水层施工

1. 卷材防水层基层应坚实、干净、平整，应无孔隙、起砂和裂缝。基层的干燥程度应根据所选防水卷材的特性确定。

2. 卷材防水层铺贴顺序和方向应符合下列规定：

（1）卷材防水层施工时，应先进行细部构造处理，然后由屋面最低标高向上铺贴；

（2）檐沟、天沟卷材施工时，宜顺檐沟、天沟方向铺贴，搭接缝应顺流水方向；

（3）卷材宜平行屋脊铺贴，上下层卷材不得相互垂直铺贴。

3. 立面或大坡面铺贴卷材时，应采用满粘法，并宜减少卷材短边搭接。

4. 采用基层处理剂时，其配制与施工应符合下列规定：

（1）基层处理剂应与卷材相容；

（2）基层处理剂应配比准确，并应搅拌均匀；

（3）喷、涂基层处理剂前，应先对屋面细部进行涂刷；

（4）基层处理剂可选用喷涂或涂刷施工工艺，喷、涂应均匀一致，干燥后应及时进行卷材施工。

5. 卷材搭接缝应符合下列规定：

（1）平行屋脊的搭接缝应顺流水方向，搭接缝宽度应符合规范相应规定；

（2）同一层相邻两幅卷材短边搭接缝错开不应小于500mm；

（3）上下层卷材长边搭接缝应错开，且不应小于幅宽的1/3；

（4）叠层铺贴的各层卷材，在天沟与屋面的交接处，应采用叉接法搭接，搭接缝应错开；搭接缝宜留在屋面与天沟侧面，不宜留在沟底。

6. 冷粘法铺贴卷材应符合下列规定：

（1）胶粘剂涂刷应均匀，不得露底、堆积；卷材空铺、点粘、条粘时，应按规定的位置及面积涂刷胶粘剂；

（2）应根据胶粘剂的性能与施工环境、气温条件等，控制胶粘剂涂刷与卷材铺贴的间隔时间；

（3）铺贴卷材时应排除卷材下面的空气，并应辊压粘贴牢固；

（4）铺贴的卷材应平整顺直，搭接尺寸应准确，不得扭曲、皱折；搭接部位的接缝应满涂胶粘剂，辊压应粘贴牢固；

（5）合成高分子卷材铺好压粘后，应将搭接部位的粘合面清理干净，并应采用与卷材配套的接缝专用胶粘剂，在搭接缝粘合面上应涂刷均匀，不得露底、堆积，应排除缝间的空气，并用辊压粘贴牢固；

（6）合成高分子卷材搭接部位采用胶粘带粘结时，粘合面应清理干净，必要时可涂刷与卷材及胶粘带材性相容的基层胶粘剂，撕去胶粘带隔离纸后应及时粘合接缝部位的卷材，并应辊压粘贴牢固；低温施工时，宜采用热风机加热；

（7）搭接缝口应用材性相容的密封材料封严。

7. 热粘法铺贴卷材应符合下列规定：

（1）熔化热熔型改性沥青胶结料时，宜采用专用导热油炉加热，加热温度不应高于200℃，使用温度不宜低于180℃；

（2）粘贴卷材的热熔型改性沥青胶结料厚度宜为1.0～1.5mm；

（3）采用热熔型改性沥青胶结料铺贴卷材时，应随刮随滚铺，并应展平压实。

8. 热熔法铺贴卷材应符合下列规定：

（1）火焰加热器的喷嘴距卷材面的距离应适中，幅宽内加热应均匀，应以卷材表面熔融至光亮黑色为度，不得过分加热卷材；厚度小于3mm的高聚物改性沥青防水卷材，严禁采用热熔法施工；

（2）卷材表面沥青热熔后应立即滚铺卷材，滚铺时应排除卷材下面的空气；

（3）搭接缝部位宜以溢出热熔的改性沥青胶结料为度，溢出的改性沥青胶结料宽度宜为8mm，并宜均匀顺直；当接缝处的卷材上有矿物粒或片料时，应用火焰烘烤及清除干净后再进行热熔和接缝处理；

（4）铺贴卷材时应平整顺直，搭接尺寸应准确，不得扭曲。

合成高分子防水卷材自粘法铺贴施工

9. 自粘法铺贴卷材应符合下列规定：

（1）铺粘卷材前，基层表面应均匀涂刷基层处理剂，干燥后应及时铺贴卷材；

（2）铺贴卷材时应将自粘胶底面的隔离纸完全撕净；

（3）铺贴卷材时应排除卷材下面的空气，并应辊压粘贴牢固；

（4）铺贴的卷材应平整顺直，搭接尺寸应准确，不得扭曲、皱折；低温施工时，立面、大坡面及搭接部位宜采用热风机加热，加热后应随即粘贴牢固；

（5）搭接缝口应采用材性相容的密封材料封严。

10. 焊接法铺贴卷材应符合下列规定：

（1）对热塑性卷材的搭接缝可采用单缝焊或双缝焊，焊接应严密；

（2）焊接前，卷材应铺放平整、顺直，搭接尺寸应准确，焊接缝的结合面应清理干净；

（3）应先焊长边搭接缝，后焊短边搭接缝；

（4）应控制加热温度和时间，焊接缝不得漏焊、跳焊或焊接不牢。

11. 机械固定法铺贴卷材应符合下列规定：

（1）固定件应与结构层连接牢固；

（2）固定件间距应根据抗风揭试验和当地的使用环境与条件确定，并不宜大于600mm；

（3）卷材防水层周边800mm范围内应满粘，卷材收头应采用金属压条钉压固定和密封处理。

12. 防水卷材的贮运、保管应符合下列规定：

（1）不同品种、规格的卷材应分别堆放；

（2）卷材应贮存在阴凉通风处，应避免雨淋、日晒和受潮，严禁接近火源；

（3）卷材应避免与化学介质及有机溶剂等有害物质接触。

13. 进场的防水卷材应检验下列项目：

（1）高聚物改性沥青防水卷材的可溶物含量、拉力、最大拉力时延伸率、耐热度、低温柔性、不透水性；

（2）合成高分子防水卷材的断裂拉伸强度、扯断伸长率、低温弯折性、不透水性。

14. 胶粘剂和胶粘带的贮运、保管应符合下列规定：

（1）不同品种、规格的胶粘剂和胶粘带，应分别用密封桶或纸箱包装；

（2）胶粘剂和胶粘带应贮存在阴凉通风的室内，严禁接近火源和热源。

15. 进场的基层处理剂、胶粘剂和胶粘带，应检验下列项目：

（1）沥青基防水卷材用基层处理剂的固体含量、耐热性、低温柔性、剥离强度；

（2）高分子胶粘剂的剥离强度、浸水168h后的剥离强度保持率；

（3）改性沥青胶粘剂的剥离强度；

（4）合成橡胶胶粘带的剥离强度、浸水168h后的剥离强度保持率。

16. 卷材防水层的施工环境温度应符合下列规定：

（1）热熔法和焊接法不宜低于−10℃；

（2）冷粘法和热粘法不宜低于5℃；

（3）自粘法不宜低于10℃。

5.1.2.5 涂膜防水层施工

1. 涂膜防水层的基层应坚实、平整、干净，应无孔隙、起砂和裂缝。基层的干燥程度应根据所选用的防水涂料特性确定；当采用溶剂型、热熔型和反应固化型防水涂料时，基层应干燥。

2. 基层处理剂的施工应符合规范规定。

3. 双组分或多组分防水涂料应按配合比准确计量，应采用电动机具搅拌均匀，已配制的涂料应及时使用。配料时，可加入适量的缓凝剂或促凝剂调节固化时间，但不得混合已固化的涂料。

4. 涂膜防水层施工应符合下列规定：

（1）防水涂料应多遍均匀涂布，涂膜总厚度应符合设计要求；

（2）涂膜间夹铺胎体增强材料时，宜边涂布边铺胎体；胎体应铺贴平整，应排除气泡，并应与涂料粘结牢固。在胎体上涂布涂料时，应使涂料浸透胎体，并应覆盖完全，不得有胎体外漏现象。最上面的涂膜厚度不应小于1.0mm；

（3）涂膜施工应先做好细部处理，再进行大面积涂布；

（4）屋面转角及立面的涂膜应薄涂多遍，不得流淌和堆积。

5. 涂膜防水层施工工艺应符合下列规定：

（1）水乳型及溶剂型防水涂料宜选用滚涂或喷涂施工；

（2）反应固化型防水涂料宜选用刮涂或喷涂施工；

（3）热熔型防水涂料宜选用刮涂施工；

（4）聚合物水泥防水涂料宜选用刮涂施工；

（5）所有防水涂料用于细部构造时，宜选用刷涂或喷涂施工。

6. 防水涂料和胎体增强材料的贮运、保管，应符合下列规定：

（1）防水涂料包装容器应密封，容器表面应标明涂料名称、生产厂家、执行标准号、生产日期和产品有效期，并应分类存放；

（2）反应型和水乳型涂料贮运和保管环境温度不宜低于5℃；

（3）溶剂型涂料贮运和保管环境温度不宜低于0℃，并不得日晒、碰撞和渗漏；保管环境应干燥、通风，并应远离火源、热源；

（4）胎体增强材料贮运、保管环境应干燥、通风，并应远离火源、热源。

7. 进场的防水涂料和胎体增强材料应检验下列项目：

（1）高聚物改性沥青防水涂料的固体含量、耐热性、低温柔性、不透水性、断裂伸长率或抗裂性；

（2）合成高分子防水涂料和聚合物水泥防水涂料的固体含量、低温柔性、不透水性、拉伸强度、断裂伸长率；

（3）胎体增强材料的拉力、延伸率。

8. 涂膜防水层的施工环境温度应符合下列规定：

（1）水乳型及反应型涂料宜为5～35℃；

（2）溶剂型涂料宜为－5～35℃；

（3）热熔型涂料不宜低于－10℃；

（4）聚合物水泥涂料宜为5～35℃。

5.1.2.6 接缝密封防水施工

1. 密封防水部位的基层应符合下列规定：

（1）基层应牢固，表面应平整、密实，不得有裂缝、蜂窝、麻面、起皮和起砂等现象；

（2）基层应清洁、干燥，应无油污、灰尘；

（3）嵌入的背衬材料与接缝壁间不得留有空隙；

（4）密封防水部位的基层宜涂刷基层处理剂，涂刷应均匀，不得漏涂。

2. 改性沥青密封材料防水施工应符合下列规定：

（1）采用冷嵌法施工时，宜分次将密封材料嵌填在缝内，并应防止裹入空气；

（2）采用热灌法施工时，应由下向上进行，并减少接头；密封材料熬制及浇灌温度，应按不同材料要求严格控制。

3. 合成高分子密封材料防水施工应符合下列规定：

（1）单组分密封材料可直接使用；多组分密封材料应根据规定的比例准确计量，并应拌和均匀；每次拌和量、拌和时间和拌和温度，应按所用密封材料的要求严格控制；

（2）采用挤出枪嵌填时，应根据接缝的宽度选用口径合适的挤出嘴，应均匀挤出密封材料嵌填，并应由底部逐渐充满整个接缝；

（3）密封材料嵌填后，应在密封材料表干前用腻子刀嵌填修整。

4. 密封材料嵌填应密实、连续、饱满，应与基层粘结牢固；表面应平滑，缝边应顺直，不得有气泡、孔洞、开裂、剥离等现象。

5. 对嵌填完毕的密封材料，应避免碰损及污染；固化前不得踩踏。

6. 密封材料的贮运、保管应符合下列规定：

（1）运输时应防止日晒、雨淋、撞击、挤压；

（2）贮运、保管环境应通风、干燥，防止日光直接照射，并应远离火源、热源；乳胶型密封材料在冬季时应采取防冻措施；

（3）密封材料应按类别、规格分别存放。

7. 进场的密封材料应检验下列项目：

（1）改性石油沥青密封材料的耐热性、低温柔性、拉伸粘结性、施工度；

（2）合成高分子密封材料的拉伸模量、断裂伸长率、定伸粘结性。

8. 接缝密封防水的施工环境温度应符合下列规定：

（1）改性沥青密封材料和溶剂型合成高分子密封材料宜为0～35℃；

（2）乳胶型及反应型合成高分子密封材料宜为5～35℃。

5.1.2.7 保护层和隔离层施工

1. 施工完的防水层应进行雨后观察、淋水或蓄水试验，并应在合格后再进行保护层和隔离层的施工。

2. 保护层和隔离层施工前，防水层或保温层的表面应平整、干净。

3. 保护层和隔离层施工时，应避免损坏防水层或保温层。

4. 块体材料、水泥砂浆、细石混凝土保护层表面的坡度应符合设计要求，不得有积水现象。

5. 块体材料保护层铺设应符合下列规定：

（1）在砂结合层上铺设块体时，砂结合层应平整，块体间应预留10mm的缝隙，缝内应填砂，并应用1：2水泥砂浆勾缝；

（2）在水泥砂浆结合层上铺设块体时，应先在防水层上做隔离层，块体间应预留10mm的缝隙，缝内应用1：2水泥砂浆勾缝；

（3）块体表面应洁净、色泽一致，无裂纹、掉角和缺棱等缺陷。

6. 水泥砂浆及细石混凝土保护层铺设应符合下列规定：

（1）水泥砂浆及细石混凝土保护层铺设前，应在防水层上做隔离层；

（2）细石混凝土铺设不宜留施工缝；当施工间隙超过时间规定时，应对接槎进行处理；

（3）水泥砂浆及细石混凝土表面应抹平压光，不得有裂纹，脱皮、麻面、起砂等缺陷。

7. 浅色涂料保护层施工应符合下列规定：

（1）浅色涂料应与卷材、涂膜相容，材料用量应根据产品说明书的规定使用；

（2）浅色涂料应多遍涂刷，当防水层为涂膜时，应在涂膜固化后进行；

（3）涂层应与防水层粘结牢固，厚薄应均匀，不得漏涂；

（4）涂层表面应平整，不得流淌和堆积。

8. 保护层材料的贮运、保管应符合下列规定：

（1）水泥贮运、保管时应采取防尘、防雨、防潮措施；

（2）块体材料应按类别、规格分别堆放；

（3）浅色涂料贮运、保管环境温度，反应型及水乳型不宜低于5℃，溶剂型不宜低于0℃；

（4）溶剂型涂料保管环境应干燥、通风，并应远离火源和热源。

9. 保护层的施工环境温度应符合下列规定：

（1）块体材料干铺不宜低于－5℃，湿铺不宜低于5℃；

（2）水泥砂浆及细石混凝土宜为5～35℃；

（3）浅色涂料不宜低于5℃。

10. 隔离层铺设不得有破损和漏铺现象。

11. 干铺塑料膜、土工布、卷材时，其搭接宽度不应小于50mm；铺设应平整，不得有皱折。

12. 低强度等级砂浆铺设时，其表面应平整、压实，不得有起壳和起砂等现象。

13. 隔离层材料的贮运、保管应符合下列规定：

（1）塑料膜、土工布、卷材贮运时，应防止日晒、雨淋、重压；

（2）塑料膜、土工布、卷材保管时，应保证室内干燥、通风；

（3）塑料膜、土工布、卷材保管环境应远离火源、热源。

14. 隔离层的施工环境温度应符合下列规定：

（1）干铺塑料膜、土工布、卷材可在负温下施工；

（2）铺抹低强度等级砂浆宜为5～35℃。

5.1.2.8 瓦屋面施工

1. 瓦屋面采用的木质基层、顺水条、挂瓦条的防腐、防火及防蛀处理，以及金属顺水条、挂瓦条的防锈蚀处理，均应符合设计要求。

2. 屋面木基层应铺钉牢固、表面平整；钢筋混凝土基层的表面应平整、干净、干燥。

3. 防水垫层的铺设应符合下列规定：

（1）防水垫层可采用空铺、满粘或机械固定；

（2）防水垫层在瓦屋面构造层次中的位置应符合设计要求；

（3）防水垫层宜自下而上平行屋脊铺设；

（4）防水垫层应顺流水方向搭接，搭接宽度应符合规范规定；

（5）防水垫层应铺设平整，下道工序施工时，不得损坏已铺设完成的防水垫层。

4. 持钉层的铺设应符合下列规定：

（1）屋面无保温层时，木基层或钢筋混凝土基层可视为持钉层；钢筋混凝土基层不平整时，宜用1：2.5的水泥砂浆进行找平；

（2）屋面有保温层时，保温层上应按设计要求做细石混凝土持钉层，内配钢筋网应骑跨屋脊，并应绷直与屋脊和檐口、檐沟部位的预埋锚筋连牢；预埋锚筋穿过防水层或防水垫层时，破损处应进行局部密封处理；

（3）水泥砂浆或细石混凝土持钉层可不设分格缝；持钉层与突出屋面结构的交接处应预留30mm宽的缝隙。

5.1.2.9 金属板屋面施工

1. 金属板屋面防水等级和防水做法应符合表5.1.15的规定。

金属板屋面防水等级和防水做法　表5.1.15

防水等级	防水做法
Ⅰ级	压型金属板+防水垫层
Ⅱ级	压型金属板、金属面绝热夹芯板

注：1. 当防水等级为Ⅰ级时，压型铝合金板基板厚度不应小于0.9mm；压型钢板基板厚度不应小于0.6mm；
2. 当防水等级为Ⅰ级时，压型金属板应采用360°咬口锁边连接方式；
3. 在Ⅰ级屋面防水做法中，仅作压型金属板时，应符合现行国家标准《压型金属板工程应用技术规范》GB 50896等相关技术的规定。

2. 金属板屋面可按建筑设计要求，选用镀层钢板、涂层钢板、铝合金板、不锈钢板和钛锌板等金属板材。金属板材及其配套的紧固件、密封材料，其材料的品种、规格和性能等应符合现行国家有关材料标准的规定。

3. 金属板屋面应按围护结构进行设计，并应具有相应的承载力、刚度、稳定性和变形能力。

4. 金属板屋面设计应根据当地风荷载、结构体形、热工性能、屋面坡度等情况，采用相应的压型金属板板型及构造系统。

5. 金属板屋面在保温层的下面宜设置隔汽层，在保温层的上面宜设置防水透汽膜。

6. 金属板屋面的防结露设计，应符合现行国家标准《民用建筑热工设计规范》GB 50176的有关规定。

7. 压型金属板采用咬口锁边连接时，屋面的排水坡度不宜小于5%；压型金属板采用紧固件连接时，屋面的排水坡度不宜小于10%。

8. 金檐沟、天沟的伸缩缝间距不宜大于30m；内檐沟及内天沟应设置溢流口或溢流系统，沟内宜按0.5%找坡。

9. 金属板的伸缩变形除应满足咬口锁边连接或紧固件连接的要求外，还应满足檩条、檐口及天沟等使用要求，且金属板最大伸缩变形量不应超过100mm。

10. 金属板在主体结构的变形缝处宜断开，变形缝上部应加扣带伸缩的金属盖板。

11. 金属板屋面的下列部位应进行细部构造设计：

（1）屋面系统的变形缝；

（2）高低跨处泛水；

（3）屋面板缝、单元体构造缝；

（4）檐沟、天沟、水落口；

（5）屋面金属板材收头；

（6）洞口、局部凸出体收头；

（7）其他复杂的构造部位。

12. 压型金属板采用咬口锁边连接的构造应符合下列规定：

（1）在檩条上应设置与压型金属板波形相配套的专用固定支座，并应用自攻螺钉与檩条连接；

（2）压型金属板应搁置在固定支座上，两片金属板的侧边应确保在风吸力等因素作用下扣合或咬合连接可靠；

（3）在大风地区或高度大于30m的屋面，压型金属板应采用360°咬口锁边连接；

（4）大面积屋面和弧状或组合弧状屋面，压型金属板的立边咬合宜采用暗扣直立锁边屋面系统；

（5）单坡尺寸过长或环境温差过大的屋面，压型金属板宜采用滑动式支座的360°咬口锁边连接。

13. 压型金属板采用紧固件连接的构造应符合下列规定：

（1）铺设高波压型金属板时，在檩条上应设置固定支架，固定支架应采用自攻螺钉与檩条连接，连接件宜每波设置一个；

（2）铺设低波压型金属板时，可不设固定支架，应在波峰处采用带防水密封胶垫的自攻螺钉与模条连接，连接件可每波或隔波设置一个，但每块板不得少于3个；

（3）压型金属板的纵向搭接应位于檩条处，搭接端应与檩条有可靠的连接，搭接部位应设置防水密封胶带。压型金属板的纵向最小搭接长度应符合表5.1.16的规定。

压型金属板的纵向最小搭接长度　　表5.1.16

压型金属板		纵向最小搭接长度（mm）
高波压型金属板		350
低波压型金属板	屋面坡度≤10%	250
	屋面坡度>10%	200

（4）压型金属板的横向搭接方向宜与主导风向一致，搭接不应小于一个波，搭接部位应设置防水密封胶带。搭接处用连接件紧固时，连接件应采用带防水密封胶垫的自攻螺钉设置在波峰上。

14. 金属面绝热夹芯板采用紧固件连接的构造，应符合下列规定：

（1）应采用屋面板压盖和带防水密封胶垫的自攻螺钉，将夹芯板固定在檩条上；

（2）夹芯板的纵向搭接应位于檩条处，每块板的支座宽度不应小于50mm，支承处宜采用双檩或檩条一侧加焊通长角钢；

（3）夹芯板的纵向搭接应顺流水方向，纵向搭接长度不应小于200mm，搭接部位均应设置防水密封胶带，并应用拉铆钉连接；

（4）夹芯板的横向搭接方向宜与主导风向一致，搭接尺寸应按具体板型确定，连接部位均应设置防水密封胶带，并应用拉铆钉连接。

15. 金属板屋面铺装的有关尺寸应符合下列规定：

（1）金属板檐口挑出墙面的长度不应小于200mm；

（2）金属板伸入檐沟、天沟内的长度不应小于100mm；

（3）金属泛水板与突出屋面墙体的搭接高度不应小于250mm；

（4）金属泛水板、变形缝盖板与金属板的搭盖宽度不应小于200mm；

（5）金属屋脊盖板在两坡面金属板上的搭盖宽度不应小于250mm。

16. 压型金属板和金属面绝热夹芯板的外露自攻螺钉、拉铆钉，均应采用硅酮耐候密封胶密封。

17. 固定支座应选用与支承构件相同材质的金属材料。当选用不同材质金属材料并易产生电化学腐蚀时，固定支座与支承构件之间应采用绝缘垫片或采取其他防腐蚀措施。

18. 采光带设置宜高出金属板屋面250mm。采光带的四周与金属板屋面的交接处，均应做泛水处理。

19. 金属板屋面应按设计要求提供抗风揭试验验证报告。

5.1.3 屋面工程检查验收规范

采用现行国家标准《屋面工程质量验收规范》GB 50207验收。

5.1.3.1 一般规定

1. 屋面工程施工质量验收的程序和组织，应符合现行国家标准《建筑工程施工质量验收统一标准》GB 50300的有关规定。

2. 检验批质量验收合格应符合下列规定：

（1）主控项目的质量应经抽查检验合格；

（2）一般项目的质量应经抽查检验合格；有允许偏差值的项目，其抽查点应有80%及以上在允许偏差范围内，且最大偏差值不得超过允许偏差值的1.5倍；

（3）应具有完整的施工操作依据和质量检查记录。

3. 分项工程质量验收合格应符合下列规定：

（1）分项工程所含检验批的质量均应验收合格；

（2）分项工程所含检验批的质量验收记录应完整。

4. 分部（子分部）工程质量验收合格应符合下列规定：

（1）分部（子分部）所含分项工程的质量均应验收合格；

（2）质量控制资料应完整；

（3）安全与功能抽样检验应符合现行国家标准《建筑工程施工质量验收统一标准》GB 50300的有关规定；

（4）观感质量检查应符合本节第7条的规定。

5. 屋面工程验收资料和记录应符合表5.1.17的规定。

屋面工程验收资料和记录 表5.1.17

资料项目	验收资料
防水设计	设计图纸及会审记录、设计变更通知单和材料代用核定单
施工方案	施工方法、技术措施、质量保证措施
技术交底记录	施工操作要求及注意事项
材料质量证明文件	出厂合格证、型式检验报告、出场检验报告、进场验收记录和进场检验报告
施工日志	逐日施工情况
工程检验记录	工序交接检验记录、检验批质量验收记录、隐蔽工程验收记录、淋水或蓄水试验记录、观感质量检验记录、安全与功能抽烟检验（检测）记录
其他技术资料	事故处理报告、技术总结

6. 屋面工程应对下列部位进行隐蔽工程验收：

（1）卷材、涂膜防水层的基层；

（2）保温层的隔汽和排汽措施；

（3）保温层的铺设方式、厚度、板材缝隙填充质量及热桥部位的保温措施；

（4）接缝的密封处理；

（5）瓦材与基层的固定措施；

（6）檐沟、天沟、泛水、水落口和变形缝等细部做法；

（7）在屋面易开裂和渗水部位的附加层；

（8）保护层与卷材、涂膜防水层之间的隔离层；

（9）金属板材与基层的固定和板缝间的密封处理；

（10）坡度较大时，防止卷材和保温层下滑的措施。

7. 屋面工程观感质量检查应符合下列要求：

（1）卷材铺贴方向应正确，搭接缝应粘结或焊接牢固，搭接宽度应符合设计要求，表面应平整，不得有扭曲、皱折和翘边等缺陷；

（2）涂膜防水层粘结应牢固，表面应平整，涂刷应均匀，不得有流淌、起泡和露胎体等缺陷；

（3）嵌填的密封材料应与接缝两侧粘结牢固，表面应平滑，缝边应顺直，不得有气泡、开裂和剥离等缺陷；

（4）檐口、檐沟、天沟、女儿墙、山墙、水落口、变形缝和伸出屋面管道等防水构造，应符合设计要求；

（5）烧结瓦、混凝土瓦铺装应平整、牢固，应行列整齐，搭接应紧密，檐口应顺直；脊瓦应搭盖正确，间距应均匀，封固应严密；正脊和斜脊应顺直，应无起伏现象；泛水应顺直整齐，结合应严密；

（6）沥青瓦铺装应搭接正确，瓦片外露部分不得超过切口长度，钉帽不得外露；沥青瓦应与基层钉粘牢固，瓦面应平整，檐口应顺直；泛水应顺直整齐，结合应严密；

（7）金属板铺装应平整、顺滑；连接应正确，接缝应严密；屋脊、檐口、泛水直线段应顺直，曲线段应顺畅；

（8）玻璃采光顶铺装应平整、顺直，外露金属框或压条应横平竖直，压条应安装牢固；玻璃密封胶缝应横平竖直、深浅一致，宽窄应均匀，且应光滑顺直；

（9）上人屋面或其他使用功能屋面，其保护及铺面应符合设计要求。

8. 检查屋面有无渗漏、积水和排水系统是否通畅，应在雨后或持续淋水2h后进行，并应填写淋水试验记录。具备蓄水条件的檐沟、天沟应进行蓄水试验，蓄水时间不得少于24h，并应填写蓄水试验记录。

9. 对安全与功能有特殊要求的建筑屋面，工程质量验收除应符合本规范的规定外，尚应按合同约定和设计要求进行专项检验（检测）和专项验收。

10. 屋面工程验收后，应填写分部工程质量验收记录，并应交建设单位和施工单位存档。

5.1.3.2 基层与保护工程

1. 一般规定

（1）屋面找坡应满足设计排水坡度要求，结构找坡不应小于3%，材料找坡宜为2%；檐沟、天沟纵向找坡不应小于1%，沟底水落差不得超过200mm。

（2）上人屋面或其他使用功能屋面，其保护及铺面的施工除应符合本章的规定外，尚应符合现行国家标准《建筑地面工程施工质量验收规范》GB 50209等的有关规定。

（3）基层与保护工程各分项工程每个检验批的抽检数量，应按屋面面积每100m^{2}抽查一处，每处应为10m^2，且不得少于3处。

2. 找坡层和找平层

（1）装配式钢筋混凝土板的板缝嵌填施工，应符合下列要求：

①嵌填混凝土时板缝内应清理干净，并应保持湿润；

②当板缝宽度大于40mm或上窄下宽时，板缝内应按设计要求配置钢筋；

③嵌填细石混凝土的强度等级不应低于C20，嵌填深度宜低于板面10～20mm，且应振捣密实和浇水养护；

④板端缝应按设计要求增加防裂的构造措施。

（2）找坡层宜采用轻骨料混凝土；找坡材料应分层铺设和适当压实，表面应平整。

（3）找平层宜采用水泥砂浆或细石混凝土；找平层的抹平工序应在初凝前完成，压光工序应在终凝前完成，终凝后应进行养护。

（4）找平层分格缝纵横间距不宜大于6m，分格缝的宽度宜为5～20mm。

（5）找坡层和找平层所用材料的质量及配合比，应符合设计要求。

检验方法：检查出厂合格证、质量检验报告和计量措施。

（6）找坡层和找平层的排水坡度，应符合设计要求。

检验方法：坡度尺检查。

（7）找平层应抹平、压光，不得有酥松、起砂、起皮现象。

检验方法：观察检查。

（8）卷材防水层的基层与突出屋面结构的交接处，以及基层的转角处，找平层应做成圆弧形，且应整齐平顺。

检验方法：观察检查。

（9）找平层分格缝的宽度和间距，均应符合设计要求。

检验方法：观察和尺量检查。

（10）找坡层表面平整度的允许偏差为7mm，找平层表面平整度的允许偏差为5mm。

检验方法：2m靠尺和塞尺检查。

3. 隔汽层

（1）隔汽层的基层应平整、干净、干燥。

（2）隔汽层应设置在结构层与保温层之间；隔汽层应选用气密性、水密性好的材料。

（3）在屋面与墙的连接处，隔汽层应沿墙面向上连续铺设，高出保温层上表面不得小于150mm。

（4）隔汽层采用卷材时宜空铺，卷材搭接缝应满粘，其搭接宽度不应小于

80mm；隔汽层采用涂料时，应涂刷均匀。

（5）穿过隔汽层的管线周围应封严，转角处应无折损；隔汽层凡有缺陷或破损的部位，均应进行返修。

（6）隔汽层所用材料的质量，应符合设计要求。

检验方法：检查出厂合格证、质量检验报告和进场检验报告。

（7）隔汽层不得有破损现象。

检验方法：观察检查。

（8）卷材隔汽层应铺设平整，卷材搭接缝应粘结牢固，密封应严密，不得有扭曲、皱折和起泡等缺陷。

检验方法：观察检查。

（9）涂膜隔汽层应粘结牢固，表面平整，涂布均匀，不得有堆积、起泡和露底等缺陷。

检验方法：观察检查。

4. 隔离层

（1）块体材料、水泥砂浆或细石混凝土保护层与卷材、涂膜防水层之间，应设置隔离层。

（2）隔离层可采用干铺塑料膜、土工布、卷材或铺抹低强度等级砂浆。

（3）隔离层所用材料的质量及配合比，应符合设计要求。

检验方法：检查出厂合格证和计量措施。

（4）隔离层不得有破损和漏铺现象。

检验方法：观察检查。

（5）塑料膜、土工布、卷材应铺设平整，其搭接宽度不应小于50mm，不得有皱折。

检验方法：观察和尺量检查。

（6）低强度等级砂浆表面应压实、平整，不得有起壳、起砂现象。

检验方法：观察检查。

5. 保护层

（1）防水层上的保护层施工，应待卷材铺贴完成或涂料固化成膜，并经检验合格后进行。

（2）用块体材料做保护层时，宜设置分格缝，分格缝纵横间距不应大于10m，分格缝宽度宜为20mm。

（3）用水泥砂浆做保护层时，表面应抹平压光，并应设表面分格缝，分格面积宜为$1m^2$。

（4）用细石混凝土做保护层时，混凝土应振捣密实，表面应抹平压光，分格缝纵横间距不应大于6m。分格缝的宽度宜为10～20mm。

（5）块体材料、水泥砂浆或细石混凝土保护层与女儿墙和山墙之间，应预留宽度为30mm的缝隙，缝内宜填塞聚苯乙烯泡沫塑料，并应用密封材料嵌填密实。

（6）保护层所用材料的质量及配合比，应符合设计要求。

检验方法：检查出厂合格证、质量检验报告和计量措施。

（7）块体材料、水泥砂浆或细石混凝土保护层的强度等级，应符合设计要求。

检验方法：检查块体材料、水泥砂浆或混凝土抗压强度试验报告。

（8）保护层的排水坡度，应符合设计要求。

检验方法：坡度尺检查。

（9）块体材料保护层表面应干净，接缝应平整，周边应顺直，镶嵌应正确，应无空鼓现象。

检查方法：小锤轻击和观察检查。

（10）水泥砂浆、细石混凝土保护层不得有裂纹、脱皮、麻面和起砂等现象。

检验方法：观察检查。

（11）浅色涂料应与防水层粘结牢固，厚薄应均匀，不得漏涂。

检验方法：观察检查。

（12）保护层的允许偏差和检验方法应符合表5.1.18的规定。

保护层的允许偏差和检验方法 表5.1.18

项目	允许偏差（mm）			检验方法
	块体材料	水泥砂浆	细石混凝土	
表面平整度	4.0	4.0	5.0	2m靠尺和塞尺检查
缝格平直	3.0	3.0	3.0	拉线和尺量检查
接缝高低差	1.5	—	—	直尺和塞尺检查
板块间隙宽度	2.0	—	—	尺量检查
保护层厚度	设计厚度的10%，且不得大于5mm			钢针插入和尺量检查

5.1.3.3 保温与隔热工程

1. 一般规定

（1）本内容适用于板状材料、纤维材料、喷涂硬泡聚氨酯、现浇泡沫混凝土保温层和种植、架空、蓄水隔热层分项工程的施工质量验收。

（2）铺设保温层的基层应平整、干燥和干净。

（3）保温材料在施工过程中应采取防潮、防水和防火等措施。

（4）保温与隔热工程的构造及选用材料应符合设计要求。

（5）保温与隔热工程质量验收除应符合本章规定外，尚应符合现行国家标准《建筑节能工程施工质量验收标准》GB 50411的有关规定。

（6）保温材料使用时的含水率，应相当于该材料在当地自然风干状态下的平衡含水率。

（7）保温材料的导热系数、表观密度或干密度、抗压强度或压缩强度、燃烧性能，必须符合设计要求。

（8）种植、架空、蓄水隔热层施工前，防水层均应验收合格。

（9）保温与隔热工程各分项工程每个检验批的抽检数量，应按屋面面积每100m^2抽查1处，每处应为10m^2，且不得少于3处。

2. 板状材料保温层

（1）板状材料保温层采用干铺法施工时，板状保温材料应紧靠在基层表面上，应铺平垫稳；分层铺设的板块上下层接缝应相互错开，板间缝隙应采用同类材料的碎屑嵌填密实。

（2）板状材料保温层采用粘贴法施工时，胶粘剂应与保温材料的材性相容，并应贴严、粘牢；板状材料保温层的平面接缝应挤紧拼严，不得在板块侧面涂抹胶粘剂，超过2mm的缝隙应采用相同材料板条或片填塞严实。

（3）板状保温材料采用机械固定法施工时，应选择专用螺钉和垫片；固定件与结构层之间应连接牢固。

（4）板状保温材料的质量，应符合设计要求。

检验方法：检查出厂合格证、质量检验报告和进场检验报告。

（5）板状材料保温层的厚度应符合设计要求，其正偏差应不限，负偏差应为5%，且不得大于4mm。

检验方法：钢针插入和尺量检查。

（6）屋面热桥部位处理应符合设计要求。

检验方法：观察检查。

（7）板状保温材料铺设应紧贴基层，应铺平垫稳，拼缝应严密，粘贴应牢固。

检验方法：观察检查。

（8）固定件的规格、数量和位置均应符合设计要求；垫片应与保温层表面齐平。

检验方法：观察检查。

（9）板状材料保温层表面平整度的允许偏差为5mm。

检验方法：2m靠尺和塞尺检查。

（10）板状材料保温层接缝高低差的允许偏差为2mm。

检验方法：直尺和塞尺检查。

3. 纤维材料保温层

（1）纤维保温材料应紧靠在基层表面上，平面接缝应挤紧拼严，上下层接缝应相互错开。

（2）屋面坡度较大时，宜采用金属或塑料专用固定件将纤维保温材料与基层固定。

（3）纤维材料填充后，不得上人踩踏。

（4）装配式骨架纤维保温材料施工时，应先在基层上铺设保温龙骨或金属龙骨，龙骨之间应填充纤维保温材料，再在龙骨上铺钉水泥纤维板。金属龙骨和固定件应经防锈处理，金属龙骨与基层之间应采取隔热断桥措施。

（5）纤维保温材料的质量，应符合设计要求。

检验方法：检查出厂合格证、质量检验报告和进场检验报告。

（6）纤维材料保温层的厚度应符合设计要求，其正偏差应不限，毡不得有负偏差，板负偏差应为4%，且不得大于3mm。

检验方法：钢针插入和尺量检查。

（7）屋面热桥部位处理应符合设计要求。

检验方法：观察检查。

（8）纤维保温材料铺设应紧贴基层，拼缝应严密，表面应平整。

检验方法：观察检查。

（9）固定件的规格、数量和位置应符合设计要求；垫片应与保温层表面齐平。

检验方法：观察检查。

（10）装配式骨架和水泥纤维板应铺钉牢固，表面应平整；龙骨间距和板材厚度应符合设计要求。

检验方法：观察和尺量检查。

（11）具有抗水蒸气渗透外覆面的玻璃棉制品，其外覆面应朝向室内，拼缝应用防水密封胶带封严。

检验方法：观察检查。

4. 喷涂硬泡聚氨酯保温层

（1）保温层施工前应对喷涂设备进行调试，并应制备试样进行硬泡聚氨酯的性能检测。

（2）喷涂硬泡聚氨酯的配比应准确计量，发泡厚度应均匀一致。

（3）喷涂时喷嘴与施工基面的间距应由试验确定。

（4）一个作业面应分遍喷涂完成，每遍厚度不宜大于15mm；当日的作业面应当日连续地喷涂施工完毕。

（5）硬泡聚氨酯喷涂后20min内严禁上人；喷涂硬泡聚氨酯保温层完成后，应及时做保护层。

（6）喷涂硬泡聚氨酯所用原材料的质量及配合比，应符合设计要求。

检验方法：检查原材料出厂合格证、质量检验报告和计量措施。

（7）喷涂硬泡聚氨酯保温层的厚度应符合设计要求，其正偏差应不限，不得有负偏差。

检验方法：钢针插入和尺量检查。

（8）屋面热桥部位处理应符合设计要求。

检验方法：观察检查。

（9）喷涂硬泡聚氨酯应分遍喷涂，粘结应牢固，表面应平整，找坡应正确。

检验方法：观察检查。

（10）喷涂硬泡聚氨酯保温层表面平整度的允许偏差为5mm。

检验方法：2m靠尺和塞尺检查。

5. 现浇泡沫混凝土保温层

（1）在浇筑泡沫混凝土前，应将基层上的杂物和油污清理干净；基层应浇水湿润，但不得有积水。

（2）保温层施工前应对设备进行调试，并应制备试样进行泡沫混凝土的性能检测。

（3）泡沫混凝土的配合比应准确计量，制备好的泡沫加入水泥料浆中应搅拌均匀。

（4）浇筑过程中，应随时检查泡沫混凝土的湿密度。

（5）现浇泡沫混凝土所用原材料的质量及配合比，应符合设计要求。

检验方法：检查原材料出厂合格证、质量检验报告和计量措施。

（6）现浇泡沫混凝土保温层的厚度应符合设计要求，其正负偏差应为5%，且不得大于5mm。

检验方法：钢针插入和尺量检查。

（7）屋面热桥部位处理应符合设计要求。

检验方法：观察检查。

（8）现浇泡沫混凝土应分层施工，粘结应牢固，表面应平整，找坡应正确。

检验方法：观察检查。

（9）现浇泡沫混凝土不得有贯通性裂缝，以及疏松、起砂、起皮现象。

检验方法：观察检查。

（10）现浇泡沫混凝土保温层表面平整度的允许偏差为5mm。

检验方法：2m靠尺和塞尺检查。

6. 种植隔热层

（1）种植隔热层与防水层之间宜设细石混凝土保护层。

（2）种植隔热层的屋面坡度大于20%时，其排水层、种植土层应采取防滑措施。

（3）排水层施工应符合下列要求：

①陶粒的粒径不应小于25mm，大粒径应在下，小粒径应在上。

②凹凸形排水板宜采用搭接法施工，网状交织排水板宜采用对接法施工。

③排水层上应铺设过滤层土工布。

④挡墙或挡板的下部应设泄水孔，孔周围应放置疏水粗细骨料。

（4）过滤层土工布应沿种植土周边向上铺设至种植土高度，并应与挡墙或挡板粘牢；土工布的搭接宽度不应小于100mm，接缝宜采用粘合或缝合。

（5）种植土的厚度及自重应符合设计要求。种植土表面应低于挡墙高度100mm。

（6）种植隔热层所用材料的质量，应符合设计要求。

检验方法：检查出厂合格证和质量检验报告。

（7）排水层应与排水系统连通。

检验方法：观察检查。

（8）挡墙或挡板泄水孔的留设应符合设计要求，并不得堵塞。

检验方法：观察和尺量检查。

（9）陶粒应铺设平整、均匀，厚度应符合设计要求。

检验方法：观察和尺量检查。

（10）排水板应铺设平整，接缝方法应符合国家现行有关标准的规定。

检验方法：观察和尺量检查。

（11）过滤层土工布应铺设平整、接缝严密，其搭接宽度的允许偏差为 -10mm。

检验方法：观察和尺量检查。

（12）种植土应铺设平整、均匀，其厚度的允许偏差为 ±5%，且不得大于30mm。

检验方法：尺量检查。

7．架空隔热层

（1）架空隔热层的高度应按屋面宽度或坡度大小确定。设计无要求时，架空隔热层的高度宜为180～300mm。

（2）当屋面宽度大于10m时，应在屋面中部设置通风屋脊，通风口处应设置通风箅子。

（3）架空隔热制品支座底面的卷材、涂膜防水层，应采取加强措施。

（4）架空隔热制品的质量应符合下列要求：

①非上人屋面的砌块强度等级不应低于MU7.5；上人屋面的砌块强度等级不应低于MU10。

②混凝土板的强度等级不应低于C20，板厚及配筋应符合设计要求。

（5）架空隔热制品的质量，应符合设计要求。

检验方法：检查材料或构件合格证和质量检验报告。

（6）架空隔热制品的铺设应平整、稳固，缝隙勾填应密实。

检验方法：观察检查。

（7）架空隔热制品距山墙或女儿墙不得小于250mm。

检验方法：观察和尺量检查。

（8）架空隔热层的高度及通风屋脊、变形缝做法，应符合设计要求。

检验方法：观察和尺量检查。

（9）架空隔热制品接缝高低差的允许偏差为3mm。

检验方法：直尺和塞尺检查。

8. 蓄水隔热层

（1）蓄水隔热层与屋面防水层之间应设隔离层。

（2）蓄水池的所有孔洞应预留，不得后凿；所设置的给水管、排水管和溢水管等，均应在蓄水池混凝土施工前安装完毕。

（3）每个蓄水区的防水混凝土应一次浇筑完毕，不得留施工缝。

（4）防水混凝土应用机械振捣密实，表面应抹平和压光，初凝后应覆盖养护，终凝后浇水养护不得少于14d；蓄水后不得断水。

（5）防水混凝土所用材料的质量及配合比，应符合设计要求。

检验方法：检查出厂合格证、质量检验报告、进场检验报告和计量措施。

（6）防水混凝土的抗压强度和抗渗性能，应符合设计要求。

检验方法：检查混凝土抗压和抗渗试验报告。

（7）蓄水池不得有渗漏现象。

检验方法：蓄水至规定高度观察检查。

（8）防水混凝土表面应密实、平整，不得有蜂窝、麻面、露筋等缺陷。

检验方法：观察检查。

（9）防水混凝土表面的裂缝宽度不应大于0.2mm，并不得贯通。

检验方法：刻度放大镜检查。

（10）蓄水池上所留设的溢水口、过水孔、排水管、溢水管等，其位置、标高和尺寸均应符合设计要求。

检验方法：观察和尺量检查。

（11）蓄水池结构的允许偏差和检验方法应符合表5.1.19的规定。

蓄水池结构的允许偏差和检验方法　　表5.1.19

项目	允许偏差（mm）	检验方法
长度、宽度	+15，−10	尺量检查
厚度	±5	
表面平整度	5	2m靠尺和塞尺检查
排水坡度	符合设计要求	坡度尺检查

5.1.3.4 防水与密封工程

1. 一般规定

（1）本节内容适用于卷材防水层、涂膜防水层、复合防水层和接缝密封防水等分项工程的施工质量验收。

（2）防水层施工前，基层应坚实、平整、干净、干燥。

（3）基层处理剂应配比准确，并应搅拌均匀；喷涂或涂刷基层处理剂应均匀一致，待其干燥后应及时进行卷材、涂膜防水层和接缝密封防水施工。

（4）防水层完工并经验收合格后，应及时做好成品保护。

（5）防水与密封工程各分项工程每个检验批的抽检数量，防水层应按屋面面积每100m^{2}抽查一处，每处应为10m^2，且不得少于3处；接缝密封防水应按每50m抽查一处，每处应为5m，且不得少于3处。

2. 卷材防水层

（1）屋面坡度大于25%时，卷材应采取满粘和钉压固定措施。

（2）卷材铺贴方向应符合下列规定：

①卷材宜平行屋脊铺贴；

②上下层卷材不得相互垂直铺贴。

（3）卷材搭接缝应符合下列规定：

①平行屋脊的卷材搭接缝应顺流水方向，卷材搭接宽度应符合表5.1.20的规定；

②相邻两幅卷材短边搭接缝应错开，且不得小于500mm；

③上下层卷材长边搭接缝应错开，且不得小于幅宽的1/3。

卷材搭接宽度　　表5.1.20

卷材类别		搭接宽度（mm）
合成高分子防水卷材	胶粘剂	80
	胶粘带	50
	单缝焊	60，有效焊接宽度不小于25
	双缝焊	80，有效焊接宽度10×2+空腔宽
高聚物改性沥青防水卷材	胶粘剂	100
	自粘	80

（4）冷粘法铺贴卷材应符合下列规定：

①胶粘剂涂刷应均匀，不应露底，不应堆积；

②应控制胶粘剂涂刷与卷材铺贴的间隔时间；

③卷材下面的空气应排尽，并应辊压粘牢固；

④卷材铺贴应平整顺直，搭接尺寸应准确，不得扭曲、皱折；

⑤接缝口应用密封材料封严，宽度不应小于10mm。

（5）热粘法铺贴卷材应符合下列规定：

①熔化热熔型改性沥青胶结料时，宜采用专用导热油炉加热，加热温度不应高于200℃，使用温度不宜低于180℃；

②粘贴卷材的热熔型改性沥青胶结料厚度宜为1.0～1.5mm；

③采用热熔型改性沥青胶结料粘贴卷材时，应随刮随铺，并应展平压实。

（6）热熔法铺贴卷材应符合下列规定：

①火焰加热器加热卷材应均匀，不得加热不足或烧穿卷材；

②卷材表面热熔后应立即滚铺，卷材下面的空气应排尽，并应辊压粘贴牢固；

③卷材接缝部位应溢出热熔的改性沥青胶，溢出的改性沥青胶宽度宜为8mm；

④铺贴的卷材应平整顺直，搭接尺寸应准确，不得扭曲、皱折；

⑤厚度小于3mm的高聚物改性沥青防水卷材，严禁采用热熔法施工。

（7）自粘法铺贴卷材应符合下列规定：

①铺贴卷材时，应将自粘胶底面的隔离纸全部撕净；

②卷材下面的空气应排尽，并应辊压粘贴牢固；

③铺贴的卷材应平整顺直，搭接尺寸应准确，不得扭曲、皱折；

④接缝口应用密封材料封严，宽度不应小于10mm；

⑤低温施工时，接缝部位宜采用热风加热，并应随即粘贴牢固。

（8）焊接法铺贴卷材应符合下列规定：

①焊接前卷材应铺设平整、顺直，搭接尺寸应准确，不得扭曲、皱折；

②卷材焊接缝的结合面应干净、干燥，不得有水滴、油污及附着物；

③焊接时应先焊长边搭接缝，后焊短边搭接缝；

④控制加热温度和时间，焊接缝不得有漏焊、跳焊、焊焦或焊接不牢现象；

⑤焊接时不得损害非焊接部位的卷材。

(9)机械固定法铺贴卷材应符合下列规定:

①卷材应采用专用固定件进行机械固定;

②固定件应设置在卷材搭接缝内,外露固定件应用卷材封严;

③固定件应垂直钉入结构层有效固定,固定件数量和位置应符合设计要求;

④卷材搭接缝应粘结或焊接牢固,密封应严密;

⑤卷材周边800mm范围内应满粘。

(10)防水卷材及其配套材料的质量,应符合设计要求。

检验方法;检查出厂合格证、质量检验报告和进场检验报告。

(11)卷材防水层不得有渗漏和积水现象。

检验方法:雨后观察或淋水、蓄水试验。

(12)卷材防水层在檐口、檐沟、天沟、水落口、泛水、变形缝和伸出屋面管道的防水构造,应符合设计要求。

检验方法:观察检查。

(13)卷材的搭接缝应粘结或焊接牢固,密封应严密,不得扭曲、皱折和翘边。

检验方法:观察检查。

(14)卷材防水层的收头应与基层粘结,钉压应牢固,密封应严密。

检验方法:观察检查。

(15)卷材防水层的铺贴方向应正确,卷材搭接宽度的允许偏差为-10mm。

检验方法:观察和尺量检查。

(16)屋面排汽构造的排汽道应纵横贯通,不得堵塞;排汽管应安装牢固,位置应正确,封闭应严密。

检验方法:观察检查。

3. 涂膜防水层

(1)防水涂料应多遍涂布,并应待前一遍涂布的涂料干燥成膜后,再涂布后一遍涂料,且前后两遍涂料的涂布方向应相互垂直。

(2)铺设胎体增强材料应符合下列规定:

①胎体增强材料宜采用聚酯无纺布或化纤无纺布;

②胎体增强材料长边搭接宽度不应小于50mm,短边搭接宽度不应小于70mm;

③上下层胎体增强材料的长边搭接缝应错开，且不得小于幅宽的1/3；

④上下层胎体增强材料不得相互垂直铺设。

（3）多组分防水涂料应按配合比准确计量，搅拌应均匀，并应根据有效时间确定每次配制的数量。

（4）防水涂料和胎体增强材料的质量，应符合设计要求。

检验方法：检查出厂合格证、质量检验报告和进场检验报告。

（5）涂膜防水层不得有渗漏和积水现象。

检验方法：雨后观察或淋水、蓄水试验。

（6）涂膜防水层在檐口、檐沟、天沟、水落口、泛水、变形缝和伸出屋面管道的防水构造，应符合设计要求。

检验方法：观察检查。

（7）涂膜防水层的平均厚度应符合设计要求，且最小厚度不得小于设计厚度的80%。

检验方法：针测法或取样量测。

（8）涂膜防水层与基层应粘结牢固，表面应平整，涂布应均匀，不得有流淌、皱折、起泡和露胎体等缺陷。

检验方法：观察检查。

（9）涂膜防水层的收头应用防水涂料多遍涂刷。

检验方法：观察检查。

（10）铺贴胎体增强材料应平整顺直，搭接尺寸应准确，应排除气泡，并应与涂料粘结牢固；胎体增强材料搭接宽度的允许偏差为-10mm。

检验方法：观察和尺量检查。

4. 复合防水层

（1）卷材与涂料复合使用时，涂膜防水层宜设置在卷材防水层的下面。

（2）卷材与涂料复合使用时，防水卷材的粘结质量应符合表5.1.21的规定。

（3）复合防水层所用防水材料及其配套材料的质量，应符合设计要求。

检验方法：检查出厂合格证、质量检验报告和进场检验报告。

（4）复合防水层不得有渗漏和积水现象。

检验方法：雨后观察或淋水、蓄水试验。

（5）复合防水层在天沟、檐沟、檐口、水落口、泛水、变形缝和伸出屋面管道的防水构造，应符合设计要求。

防水卷材的粘结质量　　表5.1.21

项目	自粘聚合物改性沥青防水卷材和带自粘层防水卷材	高聚物改性沥青防水卷材胶粘剂	合成高分子防水卷材胶粘剂
粘结剥离强度（N/10mm）	≥10或卷材断裂	≥8或卷材断裂	≥15或卷材断裂
剪切状态下的粘合强度（N/10mm）	≥20或卷材断裂	≥20或卷材断裂	≥20或卷材断裂
浸水168h后粘结剥离强度保持率（%）	—	—	≥70

检验方法：观察检查。

（6）卷材与涂膜应粘贴牢固，不得有空鼓和分层现象。

检验方法：观察检查。

（7）复合防水层的总厚度应符合设计要求。

检验方法：针测法或取样量测。

5. 接缝密封防水

（1）密封防水部位的基层应符合下列要求：

①基层应牢固，表面应平整、密实，不得有裂缝、蜂窝、麻面、起皮和起砂现象；

②基层应清洁、干燥，并应无油污、无灰尘；

③嵌入的背衬材料与接缝壁间不得留有空隙；

④密封防水部位的基层宜涂刷基层处理剂，涂刷应均匀，不得漏涂。

（2）多组分密封材料应按配合比准确计量，拌合应均匀，并应根据有效时间确定每次配制的数量。

（3）密封材料嵌填完成后，在固化前应避免灰尘、破损及污染，且不得踩踏。

（4）密封材料及其配套材料的质量，应符合设计要求。

检验方法：检查出厂合格证、质量检验报告和进场检验报告。

（5）密封材料嵌填应密实、连续、饱满，粘结牢固，不得有气泡、开裂、脱落等缺陷。

检验方法：观察检查。

（6）密封防水部位的基层应符合本小节第（1）条规定。

检验方法：观察检查。

（7）接缝宽度和密封材料的嵌填深度应符合设计要求，接缝宽度的允许偏差为±10%。

检验方法：尺量检查。

（8）嵌填的密封材料表面应平滑，缝边应顺直，应无明显不平和周边污染现象。

检验方法：观察检查。

5.1.3.5 瓦面与板面工程

1. 一般规定

（1）本内容适用于烧结瓦、混凝土瓦、沥青瓦和金属板、玻璃采光顶铺装等分项工程的施工质量验收。

（2）瓦面与板面工程施工前，应对主体结构进行质量验收，并应符合现行国家标准《混凝土结构工程施工质量验收规范》GB 50204、《钢结构工程施工质量验收标准》GB 50205和《木结构工程施工质量验收规范》GB 50206的有关规定。

（3）木质望板、檩条、顺水条、挂瓦条等构件，均应做防腐、防蛀和防火处理；金属顺水条、挂瓦条以及金属板、固定件，均应做防锈处理。

（4）瓦材或板材与山墙及突出屋面结构的交接处，均应做泛水处理。

（5）在大风及地震设防地区或屋面坡度大于100%时，瓦材应采取固定加强措施。

（6）在瓦材的下面应铺设防水层或防水垫层，其品种、厚度和搭接宽度均应符合设计要求。

（7）严寒和寒冷地区的檐口部位，应采取防雪融冰坠的安全措施。

（8）瓦面与板面工程各分项工程每个检验批的抽检数量，应按屋面面积每100m^2抽查一处，每处应为10m^2，且不得少于3处。

2. 烧结瓦和混凝土瓦铺装

（1）平瓦和脊瓦应边缘整齐，表面光洁，不得有分层、裂纹和露砂等缺陷；平瓦的瓦爪与瓦槽的尺寸应配合。

（2）基层、顺水条、挂瓦条的铺设应符合下列规定：

①基层应平整、干净、干燥；持钉层厚度应符合设计要求；

②顺水条应垂直正脊方向铺钉在基层上，顺水条表面应平整，其间距不宜大于500mm；

③挂瓦条的间距应根据瓦片尺寸和屋面坡长经计算确定；

④挂瓦条应铺钉平整、牢固，上棱应成一直线。

（3）挂瓦应符合下列规定：

①挂瓦应从两坡的檐口同时对称进行。瓦后爪应与挂瓦条挂牢，并应与邻边、下面两瓦落槽密合；

②檐口瓦、斜天沟瓦应用镀锌铁丝拴牢在挂瓦条上，每片瓦均应与挂瓦条固定牢固；

③整坡瓦面应平整，行列应横平竖直，不得有翘角和张口现象；

④正脊和斜脊应铺平挂直，脊瓦搭盖应顺主导风向和流水方向。

（4）烧结瓦和混凝土瓦铺装的有关尺寸，应符合下列规定：

①瓦屋面檐口挑出墙面的长度不宜小于300mm；

②脊瓦在两坡面瓦上的搭盖宽度，每边不应小于40mm；

③脊瓦下端距坡面瓦的高度不宜大于80mm；

④瓦头伸入檐沟、天沟内的长度宜为50～70mm；

⑤金属檐沟、天沟伸入瓦内的宽度不应小于150mm；

⑥瓦头挑出檐口的长度宜为50～70mm；

⑦突出屋面结构的侧面瓦伸入泛水的宽度不应小于50mm。

（5）瓦材及防水垫层的质量，应符合设计要求。

检验方法：检查出厂合格证、质量检验报告和进场检验报告。

（6）烧结瓦、混凝土瓦屋面不得有渗漏现象。

检验方法：雨后观察或淋水试验。

（7）瓦片必须铺置牢固。在大风及地震设防地区或屋面坡度大于100%时，应按设计要求采取固定加强措施。

检验方法：观察或手扳检查。

（8）挂瓦条应分档均匀，铺钉应平整、牢固；瓦面应平整，行列应整齐，搭接应紧密，檐口应平直。

检验方法：观察检查。

（9）脊瓦应搭盖正确，间距应均匀，封固应严密；正脊和斜脊应顺直，应无起伏现象。

检验方法：观察检查。

（10）泛水做法应符合设计要求，并应顺直整齐、结合严密。

检验方法：观察检查。

（11）烧结瓦和混凝土瓦铺装的有关尺寸，应符合设计要求。

检验方法：尺量检查。

3. 沥青瓦铺装

（1）沥青瓦应边缘整齐，切槽应清晰，厚薄应均匀，表面应无孔洞、楞伤、裂纹、皱折和起泡等缺陷。

（2）沥青瓦应自檐口向上铺设，起始层瓦应由瓦片经切除垂片部分后制得，且起始层瓦沿檐口平行铺设并伸出檐口10mm，并应用沥青基胶粘材料与基层粘结；第一层瓦应与起始层瓦叠合，但瓦切口应向下指向檐口；第二层瓦应压在第一层瓦上且露出瓦切口，但不得超过切口长度。相邻两层沥青瓦的拼缝及切口应均匀错开。

（3）铺设脊瓦时，宜将沥青瓦沿切口剪开分成3块作为脊瓦，并应用2个固定钉固定，同时应用沥青基胶粘材料密封；脊瓦搭盖应顺主导风向。

（4）沥青瓦的固定应符合下列规定：

①沥青瓦铺设时，每张瓦片不得少于4个固定钉，在大风地区或屋面坡度大于100%时，每张瓦片不得少于6个固定钉；

②固定钉应垂直钉入沥青瓦压盖面，钉帽应与瓦片表面齐平；

③固定钉钉入持钉层深度应符合设计要求；

④屋面边缘部位沥青瓦之间以及起始瓦与基层之间，均应采用沥青基胶粘材料满粘。

（5）沥青瓦铺装的有关尺寸应符合下列规定：

①脊瓦在两坡面瓦上的搭盖宽度，每边不应小于150mm；

②脊瓦与脊瓦的压盖面不应小于脊瓦面积的1/2；

③沥青瓦挑出檐口的长度宜为10～20mm；

④金属泛水板与沥青瓦的搭盖宽度不应小于100mm；

⑤金属泛水板与突出屋面墙体的搭接高度不应小于250mm；

⑥金属滴水板伸入沥青瓦下的宽度不应小于80mm。

（6）沥青瓦及防水垫层的质量，应符合设计要求。

检验方法：检查出厂合格证、质量检验报告和进场检验报告。

（7）沥青瓦屋面不得有渗漏现象。

检验方法：雨后观察或淋水试验。

（8）沥青瓦铺设应搭接正确，瓦片外露部分不得超过切口长度。

检验方法：观察检查。

（9）沥青瓦所用固定钉应垂直钉入持钉层，钉帽不得外露。

检验方法：观察检查。

（10）沥青瓦应与基层粘钉牢固，瓦面应平整，檐口应平直。

检验方法：观察检查。

（11）泛水做法应符合设计要求，并应顺直整齐、结合紧密。

检验方法：观察检查。

（12）沥青瓦铺装的有关尺寸，应符合设计要求。

检验方法：尺量检查。

4. 金属板铺装

（1）金属板材应边缘整齐，表面应光滑，色泽应均匀，外形应规则，不得有翘曲、脱膜和锈蚀等缺陷。

（2）金属板材应用专用吊具安装，安装和运输过程中不得损伤金属板材。

（3）金属板材应根据要求板型和深化设计的排板图铺设，并应按设计图纸规定的连接方式固定。

（4）金属板固定支架或支座位置应准确，安装应牢固。

（5）金属板屋面铺装的有关尺寸应符合下列规定：

①金属板檐口挑出墙面的长度不应小于200mm；

②金属板伸入檐沟、天沟内的长度不应小于100mm；

③金属泛水板与突出屋面墙体的搭接高度不应小于250mm；

④金属泛水板、变形缝盖板与金属板的搭接宽度不应小于200mm；

⑤金属屋脊盖板在两坡面金属板上的搭盖宽度不应小于250mm。

（6）金属板材及其辅助材料的质量，应符合设计要求。

检验方法：检查出厂合格证、质量检验报告和进场检验报告。

（7）金属板屋面不得有渗漏现象。

检验方法：雨后观察或淋水试验。

（8）金属板铺装应平整、顺滑，排水坡度应符合设计要求。

检验方法：坡度尺检查。

（9）压型金属板的咬口锁边连接应严密、连续、平整，不得扭曲和裂口。

检验方法：观察检查。

（10）压型金属板的紧固件连接应采用带防水垫圈的自攻螺钉，固定点应设在波峰上；所有自攻螺钉外露的部位均应密封处理。

检验方法：观察检查。

（11）金属面绝热夹芯板的纵向和横向搭接，应符合设计要求。

检验方法：观察检查。

（12）金属板的屋脊、檐口、泛水，直线段应顺直，曲线段应顺畅。

检验方法：观察检查。

（13）金属板材铺装的允许偏差和检验方法，应符合表5.1.22的规定。

金属板铺装的允许偏差和检验方法　　表5.1.22

项目	允许偏差（mm）	检验方法
檐口与屋脊的平行度	15	拉线和尺量检查
金属板对屋脊的垂直度	单坡长度的1/800，且不大于25	
金属板咬缝的平整度	10	拉线和尺量检查
檐口相邻两板的端部错位	6	
金属板铺装的有关尺寸	符合设计要求	尺量检查

5. 玻璃采光顶铺装

（1）玻璃采光顶的预埋件应位置准确，安装应牢固。

（2）采光顶玻璃及玻璃组件的制作，应符合现行行业标准《建筑玻璃采光顶》JG/T 231的有关规定。

（3）采光顶玻璃表面应平整、洁净，颜色应均匀一致。

（4）玻璃采光顶与周边墙体之间的连接，应符合设计要求。

（5）采光顶玻璃及其配套材料的质量，应符合设计要求。

检验方法：检查出厂合格证和质量检验报告。

（6）玻璃采光顶不得有渗漏现象。

检验方法：雨后观察或淋水试验。

（7）硅酮耐候密封胶的打注应密实、连续、饱满，粘结应牢固，不得有气泡、开裂、脱落等缺陷。

检验方法：观察检查。

（8）玻璃采光顶铺装应平整、顺直；排水坡度应符合设计要求。

检验方法：观察和坡度尺检查。

（9）玻璃采光顶的冷凝水收集和排除构造，应符合设计要求。

检验方法：观察检查。

（10）明框玻璃采光顶的外露金属框或压条应横平竖直，压条安装应牢固；隐框玻璃采光顶的玻璃分格拼缝应横平竖直，均匀一致。

检验方法：观察和手扳检查。

（11）点支承玻璃采光顶的支承装置应安装牢固，配合应严密；支承装置不得与玻璃直接接触。

检验方法：观察检查。

（12）采光顶玻璃的密封胶缝应横平竖直，深浅应一致，宽窄应均匀，应光滑顺直。

检验方法：观察检查。

（13）明框玻璃采光顶铺装的允许偏差和检验方法，应符合表5.1.23的规定。

（14）隐框玻璃采光顶铺装的允许偏差和检验方法，应符合表5.1.24的规定。

（15）点支承玻璃采光顶铺装的允许偏差和检验方法，应符合表5.1.25的规定。

明框玻璃采光顶铺装的允许偏差和检验方法　表5.1.23

项目		允许偏差（mm）		检验方法
		铝构件	钢构件	
通长构件水平度（纵向或横向）	构件长度≤30m	10	15	水准仪检查
	构件长度≤60m	15	20	
	构件长度≤90m	20	25	
	构件长度≤150m	25	30	
	构件长度>150m	30	35	
单一构件直线度（纵向或横向）	构件长度≤2m	2	3	拉线和尺量检查
	构件长度>2m	3	4	
相邻构件平面高低差		1	2	直尺和塞尺检查
通长构件直线度（纵向或横向）	构件长度≤35m	5	7	经纬仪检查
	构件长度>35m	7	9	
分割框对角线差	对角线长度≤2m	3	4	尺量检查
	对角线长度>2m	3.5	5	

隐框玻璃采光顶铺装的允许偏差和检验方法 表5.1.24

项目		允许偏差（mm）	检验方法
通长构件接缝长度（纵向或横向）	接缝长度≤30m	10	水准仪检查
	接缝长度≤60m	15	
	接缝长度≤90m	20	
	接缝长度≤150m	25	
	接缝长度>150m	30	
相邻板块的平面高低差		1	直尺和塞尺检查
相邻板块的接缝直线度		2.5	拉线和尺量检查
通长接缝直线度（纵向或横向）	接缝长度≤35m	5	经纬仪检查
	接缝长度>35m	7	
玻璃间接缝宽度（与设计尺寸比）		2	尺量检查

点支承玻璃采光顶铺装的允许偏差和检验方法 表5.1.25

项目		允许偏差（mm）	检验方法
通长接缝水平度（纵向或横向）	接缝长度≤30m	10	水准仪检查
	接缝长度≤60m	15	
	接缝长度>60m	20	
相邻板块的平面高低差		1	直尺和塞尺检查
相邻板块的接缝直线度		2.5	拉线和尺量检查
通长接缝直线度（纵向或横向）	接缝长度≤35m	5	经纬仪检查
	接缝长度>35m	7	
玻璃间接缝宽度（与设计尺寸比）		2	尺量检查

5.1.3.6 细部构造工程

1. 一般规定

（1）本内容适用于檐口、檐沟和天沟、女儿墙和山墙、水落口、变形缝、伸出屋面管道、屋面出入口、反梁过水孔、设施基座、屋脊、屋顶窗等分项工程的施工质量验收。

（2）细部构造工程各分项工程每个检验批应全数进行检验。

（3）细部构造所使用卷材、涂料和密封材料的质量应符合设计要求，两种材料之间应具有相容性。

（4）屋面细部构造热桥部位的保温处理，应符合设计要求。

2. 檐口

（1）檐口的防水构造应符合设计要求。

检验方法：观察检查。

（2）檐口的排水坡度应符合设计要求；檐口部位不得有渗漏和积水现象。

检验方法：坡度尺检查和雨后观察或淋水试验。

（3）檐口800mm范围内的卷材应满粘。

检验方法：观察检查。

（4）卷材收头应在找平层的凹槽内用金属压条钉压固定，并应用密封材料封严。

检验方法：观察检查。

（5）涂膜收头应用防水涂料多遍涂刷。

检验方法：观察检查。

（6）檐口端部应抹聚合物水泥砂浆，其下端应做成鹰嘴和滴水槽。

检验方法：观察检查。

3. 檐沟和天沟

（1）檐沟、天沟的防水构造应符合设计要求。

检验方法：观察检查。

（2）檐沟、天沟的排水坡度应符合设计要求；沟内不得有渗漏和积水现象。

检验方法：坡度尺检查和雨后观察或淋水、蓄水试验。

（3）檐沟、天沟附加层铺设应符合设计要求。

检验方法：观察和尺量检查。

（4）檐沟防水层应由沟底翻上至外侧顶部，卷材收头应用金属压条钉压固定，并应用密封材料封严；涂膜收头应用防水涂料多遍涂刷。

检验方法：观察检查。

（5）檐沟外侧顶部及侧面均应抹聚合物水泥砂浆，其下端应做成鹰嘴或滴水槽。

检验方法：观察检查。

4. 女儿墙和山墙

（1）女儿墙和山墙的防水构造应符合设计要求。

检验方法：观察检查。

（2）女儿墙和山墙的压顶向内排水坡度不应小于5%，压顶内侧下端应做成鹰嘴或滴水槽。

检验方法：观察和坡度尺检查。

（3）女儿墙和山墙的根部不得有渗漏和积水现象。

检验方法：雨后观察或淋水试验。

（4）女儿墙和山墙的泛水高度及附加层铺设应符合设计要求。

检验方法：观察和尺量检查。

（5）女儿墙和山墙的卷材应满粘，卷材收头应用金属压条钉压固定，并应用密封材料封严。

检验方法：观察检查。

（6）女儿墙和山墙的涂膜应直接涂刷至压顶下，涂膜收头应用防水涂料多遍涂刷。

检验方法：观察检查。

5. 水落口

（1）水落口的防水构造应符合设计要求。

检验方法：观察检查。

（2）水落口杯上口应设在沟底的最低处；水落口处不得有渗漏和积水现象。

检验方法：雨后观察或淋水、蓄水试验。

（3）水落口的数量和位置应符合设计要求；水落口杯应安装牢固。

检验方法：观察和手扳检查。

（4）水落口周围直径500mm范围内坡度不应小于5%，水落口周围的附加层铺设应符合设计要求。

检验方法：观察和尺量检查。

（5）防水层及附加层伸入水落口杯内不应小于50mm，并应粘结牢固。

检验方法：观察和尺量检查。

6. 变形缝

（1）变形缝的防水构造应符合设计要求。

检验方法：观察检查。

（2）变形缝处不得有渗漏和积水现象。

检验方法：雨后观察或淋水试验。

（3）变形缝的泛水高度及附加层铺设应符合设计要求。

检验方法：观察和尺量检查。

（4）防水层应铺贴或涂刷至泛水墙的顶部。

检验方法：观察检查。

（5）等高变形缝顶部宜加扣混凝土或金属盖板。混凝土盖板的接缝应用密封材料封严；金属盖板应铺钉牢固，搭接缝应顺流水方向，并应做好防锈处理。

检验方法：观察检查。

（6）高低跨变形缝在高跨墙面上的防水卷材封盖和金属盖板，应用金属压条钉压固定，并应用密封材料封严。

检验方法：观察检查。

7. 伸出屋面管道

（1）伸出屋面管道的防水构造应符合设计要求。

检验方法：观察检查。

（2）伸出屋面管道根部不得有渗漏和积水现象。

检验方法：雨后观察或淋水试验。

（3）伸出屋面管道的泛水高度及附加层铺设，应符合设计要求。

检验方法：观察和尺量检查。

（4）伸出屋面管道周围的找平层应抹出高度不小于30mm的排水坡。

检验方法：观察和尺量检查。

（5）卷材防水层收头应用金属箍固定，并应用密封材料封严；涂膜防水层收头应用防水涂料多遍涂刷。

检验方法：观察检查。

8. 屋面出入口

（1）屋面出入口的防水构造应符合设计要求。

检验方法：观察检查。

（2）屋面出入口处不得有渗漏和积水现象。

检验方法：雨后观察或淋水试验。

（3）屋面垂直出入口防水层收头应压在压顶圈下，附加层铺设应符合设计要求。

检验方法：观察检查。

（4）屋面水平出入口防水层收头应压在混凝土踏步下，附加层铺设和护墙应符合设计要求。

检验方法：观察检查。

（5）屋面出入口的泛水高度不应小于250mm。

检验方法：观察和尺量检查。

9. 反梁过水孔

（1）反梁过水孔的防水构造应符合设计要求。

检验方法：观察检查。

（2）反梁过水孔处不得有渗漏和积水现象。

检验方法：雨后观察或淋水试验。

（3）反梁过水孔的孔底标高、孔洞尺寸或预埋管管径，均应符合设计要求。

检验方法：尺量检查。

（4）反梁过水孔的孔洞四周应涂刷防水涂料；预埋管道两端周围与混凝土接触处应留凹槽，并应用密封材料封严。

检验方法：观察检查。

10. 设施基座

（1）设施基座的防水构造应符合设计要求。

检验方法：观察检查。

（2）设施基座处不得有渗漏和积水现象。

检验方法：雨后观察或淋水试验。

（3）设施基座与结构层相连时，防水层应包裹设施基座的上部，并应在地脚螺栓周围做密封处理。

检验方法：观察检查。

（4）设施基座直接放置在防水层上时，设施基座下部应增设附加层，必要时应在其上浇筑细石混凝土，其厚度不应小于50mm。

检验方法：观察检查。

（5）需经常维护的设施基座周围和屋面出入口至设施之间的人行道，应铺设块体材料或细石混凝土保护层。

检验方法：观察检查。

11. 屋脊

（1）屋脊的防水构造应符合设计要求。

检验方法：观察检查。

（2）屋脊处不得有渗漏现象。

检验方法：雨后观察或淋水试验。

（3）平脊和斜脊铺设应顺直，应无起伏现象。

检验方法：观察检查。

（4）脊瓦应搭盖正确，间距应均匀，封固应严密。

检验方法：观察和手扳检查。

12. 屋顶窗

（1）屋顶窗的防水构造应符合设计要求。

检验方法：观察检查。

（2）屋顶窗及其周围不得有渗漏现象。

检验方法：雨后观察或淋水试验。

（3）屋顶窗用金属排水板、窗框固定铁脚应与屋面连接牢固。

检验方法：观察检查。

（4）屋顶窗用窗口防水卷材应铺贴平整，粘结应牢固。

检验方法：观察检查。

5.1.4 屋面防水管理与维护

5.1.4.1 屋面防水管理

保证屋面的正常使用，及漏雨后检修需要注意以下几点：

1. 屋面施工过程检查

屋面在施工过程中，必须严格按照国家规范进行施工检查，尤其是细部结构的检查。主要检查点为首先找平层坡度是否平整合理，要对当地降水信息有所了解，雨水多的地区，坡度适当的增大，雨水口适当增加保证屋面不积水；其次防水卷材的选择要慎重，注重质量。

从外观及检验报告还不能简单的判定，为保险期间可现场取样指定检验机构进行检验，确保材料的使用效果及年限；最后，严格按照国家规范进行防水卷材的铺设，尤其注意细部施工，比如落水管口、屋面女儿墙的檐口等，因为在卷材未老化前，渗漏点经常出现在这些地方，所以必须严格把关。

2. 屋面出现问题后的检查

屋面出现渗漏问题，首先需要找到漏点，从室内的漏点确定大概位置，然后上屋面寻找开裂点或是鼓泡，进行局部的修补，再进行观察。如果通过表面观察，未发现明显的裂缝，就需要对一些细部位置进行详细排查，通常检查部位包括落水管与墙体接口处、女儿墙的檐口，上人屋面检查刚性现浇面与墙体的连接处等。在排查完细部结构后，如果原因不明，就需要对楼体屋面的结构进行分析检查看是否有管道漏水或者是线管造成雨水渗入，检查完毕后若依然无结果，就需要对找平层进行检查，一般可先在漏点两侧一米的地方依次开洞，以通过观察找平层内水分的饱和度来确定渗漏的源点位置，尽可能减少检查漏点的损失，最后在确定渗漏原因后提出维修方案进行维修。

3. 屋面渗漏的维修

根据屋面渗漏的情况不同可以分类进行维修。开裂的部位可以补贴卷材，但是补贴时必须保证裂缝周边有30cm的连接点保证裂缝不再扩大，补贴部分的卷材不可过厚，否则对原有屋面造成阻水。鼓泡、起泡部位需要将鼓泡处卷材割开，采取打补丁办法，重新加贴小块卷材护盖，施工时必须将基层晾干，连接点平顺严实，卷材内空气赶净。老化的屋面可根据屋面坡度，设定不同的区域进行严重老化部分的分割，然后进行局部的铺设，但这只是一种维修资金不足时的做法，通常情况下最好是将老化屋面一次性整体更换。如果屋面的保温层（或隔热层）内进水，必须对整个屋面进行全面的晾晒，必要时将重新铺设屋面，因为屋面保温层（或隔热层）内的水分不能全部挥发的就会影响卷材的防水效果，卷材很容易起泡，从而导致继续漏水。

5.1.4.2 屋面日常维护

1. 对于一个单位或者小区内的基建管理人员来说，首先要了解本单位的所有屋面的情况，并且建立一个随时可以查阅的档案，其中应包括每一栋楼屋面卷材的材质、使用年限、历年的修补记录以及位置等，这样对屋面有一个系统的了解，出现问题后也比较容易查找原因；而且可以通过记录，拟订维修计划，逐年的对老化的屋面进行彻底维修，摒弃传统的补漏式维修，而将屋面维修纳入科学规范化管理。

2. 对现有屋面进行定期的清理。因为屋面直接与空气接触，各种天气气候直接对它造成影响，常有垃圾、尘土等随大风和雨雪滞留在屋面上，经常堵塞落水口，所以在雨季很容易造成阻水、落水口积水等问题，长时间就造成鼓泡，甚至导致渗漏。鉴于以上原因，要求管理人员能够每3个月进行一次屋面清理，保证屋面的防水效果。

3. 对屋面进行严格管理，请专人对上人孔进行管理，避免屋面上出现随意踩踏、破坏行为。随着生活水平的提高，屋面的安装设施也有所增加，比如太阳能、天线等，如果在安装过程中没有严格的规章管理制度也会给屋面留下隐患，所以必须严格要求，专人管理。

4. 每年对建筑物内部屋顶进行一次彻底检查，及时发现问题，解决问题，降低维修成本，减小破坏范围。

屋面渗漏的问题不仅仅是建设问题，我们必须从选材、建设、检修以及日常维护各个环节保证它的使用效果及寿命。

5.2 屋面常见渗漏问题分析与防治

5.2.1 金属板屋面渗漏

平台屋面屋顶渗水原因及防治

5.2.1.1 金属板屋面漏水现象

在近几年的施工实践中发现，金属板屋面漏水主要出现在以下几个部位：屋脊部位；金属板与板的纵横向搭接处；采光带部位；屋面开孔部位；螺钉及紧固件处（图5.2.1）。

5.2.1.2 金属板屋面渗漏原因分析

1. 屋脊部位

（1）在雨季，尤其是雨水量大时，雨水的飞溅通过脊瓦下部两张彩钢板对接处缝隙，形成大面积渗漏。

该部位漏水的主要原因是：屋脊处波峰太高，屋脊盖板无法保证防水；纵向搭接不放硅胶，形成缝隙而漏水；屋脊盖板纵向搭接用铆钉连接，热胀冷缩强度不够而拉断铆钉，形成漏水；屋脊盖板与屋面板之间不敷设堵头，或堵头放置不规范而脱落，形成漏水。

（2）解决办法：屋脊盖板做宽些，另外坡度找大；逢瓦波部位剪口；搭接

图5.2.1 压型金属板屋面漏水现象

处敷设硅胶；更换缝合钉；堵头应与板型板匹配，堵头敷设时应上下放硅胶。

2. 彩钢板纵、横向搭接处

（1）水平搭接缝和竖向搭接缝，彩钢板搭接处漏水，若遇见彩钢板瓦波过低或者雨水量大没过瓦波时，容易形成大面积漏水，且不易发觉漏水点，一旦形成不易检修。多见于弧形屋面。

其原因主要是两张板之间搭接不紧、自攻丝没有打满形成了空隙等。

（2）防治措施：①压型钢板的纵向搭接应位于檩条或墙梁处，两块板均应伸至支承构件上。搭接长度：高波屋面板（波高大于70mm）为350mm；屋面坡度≤10%的低波屋面板为250mm，屋面坡度＞10%的低波屋面板为200mm。屋面搭接时，板缝间需设通长密封胶带。②压型钢板的横向搭接方向宜与主导风向一致，搭接不小于一波。搭接部位设通长密封胶带。

3. 采光带部位

（1）主要原因：采光板板型与屋面板板型不吻合，安装后，搭接处密封不严形成缝隙进入屋面内部漏水；采光板纵向搭接长度不够，且未安装防水密封条；采光板和彩钢板之间为刚性搭接，中间的缝隙未密封。

（2）防治措施：购买采光板时，采光板板型选用一定要和屋面板板型相吻合，波峰、波距等与屋面板相配套。采光板与采光板或采光板与屋面压型钢板纵向搭接长度200～250mm，且贴置两条通长丁基止水胶带。

4. 采光板部位

（1）主要原因：由于采光板与檩条线性膨胀系数不同造成采光板螺钉固定处产生温差应力超过板材受剪应力造成破坏，形成渗漏。

防治措施：采光板在固定前先导孔，孔径必须大于固定螺钉直径的6～9mm，以作为热胀冷缩之用。

（2）次要原因为施工不当：局部采光板中部漏打螺钉造成变形向一端发展；个别采光带顶部未与檩条有效连接，仅与屋脊盖板连接在采光板收缩过程中螺钉脱落造成渗漏；个别采光带上未使用采光板专用螺钉，稍有变形就出现渗漏情况。

防治措施：①对采光板所有非专用螺钉进行换除，并检查所有螺钉、垫片等完好。②对螺钉松动、未与檩条有效连接处进行返工。

（3）屋面采光板防止漏水还应注意以下几方面：防水螺钉施打在波峰上部；固定完成后，固定点用弹性耐候胶封堵。

（4）设计不当：如采光带不从屋脊开始，造成采光带上部防水不好处理，形成渗漏。

防治措施：把采光带改成从屋脊开始，最好通长至檐口。

（5）对于保温屋面，采光带要设计成双层的。每层采光板之间及采光板与檩条、屋面板之间都要做好密封隔汽处理。

5. 屋面开孔部位

（1）漏水的主要原因：开孔未按设计节点进行防水处理，钢堵头放置未敷设防水胶泥和硅胶；开孔四周预留范围较小，雨水流淌不畅，容易积水；开孔四周包边搭接未进行防水处理；开孔内部四周未加结构件，形成低凹积水；防水施工存在阻水现象，形成积水。

（2）解决办法：按设计图纸施工并严格施工工序，敷设胶泥、硅胶；开孔四周预留范围必须满足排水要求；墙面、屋面开孔后必须随后进行防水处理；后增围护开孔尽量要增设檩条或角钢结构，减小围护变形；防水施工安装必须严密、平整，使水流顺畅。

5.2.1.3 金属板屋面渗漏质量通病防治措施

1. 屋面板的安装及细部处理措施

（1）应在屋面所有钢结构（含钢檩条、拉条、钢天沟、钢天窗等）安装完毕验收合格后进行。重点检查屋面檩条的安装间距、坡度，拉条直径、数量、位置，钢天沟及山墙的平直度等是否符合设计要求。

（2）屋面板的纵向搭接应位于檩条或墙梁处，两块板均应伸至支承构件上。搭接长度：高波屋面板为350mm；屋面坡度≤10%的低波屋面板为250mm，屋面坡度＞10%的低波屋面板为200mm；屋面板搭接时，板缝间应铺设双道通长双面密封胶条。

2. 防止屋面漏水的构造措施

（1）当用非咬边方法时，应用自攻螺钉或铝合金拉锚螺栓连接，间距同檩条距，采用严密的防水措施。

（2）当采用国产的防水密封材料时，宜将连接件设于压型板的波峰，以利防渗漏水（高波型搭接部件必须设连接件）。

（3）连接点可每波设置1个，也可隔波设1个，但每块压型板与同一檩条的连接不得少于3个连接点。

（4）必要时采用具有较高的粘结强度、好的追随性，以及耐候性极佳的丁基橡胶防水密封粘结带，作为金属板屋面的配套防水材料。

3. 屋面管道或通风机口部位渗漏水的防治

（1）屋顶风机口的防水处理做法，应采用从屋脊盖板处加通长防水盖板至风机口上端进行防水，将可能聚集于波谷处的雨水、雪水导向风机口两侧，接口部位封打硅硐密封胶后，用防水拉铆钉固定。

（2）风机口泛水板与屋面板的搭接长度应大于或等于250mm。

（3）所有需涂密封胶或铺设密封胶带部位，应首先清理粘结面的污染物并用干布擦净后再进行涂胶或铺设胶带。

（4）铺设的双面密封胶带应与构件粘结部件相吻合，不允许出现空鼓现象。

（5）密封胶、双面密封胶带、缝合钉的密封胶圈应具备耐老化、富有弹性、变形小、耐紫外线、耐污染等性能。

（6）操作时要注意检查粘结前是否有胶，涂胶应均匀，发现缺胶要及时补涂后，方可进行板材粘结固定。

（7）采用自攻钉固定时应掌握各固定点受力均匀，不应过紧或过松。屋顶部位固定应用防水型专用拉铆钉，拉铆后拉铆钉外露部分打满密封胶。

（8）通风机口设计在屋脊处时，风机骨架的泛水板与屋脊盖板连接前应在泛水板底面四周横向均匀涂打三条密封胶，然后再进行固定紧固。

（9）风机泛水板与通长盖板搭接部位的密封也可以采用胶泥+硅密封胶或双面胶带的密封方法。与屋脊盖板横向搭接的屋面板波峰处应封堵内封泡沫堵头，周围用硅胶密封。

（10）风机骨架外包彩钢板（泛水板）包角的宽度不应小于50mm，连接部位应纵向粘贴双面密封胶条或涂打密封胶，缝合固定点的间距应小于或等于150mm。

（11）为提高屋面风机口或管道部位防渗漏效果，除上述作法外还可采用SBS防水材料在风机口泛水板与屋面盖板连接处进行喷灯烘烤热合，做加强防水密封，SBS防水材料覆盖泛水板与屋面盖板的宽度分别为100mm。

4. 屋脊部位渗漏水的防治

（1）防止屋脊盖板因接口变形引起渗漏水的方法，可在屋脊盖板搭接部位各安装30mm × 3mm钢支架，通过拉铆钉固定支撑盖板防止接口变形开裂。盖板接口搭接部位用密封胶条封闭，接口外边缘再进行打胶处理。屋脊盖板之间搭接长度应大于或等于150mm，固定盖板应采用防水拉铆钉，每波峰固定不少于两点，其间距小于或等于100mm，铆钉外露部分满打密封胶。

（2）屋脊挡水板和屋脊堵头板与屋脊盖板连接处应用中性硅胶封严密。

（3）屋脊保温棉的铺设，宜将屋面保温棉左边跃过屋脊底板搭在右边Z形檩上，然后右边保温棉再搭在左边Z形檩上。

（4）可将屋面板端部的波谷处板面向上折起约90°，折角处用硅胶密封，能有效防止雨水倒灌入屋脊接口处，代替泡沫堵头（图5.2.2）。

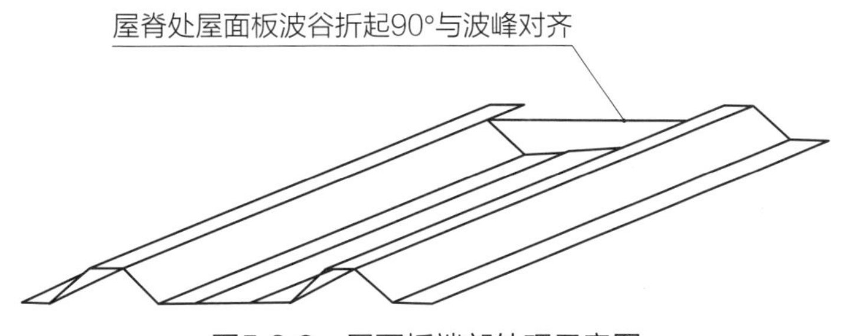

图5.2.2　屋面板端部处理示意图

（5）屋面双坡屋脊连接部位，可采用通长聚氨酯现场发泡密封方法，可以加强防水功能提高使用耐久性（图5.2.3）。

（6）为保证屋脊部位防水效果，脊盖板两端面尺寸宜加长至2 × 400mm，

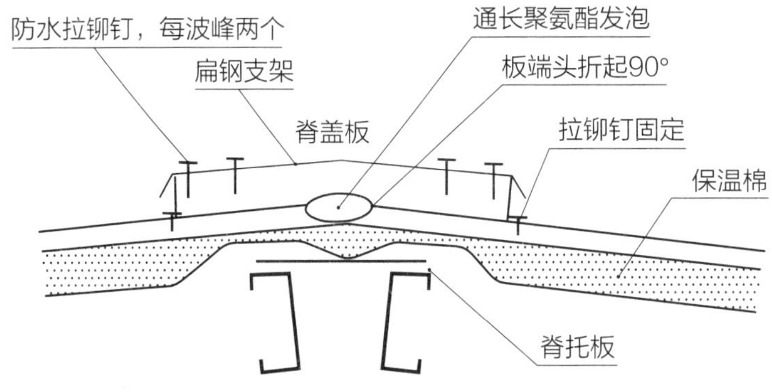

图5.2.3 双坡屋脊连接部位示意图

其挡水披件与屋脊盖板预制成整体，屋脊盖板与屋面板相交处做封胶处理。

（7）严禁随意踩踏屋脊盖板，若搭接处出现缝隙或开胶现象，可从板材侧面撑开开胶部位将胶体清除干净然后将硅胶打入板材夹缝内，再用防水拉铆钉固定。

5. 压型屋面板和采光带部位渗漏水的防治

（1）安装屋面顶板时，要保证顶檩平直，辅檩搭接牢固，支架均匀，避免作业时由于以上结构固定不牢、松动造成顶板移动，降低屋面的防水效果。

（2）定做加工的采光板其板型、波峰必须与屋面板一致，保证接口处的严密度。

（3）采光板应加工成两通长板边为双母口型，安装时将密封胶带通长铺设于彩钢板波峰及峰肩部，再将采光带由上向下压扣在屋面彩钢板上，搭接部位用自攻钉与附檩固定，采光板之间的横向搭接部位采用缝合钉密封固定，其防水效果非常理想。

5.2.2 屋面变形缝渗漏

5.2.2.1 屋面变形缝渗漏现象

屋面变形缝处出现脱开、拉裂、泛水、渗水等情况（图5.2.4）。

5.2.2.2 屋面变形缝渗漏原因分析

1. 屋面变形缝，如伸缩缝、沉降缝等没有按规定附加干铺卷村，或铁皮凸棱安反，铁皮向中间泛水，卷材未预留变形量、未设置加强层，造成变形缝漏水。

图5.2.4　屋面变形缝渗漏

2. 变形缝、缝隙塞灰不严，铁皮没有泛水。

3. 铁皮未顺水流方向搭接，或未安装牢固，被风掀起。

4. 变形缝在屋檐部位未断开，卷材直铺过去，变形缝变形时，将卷材拉裂、漏雨。

5.2.2.3 屋面变形缝渗漏防治措施

1. 变形缝严格按设计要求和规范施工，铁皮安装注意顺水流方向搭接，做好泛水并钉装牢固缝隙，填塞严密；变形缝在屋檐部分应断开，卷材在断开处应有弯曲以适应变形缝伸缩需要（图5.2.5）。

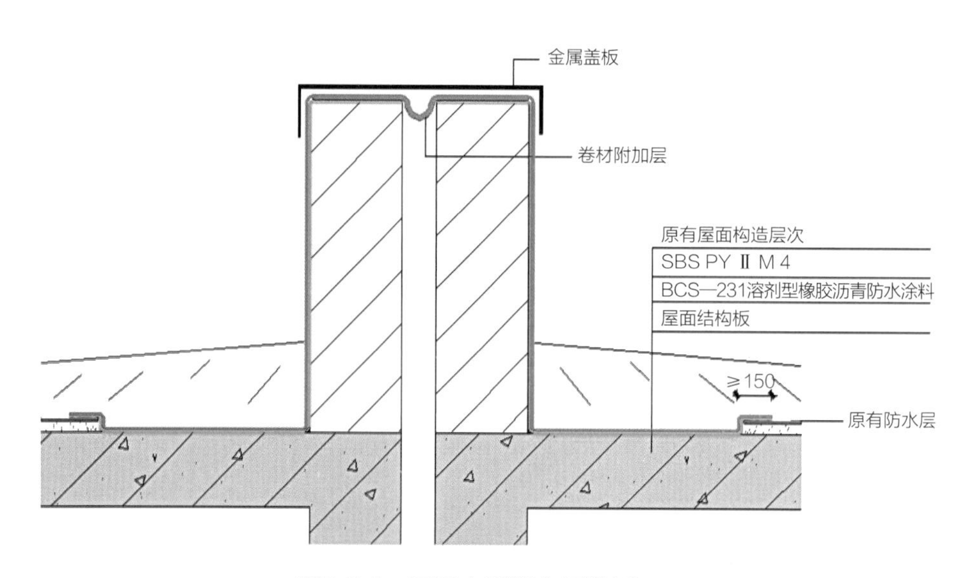

图5.2.5 屋面变形缝金属盖板

2. 治理方法变形缝铁皮高低不平，可将铁皮掀开，将基层修理平整，再铺好卷材，安好铁皮顶置（或泛水），卷材开裂按“开裂”处理。

5.2.3 屋面突出构件收口部位渗漏

5.2.3.1 屋面突出构件收口部位渗漏现象

屋面突出构件收口部位渗漏主要是保温屋面板与女儿墙或高低跨处的泛水处漏水等部位渗漏（图5.2.6）。

5.2.3.2 屋面突出构件渗漏原因分析

1. 檐口部位

檐口部位是漏水问题的主要根源。该部位漏水的主要原因：屋面外板安装未加泡沫堵头，屋面外板未下扳；墙面外板长度不足，且檐口部位未加防水收边。

2. 天沟部位

该部位漏水的主要原因：内天沟焊接接头存在缝隙，形成渗水；天沟和雨

图5.2.6　屋面突出构件收口部位渗漏

水管管径设计过小，与建筑坡长不匹配；天沟端部没有做封头板；屋面外板伸入天沟长度不足，水会倒流入建筑内部。

3. 保温屋面板与女儿墙、山墙交接处

该部位漏水的主要原因：保温屋面板与女儿墙、山墙交接处刚性接触，形成透气现象，冬季易形成对流，产生结露现象，造成漏水。

4. 女儿墙、山墙或高低跨处的泛水处

该部位漏水的主要原因：泛水板向上卷起与墙体接触处密封不好，形成渗漏；泛水板与屋面板搭接宽度不够，没有搭接一个波峰，而是搭接在波谷位置，形成雨水、雪水倒灌。

5.2.3.3 屋面突出构件渗漏防治措施

1. 檐口部位的解决办法：屋面外板安装时应同时放置泡沫堵头，且将屋面外板下扳30度；檐口处应按设计要求增设收边。

2. 天沟部位的解决办法：适当加大天沟深度，让天沟雨水不超过搭接缝。采用内天沟时，为避免北方寒冷地区因积雪冻结造成排水不畅产生渗漏，雪后须及时进行人工清扫或沿天沟底板内侧设通长暖气管道。

3. 保温屋面板与女儿墙、山墙交接处的防治措施：屋面板与墙体之间留15mm左右的缝隙，现场聚氨酯发泡。

4. 女儿墙、山墙或高低跨处的泛水处漏水的防治措施：泛水板至少向上卷起250mm，顶部在墙上用膨胀螺栓固定一个泛水板条，泛水板条上用密封膏封严，再在上面用1∶3水泥砂浆抹灰层盖住。泛水板与屋面板搭接至少一个波峰，在波峰处用自攻钉（檩条之间用拉铆钉与压型钢板连接），泛水板与屋面板之间加通长密封胶带，泛水板从墙根向外做2%的坡度。

5.2.4 瓦屋面渗漏

5.2.4.1 瓦屋面渗漏现象

天沟、瓦屋面渗水原因及防治

瓦屋面渗漏主要是瓦屋面板面、瓦屋面檐沟、瓦屋面烟道等部位渗漏（图5.2.7）。

5.2.4.2 瓦屋面渗漏原因分析

1. 瓦屋面材料方面原因分析

在现浇瓦屋面中起防水作用的材料主要是屋面瓦、防水砂浆、防水材料及钢筋混凝土结构层。屋面瓦是直接日晒、风吹、雨淋的层面，如果瓦片材质差就会存在缺陷，或者瓦片因为贮运、保管不当造成瓦片的缺损，还有瓦在进入现场时，没有进行外观检查和进行抽样复验。瓦缝没有避开该地下暴雨时的主导风向，瓦屋面的坡度不小于10%，在遇到大风或地震时，瓦易被掀起或脱落。基层材料刚度不足、不平整，防水卷材残缺破裂、不固定，不能保证瓦层的整体性，在暴风雨时容易发生渗漏。结构层混凝土内部分布着大量的微小缝隙；其抗拉强度比较低，受拉时会出现裂缝；屋面受气候影响大，在热胀冷缩作用下产生温度裂缝，从而形成渗水通道。

图5.2.7　瓦屋面板面及檐沟等部位渗漏

2. 瓦屋面设计方面原因分析

瓦屋面形式繁多、变坡转折处、结构交接面和细部节点较多，对屋面板来说，这些都是支座部位，其实际受力情况与结构设计计算时假定的约束形式会存在一定的差异，各面受力变形情况不一致，交接处容易发生应力集中而产生裂缝。这些部位没有细部构造详图，难以确保工程质量，不易控制雨雪沿瓦的搭接缝形成的爬水现象，增大瓦屋面渗漏的可能性。

3. 瓦屋面施工方面原因分析

（1）结构层施工方法不当。瓦屋面的坡度在30°以上时，仍采用板底单面支模法；钢筋配置不到位，屋面板混凝土浇筑顺序错误，未采用双面对称、从下往上同时进行的方法；混凝土板浇捣不密实、后期养护不当等会引发不规则的收缩裂缝，给瓦屋面的渗漏埋下隐患。

（2）屋面板混凝土坍落度选择不当。除了施工中容易下滑、振捣不便外，还因为含水量过多，混凝土在凝固水化过程中体积收缩，内部多余的水分蒸发，在混凝土中形成微小缝隙。这些空隙会形成具有虹吸作用的毛细孔隙，成为雨水渗入的通道。

（3）防水层施工工艺不到位。主要表现在屋面瓦上下接缝搭接尺寸不足，屋面雨水渗入基层；贴瓦砂浆未挤满瓦缝，砂浆和板面基层结合不密实，出现空鼓现象，水气通过这些空隙渗入板内，形成渗漏；采用木条做挂瓦的挂瓦条，防腐处理不到位，容易吸水，木条腐蚀会造成瓦片松动；挂瓦条使用水泥钉钉在砂浆保护层上，导致水泥钉穿透防水层，引发渗漏。另外防水层的厚度达不到规范要求，特别是防水涂膜厚度及其粘结油毡的基层油脂涂刷厚度不均或是防水卷材搭接长度不当，形成防水结点缺陷，造成渗漏。

（4）细部结点处理不当。瓦屋面上细部节点较多，如果处理不好，每个节点都有可能是防水薄弱环节。

5.2.4.3 瓦屋面渗漏防治措施

当瓦屋面上有保温层时，如要用钉固定顺水条，必须设置厚度≥35mm的细石混凝土持钉层，必要时应加φ4@150的钢筋网；檐沟内防水层下必须设附加层，且伸入屋面的宽度不得少于500mm，并应沿顺水方向搭接；伸入檐沟的瓦≥50mm且≤70mm，并要求与沿边顺直一致，确保沿口形成一个滴水，不使水沿瓦底翻入屋面内；屋面檐口的防水层必须铺设到檐口边并做好收头，在檐口挡水坎的内槽内设φ20的PVC泄水管，管底应伸出混凝土板底20mm，并做成斜口形，保证滴水效果；瓦屋面与山墙和突出屋面结构相连处，其防水层、附加层或防水垫层的搭接，泛水均不得少于250mm，收头接口处采用聚合物水泥砂浆或聚合物防水水泥砂浆抹成1/4圆弧形，并保证侧面瓦深入泛水的宽度≥50mm；出屋面烟囱泛水处的防水层下要增设附加层，并且附加层和平面、立面的连接宽度不小于250mm；出屋面烟囱必须采用聚合物水泥砂浆粉抹烟囱的泛水，在迎水面中部抹出分水线，并应高出两侧不小于30mm，烟囱两侧面应参照瓦屋面与山墙连接的构造做法施工；脊瓦在两坡面上的搭盖每边不应小于40mm。

1. 瓦屋面材料方面防治措施

瓦屋面所用的材料要求：平瓦必须要有出厂合格证书，在其贮运、保管时应边缘整齐、无裂纹、孔洞等缺陷，平瓦运输时应轻拿轻放，不得抛扔、碰撞，进入现场后应堆垛整齐，并进行外观检验，并按有关规定进行抽样复验。防水卷材、防水涂膜应该是具有高温不流淌、低温不脆裂、抗拉强度高、延伸率大的性能。施工所用的胶接材料、胶粘剂要根据防水材料的性能配套选用，有专人负责，及时采样化验，不得错用。防水层的基层采用水泥砂浆，并掺入一定量的纤维，以提高其抗裂性。根据瓦屋面结构自防水的要求，选用高分子聚合物防水剂作为混凝土的外加剂，来填充、堵塞结构内部毛细孔隙和减少混凝土体积收缩，提高混凝土的抗裂性能。

2. 设计方面防治措施

平瓦单独使用时，可用于防水等级为Ⅲ级、Ⅳ级的屋面防水；平瓦与防水卷材或防水涂膜复合使用时，可用于防水等级为Ⅱ级、Ⅲ级的屋面防水。平瓦屋面应在基层上面先铺设一层卷材，其搭接宽度不宜小于100mm，并用顺水条将卷材压钉在基层上；顺水条的间距宜为500mm，再在顺水条上铺钉挂瓦条。

具有保温隔热的平瓦屋面，保温层可设置在钢筋混凝土基层的上部，基层与突出屋面结构的变接处以及屋面的转角处，应绘出细部构造详图。一般情况下，平瓦屋面的排水坡度≥20%，当平瓦屋面坡度大于50%时，应采取固定加强措施。天沟、檐沟的防水层，可采用防水卷材或防水涂膜。平瓦屋面的瓦头挑出封檐的长度宜为50～70mm。平瓦屋脊瓦下距坡面瓦的高度不宜大于80mm，脊瓦的两坡面瓦上的搭盖宽度，每边不小于40mm。沿山墙封檐的一行瓦，宜用1：2.5的水泥砂浆做出坡水线，将瓦封固。平瓦伸入天沟、檐沟的长度宜为50～70mm。平瓦屋面与屋顶窗的交接处，应采用金属排水板，窗框固定铁角、窗口防水卷材、支瓦条等连接。

3. 瓦屋面施工方面防治措施

防水层施工前工程技术人员应根据编制的施工方案，向施工人员进行技术交底，要求施工人员了解防水材料的性能，掌握防水层施工的施工规范、细部构造、工艺流程和操作要领，检查施工机具和器械的完好性，提前做好准备。

（1）对于坡度小于30°的瓦屋面，可以采用单面支模法施工。为防止防水层和保护层在重力的作用下产生滑移，在防水层施工完毕后，采用带压条或垫片的钉子固定。有水泥砂浆保护层时，钉子可露出防水层8～10mm，四周用密封材料密封，外露部分浇入保护层内，同时要增加底板的支撑，防止屋面结构发生变形。对于坡度大于30°的瓦屋面，采用双面支撑法施工，施工时除用短钢筋做支架以保证混凝土的厚度外，用粗铁丝加固模板，分段在外侧面模板上开500mm × 500mm的浇捣孔。屋檐四角应该把放射筋的配置数量增多；大开间屋面板的中间位置，增加板底钢筋的配置数量。

（2）混凝土的配合比必须认真进行设计，并经过试验后确定，坍落度一般控制在30mm左右。严格控制水灰比和搅拌时间，混凝土拌合物具有良好的和易性。对于双面支撑的瓦屋面，可以采用板外振、人工插钎插捣等方式，把混凝土振捣密实。对已浇筑好的瓦屋面做好养护工作，确保其抗裂防渗性能。

（3）在该基层上铺设卷材时，应自下而上平行屋脊铺贴，搭接顺流水方向。卷材铺设时应压实铺平，上部工序施工时不得损坏卷材。防水层应铺设在找平层上；当设有保温层时，保温层应铺设在防水层上。在混凝土基层上铺设平瓦时，应在基层表面抹1∶3水泥砂浆找平层，钉设挂瓦条挂瓦。挂瓦条应分档均匀，铺钉平整、牢固，上棱应成一直线。

（4）对于瓦屋面，施工顺序为从屋檐至屋脊，左右两边向中间展开，施工段以屋脊为界，两段同时进行。施工时宜拉通长麻线，挂瓦时，脊瓦应搭盖正确，间距均匀，封固严密；屋脊和斜脊应顺直，无起伏现象。檐口瓦要求出檐尺寸一致，檐头高度相同，整齐平直；平瓦应铺成整齐的行列，彼此紧密搭接，并应瓦榫落槽，瓦脚挂牢，瓦头排齐，檐口应成一直线。严格控制各工序的质量，最后经过淋水试验，检查瓦屋面有无渗漏现象。

5.2.5 种植屋面渗漏

5.2.5.1 种植屋面渗漏现象

种植屋面的形式较多，按建筑结构与屋顶形式，可分为坡屋面绿化、平屋面绿化两类。其中平屋面绿化在现代建筑中较为普遍，包括轻型绿色屋面（粗放型种植屋面）和重型绿色屋面（细作型种植屋面）。种植屋面是项系统工程，包括多个结构，构造复杂，建成后检查和修补困难，因而要求有良好的耐久性。其中防水层作为基础工程，直接影响种植屋面的使用效果及建筑物的安全，一旦发现漏水，如果将整个屋面铲除重修，补救的损耗相当巨大，所以防水层的处理是种植屋面的技术关键。

渗漏现象主要表现为原防水层在女儿墙和天沟部位本身较为薄弱的环节出现了渗漏，或在其种植屋面建造时原来的防水层遭受到了破坏，或在基层潮湿或者找平层还未干的情况下，进行柔性防水层的施工，造成防水失败。另一种情况是屋面地漏、伸缩缝或者封口处未处理好，在建筑物沉降不均匀的情况下撕裂了防水层造成了屋面渗漏；或进行栽植时、填土时的铲子等都会不小心破坏原来的防水层，或者本身的屋面刚性结构防水层已经出现了裂缝以及渗漏。

5.2.5.2 种植屋面渗漏原因分析

1. 防水系统不够完善或存在缺陷。例如在女儿墙、天沟檐口、出屋面上人口等薄弱环节出现渗漏；刚性防水屋面因受屋顶热胀冷缩和结构楼板受力变形等影响，出现不规则的裂缝而漏水等。

2. 防水材料选择不当，导致植物根系穿透防水层，甚至结构层，从而使整个屋面系统失去作用。

3. 屋顶绿化时破坏了防水层，最终导致防水系统的破坏。

4. 绿化屋面由于浇灌植被、设置水景、储存雨水等因素而增加了产生漏水的水源。

5. 屋面排水口及管道被植物腐叶或泥沙等杂物堵塞，造成屋顶积水和漏水。

6. 种植土的干湿度、酸碱度对防水层造成长期破坏。

5.2.5.3 种植屋面渗漏防治措施

1. 方案设计

采用层间注浆再造防水层技术，在室内营造作业探孔，将修复灌浆材料灌注于找平层外侧、高聚物改性沥青卷材防水层之间，重新在找平层外表面构筑附着性防水薄膜，并在找平层施工性缺陷（蜂窝、空隙、裂缝）内形成塑性填充体，在高聚物防水卷材的破损处形成蠕变性缩聚体阻塞渗漏水通道并逐步修复卷材防水层。

2. 层间注浆再造防水层技术

该技术是专用于修复在实施改性沥青基卷材防水层所构筑的防水体系出现严重渗漏水问题的修缮技术，不仅可以有效解决钢筋混凝土围护结构的渗漏问题，同时起到保护钢筋混凝土围护结构不被水侵蚀的作用。

3. 层间注浆施工工艺

（1）基面处理

检查女儿墙等防水层的上翻高度过低的位置给增高防水层新做耐根穿刺防水层与原防水层搭接进行施工。若发现原防水层有缺陷的要进行防水层修补。卷材收头部位采用金属压条固定，防水密封油膏密封。

（2）注浆方式

采用在室外营造作业探孔，将修复灌浆材料在渗漏维修区域找平层与卷材防水层层间有压灌注式作业方式。

（3）灌注布点

实际工程中的作业探孔布点采用以渗漏最为严重的区域（渗漏面）中心为展开初始点、梅花形布点扩展，具体孔距需由现场工程技术人员经试验性试灌后确定，并可根据实际工程效果进行调整。

（4）作业探孔营造

作业探孔应局部开挖种植土层，埋设注浆嘴，注浆嘴埋设在防水层和找平层之间。

（5）灌注控制

修复需要采用低压、大流量灌浆机灌注施工作业，注浆的控制由注浆机出口压力、注浆流量、浆料注入总量综合控制。以注浆机出口压力、单位时间内的注入量推估注浆头口环境压力及浆料扩散范围。

（6）修复效果判定

采用层间注浆再造防水层技术修复防水体系会经历过一个室内表观渗漏水初始加剧、随后减轻、逐步消失、表面开始干燥、潮湿完全消失的过程。湿迹消失过程需要一定的时间间隔，该时段长度取决于室内的水汽蒸发、散发至室外的速度以及找坡层里所含的水量，视混凝土质量的好坏、室内通风情况而变，加强室内外通风循环是必要的措施，当室内湿迹完全消失即表明修复获得成功。

4. 施工安全处理

（1）为保证屋面防水、排水和消防要求，植物的种植面不能直接靠近建筑立面边缘，要以20～50cm的砾粒带或轻质物质带隔离。

（2）在屋顶绿化的下水口、排水观察孔、通气孔等处应该以10cm的砾粒带或轻质物质带隔离。

5. 测试防水能力

测试屋顶现有防水能力，做闭水试验。若漏水，先做好防水层。有效防止渗水的防水材料，一般包括柔性防水、刚性防水和涂膜防水层。放置阻隔根膜，为防止植物根系穿透防水层，在防水层上要专门设置隔根层，避免对建筑结构造成破坏，铺装保湿毯，保持营养基质水分。

6. 保障植物生长条件

铺装蓄排水通气板，改善植物根部与基质的通气状况。放置过滤膜，防止人工合成基质颗粒随水流失。过滤层直接铺设在蓄排水通气板上，铺设时搭接缝有效宽度不得低于10cm，并向建筑侧墙面延伸，折起高度不低于20cm。铺设轻量合成营养基质，要选择具备蓄排水、保肥、通气和绝热、膨胀系数等理化指标安全可靠，pH值为6.8～7.5等轻型人工种植基质。合理装置灌溉系统，应选择滴灌、喷灌形式。栽种后马上浇水，之后浇水不宜过勤，因为植物会因水量过多而生长过快，综合抗性降低。

5.2.6 屋面防水卷材节点细部渗漏

5.2.6.1 屋面防水卷材节点细部渗漏现象

1. 屋面檐口、天沟、泛水、压顶、女儿墙、山墙等部位，山墙、女儿墙和突出屋面的墙体与防水层相结合的部位渗漏。

2. 水落口、凸出屋面的烟囱、穿过防水层管道、预埋件、出入孔、地漏、排气管等构筑物、屋面上的设备和屋面的接触细节部位渗漏。

3. 沉降缝、伸缩缝、卷材搭接、分格缝、施工缝等渗漏。

4. 女儿墙的鹰嘴或滴水凹槽，凸出构筑物根部的收口和防水层的收头等渗漏。

5.2.6.2 屋面防水卷材节点渗漏原因分析

1. 天沟、檐沟与屋面的交接处、泛水、阴阳角等部位，由于结构变形、温差变形等因素常会产生裂缝，天沟、檐沟的混凝土在搁置梁部位均会产生裂缝，裂缝会伸延至檐沟顶部，防水层极易拉裂而引起渗漏。

2. 砖砌女儿墙、山墙常因墙面抹灰和压顶开裂出现裂缝，而使雨水从裂缝渗入砖墙，沿砖墙流入室内。

3. 檐口、压顶、女儿墙的鹰嘴或滴水凹槽，凸出构筑物根部的收口和防水层的收头未进行有效的固定易开裂，形成了渗漏的隐患，防水层随时间的推移因老化而剥离或开口，造成雨水沿此处渗漏到防水层下，最后形成屋面渗漏。

4. 天沟、檐沟坡度偏小，有些屋面的天沟较长或转弯较多，使得排水不畅；水落口杯留置的标高偏高，同时天沟沟底不平整，造成了沟内积水，屋面长期积水，在天沟和檐沟等低处滋生青苔、杂草或发生霉烂，最后导致屋面渗漏。

5. 女儿墙处下水口渗漏主要原因是施工方法及顺序不合理，即在女儿墙完成之后，才安装雨水斗，雨水斗周围墙体强度低且堵塞不密实，容易松动，会造成防水基层与墙体之间产生松动裂缝现象，使以后发生渗漏。

6. 穿过防水层管道因管周混凝土开裂而导致渗漏。

5.2.6.3 屋面防水卷材渗漏防治措施

1. 对易于发生变形裂缝处，如天沟、檐沟与屋面交接处应增设附加层并且空铺以适应基层的变形。基层开裂，卷材受到拉伸，缝两侧的防水层如果与基层粘结过于牢固，防水层无法应付延伸而断裂，空铺宽度应为200mm。

2. 卷材防水层要由沟底上翻至沟外檐顶上部，收头应用水泥固定并用密封材料封严，对外檐封口的防水层应收头固定密封，上面用水泥砂浆抹压。

3. 砖砌女儿墙泛水不高时，卷材收头可直接铺压在女儿墙压顶下，压顶应做防水处理；女儿墙无压顶的应将防水卷材做至女儿墙上预留的凹槽内，用嵌缝膏封牢，防水层外抹水泥砂浆压牢封槽口，凹槽距屋面找平层要大于250mm，凹槽上部的墙体应做防水处理；对于混凝土女儿墙，卷材的收头应用金属压条钉压，并用密封材料封严。

4. 天沟处经常浸水，因此要增铺1～2层附加卷材，先贴附加层，再贴天沟各层卷材并与坡面卷材层相互搭接；天沟、檐沟铺贴卷材应从沟底开始，当沟底过宽、卷材需纵向搭接时，搭接缝应用密封材料封口。

5. 突出屋面的排气口、出入口等处卷材应粘至立面上，卷材收头应用金属箍紧固和密封材料封严，涂膜收头应用防水涂料多遍涂刷。

6. 对水落口的标高与坡度要合理确定，水落口杯上口的标高应设置在沟底的最低处，一般水落口周围直径500mm范围内的坡度不应小于5%，并采用防水涂料或密封材料涂封，其厚度不应小于2mm，水落口杯与基层接触处应留宽20mm、深20mm凹槽，并嵌填密封材料；在施工中对有横式水落口的女儿墙，应在女儿墙砌筑到横式水落口周围的防水层，要延伸进雨水斗一定深度，横式水落口应处在周围的防水屋面的最低点。

7. 女儿墙、立墙、变形缝等与屋面交接处的阴阳角圆弧大小应根据所用防水层的材料确定，防止应力拉裂，并增设卷材附加层，同时，在凸出屋面的构筑物根部离屋面一定的高度处做凸线或凹槽，使卷材防水层在这里进行收口。

8. 混凝土檐口或立面的卷材收头应裁齐后压入凹槽，并用压条或带热片钉子固定，参照图集《平屋面》L13J5－1规范中的要求，钉距为500mm，凹槽内用密封材料嵌填封严，外墙卷材立面收口采用特制固定压条、射钉固定并用密封膏密封。

9. 做好水电管路、避雷带的预埋工作，严禁在混凝土板浇捣后随意凿打；管道四周与混凝土间留有20mm × 20mm凹槽，并在管道根部直径500mm范围内抹出高度不小于30mm的圆台垫高，以利排水，然后在管道根部四周应增设附加层，宽度和高度均不应小于300mm。伸出屋面防水层管道上的防水层收头处应用金属箍紧固，再以密封膏密封；对个别后置穿板管道周边，必须二次分层灌浆，孔洞应凿成上大下小的喇叭口，光滑塑料管应先拉毛表面后安装，确保与混凝土的粘结力和密实性。

10. 变形缝的泛水高度不应小于250mm，防水层应铺贴到变形缝两侧砌体的上部，变形缝内应填充聚苯乙烯泡沫塑料，上部填放衬垫材料，并用卷材封盖，变形缝顶部应加扣混凝土或金属盖板，混凝土盖板的接缝应用密封材料嵌填。

5.2.7 倒置式屋面渗漏

5.2.7.1 倒置式屋面渗漏现象

1. 倒置式屋面防水层渗漏。
2. 倒置式屋面落水口、檐口周边屋面渗漏。
3. 倒置式屋面变形缝渗漏。
4. 倒置式屋面出入口及高低跨处渗漏。

5.2.7.2 倒置式屋面渗漏原因分析

1. 防水等级达不到规范I级设防要求，屋面找坡小于3%，为两道防水层或两层相邻防水材料材性不相容，以及间隔式设置防水层不能有效地形成复合防水层。防水层施工完后未进行平屋面24h蓄水、坡屋面2h淋水检验。

2. 屋面找坡设计采用了含水率高且强度低的轻质混凝土，设计或施工采用非国标的防水层材料，质量低劣而引起渗漏。

3. 屋面出入口泛水构造和天沟处理不符合规范要求。

4. 粘贴防水层的基层强度低，不能保证防水层与基层有效的粘贴而造成串水渗漏；涂膜防水层涂刷厚度远小于设计要求；雨水口、管道根部及阴阳角转接处、加强层等未按规范要求设置；卷材纵横缝搭接均未达到规范要求，施工过程中的缺陷而造成渗漏。

5. 混凝土保护层及块料面层未与女儿墙及突出屋面墙体断开，预留防止温度引起的伸缩缝不符合规范要求。

6. 檐沟、天沟屋面变形缝的防水构造处理不符合规范要求，且变形缝挡墙顶部的防水层及附加层与平面墙顶粘结太牢，卷材预留U形槽变形尺寸不足，造成拉断渗漏。

7. 所有高低跨、沿墙四周的泛水高度低于屋面完成面小于250mm。

5.2.7.3 倒置式屋面渗漏防治措施

1. 倒置式屋面宜选择结构找坡，坡度不应小于3%，必须为I级防水设防，并选用两层材性相容的防水材料进行直接复合。

2. 防水层材料选用必须是符合国家规范的合格材料，涂膜涂刷厚度不得小于1.5mm，卷材搭接必须满足规范要求。强度低的基层要进行返工清除确保有效粘结。防水层施工完后必须进行24h蓄水检验，坡屋面必须进行2h以上的淋水检验，合格后方可进行下道工序的施工，防水层施工后要及时施工防水层上面的构造层。

3. 混凝土保护层及块料面层、与女儿墙四周及高低跨等屋面形状有变化的地方，必须设置完全断开的宽度30mm的缝（有配筋的钢筋应切断），并按规范要求做衬垫材料，用单组分聚氨酯建筑密封胶嵌密实。

4. 所有泛水防水设防高度应为屋面完成面以上不小于250mm，雨水口、管道根部、阴阳角转接处严格按规范要求做好加强层、加强带的处理措施。

5.2.8 正置式屋面渗漏

5.2.8.1 正置式屋面渗漏现象

1. 正置式屋面防水层受损渗漏。

2. 正置式屋面保温层热胀、损坏防水层引起渗漏。

3. 正置式屋面出入口渗漏。

4. 屋面变形缝渗漏。

5.2.8.2 正置式屋面渗漏原因分析

1. 屋面防水设计不符合规范防水等级要求，且两道防水层材料不相容，错误地将涂料做在卷材上。

2. 选用的保温材料吸水率、密度、强度和导热系数不符合规范要求。

3. 为赶工期，在保温层没有干燥的情况下进行防水层施工，并未采取排气构造措施，导致保温层内水气排不出，造成屋面鼓起开裂渗漏。

4. 防水层施工后未及时施工保护层，造成防水层鼓起开裂老化。

5. 屋面出入口做法不符合规范要求，踏步受力后防水层被拉裂断开，产生渗漏。

6. 屋面、细石混凝土保护层与女儿墙或山墙之间，缝与缝之间未按规范设伸缩缝或嵌填材料及施工不合格造成渗漏。

7. 屋面使用中增加设备支架等，破坏了原防水层引起渗漏。

8. 水落口中、排气管根部防水密封有缺陷，引起渗漏。

5.2.8.3 正置式屋面渗漏防治措施

1. 屋面防水层等级设计应符合规范要求，如采用两道防水层；两种材料应相容。

2. 在不能保证保温材料干燥的情况下施工，应设置排气孔槽构造措施。

3. 当屋面有出入口时，必须保证室内外之间的防水层要有充分的变形措施，确保不拉断。

4. 当屋面有块料面层或细石混凝土保护层时，应沿墙边及整体面层按不大于4m间距设缝，缝距和缝宽及嵌填构造必须符合规范要求，密封材料采用单组分聚氨酯建筑密封胶。

5. 防水层施工后及时施工保护层，并设无纺布隔离层。

6. 加强屋面维护，屋面上增设支架时，应提前做好防渗漏方案，并由专业防水公司及时修补完善。

5.3 屋面渗漏防治的典型案例

[案例1] 屋面防水卷材渗漏典型案例

1. 案例背景

某产业园车间系单层混凝土排架结构（辅房为二层框架结构），建筑面积约25136.8m^2。车间单跨跨度18m，共7跨，总长度为188.68m，建筑高度15.8m。屋面结构采用预应力混凝土折线形屋架上铺设大型预应力混凝土板，坡屋面（坡度为20%）。辅房各层均为现浇混凝土板，平屋面。

根据国家标准《屋面工程技术规范》GB 50345—2012，被测屋面卷材、涂膜屋面，建筑类别为一般建筑，防水等级为2级。由于防水卷材长期（5～6年）暴露，抽检的复合防水层厚度实测值仅供参考。抽检部位部分找平层厚度较薄，且存在潮湿、酥松、起砂等现象。

2. 检测内容

对产业园车间屋顶防水卷材出现大面积起泡、开裂，甚至脱落引起渗漏形成原因进行检测鉴定。

3. 检测鉴定结果

（1）屋面防水工程现状

经现场检测，被测车间屋面防水卷材采用垂直屋脊铺贴方式，目前存在多处皱折、扭曲、翘边甚至脱落等质量缺陷。具体情况如下：

①坡屋面大面处：防水卷材大面积存在皱折、皱折处开裂、防水卷材与基层脱开、局部损坏等现象（图5.3.1）。

②坡屋面女儿墙处：女儿墙压顶下方卷材与基层脱开［图5.3.2（a）］。

③坡屋面天沟处：部分天沟立面防水卷材扭曲、皱折，严重处已与基层脱开［图5.3.2（b）］。

④其他：检测中发现屋面防水卷材存在多处修补痕迹。

（2）屋面防水构造层次及部分施工质量抽检现场随机抽取3处坡屋面，采用破拆法对其防水构造层次及部分施工质量进行抽检，具体结果见表5.3.1。

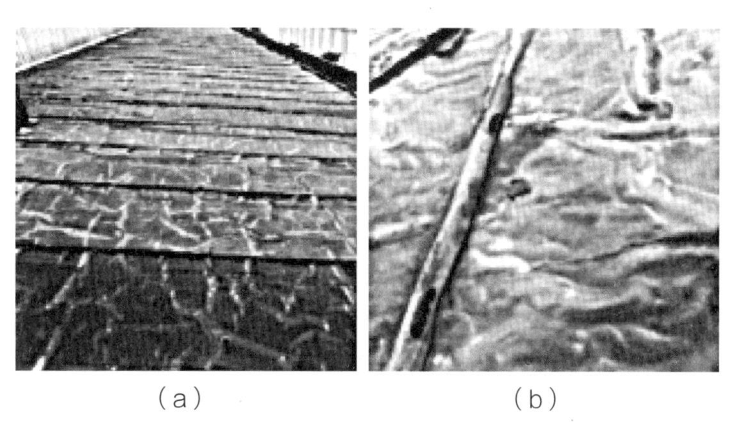

（a）　（b）

图5.3.1　坡屋面大面处

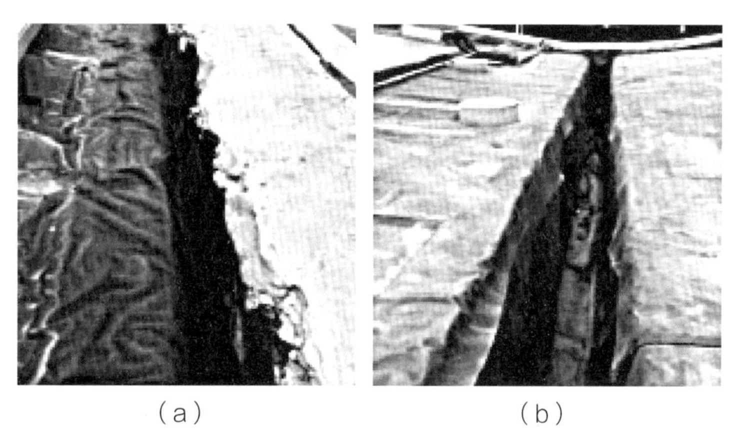

（a）　（b）

图5.3.2　坡屋面女儿墙处

采用破拆法对屋面防水构造层次及部分施工质量的抽检结果　表5.3.1

名称	承包方式	质保期	防水材料	主要施工工艺流程	合同执行标准
车间屋顶防水工程	包工包料	8年	1.5mm非固化橡胶沥青防水涂料加1.5mm厚自粘沥青防水卷材（PE面）	基层处理→涂抹细部增强处理→防水涂料大面积施工→卷材细部附加层施工→防水卷材大面积施工	GB 23441、GB 50207

①坡屋面大面处（10－11/F－G）构造层次：防水卷材+防水涂料+找平层+结构层部分施工质量，实测复合防水层厚度约2.8mm；卷材长边搭接宽度约87mm。

②坡屋面大面处（35－36/U－V）构造层次：防水卷材+防水涂料+找平层+结构层部分施工质量，实测复合防水层厚度约2.8mm；卷材长边搭接宽度约90mm。

③其他：检测中发现部分防水卷材存在长边搭接处宽度不足等现象。

（3）规范对于卷材防水屋面要求

①屋面工程主要应包括屋面基层、保温与隔热层、防水层和保护层（《屋面工程技术规范》GB 50345—2012条文说明第3.0.2条）；

②卷材或涂膜防水层上应设置保护层（《屋面工程技术规范》GB 50345—2012第4.1.2.4条）；

③檐沟、天沟与屋面交接处；屋面平面与立面交接处；女儿墙和山墙、变形缝、屋面出入口以及水落口；伸出屋面管道根部等细部构造部位，应设置附加层，且附加层平面宽度与立面宽度应均不小于250mm，部分卷材收头部位应用金属压条钉压或金属箍固定（《屋面工程技术规范》GB 50345—2012第4.11条）；

④防水等级为2级的复合防水层（自粘防水卷材+防水涂膜）最小厚度为2.2mm（《屋面工程技术规范》GB 50345—2012第4.5.7条）；

⑤自粘聚合物改性沥青防水卷材搭接宽度为80mm（《屋面工程质量验收规范》GB 50207—2012第6.2.3条）；

⑥卷材搭接宽度允许偏差为-10mm，不考虑正偏差（《屋面工程质量验收规范》GB 50207—2012条文说明第6.2.15条）；

⑦本工程使用的防水卷材为自粘聚合物改性沥青防水卷材（PE面），该类防水卷材为“非外露使用”（《自粘聚合物改性沥青防水卷材》GB 23441—2009第1条及3.1条）。

4. 结论及建议

（1）结论

①被测车间屋面防水卷材存在多处大面积皱折、扭曲、翘边等质量缺陷，严重处已与基层脱开。

②经现场抽检发现，被测车间坡屋面防水卷材存在以下施工质量缺陷：

a. 部分防水卷材长边搭接处宽度不足，不符合规范要求；

b. 部分防水卷材收头部位未用金属压条钉压或金属箍固定，不符合规范要求；

c. 部分附加层未设置、设置在卷材最外层及平、立面宽度不符合规范要求。另外，屋面防水卷材上部均未设置保护层，不符合规范要求。

③综上所述，被测车间屋面防水卷材存在多处大面积皱折、扭曲、翘边，甚至脱落引起渗漏等质量缺陷，主要由于防水工程部分施工质量不符合规范要

求及屋面非外露使用的防水卷材上部设置保护层共同引起。

（2）建议

由于车间屋面防水卷材存在多处大面积皱折、扭曲、翘边，甚至脱落引起的渗漏，建议请有资质的设计单位根据现场实际情况出具该酿造车间屋面防水的整改设计方案，施工单位严格按照整改设计方案进行施工，确保车间屋面防水工程达到防水的目的。

近几年由卷材防水质量问题引起的房屋漏水、渗水建设工程合同纠纷较多，卷材防水在实际设计施工使用过程中一要按照规范、验收标准严格实行。在实际使用中，选用合适的卷材，并根据选用的卷材选择相应的基层处理剂、胶粘剂、密封材料，并均应与铺贴的卷材性相容。卷材铺贴前，找平层应干净干燥，再涂刷处理剂，当基面较潮湿时，应涂刷湿固化型胶粘剂或潮湿界面隔离剂。卷材的厚度应符合防水等级、防水设计的规定，两幅卷材短边和长边的搭接宽度一定要符合规范的要求。冷粘法铺贴卷材时要特别控制胶粘剂涂刷与卷材铺贴的间隔时间，卷材铺贴应平整、顺直、搭接尺寸正确，不得有扭曲、皱折，应排除卷材下面的空气，并辊压粘结牢固，不得有空鼓，屋面防水卷材上部一定要按规范要求设置保护层。

[案例2] 钢板屋面防渗漏典型案例

1. 案例分析

某企业的车棚建成至今10年以上，因该车棚在建设时分两期进行建设，这就使得前后两次建设所使用的钢板存在一定的质量偏差，从而使得钢板屋面存在局部锈蚀，特别在屋面板下部位置的檩条处，腐蚀情况更为严重，对于钢板屋面的螺钉和钢板两者之间连接位置，还存在锈穿情况，从而产生比较严重的渗漏问题，针对这一现象，一方面经常遭到用户的投诉；另一方面因担心钢板屋面随着使用时间的不断增长，若不对其进行相应处理，会使得钢板屋面中的构件继续遭受锈蚀影响，引发更严重的后果。

2. 钢板屋面防渗漏与防腐蚀策略

（1）屋面除锈处理

因案例中车棚发生腐蚀的面积相对比较小，通过运用手持电动磨光机，与丝刷工具共同配合清除钢板屋面表面存在的锈渍。

（2）屋面清洗

通过运用清洗剂，将屋面浮沉打磨后的铁锈粉、脏污等情况进行清洁处理，这样做的目的在于为之后顺利开展防腐、防水工作奠定基础，用完清洗剂后在使用清水对屋面进行冲刷处理，然后等到其晾干即可进行下一道工序。

（3）Lock Down防腐处理

所谓Lock Down防腐底漆，是当前在进行防腐处理作业中所使用的高质量渗透性防腐涂料，在防腐方面具有很好的应用优势，同时还具有耐酸碱盐、耐化学物质的因素造成的腐蚀，促使该防腐涂料与空气中水分子两者产生反应，从而产生一种高分子量聚合物，这种物质具有韧性强、耐磨以及耐化学性的应用优势，另外，因其具有黏度比较低的性质，能够最大化将物体表面浸透，使其能够在最短的时间内渗透至非光洁基层处，比较适应于已经遭受锈蚀影响的基材表面防腐处理中。

在实际防渗漏和防腐蚀施工过程中，采用滚筒或羊毛刷等相应的工具浸在Lock Down防腐底漆中，然后将其均匀、有序的涂刷至遭受锈蚀影响的基材表面处，若基材表面存在大面积锈蚀情况，建议采用喷涂的方式进行施工，在整个过程中要特别注意的是，确保整个基材表面完全涂刷，严禁出现漏涂情况，对于涂覆率要求一般为6～7m^2/L即可。

（4）防水处理

完成上述钢板屋面的防腐蚀施工作业后，待其表面处于干燥状态，12h后采用Roof Mate系列的防水涂料对其开展防水处理作业，同时这道工序也可起到对防腐底漆的保护作用，就本次案例中所使用的防水涂料而言，其具有一定耐磨和表面反射率的应用优势，使用该涂料后，钢板表面更加光滑、更耐脏。

［案例3］硬泡聚氨酯保温防水一体化屋面渗漏典型案例

1. 工程概况

本工程为商、住合一的公寓式写字楼，建筑面积170000m^2，地下室共4层，最高层99.85m；工程分二、三期施工。该工程屋面面积11800m^2，主要是以40mm厚PUR作为保温防水层，上部接装饰。工程屋面防水保温系统在竣工2年后基本处于失效状态，屋面60%以上的部位均存在不同程度的渗漏，且在雨停1周后仍有持续的渗漏点滴现象。

2. 屋面防水渗漏成因分析

（1）设计方面的原因

由于渗漏点分布广泛，漏水范围大，通常的注浆堵漏已不能根治，初步判定应该是整个屋面系统出现渗漏。经查找施工蓝图，图上说明显示屋面原设计要求如下：屋面防水等级为Ⅱ级，耐用年限为15年。上人屋面设计做法（由下至上）为：最薄处20mm厚C15豆石混凝土找坡层，20mm厚1∶5水泥增稠粉砂浆找平层，40mm厚PUR保温防水层，40mm厚C20混凝土保护层；面层做法为：架空木地板，种植土，水泥砖。

根据现行国家标准《屋面工程技术规范》GB 50345要求，此类屋面应为Ⅰ级防水等级，应有“两道防水设防”。且在下列情况不得作为屋面的一道防水设防：混凝土结构层；Ⅰ型喷涂硬泡聚氨酯保温层；装饰瓦及不搭接瓦；隔汽层；细石混凝土层；卷材或涂膜厚度不符合本规范规定的防水层。而该屋面构造设计防水层仅有40mm厚PUR保温防水层一道。

PUR保温防水工程构造应符合表5.3.2的要求。

喷涂PUR保温防水工程构造表　　表5.3.2

<table>
<tr><th>工程部位</th><th colspan="3">屋面</th><th>外墙</th></tr>
<tr><td>材料类型</td><td>Ⅰ型</td><td>Ⅱ型</td><td>Ⅲ型</td><td>Ⅰ型</td></tr>
<tr><td rowspan="6">构造层次</td><td>保温层</td><td rowspan="4">复合保温防水层</td><td>防护层</td><td>饰面层</td></tr>
<tr><td>防水层</td><td rowspan="3">保温防水层</td><td rowspan="2">抹面层</td></tr>
<tr><td>找平层</td></tr>
<tr><td>保温层</td><td>保温层</td></tr>
<tr><td>找坡（兼找平）层</td><td>找坡（兼找平）层</td><td>找坡（兼找平）层</td><td>找平层</td></tr>
<tr><td>屋面基层</td><td>屋面基层</td><td>屋面基层</td><td>墙体基层</td></tr>
</table>

注：本表表示屋面构造均为非上人屋面。当屋面防水等级需要多到设防时，应按照现行国家标准《屋面工程技术规范》GB 50345执行。

由上述规定可见，本设计未按要求设置两道防水层。PUR非上人屋面应采用复合保温防水层，必须在（Ⅱ型）PUR的表面刮抹抗裂聚合物水泥砂浆，且其厚度宜为3～5mm；第4.3.8条中，上人屋面应采用细石混凝土、块体材料等做保护层，保护层与PUR之间应铺设隔离材料。从图纸的设计要求来看，本工程既有不上人的屋面，又有上人种植屋面，在防水保温一体化的PUR表面直接浇筑“40mm厚C20混凝土保护层”，上述做法与国家规范不一致。规范要求的3～5mm的砂浆厚度，主要作用是利用其特点，起到隔离作用，加之聚合物砂浆内部网络结构能够承受一定程度的弹性变形，兼有保护层的作用，在受到一定程度的外力作用时不至于变形或碎裂；即便裂了，因为厚度较小也不易形成尖锐碎角而破坏PUR的结皮层，造成防水失效。而本工程设计者在保温防水一体化的PUR上直接浇筑“40mm厚C20混凝土保护层”，在施工过程中就极易对保温防水层造成破坏，极有可能破坏PUR的结皮层，从而造成防水层失效。

《屋面工程技术规范》GB 50345—2012附录中对第4.3.8条的解释是：“硬泡聚氨酯表面凹凸不平，由于细石混凝土与硬泡聚氨酯的膨胀、收缩应力不同，为此应在细石混凝土和硬泡聚氨酯之间铺设一层隔离材料。”同样充分阐释了隔离层的重要作用。另外，该屋面防水构造设计说明中称面层做法为架空木地板、种植土、水泥砖，即在该屋面局部种有草皮、灌木等绿植的。但《种植屋面工程技术规程》JGJ 155第3.0.7条规定：“种植屋面防水层的合理使用年限不应少于15年。应采用两道或两道以上防水层设防，最上道防水层必须采用耐根穿刺防水材料。”对照这一要求，设计方对屋面的种植也没有重视，并未采取对应的措施。

（2）施工方面的原因

本工程在施工中也存在明显的问题。

原因1：未按施工方案要求，分多遍喷涂。根据规范施工要求，本项设计中PUR保温防水层的总体厚度为40mm，一个作业面应分3～4遍喷涂完成，每遍厚度不宜大于15mm；当日的施工作业面必须于当日连续地喷涂施工完毕。

但实际情况并非为此，见图5.3.3。

从实际情况可以看出，本工程PUR仅分2遍喷涂施工，每遍厚度超过20mm。其后果是：应分层施工的遍数达不到设计要求，致使每遍喷涂的结皮层减少，而结皮层主要要起到防水的关键作用，因此，减少了结皮层就使得防水质量不能得到保证。

图5.3.3 防水保温一体化屋面拆开后的状况

原因2：施工材料性能达不到要求。根据规范要求PUR的密度应≥55kg/m^3，而现场拆下的材料经取样、干燥后称重，其密度仅达46kg/m^3，与要求的标准差一个等级，因此引起PUR闭孔率低，导致吸水率高，根据经验判断，其吸水率远远超出规范最高允许值3%的要求。

原因3：个别细部排水措施施工处理不当。屋面找坡坡度不足，导致雨后不能及时排除积水；幕墙根部未设置防水上翻的导墙，导致水渗流直接进入防水层下侧而造成漏水；北塔裙房的空调机百叶机房的南侧，原设计的排水口堵塞，见图5.3.4。

图5.3.4 屋面排水构造失效

关于本工程屋面漏水问题，业主方对以上分析表示认可，并决定实施翻新改造维修。由于业主方失去对PUR材料的使用信心，采用了“3+3聚酯胎改性沥青防水卷材（Ⅱ型，含一层耐根穿刺层）、铺贴40mm厚挤塑板”的常规防水保温做法，完成了屋而改造。虽改造竣工后验证，再没有出现大面积的渗漏和防水本身造成的渗漏现象，但这并不能说明PUR防水保温一体化屋面在实践中不可取。

3. 防水保温一体化施工质量控制措施

（1）材料必须符合国家标准，场地应满足施工要求

材料同化物含量不得低于标准规定，施工单位必须根据原材料的实际情况、现场条件、气温等因素，来计算和试配喷料，以确保其成品的密度及强度。在确定有关参数以后，必须先在非作业区域试喷，以检验实际效果，并经相关方对试喷件验收合格后方可开展施工。施工场地必须干燥（含水率＜9%），简易的测试方法是：将1m^{2}的卷材铺放在基层面上，静置3～4h后揭开检查，如基层覆盖部位及卷材上未见水印或水珠，即可认为基层含水率合格。

（2）严格控制喷涂层厚度

第1遍喷涂一般厚2～6mm，以提高与基层的粘结力；此后控制喷涂厚度为

每遍10～15mm，直至总厚达到35mm或设计要求为止。防水保温层厚度的检测方法：用1mm的钢针垂直插入，每100m^{2}检测5处，测量钢针插入深度，最薄处不应小于设计厚度；厚度允许偏差－5%～+10%；检查应在每遍喷涂完毕后进行，检查后应及时用喷枪对针孔部位进行局部补喷；每遍喷涂间隔时间必须大于20min，以确保其下层强度足以支撑上部施工；上下相邻层喷涂方向必须互相垂直，以确保同时填补上一层的“砂眼”。

（3）施工期间必须注意气候影响

不得在大风、雨、雪等不适宜施工的天气中作业，完工后的成品保护必须到位。PUR施工完毕后72h内铺设保护层，保护层铺设时必须对PUR防水保温层进行成品保护，避免机械损伤和反复踩踏；行走及运输材料时应铺设木板，木板安放时须两端同步抬放、轻拿轻放，避免单侧掀起造成压力相对集中，损伤成品。

无论选用哪种屋面防水的施工做法，必须满足现行国家标准《屋面工程技术规范》GB 50345等相关技术规范的各项要求。任何施工工艺必须充分考虑和注重“人、机、料、法、环”等各个因素环节的规范性，使这些内在因素全程受控，确保对最终质量的正面影响。尤其是对施工工艺质量的控制。本案例所述PUR施工工艺过程的质量控制环节，还存在需要加强的空间；还要注重屋面排水，对雨水的快速疏排是防水的第一要素。对屋面施工的过程和各个节点必须做好逐一检查，不留遗漏点；排水节点部位处理不当造成积水，是防水工程迟早产生渗漏的重要原因。

5.4 附表

建筑防水工程材料现场抽样复验项目　　表5.4.1

<table>
<tr><th>序号</th><th>防水材料名称</th><th>现场抽样数量</th><th>外观质量检验</th><th>物理性能检验</th></tr>
<tr><td>1</td><td>高聚物改性沥青防水卷材</td><td rowspan="2">大于1000卷抽5卷，每500～1000卷抽4卷，100～499卷抽3卷，100卷以下抽2卷，进行规格尺寸和外观质量质量检验。在外观质量检验合格的卷材中，任取一卷做物理性能检验</td><td>表面平整，边缘整齐，无空洞、缺边、裂口、胎基未浸透，矿物粒料粒度，每卷卷材的接头</td><td>可溶物含量、拉力、最大拉力时延伸率、耐热度、低温柔度、不透水性</td></tr>
<tr><td>2</td><td>合成高分子防水卷材</td><td>表面平整，边缘整齐，无气泡、裂纹、粘结疤痕，每卷卷材的接头</td><td>断裂拉伸强度、扯断伸长率、低温弯折性、不透水性</td></tr>
</table>

续表

序号	防水材料名称	现场抽样数量	外观质量检验	物理性能检验
3	高聚物改性沥青防水涂料	每10t产品为一批，不足10t按一批抽样	水乳型：无色差、凝胶、结块、明显沥青丝； 溶剂型：黑色黏稠状，细腻、均匀胶装液体	固体含量、耐热性、低温柔性、不透水性、断裂伸长率或抗裂率
4	合成高分子防水涂料	每10t产品为一批，不足10t按一批抽样	反应固化型：均匀黏稠状、无凝胶、结块； 挥发固化型：经搅拌后无结块，呈均匀状态	固体含量、拉伸强度、低温柔性、不透水性、断裂伸长率
5	聚合物水泥防水涂料	每10t产品为一批，不足10t按一批抽样	液体组分：无杂质、无凝胶的均匀乳液； 固体组分：无杂质、无结块的粉末	固体含量、拉伸强度、低温柔性、不透水性、断裂伸长率
6	胎体增强材料	每3000m²为一批，不足3000m²按一批抽样	表面平整、边缘整齐，无折痕、无空洞、无污迹	拉力、延伸率
7	沥青基防水卷材用基层处理剂	每5t产品为一批，不足5t按一批抽样	均匀液体，无结块、无凝胶	固体含量、耐热性、低温柔性、剥离强度
8	高分子胶粘剂	每5t产品为一批，不足5t按一批抽样	均匀液体，无杂质、无分散颗粒或凝胶	剥离强度、浸水168h后的剥离强度保持率
9	改性沥青胶粘剂	每5t产品为一批，不足5t按一批抽样	均匀液体，无结块、无凝胶	剥离强度
10	合成橡胶胶粘带	每1000m为一批，不足1000m按一批抽样	表面平整，无固块、杂物、孔洞、外伤及色差	剥离强度、浸水168h后的剥离强度保持率
11	改性石油沥青密封材料	每1t产品为一批，不足1t按一批抽样	黑色均匀膏状，无结块或未浸透的填料	耐热性、低温柔性、拉伸粘结性、施工度
12	合成高分子密封材料	每1t产品为一批，不足1t按一批抽样	均匀膏状物或黏稠液体，无结皮、凝胶或不易分散的固体团状	拉伸模量、断裂伸长率、定伸粘结性
13	烧结瓦、混凝土瓦	同一批至少抽一次	边缘整齐，表面光滑，不得有分层、裂纹、露砂	抗渗性、抗冻性、吸水率
14	玻纤胎沥青瓦	同一批至少抽一次	边缘整齐，切槽清晰，厚薄均匀，表面无孔洞、硌伤、裂纹、皱折及起泡	可溶物含量、粒度、耐热度、柔度、不透水性、叠层剥离强度
15	彩色涂层钢板及钢带	同牌号、同规格、同镀层重量、同涂层厚度、同涂料种类和颜色为一批	钢板表面不应有气泡、缩孔、漏涂等缺陷	屈服强度、抗拉强度、断后伸长率、镀层重量、涂层厚度

屋面工程规范强制性条文检查记录 表5.4.2

工程名称		子分部（分项）工程				
施工总承包单位		项目负责人				
分包单位		项目负责人				
监理（建设）单位		总监理工程师（建设项目负责人）				
《屋面工程质量验收规范》GB 50207						
条号	项目	检查内容		判定		
				A	B	C
3.0.6	防水保温材料	检查产品合格证、出厂检验报告和进场复验报告				
3.0.12	观感质量、淋水或蓄水试验	防水工程淋水试验记录				
5.1.7	屋面保温材料	检查产品合格证、出厂检验报告和进场复验报告				
7.2.7	瓦片铺设	观察和手板检查				
《坡屋面工程技术规范》GB 50693						
3.2.10	坡屋面设计	屋面坡度大于100%以及大风和抗震设防烈度为7度以上的地区，应采取加强瓦材固定等防止瓦材下滑的措施				
3.2.17	坡屋面檐口部位设计	应采取防冰雪融坠的安全措施				
3.3.12	坡屋面施工	屋面周边和预留孔洞部位必须设置安全护栏和安全网或其他防止坠落的防护措施；屋面坡度大于30%时应采取防滑措施；施工人员应戴安全帽，系安全带和穿防滑鞋；雨天、雪天和五级风及以上时不得施工；施工现场应设置消防设施，并应加强火源管理				
10.2.1	坡屋面防水卷材设计要点	单层防水卷材的厚度和搭接宽度				
《倒置式屋面工程技术规程》JGJ 230						
3.0.1	防水等级和使用年限	倒置式屋面工程的防水等级应为Ⅰ级，防水层合理使用年限不得少于20年				
4.3.1	保温材料的性能	导热系数不应大于0.080W/（m·K）；使用寿命应满足设计要求；压缩强度或抗压强度不应小于150kPa；体积吸水率不应大于3%；对于屋顶基层采用耐火极限不小于1.00h的不燃烧体的建筑，其屋顶保温材料的燃烧性能不应低于B2级；其他情况，保温材料的燃烧性能不应低于B1级				
5.2.5	倒置式屋面保温层的设计厚度	按计算厚度增加25%取值，且最小厚度不得小于25mm				
7.2.1	既有建筑倒置式屋面改造	既有建筑倒置式屋面改造工程设计，应由原设计单位或具有相应资质的设计单位承担，当增加屋面荷载或改变使用功能时，应先做设计方案或评估报告				
3.2.3	设计要求	种植屋面工程结构设计时应计算种植荷载。既有建筑屋面改造为种植屋面前，应对原结构进行鉴定				
5.1.7	种植屋面防水层	种植屋面防水层应满足一级防水等级设防要求，且必须至少设置一道具有耐穿刺性能的防水材料				
“判定”填写说明： 1. A表示符合强制性条文；B表示违反强制性条文，但是经返工或返修处理达到合格标准；C表示违反强制性条文； 2. 由多项内容组成一条的强制性条文，取最低级判定为该条的判定						
施工单位检查判定结果： 项目负责人： 项目技术负责人： 年 月 日			监理（建设）单位核查结论： 总监理工程师： （建设单位项目负责人） 年 月 日			

复合防水层检验批质量验收记录　　表5.4.3

<table>
<tr><td colspan="2">单位（子单位）
工程名称</td><td></td><td>分部（子分部）
工程名称</td><td></td><td>分项工程
名称</td><td></td></tr>
<tr><td colspan="2">施工单位</td><td></td><td>项目负责人</td><td></td><td>检验批容量</td><td></td></tr>
<tr><td colspan="2">分包单位</td><td></td><td>分包单位项目
负责人</td><td></td><td>检验批部位</td><td></td></tr>
<tr><td colspan="2">施工依据</td><td colspan="2">《屋面工程技术规范》GB 50345</td><td>验收依据</td><td colspan="2">《屋面工程质量验收规范》
GB 50207</td></tr>
<tr><td rowspan="4">主控项目</td><td colspan="2">验收项目</td><td>设计要求及
规范规定</td><td>最小/实际
抽样数量</td><td>检查记录</td><td>检查结果</td></tr>
<tr><td>1</td><td>防水材料及
配套材料质量</td><td>设计要求</td><td>—</td><td></td><td></td></tr>
<tr><td>2</td><td>复合防水层</td><td>第6.4.5条</td><td>—</td><td></td><td></td></tr>
<tr><td>3</td><td>防水细部构造</td><td>设计要求</td><td>—</td><td></td><td></td></tr>
<tr><td rowspan="2">一般项目</td><td>1</td><td>卷材与涂膜</td><td>第6.4.7条</td><td>—</td><td></td><td></td></tr>
<tr><td>2</td><td>防水层总厚度</td><td>设计要求</td><td>—</td><td></td><td></td></tr>
<tr><td colspan="2">施工单位
检查结果</td><td colspan="5">专业工长：
项目专业质量检查员：
年　月　日</td></tr>
<tr><td colspan="2">监理（建设）单位
验收结论</td><td colspan="5">专业监理工程师：
（建设单位项目专业负责人）
年　月　日</td></tr>
</table>

檐沟和天沟检验批质量验收记录 表5.4.4

单位（子单位）工程名称			分部（子分部）工程名称		分项工程名称	
施工单位			项目负责人		检验批容量	
分包单位			分包单位项目负责人		检验批部位	
施工依据	《屋面工程技术规范》GB 50345			验收依据	《屋面工程质量验收规范》GB 50207	
主控项目	验收项目		设计要求及规范规定	最小/实际抽样数量	检查记录	检查结果
主控项目	1	檐沟、天沟防水构造	设计要求	—		
主控项目	2	檐沟、天沟排水坡度	第8.3.2条	—		
一般项目	1	檐沟、天沟附加层铺设	第8.3.3条	—		
一般项目	2	檐沟防水层	第8.3.4条	—		
一般项目	3	檐沟做法	第8.3.5条	—		
施工单位检查结果	专业工长： 项目专业质量检查员： 年 月 日					
监理（建设）单位验收结论	专业监理工程师： （建设单位项目专业负责人） 年 月 日					

女儿墙和山墙检验批质量验收记录　　　　表5.4.5

<table>
<tr><td colspan="3">单位（子单位）工程名称</td><td></td><td>分部（子分部）工程名称</td><td></td><td>分项工程名称</td><td></td></tr>
<tr><td colspan="3">施工单位</td><td></td><td>项目负责人</td><td></td><td>检验批容量</td><td></td></tr>
<tr><td colspan="3">分包单位</td><td></td><td>分包单位项目负责人</td><td></td><td>检验批部位</td><td></td></tr>
<tr><td colspan="3">施工依据</td><td colspan="2">《屋面工程技术规范》GB 50345</td><td>验收依据</td><td colspan="2">《屋面工程质量验收规范》GB 50207</td></tr>
<tr><td colspan="3">验收项目</td><td></td><td>设计要求及规范规定</td><td>最小/实际抽样数量</td><td>检查记录</td><td>检查结果</td></tr>
<tr><td rowspan="3">主控项目</td><td>1</td><td colspan="2">防水构造</td><td>设计要求</td><td>—</td><td></td><td></td></tr>
<tr><td>2</td><td colspan="2">女儿墙和山墙压顶</td><td>第8.4.2条</td><td>—</td><td></td><td></td></tr>
<tr><td>3</td><td colspan="2">女儿墙和山墙根部</td><td>第8.4.3条</td><td>—</td><td></td><td></td></tr>
<tr><td rowspan="3">一般项目</td><td>1</td><td colspan="2">泛水高度及附加层铺设</td><td>第8.4.4条</td><td>—</td><td></td><td></td></tr>
<tr><td>2</td><td colspan="2">女儿墙和山墙卷材</td><td>第8.4.5条</td><td>—</td><td></td><td></td></tr>
<tr><td>3</td><td colspan="2">女儿墙和山墙涂膜</td><td>第8.4.6条</td><td>—</td><td></td><td></td></tr>
<tr><td colspan="3">施工单位检查结果</td><td colspan="5">专业工长：
项目专业质量检查员：
年　月　日</td></tr>
<tr><td colspan="3">监理（建设）单位验收结论</td><td colspan="5">专业监理工程师：
（建设单位项目专业负责人）
年　月　日</td></tr>
</table>

防水卷材屋面检验批质量验收记录 表5.4.6

<table>
<tr><td colspan="3">单位（子单位）工程名称</td><td></td><td>分部（子分部）工程名称</td><td></td><td>分项工程名称</td><td></td></tr>
<tr><td colspan="3">施工单位</td><td></td><td>项目负责人</td><td></td><td>检验批容量</td><td></td></tr>
<tr><td colspan="3">分包单位</td><td></td><td>分包单位项目负责人</td><td></td><td>检验批部位</td><td></td></tr>
<tr><td colspan="3">施工依据</td><td colspan="2">《屋面工程技术规范》GB 50345</td><td>验收依据</td><td colspan="2">《坡屋面工程技术规范》GB 50693</td></tr>
<tr><td colspan="4">验收项目</td><td>设计要求及规范规定</td><td>最小/实际抽样数量</td><td>检查记录</td><td>检查结果</td></tr>
<tr><td rowspan="7">主控项目</td><td>1</td><td colspan="2">防水卷材、保温材料及配套材料质量</td><td>设计要求</td><td>—</td><td></td><td></td></tr>
<tr><td>2</td><td colspan="2">细部构造</td><td>设计要求</td><td>—</td><td></td><td></td></tr>
<tr><td>3</td><td colspan="2">板状保温材料厚度（mm）</td><td>-4</td><td>—</td><td></td><td></td></tr>
<tr><td>4</td><td colspan="2">喷涂硬泡聚氨酯保温厚度（mm）</td><td>-3</td><td>—</td><td></td><td></td></tr>
<tr><td>5</td><td colspan="2">防水卷材搭接缝</td><td>第10.5.5条</td><td>—</td><td></td><td></td></tr>
<tr><td>6</td><td colspan="2">机械固定法施工</td><td>第10.5.6条</td><td>—</td><td></td><td></td></tr>
<tr><td>7</td><td colspan="2">防水卷材屋面不得渗漏</td><td>第10.5.7条</td><td>—</td><td></td><td></td></tr>
<tr><td rowspan="7">一般项目</td><td>1</td><td colspan="2">防水卷材铺设</td><td>第10.5.8条</td><td>—</td><td></td><td></td></tr>
<tr><td>2</td><td colspan="2">防水卷材搭接边</td><td>第10.5.9条</td><td>—</td><td></td><td></td></tr>
<tr><td>3</td><td colspan="2">板状保温隔热材料铺设</td><td>第10.5.10条</td><td>—</td><td></td><td></td></tr>
<tr><td>4</td><td colspan="2">板状保温材料平整度（mm）</td><td>5</td><td>—</td><td></td><td></td></tr>
<tr><td>5</td><td colspan="2">板状保温材料接缝高差（mm）</td><td>2</td><td>—</td><td></td><td></td></tr>
<tr><td>6</td><td colspan="2">喷涂硬泡聚氨酯平整度（mm）</td><td>5</td><td>—</td><td></td><td></td></tr>
<tr><td>7</td><td colspan="2">隔离层、隔汽层搭接宽度</td><td>设计要求</td><td>—</td><td></td><td></td></tr>
<tr><td colspan="3">施工单位检查结果</td><td colspan="5">专业工长：
项目专业质量检查员：
年 月 日</td></tr>
<tr><td colspan="3">监理（建设）单位验收结论</td><td colspan="5">专业监理工程师：
（建设单位项目专业负责人）
年 月 日</td></tr>
</table>

第6章 涉水房间渗漏防治

本章首先介绍了相关规范对于涉水房间的防水设计、监理、施工、验收等方面的一般规定与技术要求；结合主要技术规范和工程实践经验，对涉水房间顶棚、墙角根部、穿楼板管道四周、地漏四周、公共类室内排水沟、厨卫间排气道、厨卫间门口底部、综合管道井等重点部位的渗漏现象进行详细描述，同时分析渗漏原因并提出有效防治措施；结合典型案例介绍涉水房间渗漏防治的成功经验，为解决涉水房间的渗漏问题提供借鉴和参考。

6.1 涉水房间防水一般规定与技术要点

6.1.1 基本规定

本节主要从设计、施工、验收、管理与维护4个方面做好涉水房间的防渗漏工作。并应符合以下规定：

1. 住宅室内防水工程应遵循因地制宜、以防为主、防排结合、刚柔相济、综合治理的原则，并符合经济合理、安全环保的要求。

2. 住宅室内防水工程宜根据不同的设防部位、不同的功能需求，按柔性防水涂料、防水卷材、刚性防水材料的顺序，选用适宜的防水材料，且相邻防水材料之间应具有相容性。

3. 涉水房间宜选用与主体防水层相匹配的密封材料。

4. 严禁使用国家明令淘汰的材料。

5. 住宅室内防水工程所用材料应进行进场验收，并应符合下列规定：

（1）材料的品种、规格、包装、外观和尺寸等应验收合格，并应具备相应验收记录；

（2）材料应具备质量证明文件，并应纳入工程技术档案；

（3）进场材料应按附表6.4.1的要求进行复验；

（4）检测的样品应进行见证取样；承担材料检测的机构应具备相应的资质。

6. 住宅室内防水工程完成后，应通过蓄水试验对楼、地面和独立水容器的防水效果进行检验。

7. 在进行防水工程质量验收时，应以施工前采用的相同材料和工艺施工的样板作为依据。

8. 应保持住宅室内外排水系统排水通畅。

9. 住宅室内防水工程应积极采用通过技术评估或鉴定，并经工程实践证明质量可靠的新材料、新技术、新工艺。

6.1.2 涉水房间防水设计

设计单位应将质量常见问题防治措施中涉及设计的相关条款在施工图中予以明确，并做好设计交底。

6.1.2.1 一般规定

1. 住宅厨房、卫生间、浴室、设有配水点的封闭阳台、独立水容器等均应进行防水设计。

2. 住宅室内防水设计应包括下列内容：

（1）防水构造设计；

（2）防水、密封材料的名称、规格型号、主要性能指标；

（3）排水系统设计；

（4）细部构造防水、密封措施。

3. 设计选材：室内防水工程做法和材料的选用，根据不同部位和使用功能可按表6.1.1、表6.1.2的要求设计。

室内防水做法选材（楼地面、顶面） 表6.1.1

序号	部位	保护层、饰面层	楼地面（池底）	顶面
1	厕浴间、厨房间	防水层面直接贴瓷砖或抹灰	各种防水材料、刚性防水材料、聚乙烯丙纶卷材	聚合物水泥防水砂浆、刚性无机防水涂料
		混凝土保护层	刚性防水材料、合成高分子涂料、改性沥青涂料、渗透结晶防水涂料、自粘卷材、弹（塑）性体改性沥青卷材、合成高分子卷材	

室内防水做法选材（立面）　表6.1.2

<table>
<tr><th>序号</th><th>部位</th><th>保护层、饰面层</th><th>立面（池壁）</th></tr>
<tr><td rowspan="2">1</td><td rowspan="2">厕浴间、厨房间</td><td>防水层面直接贴瓷砖或抹灰</td><td>刚性防水材料、聚乙烯丙纶卷材</td></tr>
<tr><td>防水层面经处理或钢丝网抹灰</td><td>刚性防水材料、合成高分子防水涂料、合成高分子卷材</td></tr>
</table>

4. 室内工程防水层最小厚度要求参照表6.1.3。

室内工程防水层最小厚度（mm）　表6.1.3

<table>
<tr><th>序号</th><th colspan="2">防水层材料类型</th><th>厕所、卫生间、厨房</th></tr>
<tr><td>1</td><td colspan="2">聚合物水泥、合成高分子涂料</td><td>1.2</td></tr>
<tr><td>2</td><td colspan="2">改性沥青涂料</td><td>2.0</td></tr>
<tr><td>3</td><td colspan="2">合成高分子卷材</td><td>1.0</td></tr>
<tr><td>4</td><td colspan="2">弹（塑）性体改性沥青防水卷材</td><td>3.0</td></tr>
<tr><td>5</td><td colspan="2">自粘橡胶沥青防水卷材</td><td>1.2</td></tr>
<tr><td>6</td><td colspan="2">自粘聚酯胎改性沥青防水卷材</td><td>2.0</td></tr>
<tr><td rowspan="4">7</td><td rowspan="4">刚性防水材料</td><td>掺外加剂、掺合料防水砂浆</td><td>20</td></tr>
<tr><td>聚合物水泥防水砂浆Ⅰ类</td><td>10</td></tr>
<tr><td>聚合物水泥防水砂浆Ⅱ类、刚性无机防水涂料</td><td>3.0</td></tr>
<tr><td>水泥基渗透结晶型防水涂料</td><td>0.8</td></tr>
</table>

5. 地面坡向地漏处的排水坡度不应小于1%；从地漏边缘向外50mm范围内的排水坡度为5%。

6.1.2.2 功能房间防水设计

1. 卫生间、浴室的楼、地面应设置防水层，墙面、顶棚应设置防潮层，门口应有有效阻止积水外溢的措施。

2. 厨房的楼、地面应设置防水层，墙面宜设置防潮层；厨房布置在无用水点房间的下层时，顶棚应设置防潮层。

3. 当厨房设有采暖系统的分集水器、生活热水控制总阀门时，楼、地面宜就近设置地漏。

4. 排水立管不应穿越下层住户的居室；当厨房设有地漏时，地漏的排水支管不应穿过楼板进入下层住户的居室。

5. 厨房的排水立管支架和洗涤池不应直接安装在与卧室相邻的墙体上。

6. 设有配水点的封闭阳台，墙面应设防水层，顶棚宜防潮，楼、地面应有排水措施，并应设置防水层。

7. 独立水容器应有整体的防水构造。现场浇筑的独立水容器应采用刚柔结合的防水设计。

8. 采用地面辐射采暖的无地下室住宅，底层无配水点的房间地面应在绝热层下部设置防潮层。

6.1.2.3 **技术措施**

1. 住宅室内防水应包括楼、地面防水、排水，室内墙体防水和独立水容器防水、防渗。

2. 楼、地面防水设计应符合下列规定：

（1）对于有排水要求的房间，应绘制放大布置平面图，并应以门口及沿墙周边为标志标高，标注主要排水坡度和地漏表面标高。

（2）对于无地下室的住宅，地面宜采用强度等级为C20的混凝土作为刚性垫层，且厚度不宜小于60mm。楼面基层宜为现浇钢筋混凝土楼板，当为预制钢筋混凝土条板时，板缝间应采用防水砂浆堵严抹平，并应沿通缝涂刷宽度不小于300mm的防水涂料形成防水涂膜带。

（3）混凝土找坡层最薄处的厚度不应小于30mm；砂浆找坡层最薄处的厚度不应小于20mm。找平层兼找坡层时，应采用强度等级为C20的细石混凝土；需设填充层铺设管道时，宜与找坡层合并，填充材料宜选用轻骨料混凝土。

（4）装饰层宜采用不透水材料和构造，主要排水坡度应为0.5%～1.0%，粗糙面层排水坡度不应小于1.0%。

（5）防水层应符合下列规定：

①对于有排水的楼、地面，应低于相邻房间楼、地面20mm或做挡水门槛；当需进行无障碍设计时，应低于相邻房间面层15mm，并应以斜坡过度。

②当防水层需要采取保护措施时，可采用20mm厚1∶3水泥砂浆做保护层。

3. 墙面防水设计应符合下列规定：

（1）卫生间、浴室和设有配水点的封闭阳台等墙面应设置防水层；防水层高度宜距楼、地面面层1.2m。

（2）当卫生间有非封闭式洗浴设施时，花洒所在及其邻近墙面防水层高度不应小于1.8m。

4. 有防水设防的功能房间，除应设置防水层的墙面外，其余部分墙面和顶棚均应设置防潮层。

5. 钢筋混凝土结构独立水容器的防水、防渗应符合下列规定：

（1）应采用强度等级为C30、抗渗等级为P6的防水钢筋混凝土结构，且受力壁体厚度不宜小于200mm；

（2）水容器内侧应设置柔性防水层；

（3）设备与水容器壁体连接处应做防水密封处理。

6.1.2.4 细部构造

1. 楼、地面的防水层在门口处应水平延展，且向外延展的长度不应小于500mm，向两侧延展的宽度不应小于200mm（图6.1.1）。

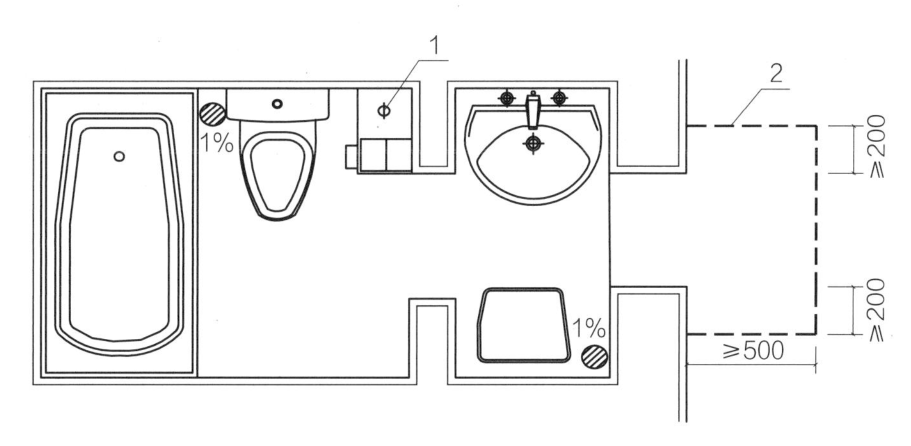

图6.1.1　楼、地面门口处防水层延展示意图
1—穿越楼板的管道及其防水套管；2—门口处防水层延展范围

2. 穿越楼板的管道应设置防水套管，高度应高出装饰层完成面20mm以上，套管与管道间应采用防水密封材料嵌填压实（图6.1.2）。

3. 地漏、大便器、排水立管等穿越楼板的管道根部应用密封材料嵌填压实（图6.1.3）。

4. 水平管道在下降楼板上采用同层排水措施时，楼板、楼面应做双层防水设计。对降板后可能出现的管道渗水，应有密闭措施（图6.1.4），且宜在贴临下降楼板上表面处设泄水管，并应采取增设独立泄水立管的措施。

5. 对于同层排水的地漏，其旁通水平支管宜与下降楼板上表面处的泄水管连通，并接至增设的独立排水立管上（图6.1.5）。

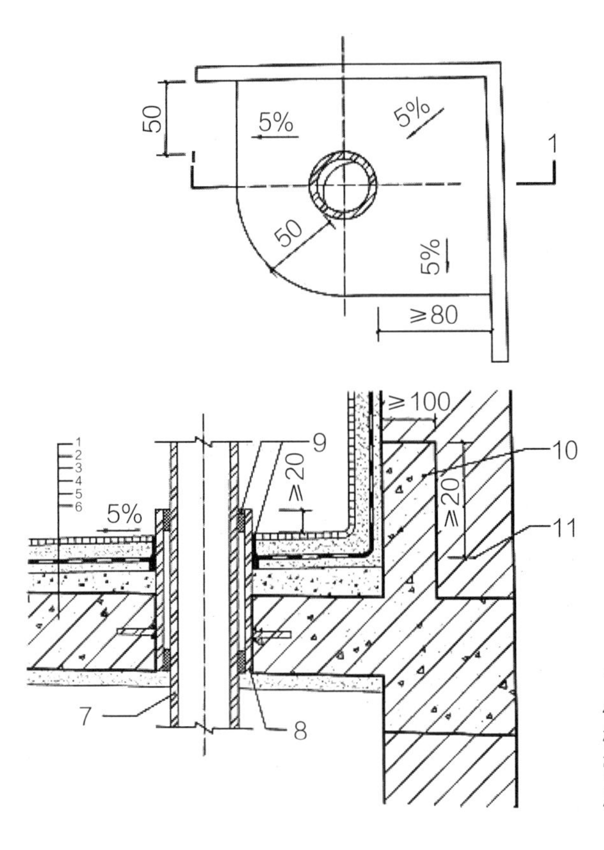

图6.1.2 管道穿越楼板的防水构造
1—楼、地面面层；2—粘结层；3—防水层；4—找平层；5—垫层或找坡层；6—钢筋混凝土楼板；7—排水立管；8—防水套管；9—密封膏；10—C20细石混凝土翻边；11—装饰层完成面高度

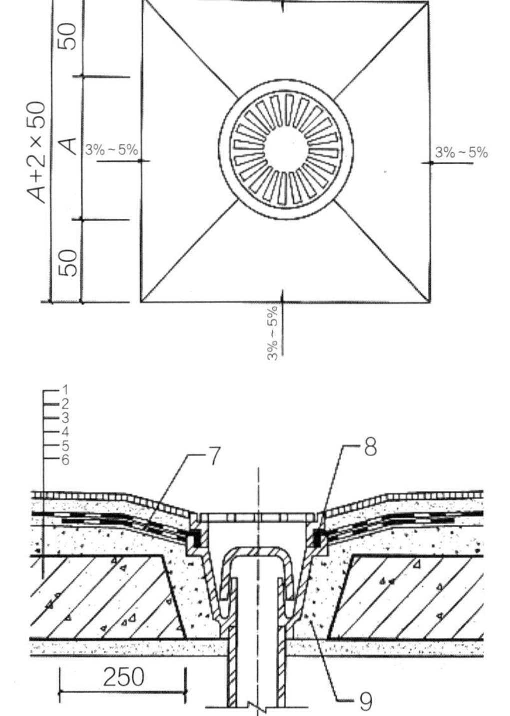

图6.1.3 地漏防水构造
1—楼、地面面层；2—粘结层；3—防水层；4—找平层；5—垫层或找坡层；6—钢筋混凝土楼板；7—防水层的附加层；8—密封膏；9—C20细石混凝土掺聚合物填实

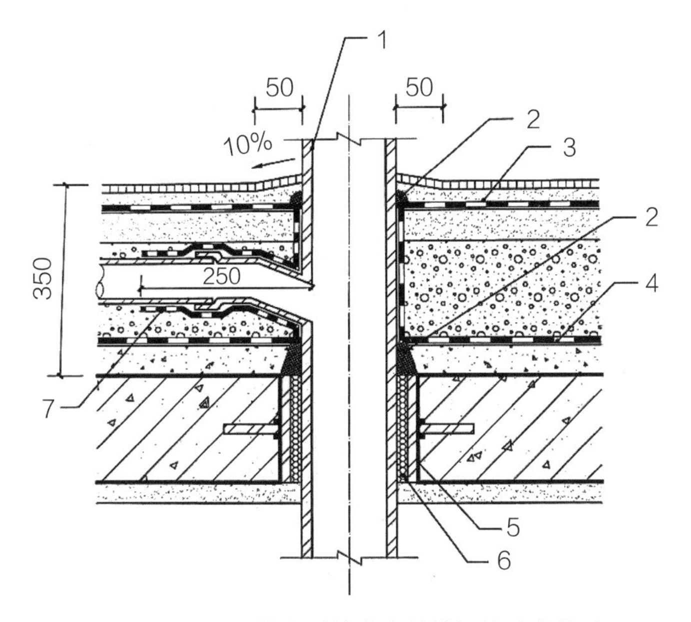

图6.1.4　同层排水时管道穿越楼板的防水构造

1—排水立管；2—密封膏；3—设防房间装修面层下设防的防水层；4—钢筋混凝土楼板基层上设防的防水层；5—防水套管；6—管壁间用填充材料塞实；7—附加层

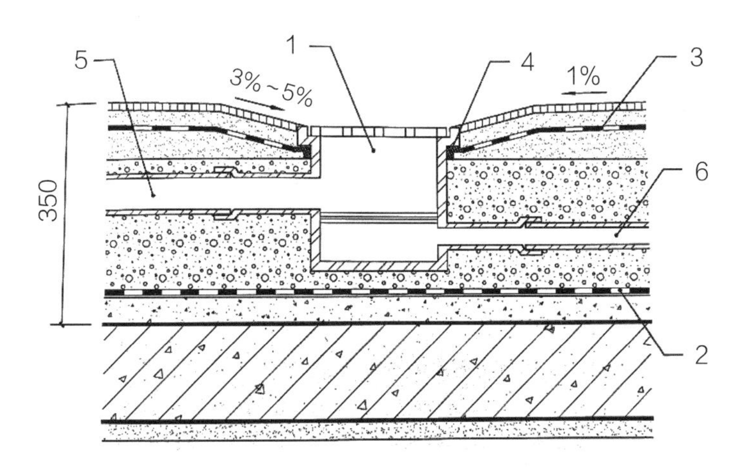

图6.1.5　同层排水时的地漏防水构造

1—产品多通道地漏；2—下降的钢筋混凝土楼板基层上设防的防水层；3—设防房间装修面下设防的防水层；4—密封膏；5—排水支管接至排水立管；6—旁通水平支管接至增设的独立泄水立管

6. 当墙面设置防潮层时，楼、地面防水层应沿墙面上翻，且至少应高出饰面层200mm。当卫生间、厨房采用轻质隔墙时，应做全防水墙面，其四周根部除门洞外，应做C20细石混凝土坎台，并应至少高出相连房间的楼、地面饰面层200mm（图6.1.6）。

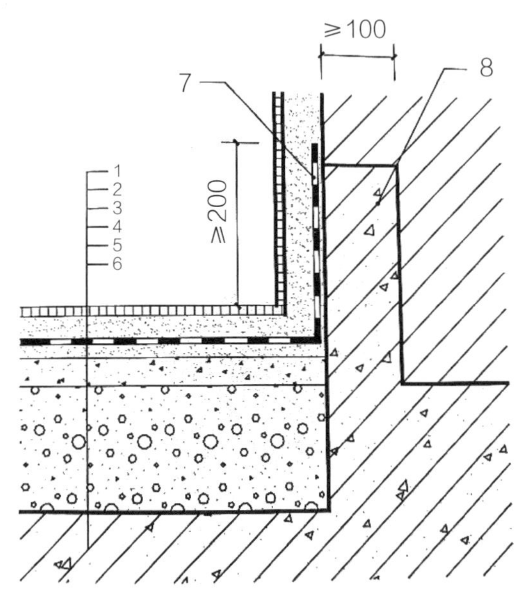

图6.1.6 防潮墙面的底部构造
1—楼、地面面层；2—粘结层；3—防水层；4—找平层；5—垫层或找坡层；6—钢筋混凝土楼板；7—防水层翻起高度；8—C20细石混凝土翻边

6.1.3 涉水房间防水施工

6.1.3.1 一般规定

1. 住宅室内防水工程施工单位应有专业施工资质，作业人员应持证上岗。

2. 住宅室内防水工程应按设计施工。

3. 施工前，应进行设计交底和图纸会审工作，并进行现场勘查，明确细部构造和技术要求，并应编制施工方案。

4. 各工序、各分项工程应自检、互检及交接检。

5. 进场的防水材料，应抽样复验，并应提供检验报告。严禁使用不合格材料。

6. 防水材料及防水施工过程不得对环境造成污染。

7. 穿越楼板、防水墙面的管道和预埋件等，应在防水施工前完成。

8. 防水工程应在地面、墙面隐蔽工程完毕并经检查验收后进行。其施工方法应符合国家现行标准的有关规定。

9. 防水施工时应设置安全照明，并保持通风。

10. 住宅室内防水工程的施工环境温度宜为5～35℃。

11. 住宅室内防水工程施工，应遵守过程控制和质量检验程序，并应有完整检查记录。

12. 防水层完成后，应在进行下一道工序前采取保护措施。

13. 防水工程应做两次蓄水试验。

14. 二次埋置的套管，其周围混凝土强度等级应比原混凝土提高一级，并应掺膨胀剂；二次浇筑的混凝土结合面应清理干净后进行界面处理，混凝土应浇捣密实；加强防水层应覆盖施工缝，并超出边缘不小于150mm。防水卷材与基层应采用满粘法铺贴；卷材接缝必须粘贴严密。

15. 微膨胀细混凝土与穿楼（地）板的外立管及洞口结合应密实牢固，无裂缝。

6.1.3.2 找平层

1. 找平层与基层结合应牢固密实，表面平整光洁，无空鼓、裂缝、麻面和起砂；立管根部和阴阳角处理应符合设计要求。

2. 找平层宜采用水泥砂浆或水泥混凝土铺设。当找平层厚度小于30mm时，宜用水泥砂浆做找平层；当找平层厚度不小于30mm时，宜用细石混凝土做找平层。

3. 找平层施工前，当其下一层有松散填充料时，应予铺平振实。

4. 找平层施工前，必须对立管、套管和地漏与楼板节点之间进行密封处理，并应进行隐蔽验收；排水坡度应符合设计要求。

5. 找平层采用碎石或卵石的粒径不应大于其厚度的2/3，含泥量不应大于2%；砂为中粗砂，其含泥量不应大于3%。通过观察和检查质量合格证明检查。

6. 水泥砂浆体积比、水泥混凝土强度等级应符合设计要求，且水泥砂浆体积比不应小于1∶3（或相应强度等级）；水泥混凝土强度等级不应小于C15。通过观察和检查配合比试验报告、强度等级检测报告检查。

7. 涉水房间内的立管、套管、地漏处不应渗漏，坡向应正确，无积水，通过观察和蓄水、泼水检验及坡度尺检查。

6.1.3.3 基层处理

1. 基层应符合设计要求，并应通过验收。基层表面应坚实平整，无浮浆，无起砂、裂缝现象。

卫生间楼地面氯丁胶乳沥青防水涂料施工

2. 与基层相连接的各类管道、地漏、预埋件、设备支座等应安装牢固。

3. 管根、地漏与基层的交接部位，应预留宽10mm，深10mm的环形凹槽，槽内应嵌填密封材料。

4. 基层的阴阳角部位宜做成圆弧形。

5. 基层表面不得有积水，基层的含水率应满足施工要求，一般不超过9%。

6.1.3.4 防水涂料施工

1. 防水涂料施工时，应采用与涂料配套的基层处理剂。基层处理剂涂刷应均匀、不流淌、不堆积。

2. 防水涂料大面积施工前，应先在阴阳角、管根、地漏、排水口、设备基础根等部位施作附加层，并应夹铺胎体增强材料，附加层的宽度和厚度应符合设计要求。

3. 当采用玻纤布做胎体增强材料时，玻纤布的接槎应顺流水方向搭接，搭接宽度应不小于100mm。两层以上玻纤布的防水施工，上、下搭接应错开幅宽的1/2。

4. 防水涂料施工操作应符合下列规定：

（1）双组分涂料应按配比要求在现场配制，并应使用机械搅拌均匀，不得有颗粒悬浮物，并应根据有效时间确定每次配置的用量；

（2）防水涂料应薄涂、多遍施工，前后两遍的涂刷方向应相互垂直，涂层厚度应均匀，不得有漏刷或堆积现象。同层涂膜的先后搭接宽度宜为30～50mm；

（3）应在前一遍涂层实干成膜后，再涂刷下一遍涂料；

（4）施工时宜先涂刷立面，后涂刷平面；

（5）夹铺胎体增强材料时，应使防水涂料充分浸透胎体层，不得有折皱、翘边现象；

（6）防水涂膜最后一遍施工时，可在涂层表面撒砂。

5. 防水层平均厚度应符合设计要求，且最小厚度不应小于设计厚度的80%，或防水层每平方米涂料用量应符合设计要求。

6. 单组分聚氨酯防水涂料施工操作要点：

（1）清理基层：将基层表面的灰皮、尘土、杂物等铲除清扫干净，对管根、地漏和排水口等部位应认真清理。遇到油污时，可用钢刷或砂纸刷除干净。表面必须平整，如有凹陷处应用1：3水泥砂浆找平。最后，基层用干净的湿布擦拭一遍。

（2）细部附加层施工：地漏、管根、阴阳角等处应用单组分聚氨酯涂刮一遍做附加层处理，两侧各在交接处涂刷200mm。地面四周与墙体连接处以及管根处，平面涂膜防水层宽度和平面拐角上返高度各≥250mm。地漏口周边平面涂膜防水层宽度和进入地漏口下返均为≥40mm，各细部附加层也可做一布二涂单组分聚氨酯涂刷处理。

7. 聚合物水泥防水涂料（简称JS防水涂料）施工操作要点：

（1）细部附加层：对地漏、管根、阴阳角等易发生漏水部位应进行密封或加强处理，方法如下：按设计要求在管根等部位的凹槽内嵌填密封胶，密封材料应压嵌严密，防止裹入空气，并与缝壁粘结牢固，不得有开裂、鼓泡和下塌现象。在地漏、管根、阴阳角和出入口等易发生漏水的薄弱部位，可加一层增强胎体材料，材料宽度不小于300mm，搭接宽度应不小于100mm。施工时先涂一层JS防水涂料，再铺胎体增强材料，最后涂一层JS防水涂料。

（2）大面积涂刷涂料时，不得加铺胎体；如设计要求增加胎体时，须使用耐碱网格布或40g/m^{2}的聚酯无纺布。

8. 聚合物乳液（丙烯酸）防水涂料施工操作要点：

（1）涂刷底层：取丙烯酸防水涂料倒入一个空桶中约2/3，少许加水稀释并充分搅拌，用滚刷均匀地涂刷底层，用量约为0.4kg/m^2，待手摸不粘后进行下一道工序。

（2）细部附加层：按设计要求在管根等部位的凹槽内嵌填密封胶，密封材料应压嵌密实，防止裹入空气，并与缝壁粘结牢固，不得有开裂、鼓泡和下塌现象；对地漏、管根、阴阳角等易发生漏水部位的凹槽内，用丙烯酸防水涂料涂覆找平；在地漏、管根、阴阳角和出入口易发生漏水的薄弱部位，须增加一层胎体增强材料，宽度不小于300mm，搭接宽度不得小于100mm，施工时先涂刷丙烯酸防水涂料，再铺增强层材料，最后再涂刷两遍丙烯酸防水涂料。

（3）涂刷中、面层防水层：取丙烯酸防水涂料，用滚刷均匀地涂在底层防水层上面，每遍涂约0.5～0.8kg/m^2。其下层增强层和中层必须连续施工，不得间隔；若厚度不够，加涂一层或数层，以达到设计规定的涂抹厚度要求为准。

9. 改性聚脲防水涂料施工操作要点：

（1）改性聚脲防水涂料是双组分合成高分子柔性防水涂料。配料时，将甲、乙料分别搅拌均匀，然后按比例倒入配料桶中充分搅拌均匀备用，取用涂料应及时密封。配好的涂料应在30min内用完。

（2）附加层施工：地漏、管根、阴阳角等处用调配好的涂料涂刷（或刮涂）一遍，做附加层处理。

（3）涂抹施工：附加层固化后，将配好的涂料用塑料刮板在基层表面均匀刮涂，厚度应均匀、一致。第一遍涂膜固化后，进行第二遍刮涂。刮涂要求与第一遍相同，刮涂方向应与第一遍刮涂方向垂直。在第二遍涂抹施工完毕尚未固化时，其表面可均匀地撒上少量干净的粗砂。

10. 水泥基渗透结晶型防水涂料施工操作要点：

（1）基层处理：先修理缺陷部位，如封堵孔洞，除去有机物、油漆等其他粘结物，遇有大于0.4mm以上的裂纹，应进行裂缝修理，对蜂窝结构或疏松结构，均应凿除，松动杂物用水冲刷至见到坚实的混凝土基面并将其润湿，涂刷浓缩剂浆料，再用防水砂浆填补、压实，掺和剂的掺量为水泥含量的2%；打毛混凝土基面，使毛细孔充分暴露；底板与边墙相交的阴角处加强处理。用浓缩剂料团趁潮湿嵌填于阴角处，用手锤或抹子捣固压实。

（2）制浆：按体积比将粉料与水倒入容器内，搅拌3～5min混合均匀。一次制浆不宜过多，要在20min内用完，混合物变稠时要频繁搅动，中间不得加水、加料。

（3）第一遍涂刷涂料：涂料涂刷时，需用半硬的尼龙刷，不宜用抹子、滚筒、油漆刷等；涂刷时应来回用力，以保证凹凸处都能涂上，涂层要求均匀，不应过薄或过厚，控制在单位用量之内。

（4）第二遍涂刷涂料：待上道涂层终凝6～12h后，仍是潮湿状态时进行；如第一遍涂层太干，则应先喷洒些雾水后再进行增效剂涂刷。此遍涂层也可使用相同量的浓缩剂。

（5）养护：养护必须使用干净水，在涂层终凝后做喷雾养护，不应出现明水，一般每天喷雾水3次，连续数天，在热天或干燥天气时应多喷几次，使其保持湿润状态，防止涂层过早干燥。蓄水试验需在养护完3～7d后进行。

（6）重点部位加强处理：房间的地漏、管根、阴阳角、非混凝土或水泥砂浆基面等处用柔性涂料做加强处理。做法同柔性涂料。

6.1.3.5 防水卷材施工

1. 防水卷材与基层应满粘施工，防水卷材搭接缝应采用与基材相容的密封材料封严。

2. 涂刷基层处理剂应符合下列规定：

（1）基层潮湿时，应涂刷湿固化胶粘剂或潮湿界面隔离剂，且应与铺贴的卷材性能相容；

（2）基层处理剂不得在施工现场配置或添加溶剂稀释；

（3）基层处理剂应涂刷均匀，无露底、堆积；

（4）基层处理剂干燥后应立即进行下道工序的施工。

3. 防水卷材的施工应符合下列规定：

（1）防水卷材应在阴阳角、管根、地漏等部位先铺设附加层，附加层材料可采用与防水层同品种的卷材或与卷材相容的涂料；

（2）卷材与基层应满粘施工，表面应平整、顺直，不得有空鼓、起泡、皱折；

（3）防水卷材应与基层粘结牢固，搭接缝处应粘结牢固。

4. 聚乙烯丙纶复合防水卷材施工时，基层应湿润，但不得有明水。

5. 自粘聚合物改性沥青防水卷材在低温施工时，搭接部位宜采用热风加热。

6. 两幅卷材应顺排水方向搭接。

7. 聚乙烯丙纶卷材–聚合物水泥复合施工操作要点：

（1）聚合物水泥防水粘结料配制及使用要求：配制时，将专用胶放置于洁净的干燥器中，边加水边搅拌至专用胶全部溶解，然后加水泥继续搅拌均匀，直至浆液无凝结块体、不沉淀时即可使用。每次配料必须按作业面工程量预计数量配制，聚合物水泥粘结料宜于2h内使用完毕，剩余的粘结料不得随意加水使用。

（2）防水层应先做立墙、后做平面。

（3）阴阳角、管根、地漏等应做附加层，附加层可粘贴聚乙烯丙纶卷材，也可涂刷聚合物防水粘结材料，内加胎体增强材料。

（4）大面积防水层施工时，先在基层涂刷聚合物水泥防水粘结料，厚度达到1.3mm以上，在涂刮完的粘结料面上及时铺贴卷材，粘结面积不得小于90%。

（5）铺贴卷材时，不应用力拉伸卷材，不得出现皱折。用刮板推擀压实并排出卷材下面的气泡和多余的防水粘结料浆。

（6）卷材的搭接缝宽度不应小于100mm，搭接缝应挤出少许粘结材料做封缝处理，应保证接缝粘结严密，不得翘边。

（7）上下两层卷材长边搭接缝应错开，且不应小于幅宽的1/3，且不得垂直铺贴。

（8）平面的卷材宜平行长边方向铺贴，立面处的卷材应垂直底板方向铺贴。立面与平面卷材应顺槎搭接。

（9）卷材搭接缝位置距阴阳角不应小于300mm。

6.1.3.6 防水砂浆施工

1. 防水砂浆施工前应洒水湿润基层，但不得有明水，并宜做界面处理。

2. 防水砂浆应用机械搅拌均匀，并应随拌随用。

3. 防水砂浆宜连续施工。当需留施工缝时，应采用坡形接槎，相邻两层接槎应错开100mm以上，距转角不得小于200mm。

4. 水泥砂浆防水层终凝后，应及时进行保湿养护，养护温度不宜低于5℃。

5. 聚合物防水砂浆，应按品种的使用要求进行养护。

6.1.3.7 密封施工

1. 密封施工基层应干净、干燥，可根据需要涂刷基层处理剂。

2. 密封施工宜在卷材、防水涂料层施工之前，刚性防水层施工之后完成。

3. 双组分密封材料应配比准确，混合均匀。

4. 密封材料施工宜采用胶枪挤注施工，也可用腻子刀等嵌填压实。

5. 密封材料应根据预留凹槽的尺寸、形状和材料的性能采用一次或多次嵌填。

6. 密封材料嵌填完成后，在硬化前应避免灰尘、破损及污染等。

7. 防水基层表面平整度的允许偏差不宜大于4mm。

6.1.3.8 其他

1. 各种承压管道系统和设备应做水压试验，非承压管道系统和设备应做灌水试验。

2. 隐蔽或埋地的排水管道在隐蔽前必须做灌水试验，其灌水高度应不低于底层卫生器具的上边缘或底层地面高度。

3. 卫生器具应做满水或灌水（蓄水）试验，且应严密、畅通、无渗漏。

4. 卫生洁具的排水管应嵌入排水支管管口内，并应与排水支管管口吻和，密封严密。

5. 与排水横管连接的各卫生器具的受水口和立管均应采取妥善可靠的固定措施；管道与楼板的接合部位应采取牢固可靠的防渗、防漏措施。

6. 连接卫生器具的排水管道接口应紧密不漏，其固定支架、管卡等支撑位置应正确、牢固，与管道的接触应平整。

7. 内墙饰面砖粘贴工程的找平、防水、粘结和填缝材料及施工方法应符合设计要求及国家现行标准的有关规定，并对下列隐蔽工程项目进行验收：

（1）基层和基体；

（2）防水层。

6.1.4 涉水房间防水检查验收

6.1.4.1 一般规定

1. 室内防水工程质量验收的程序和组织，应符合现行国家标准《建筑工程施工质量验收统一标准》GB 50300的规定。

2. 住宅室内防水施工的各种材料应有产品合格证书和性能检测报告。材料的品种、规格、性能等应符合国家现行有关标准和防水设计的要求。

3. 防水涂料、防水卷材、防水砂浆和密封胶等防水、密封材料应进行见证取样复验，复验项目及现场抽样要求应按本章附表6.4.1执行。

4. 住宅室内防水工程分项工程的划分应符合表6.1.4的规定。

室内防水工程分项工程的划分　表6.1.4

部位	分项工程
基层	找平层、找坡层
防水与密封	防水层、密封、细部构造
面层	保护层

5. 住宅室内防水工程应以每一个自然间或每一个独立水容器作为检验批，逐一检验。

6. 室内防水工程验收后，工程质量验收记录应进行存档。

6.1.4.2 基层

1. 防水基层所用材料的质量及配合比，应符合设计要求。

2. 防水基层的排水坡度，应符合设计要求。

3. 防水基层应抹平、压光，不得有疏松、起砂、裂缝。

4. 阴阳角处宜按设计要求做成圆弧形，且应整齐平顺。

5. 防水基层表面平整度的允许偏差不宜大于4mm。

6.1.4.3 防水与密封

1. 防水材料、密封材料、配套材料的质量应符合设计要求，计量、配合比应准确。

2. 在转角、地漏、伸出基层的管道等部位，防水层的细部构造应符合设计要求。

3. 防水层的平均厚度应符合设计要求，最小厚度不应小于设计厚度的90%。

4. 密封材料的嵌填宽度和深度应符合设计要求。

5. 密封材料嵌填应密实、连续、饱满，粘接牢固，无气泡、开裂、脱落等缺陷。

6. 防水层不得渗漏。

7. 涂膜防水层与基层应粘结牢固，表面平整，涂刷均匀，不得有流淌、皱折、鼓泡、露胎体和翘边等缺陷。

8. 涂膜防水层的胎体增强材料应铺贴平整，每层的短边搭接缝应错开。

9. 防水卷材的搭接缝应牢固，不得有皱折、开裂、翘边和鼓泡等缺陷；卷材在立面上的收头应与基层粘贴牢固。

10. 防水砂浆各层之间应结合牢固，无空鼓；表面应密实、平整、不得有开裂、起砂、麻面等缺陷；阴阳角部位应做圆弧状。

11. 密封材料表面应平滑，缝边应顺直，周边无污染。

12. 密封接缝宽度的允许偏差应为设计宽度的 ± 10%。

6.1.4.4 保护层

1. 防水保护层所用材料的质量及配合比应符合设计要求。

2. 水泥砂浆、混凝土的强度应符合设计要求。

3. 防水保护层表面的坡度应符合设计要求，不得有倒坡或积水。

4. 防水层不得渗漏。

5. 保护层应与防水层粘结牢固，结合紧密，无空鼓。

6. 保护层应表面平整，不得有裂缝、起壳、起砂等缺陷；保护层表面平整度不应大于5mm。

7. 保护层厚度的允许偏差应为设计厚度的 ± 10%，且不应大于5mm。

6.1.5 涉水房间防水的管理与维护

1. 业主预验收。在交房前，会同业主进行验收。验收时保证涉水房间蓄水时间满24h，与业主共同检查涉水房间蓄水试验情况。

2. 用户应正确进行户内装饰装修工作，严禁随意剔凿，剔凿前应与物业沟通，避免造成室内防水层的损坏，导致渗漏问题发生。

3. 在涉水房间出现渗漏时，施工单位应及时到场，查明原因。属于业主使用不当造成的渗漏，应向业主说明。因施工缺陷造成的渗漏，应制定方案，经业主同意后进行维修。

6.2 涉水房间常见渗漏问题分析与防治

6.2.1 涉水房间墙角根部渗漏

6.2.1.1 现象描述

涉水房间下层顶棚或墙面湿润有水渍，饰面伴随起皮、剥离、脱落、渗水、霉变等现象，紧邻房间墙面饰面层潮湿，饰面伴随起皮、剥离、脱落、渗水、霉变等现象（图6.2.1）。

图6.2.1　涉水房间墙角根部渗漏导致楼下饰面层损坏

6.2.1.2 原因分析

1. 浇筑的混凝土坎台未与结构一次性浇筑或浇筑时施工缝处理不合格，导致施工缝处存在渗水通道（图6.2.2）。

2. 混凝土坎台浇筑完成后，拆除模板时，对混凝土坎台造成破坏，产生裂缝，且未经修补，从而导致后期防水层的拉裂，渗水（图6.2.3）。

3. 防水基层处理不合格，未做圆弧、有砂眼、基层强度不够、基层不平整等，导致防水层存在孔洞，防水层与基层粘结不牢导致防水层破损（图6.2.4、图6.2.5）。

图6.2.2 混凝土反坎二次浇筑接槎未毛化处理

图6.2.3 混凝土反坎破损

图6.2.4 基层阴角及管根部位未做圆弧

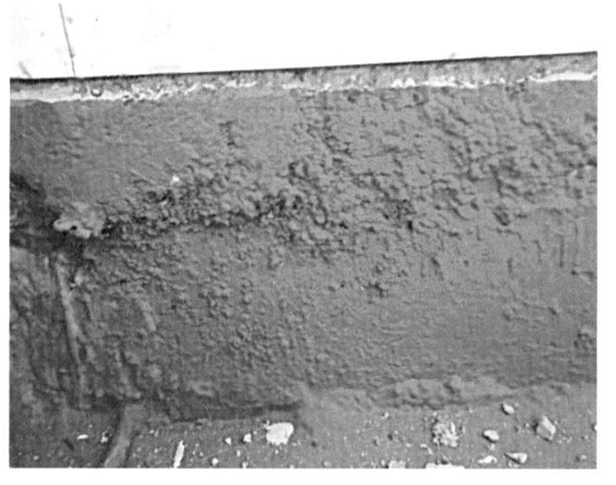

图6.2.5 防水基层不平整，未做找平层

4. 防水层施工时，在阴阳角部位未做加强层。

5. 采用防水涂料做防水层时，防水层的厚度不足（图6.2.6）。

6. 采用卷材防水做防水层时，阴角部位卷材粘接不牢固。

7. 采用不合格的防水材料进行施工。

8. 防水层施工完成后，未及时做防水保护层，造成防水层的破损；或防水层施工完成后，又在防水层上打眼开槽，造成防水层的破损（图6.2.7）。

图6.2.6 立面聚氨酯防水厚度不足，涂刷露底

图6.2.7 在防水层上打眼

6.2.1.3 防治措施

1. 保证混凝土反坎的高度不应小于设计要求。一般高度不小于200mm，且应与楼板同时浇筑。当二次浇筑时，接槎部位应凿毛、清理干净并充分湿润后，方可浇筑混凝土（图6.2.8～图6.2.10）。

2. 加强防水基层的验收，必须做到全数检查。必须保证基层的强度、平整度，做到不起砂、不开裂、无砂眼、无空鼓现象，并在管根及阴阳角部位做半径为5cm的圆弧角（图6.2.11）。

3. 控制好混凝土反坎的拆模时间，避免暴力拆模造成混凝土反坎的损坏。

4. 使用符合设计及规范要求的防水材料。

5. 做好防水加强层。附加层的宽度和厚度应符合设计要求（图6.2.12）。

6. 施工时，宜先涂刷立面，后涂刷平面。

7. 防水层施工完毕后，做好成品保护（图6.2.13）。

图6.2.8 混凝土反坎与楼板同时浇筑

图6.2.9 一次浇筑混凝土反坎拆模效果

图6.2.10 混凝土反坎二次浇筑接触面毛化处理

图6.2.11 1：3水泥砂浆防水找平及阴角圆弧处理

图6.2.12 防水加强层：堵漏王＋聚氨酯防水涂料

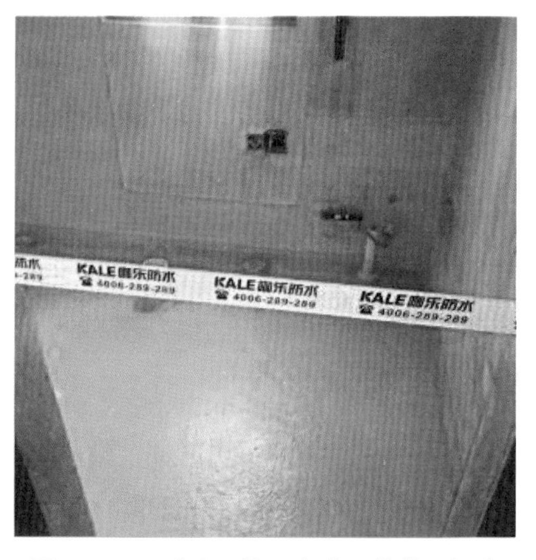

图6.2.13 防水层施工完成后做警示标志

6.2.2 穿楼板管道四周渗漏

6.2.2.1 现象描述

穿楼板部位管道四周有渗漏，防水涂料起皮、脱落（图6.2.14）。

6.2.2.2 原因分析

1. 需要预留套管部位，未设置套管或套管高度不足（图6.2.15）。
2. 管道与套管之间封堵填塞不合格。
3. 不需预留套管处，预留洞口混凝土未剔凿成麻面（图6.2.16）。

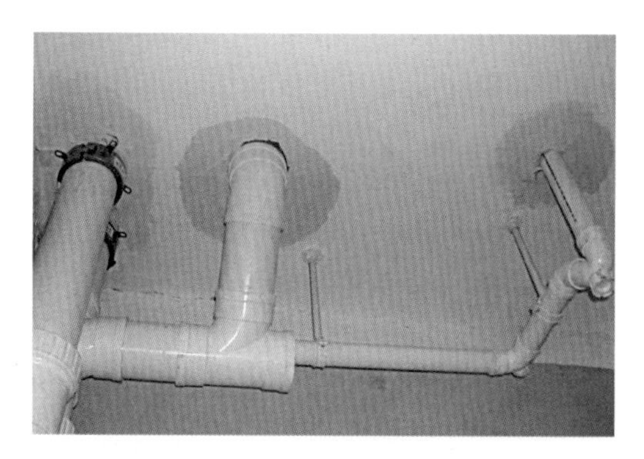

图6.2.14　穿楼板管道四周渗漏

图6.2.15　套管高度不足

图6.2.16　预留洞口侧面未剔凿成麻面

4. 管道与预留洞不同心、吊洞时掺夹垃圾等原因，导致封堵不严密（图6.2.17）。

（a）从现浇板底部看

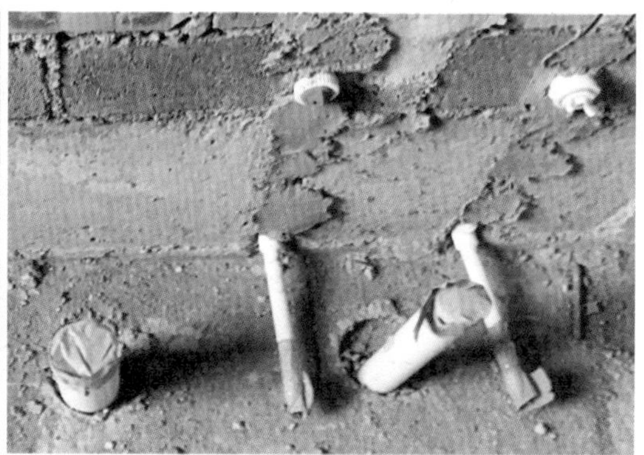

（b）从现浇板顶部看

图6.2.17　管道与预留洞不同心，导致封堵不严密

5. 未按照规范要求对预留洞分两次进行封堵或封堵不密实（图6.2.18）。

6. 管道周边未预留宽10mm，深10mm的凹槽，且进行单独处理。

7. 管道预留洞封堵时，未单独做闭水试验。

8. 防水找平层或基层在管道四周存在强度不足、有裂缝、不平等质量缺陷。

图6.2.18 预留洞封堵不密实、与一次结构结合不严密

9. 管道四周未做圆弧角或防水加强层（图6.2.19）。

10. 管壁未做清理即进行了防水层的施工，导致防水层粘结不牢。

11. 面层施工时，造成防水层或管壁的破损。

12. 管根周围未设置阻水台（图6.2.20）。

图6.2.19 管道四周基层不平整，根部未做圆弧角

图6.2.20 阻水台开裂、高度不足、未与找平层一次施工

6.2.2.3 防治措施

1. 采用同层排水设计，减少穿现浇板管道数量。

2. 管道穿过墙壁或楼板，应设置金属或塑料套管。安装在楼板内的套管，其顶部应高出装饰地面20mm；安装在卫生间及厨房内的套管，其顶部应高出装饰地面50mm，底部应与楼板底面相平；安装在墙壁内的套管其两端与饰面相平。穿过楼板的套管与管道之间缝隙应用阻燃密实材料和防水材料填实，端面光滑。穿墙套管与管道之间缝隙宜用阻燃密实材料填实，且端面应光滑。管道的接口不得设在套管内（图6.2.21）。

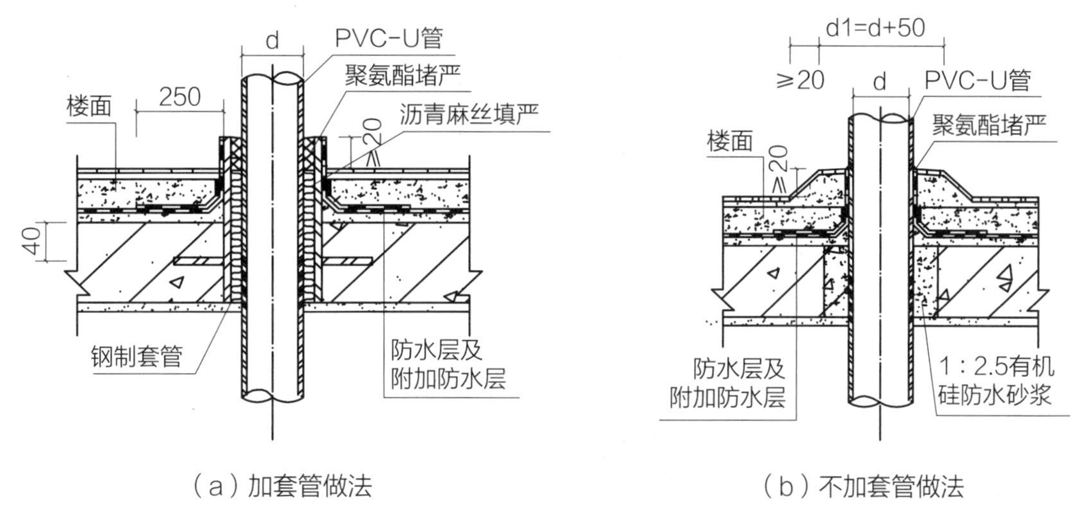

（a）加套管做法　　（b）不加套管做法

图6.2.21　PVC-U管道穿有防水要求楼板做法

3. 采用预留洞方法施工的部位，管道要与预留洞同心，预留洞直径比管道直径大两个规格。洞口封堵前应对洞口侧壁做凿毛处理，且应将洞口清理干净；底部支设模板，模板应固定牢固，不得下垂，可使用成品模具，严禁采用钢丝穿预留洞加固；浇筑前将洞口侧壁洒水湿润，并涂刷1：1水泥浆；洞口用C20微膨胀细石混凝土分两次填塞密实，第一次填塞至楼板厚度的2/3处，12h后对混凝土进行养护，养护同时可对管根做闭水试验，若存在较严重渗漏，将已浇筑混凝土凿掉，重新吊洞；当不渗水后进行二次嵌填至楼板上表面，沿管根预留宽10mm，深10mm的凹槽，嵌填防水材料（图6.2.22）。管道安装完成后对管根做24h围水试验，确保无渗漏后再进行下道工序施工（图6.2.23）。

4. 有防水要求的建筑地面工程，铺设前必须对立管、套管与楼板节点之间进行密封处理；排水坡度应符合设计要求。

5. 做防水找平层时，管道四周抹成半径为20mm的圆弧形。下水管离墙转角不应小于50mm+墙面做法厚度，向外坡度不应小于5%。做防水前将基层清理干净。

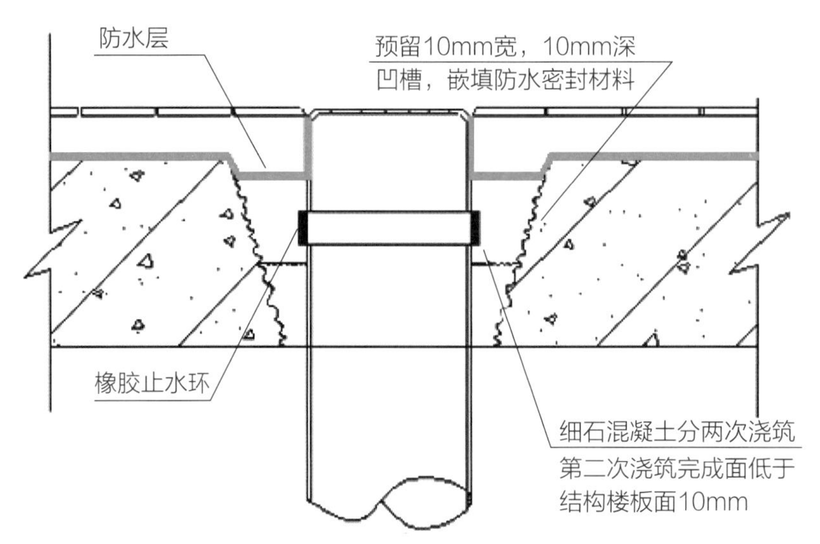

图6.2.22 管道穿楼板封堵节点详图

图6.2.23 管根第一次封堵完成后蓄水试验24h

6. 管道四周应做防水加强层，每侧加强层宽度不得低于150mm。

7. 有防水要求的房间内，穿过楼板的管道根部应设置阻水台，且阻水台不应直接做在地面面层上，阻水台高度应提前预留，保证高出成品地面20mm（图6.2.24），可参照图6.2.25。

图6.2.24 管根阻水台

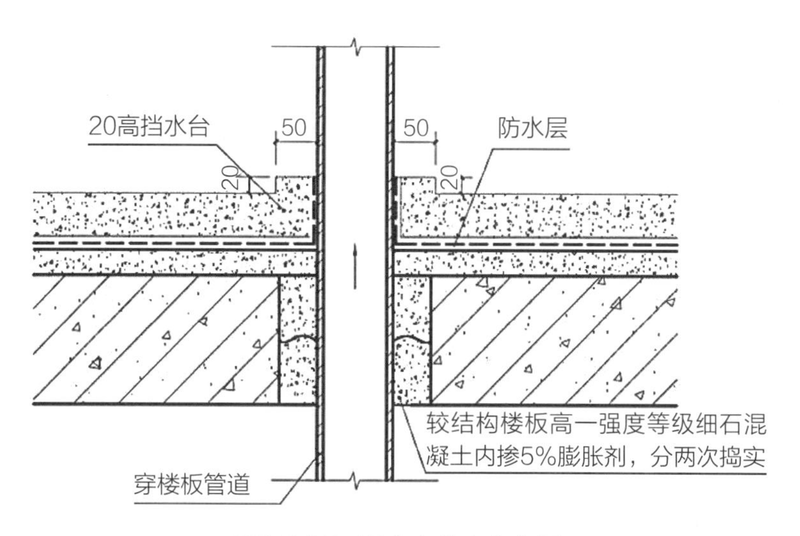

图6.2.25　阻水台节点参考图

6.2.3 卫生洁具周边及接口渗漏

6.2.3.1 现象描述

卫生洁具周圈顶棚涂料有潮湿、起皮、脱落现象，接口处渗漏则伴有水滴低落现象（图6.2.26）。

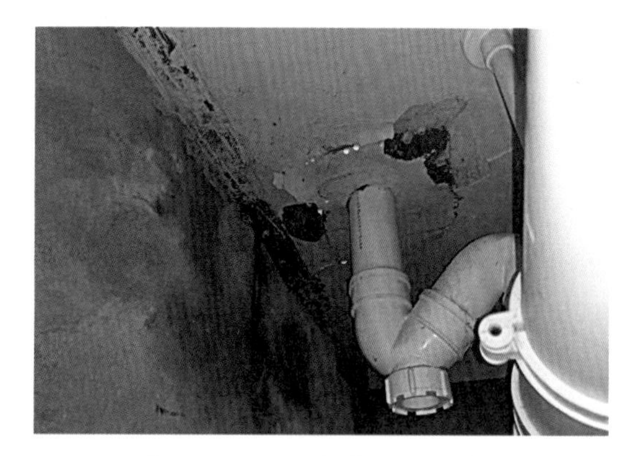

图6.2.26　卫生洁具周边渗漏

6.2.3.2 原因分析

1. 卫生洁具质量不符合要求，存在砂眼、裂纹等质量缺陷。

2. 卫生洁具管道接头质量缺陷，连接不严密。

3. 管道安装时接头部位未清除干净，残留灰尘、砂粒等会影响接口连接严密性。

4. 坐便器出水口与排水管承口有间隙，冲水时溢出，从坐便器脚处往外渗漏。

5. 卫生洁具及管道老化破裂。

6. 洁具排水口标高预留不明确，排水口方向倾斜，上下口不严密。

6.2.3.3 防治措施

1. 安装卫生洁具之前，应对其进行检验，合格后方可投入使用，如渗漏仅是卫生洁具与管材本身的质量问题，则应进行拆除，并重新更换质量合格的产品。

2. 对于非承压下水管道，如果因为接口质量不合格引起渗漏，则可采用接头封闭法进行维修，即可沿缝口凿出10mm缝口，然后进行密封处理。

3. 卫生洁具排水预留口应高出地面，安装时不得歪斜。

4. 与排水管连接的各卫生器具的受水口和立管均应采取妥善可靠的固定措施；管道与楼板的结合部位应采取可靠的防渗措施。

5. 连接卫生器具的排水管道接口应紧密不漏，其固定支架、管卡等支撑位置应正确牢固，与管道的接触应平整。

6. 坐便器安装完毕后应做满水试验，检查各接口是否渗漏，同时调节好水位，以防溢水，坐便器脚座与地面接缝处用密封材料密封严密。

7. 坐便器安装时注意以下几点：

（1）登高管出地坪高度不得小于10mm；

（2）登高管穿楼板处用止水圈；

（3）冲洗管与便器或水箱连接应顺直，保证上下接口连接紧密不渗漏；

（4）便器与水箱的配件要实行成套供应，保证便器的密封性能和冲洗性能。

8. 洗脸盆安装时注意以下几点：

（1）洗脸盆落水管与排水管承口的连接必须用转换接头过渡；

（2）排水栓与排水短管用过度管箍连接；

（3）不得使用排水软管直接插入排水管内。

9. 浴缸安装时浴缸下地坪必须平整，并按设计坡度坡向地漏。

6.2.4 公共类室内排水沟渗漏

6.2.4.1 现象描述

6.2.4.2 原因分析

1. 地沟内没有设置防水层，或者防水层涂料厚度不足。

2. 排水沟防水层与地面防水层之间没有形成一个整体，二者连接处存在裂缝。

3. 虽然设置防水层，但是在施工过程中施工工序安排不当，监督检查和成品保护不利，导致防水层遭到破坏。

4. 排水沟被生活垃圾等杂物堵塞，导致排水不畅（图6.2.27）。

图6.2.27　厨房间排水沟、地沟等室内排水沟附近发生渗漏

6.2.4.3 防治措施

1. 应按照设计以及规范要求进行排水沟的防水施工，确保防水层厚度达到相关规范及设计要求。

2. 排水沟宜采用混凝土与现浇板一次性浇筑。若二次浇筑，按施工缝要求对接触面进行处理。

3. 防水层施工时，严格按照规范及设计要求，对阴阳角、地漏等薄弱部位做加强层处理。

4. 排水沟要有一定的坡度，并且满足规范及设计要求。

5. 排水沟防水层及面层施工完成后均需做24h蓄水试验，保证无渗漏。

6. 定期进行排水沟清理，预防堵塞的发生。

6.2.5 厨卫间排气道渗漏

6.2.5.1 现象描述

厨房、卫生间排气道四周顶棚及墙面潮湿、渗水，隔壁房间墙面顶端潮湿，涂料有起皮、脱落现象（图6.2.28）。

6.2.5.2 原因分析

1. 烟道或排气道穿楼板部位洞口封堵不严密（图6.2.29）。

2. 防水基层处理不合格等原因造成防水层有孔隙或防水层与基层粘结不牢而破坏（图6.2.30）。

3. 图纸设计因素，导致烟道、排气道无法紧靠墙体，烟道、排气道与墙体空隙较大，后期封堵或填塞不密实，产生裂缝，导致防水层拉裂，造成渗漏水。或者设计梁与墙同宽，烟道、排气道与墙体间间隙较小，未对缝隙进行嵌填，直接进行了抹灰处理，后期产生裂缝拉裂防水层，造成渗漏水。

4. 厨房、卫生间墙面防水材料上翻高度不足。

5. 厨卫间排气道或烟道部位未设置导墙或者导墙高度不够。

6. 在安装烟道、排气道或后续施工过程中，对烟道、排气道造成破损，仅对烟道、排气道用砂浆进行修补甚至未做修补处理，形成孔洞或裂缝，造成渗漏水（图6.2.31）。

图6.2.28　卫生间排气道渗漏

图6.2.29　烟道、排气道预留洞封堵不密实

图6.2.30　烟道防水基层处理不合格

图6.2.31　烟道破损且未更换

6.2.5.3 防治措施

1. 结构施工时预留烟道、排气道安装洞口，安装烟道、排气道时接口应设置在楼板部位，烟道、排气道上下对接后采用微膨胀细石混凝土浇筑烟道、排气道周围缝隙，填塞必须密实，要求混凝土与烟道、排气道结合紧密并对烟道、排气道形成一定的握裹力（图6.2.32）。

2. 不得直接在烟道、排气道上做防水层。防水基层必须坚实平整、无裂缝，并经建设、监理、施工单位验收合格后方可进行防水层的施工。

3. 烟道、排气道与墙体间的空隙约为1/2梁宽时，先用砌块将空隙塞砌，塞砌时严格按照砌体工程要求施工；若间隙小于2cm，则用水泥砂浆嵌填密实，严禁使用混合砂浆嵌填。在空隙处理完毕后，再进行找平层的施工，烟道、排气道四周圆弧与找平层一同完成。

4. 烟道、排气道四周需作圆弧角及防水加强层，如图6.2.33所示。

图6.2.32　烟道、排气道预留洞封堵

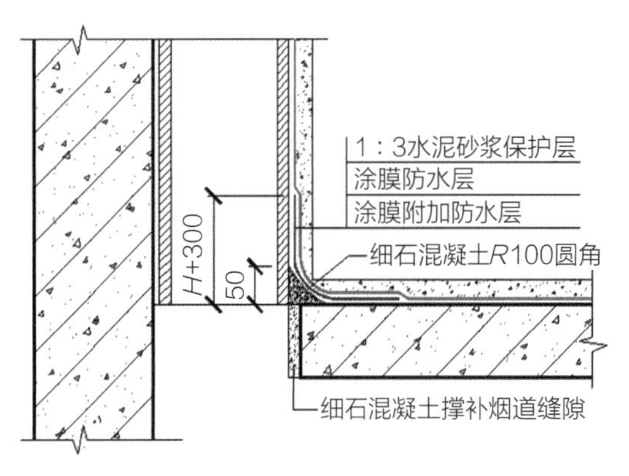

图6.2.33　烟道、排气道四周需作圆弧角及防水加强层做法示意图

5. 厨卫间排气道周边宜按要求设置反坎，混凝土反坎宽不小于50mm，高度不小于完成面以上200mm，混凝土反坎应与预留洞填塞一次浇筑；当混凝土反坎与预留洞填塞不一次浇筑时，厨卫间排气道与反坎交接部位应用聚合物防水砂浆填实（图6.2.34）。

图6.2.34　烟道、排气道根部设置混凝土反坎

6. 防水层上翻高度需高出楼地面完成面300mm以上，平面出反坎周边不宜小于250mm。

7. 烟道、排气道完成后，做好成品保护。若有破损及时更换。

6.2.6 涉水房间顶棚渗漏

6.2.6.1 现象描述

厨房、卫生间、阳台顶棚出现饰面起皮、剥离、脱落、渗水、霉变等现象，并且紧邻的房间落地窗边地面也会出现渗水现象（图6.2.35）。

6.2.6.2 原因分析

1. 现浇板产生裂缝，防水施工前未对裂缝进行处理（图6.2.36）。

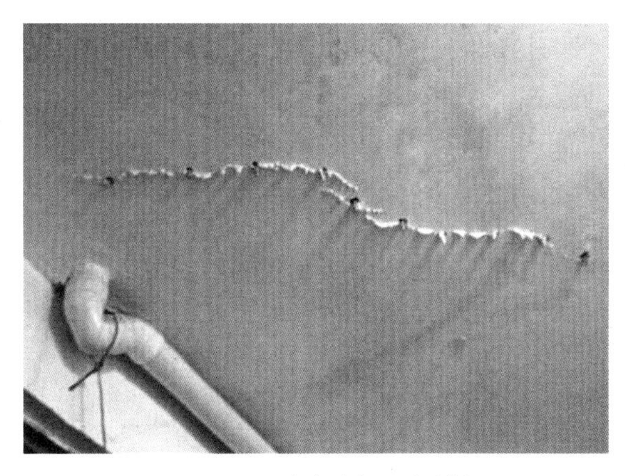

图6.2.35 涉水房间顶棚渗漏

图6.2.36 卫生间现浇板开裂

2. 楼、地面没有设置防水层，或者防水层厚度未达到设计要求，或防水层发生局部损坏。

3. 防水基层的施工质量存在问题，存在不密实、有微孔、有裂缝、强度不足的质量缺陷（图6.2.37、图6.2.38）。

4. 采用防水涂料施工时，由于防水基层含水率过高或强度不足等原因，在涂料成膜后起鼓或与基层脱离，造成防水层的破坏，从而导致渗漏水（图6.2.39）。

5. 地漏安装高度不准确或防水基层和饰面层坡度不够甚至出现反坡，排水不畅，造成积水。

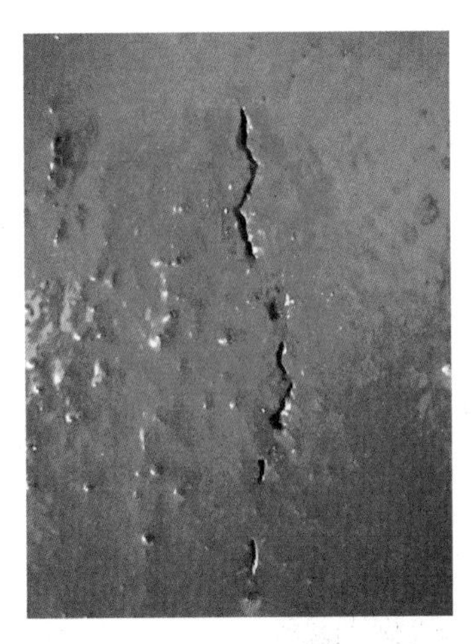

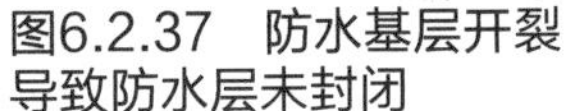

图6.2.37　防水基层开裂导致防水层未封闭

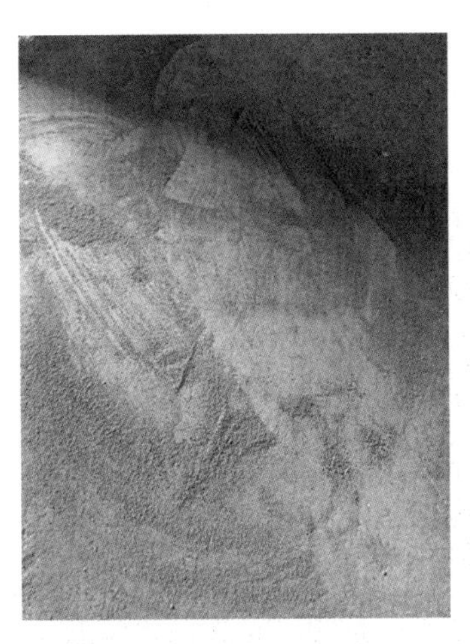

图6.2.38　基层强度不足

图6.2.39　防水层与基层粘结不牢而破损

6. 防水材料存在质量问题或防水层在施工时产生气泡、气孔、漏刷等质量缺陷，造成渗漏水的发生（图6.2.40）。

7. 涉水房间饰面砖采用干硬性砂浆铺贴（图6.2.41）。

8. 未严格按照规范要求对涉水房间进行蓄水试验。

9. 防水层施工完成后，未做好成品保护。如涂料未干上人、穿钉鞋进入防水涂料施工完毕但未做防水层保护层的涉水房间、泡沫颗粒等垃圾融入未固化的防水层内破坏涂抹等（图6.2.42、图6.2.43）。

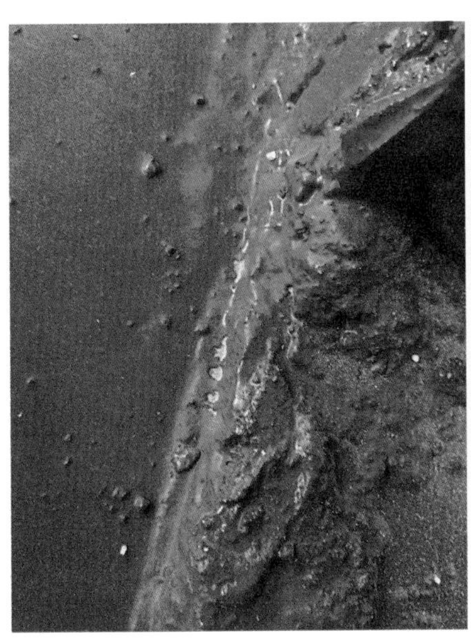

图6.2.40　防水涂刷时露底

图6.2.41　采用干硬性砂浆贴面砖

图6.2.42　无成品保护措施

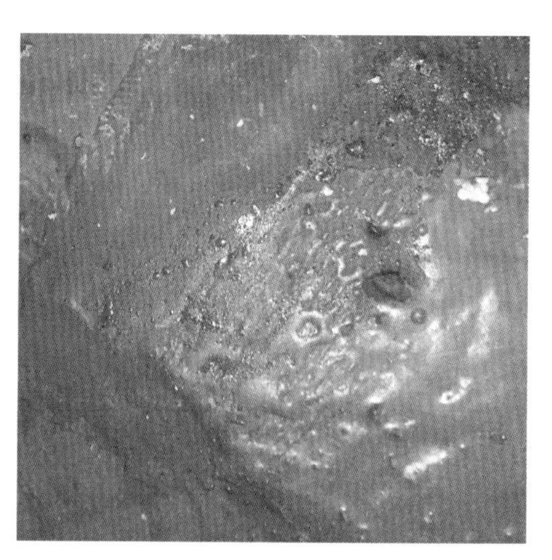

图6.2.43　外墙保温颗粒落入未固化防水层

6.2.6.3 防治措施

1. 涉水房间优先采用抗渗混凝土进行浇筑，并一次浇筑完成。避免将后浇带、施工缝等留置在涉水房间。

2. 避免现浇板裂缝的产生。具体措施如下：

（1）在施工过程中，严格控制现浇混凝土的水灰比、外加剂的使用量，混凝土运输、输送、浇筑过程中严禁加水；

（2）施工过程中，必须保证混凝土振捣密实；

（3）控制施工周期，严禁施工周期少于4d/层，当施工周期≤5d/层时，必须经专家论证同意后方可实施；

（4）严禁过早拆模或过早增加板面施工荷载，必须在混凝土强度等级达到规范及设计要求的强度等级后方可拆除底模，悬臂构件及跨度较大（>8m）的梁、板必须保证其混凝土强度100%达到设计强度方可拆除底模；悬臂构件及跨度≤8m的梁、板，混凝土强度必须达到设计强度的75%以上，方可拆除底模。混凝土强度达到1.2MPa前，不得在其上踩踏、堆放物料、安装模板及支架。当混凝土强度小于10MPa时，不得在现浇板上堆放重物或集中堆载，以减少施工裂缝；

（5）混凝土浇筑完成后及时进行保湿养护，采用硅酸盐水泥、普通硅酸盐水泥或矿渣硅酸盐水泥配置的混凝土，不应少于7d，抗渗混凝土不应少于14d。

3. 防水层施工前对结构楼板做24h蓄水试验，若发现渗漏，应先修补结构并再次进行蓄水试验。

4. 对有明显裂缝的结构楼板，应先进行修补处理，清除浮渣并且用水冲洗干净，再刮填防水材料或堵漏材料，对贯通裂缝应进行压力灌浆修补。

5. 按设计要求对厨房、卫生间和阳台地面进行防水施工，并保证防水层的厚度符合要求。一般情况，涉水房间多采用防水涂料做防水层，当采用合成高分子防水涂料时，厚度不小于1.5mm；当采用聚合物水泥防水涂料时，厚度不小于2mm。防水涂料施工时，防水涂料应薄涂、多遍施工，前后两遍的涂刷方向应相互垂直，涂层厚度应均匀，不得有漏刷或堆积现象。在涂刷防水涂料时，应在前一遍涂层实干后，以手指摁压不粘手为准，然后才能涂刷下一遍防水涂料。防水涂料接槎宽度不应小于100mm。

6. 防水基层表面应坚实平整，无浮浆，无起砂、裂缝现象。基层的阴阳角应做成直径为2cm的圆弧角。

7. 基层含水率小于9%。必须保证防水基层坚实，无油性物质。

8. 如果单独做找坡层，混凝土找坡层最薄处的厚度不应小于30mm；砂浆找坡层最薄处的厚度不应小于20mm。

9. 找平层兼做找坡层时，应采用强度等级为C20的细石混凝土。坡度不应小于设计要求，并坡向地漏方向，同时地漏口要比相邻地面低0～5mm。

10. 对于涉水房间楼、地面，应低于相邻房间楼、地面20mm或做挡水门槛；当需进行无障碍设计时，应低于相邻房间面层15mm，并应以斜坡过度。

11. 必须使用合格的防水材料，经检验合格后方可使用在工程中。不得使用过期的防水涂料。

12. 当采用聚氨酯防水涂料做防水层时，应注意施工环境和作业方法，避免防水涂膜出现大量的气泡、小孔。以下情况易使聚氨酯防水涂料产生气泡、小孔：

（1）天气潮湿或下雨；

（2）使用低沸点的稀释剂，稀释剂快速挥发易出现气泡或小孔；

（3）一次涂抹太厚；

（4）采用双组分产品时，因高速搅拌引入起泡或配比不正确导致气泡产生。此外，住宅室内防水工程的施工环境温度宜为5～35℃。

13. 饰面层宜采用不透水材料和构造，并按照设计要求进行找坡，保证主要排水坡度为0.5%～1%，粗糙面层排水坡度不应小于1%，坡向地漏。饰面层必须采用湿贴法，宜用聚合物水泥砂浆满浆粘贴地砖，避免空鼓发生。

14. 防水层涂膜固化后，及时做24h蓄水试验，最浅处蓄水深度不宜低于2cm。涉水房间要求至少做两次蓄水试验，第一次在防水层施工完毕后，第二次在装饰完毕后，要求对涉水房间进行全数检查，无渗漏为合格并形成资料。

15. 防水层施工完成后，务必做好成品保护措施。主要做到以下几点：

（1）防水层施工完成后，不准在防水层上打孔开槽；

（2）非施工现场操作人员严禁进入防水施工作业房间；

（3）施工操作人员不准穿钉鞋或高跟鞋进入防水层施工完成房间；

（4）防水层未干，严禁人员在工作面上踩踏，并做好警示标志；

（5）及时进行防水保护层的施工，并且在施工过程中避免对防水层造成破坏。

6.2.7 厨卫间门口底部窜水渗漏

6.2.7.1 现象描述

厨卫间门口地面及墙面出现渗水现象，相邻房间墙壁或楼下房间饰面层出现潮湿、起皮、剥离、脱落、渗水、霉变等现象（图6.2.44）。

6.2.7.2 原因分析

1. 厨卫间找坡层厚度不足，导致坡度较小甚至反坡，排水不畅，同时厨卫间室内外地面高度差较小，门槛石高度不足，形成积水外流（图6.2.45）。

2. 厨卫间门口处防水层施工质量有缺陷，或者在后续施工过程中防水层遭到破坏（图6.2.46）。

图6.2.44　卫生间门口窜水导致渗漏

图6.2.45　排水不畅

3. 厨卫间门口有管道通过时，如果浇筑混凝土不密实，水就会顺着管道向外渗漏。

4. 涉水房间地面砖及过门砖未采用湿铺法施工，面层底部形成渗水通道。

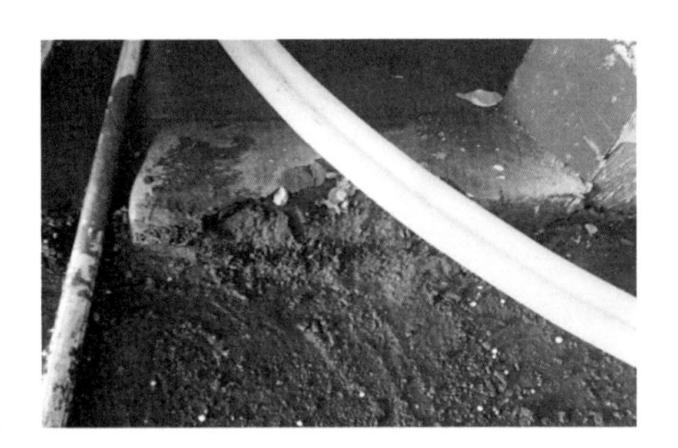

图6.2.46　涉水房间门口处防水层破损

5. 穿厨卫间门口管道太多，导致混凝土浇捣不密实，形成渗水通道。

6. 厨卫间门口部位未单独做防水处理。

7. 未严格按照规范要求进行蓄水试验。

8. 进入厨卫间供暖、给水管道未进行压力试验，存在渗漏情况。

6.2.7.3 防治措施

1. 在厨卫间结构楼板支模时，应比其他房间的地面低30mm，并且在对厨卫间地面进行装修时，需要进行统一的抄平处理，从而保证厨卫间的地面完成面要比相邻房间的地面完成面低约30mm，防止积水外流。

2. 进入厨卫间的非采暖管道，避免走厨卫间门口地面。应在厨卫间墙外暗埋上翻后进入厨卫间，上翻高度大于厨卫间防水泛水高度（图6.2.47）。

3. 厨卫间门口单独做防水处理。方式如下：

（1）在地面垫层或地暖填充层施工时，厨卫间门口部位先不浇筑混凝土，待其余部位混凝土浇筑完成并干燥后，在厨卫门口预留部位单独做防水加强处理，然后做蓄水试验，不渗不漏后用聚合物水泥砂浆抹平（图6.2.48）。

（2）预留管槽施工方法。涉水房间门口在找平层施工时，根据设计管道的

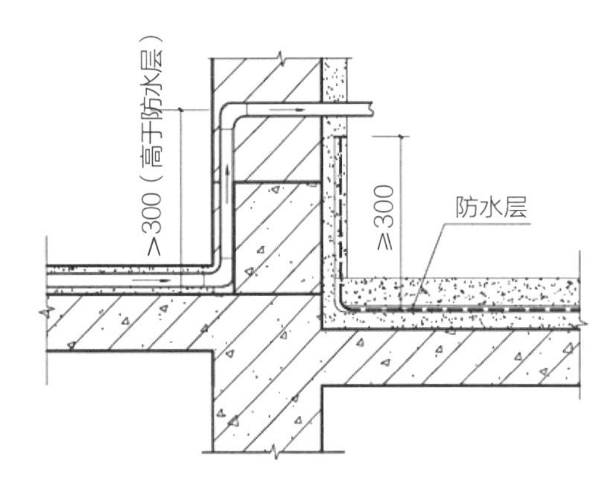

图6.2.47　非采暖管道进入涉水房间上翻参考图

图6.2.48　涉水房间门口在垫层浇筑完成后单独做防水处理

规格和数量预留管槽。防水层及安装完成后，用聚合物水泥砂浆将管槽抹平，然后对穿管道部位做防水加强处理（图6.2.49）。

图6.2.49　涉水房间门口预留管槽

4. 楼、地面的防水层在门口处应水平延展，且向外延展的长度不应小于500mm，向两侧延展的宽度不应小于200mm（图6.2.50、图6.2.51）。

5. 严格按照设计要求的坡度进行厨卫间面层的施工，坡度坡向地漏方向，确保排水通畅。

6. 在厨卫间地面施工以及装修过程中，应注意保护防水层，避免防水层发生破坏。

7. 厨卫间地面砖及过门砖必须采用湿铺法施工。

8. 厨卫间地面面层或防水保护层完成后，需做24h蓄水试验，蓄水最浅不得低于20mm，必须做到全数房间不渗不漏。

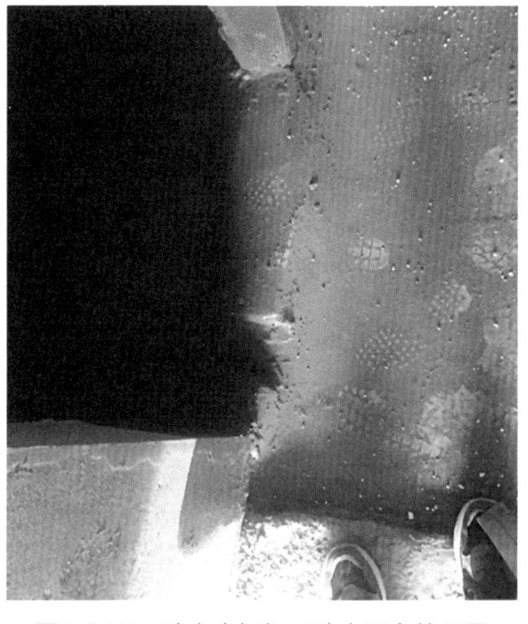

图6.2.50　涉水房间门口防水层向外延展500mm

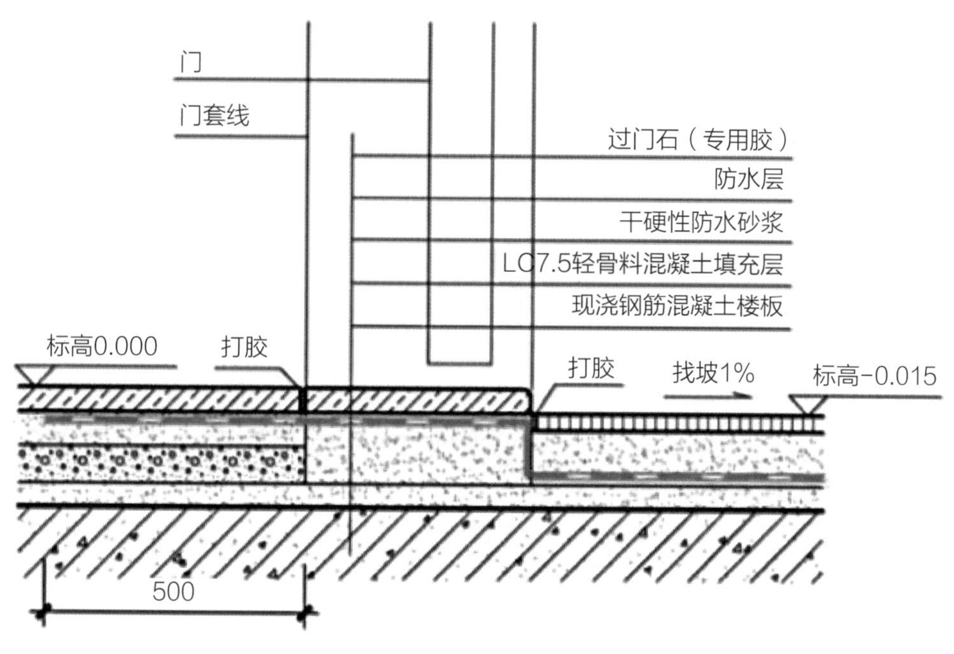

图6.2.51 涉水房间门口做法示意图

6.2.8 卫生间、浴室墙面瓷砖脱落渗漏

6.2.8.1 现象描述

卫生间、浴室墙面潮湿，瓷砖脱落。

6.2.8.2 原因分析

1. 卫生间、浴室墙面防水层设计高度偏低。

2. 卫生间、浴室经常处于潮湿、干燥交替的环境，饰面砖密缝铺设，因干湿循环引起的湿胀干缩，使得饰面砖空鼓脱落。

3. 当墙面采用聚合物防水涂料或聚氨酯防水涂料作为防水层时，与面砖粘结层不易粘结，饰面砖易出现空鼓、脱落的现象。

4. 墙面未做防水层或者防水砂浆不符合规范要求。

6.2.8.3 防治措施

1. 严格按照规范及设计要求沿墙面上翻施工，并做防潮处理。

2. 墙面设有淋浴器具时，其防水高度应大于1800mm，当卫生间采用轻质隔墙时，应对全墙面设置防水层。

3. 采用聚合物水泥或者专用瓷砖胶进行墙面砖铺贴，砖与砖间的缝宽不小于1.5mm，并用专用填缝剂嵌缝。

4. 卫生间、浴室墙面应选用与砂浆粘结较好的JS防水涂料，不得使用与砂浆粘结不好的防水涂料，以免出现空鼓。

6.2.9 综合管道井渗漏

6.2.9.1 现象描述

综合管道井内积水，壁面发霉，从管道井门向外漏水等。

6.2.9.2 原因分析

1. 供暖系统自动排气阀排气带水及供暖系统检修漏水，市场上的各种自动排气阀均在不同程度上存在排气时带水现象，并经常失灵，造成不排气或跑水现象。

2. 给水（生活用水、消防）系统的减压阀漏水：由于水垢或者铁锈等颗粒物进入减压阀内部的活塞和先导阀等活动部件，导致这些部件无法平稳运行，或者是微小水垢被冷凝水携带而未被充分过滤，导致减压阀失效。

3. 管井内设置报警阀，报警阀排水。

4. 管道井未设置防水层或地漏，或者虽然设置了防水层及地漏，但由于地漏所采用的排水管较细，一般为50mm，如果日常维护及管理不善，容易造成地漏排水管堵塞，发生漏水。

5. 排气阀排气带水：在安装暖气排气阀时将排气口对着管道口的门，因管道井门处不可能密封很严实，当排气阀排气带水喷到门上时，必然造成水从门口流出。

6. 施工不规范、施工质量不合格产生漏水，如水表、阀门等与管道接口处或管道与管道接口处漏水，因这些部位漏水量不大，不容易被及时发现，若管道井未设置防水层及地漏，日积月累也会造成较严重的漏水。

6.2.9.3 防治措施

1. 在管道井内设置地漏和排水立管，并且将排水管接到室外雨水管，或用无水封地漏或机械密封地漏。

2. 水暖井尽量避免布置在电梯两侧，以免发生漏水对电梯设备造成损害。

3. 根据实际需要考虑是否在每层设置暖气排气阀，如在管道最高处设置满足使用及规范要求，最好不要在每层都设置，以减少漏水情况的发生。

4. 对于应在管道最高处设置排气阀，而未设计管道井防水及地漏的情况，为避免排气阀排出的水无处流，最好用管道或沟槽将水引至屋面，以便顺着雨水管排出，并做好屋面以上排气阀外管道的防冻问题。

5. 管道井设置排气阀时，排气阀的排气口不得对着管道井的门，以免排气时带出的水喷到门上漏到管道井外，或者在排气口外安装橡胶软管将排气时带出的水引流到地漏。

6. 在管井墙底部浇筑混凝土反坎，宽度同墙厚，高度不小于200mm，宜与结构一次性浇筑。当二次浇筑时，在楼面弹线定出反坎位置，将基层凿毛并浇水湿润。

7. 管道井应设计地漏及防水层。防水层施工范围包括墙面300mm高度及地面。地面采用细石混凝土一次成活，地面坡度坡向地漏方向。

6.2.10 地漏四周渗漏

6.2.10.1 现象描述

地漏四周出现渗漏，相邻房间墙角潮湿，墙面涂料有起皮、脱落现象。

图6.2.52　地漏安装高度偏高

6.2.10.2 原因分析

1. 地漏进水口偏高，地面坡度不符合要求，积水性和汇水性较差（图6.2.52）。

2. 地漏周围嵌填的混凝土不密实，存在缝隙。

3. 承口杯与基体及排水管接口不严密，防水处理过于简单，密封未做好。

4. 地漏和面层完成后未按要求做蓄水试验。

6.2.10.3 防治措施

1. 地漏安装前应根据基准线标高及地漏所处位置并结合地面坡度要求确定地漏安装标高，保证地漏安装在地面最低处，地漏顶面应低于地面面层5mm，地面坡度一般为1%坡向地漏方向，以地漏边向外50mm内排水坡度宜为3%～5%。

2. 地漏立管安装前，清理预留洞并将侧壁凿毛。

3. 地漏立管安装固定后，将孔洞周边冲洗干净并湿润，分两次浇捣微膨胀细石混凝土，并在地漏管根与结构板之间预留10mm × 10mm的凹槽，凹槽用密封材料嵌填密实（图6.2.53）。

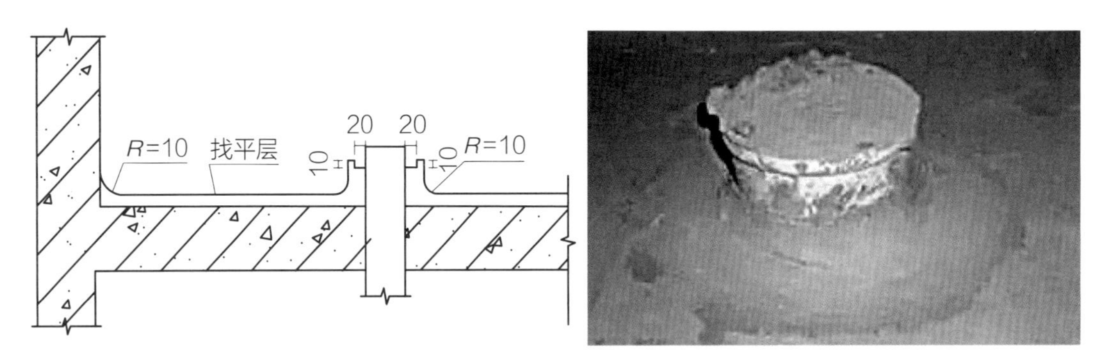

图6.2.53　地漏四周做法示意图

4. 防水层施工时，地漏周边做防水附加层。

5. 对地漏进行闭水试验，不渗不漏后在凹槽内嵌填密封材料。

6. 应根据门口至地漏的坡度确定地漏标高，并在安装时严格控制标高，宁可偏低也不要超高，确保地面排水迅速、通畅。

7. 安装地漏时，应先将承口杯牢固地粘结在承重结构上，再将带胎体增强材料的附加增强层铺贴至杯内，并用插口压紧，然后在其四周满涂防水涂料1～2遍，待涂料干燥成膜后，把漏勺放入承插口内。

8. 关口连接固定前，应先进行测量，复核地漏标高及位置正确后，方可对口连接、密封固定。

9. 地漏安装完毕后，应做满水试验，确保不渗不漏。

6.2.11 涉水房间渗漏治理措施综述

渗漏治理应遵循“因地制宜，堵、排、防相结合，合理选材，综合治理”的原则，并做到安全可靠、节能环保、经济合理。

6.2.11.1 一般规定

1. 涉水房间渗漏治理不得对结构安全造成影响。

2. 渗漏治理完成后的防水等级不得低于原设计的等级要求。

3. 渗漏治理前应对现场进行查勘，收集相关的技术资料，并编制专项治理方案。

4. 渗漏治理应由专业队伍施工。

5. 治理过程中应采取降噪、防尘等文明施工措施。

6. 所选用的堵漏、抗渗等防水材料应符合相关标准的规定。

7. 渗漏治理的检查和验收应符合下列规定：

（1）维修时，应根据材料用量及维修具体情况决定，防水堵漏材料的复验由委托方与施工方协商。

（2）渗漏治理应进行过程管控、隐蔽验收和维修完成后的验收。

8. 涉水房间渗漏治理应遵循下列基本原则：

（1）局部渗漏宜采用局部修复，防水层整体失效时应采取整体翻修的治理方式；

（2）渗漏治理时宜优先选择迎水面修复的治理措施，当迎水面修复困难，且背水面具备施工条件时，可在背水面采取治理措施；

（3）采用局部维修治理措施时，选用的防水材料应与原防水层具有相容性；

（4）渗漏治理完成后，恢复保护层和饰面层，且应与原外观协调一致。

6.2.11.2 现场查勘

1. 现场查勘宜包含以下内容：

（1）渗漏部位、渗漏状况、渗漏程度；

（2）渗漏变化规律；

（3）原防水层或原楼（地）面构造做法；

（4）涉水房间具体使用情况。

2. 现场查勘应符合下列规定：

（1）背水面主要查勘渗漏部位、渗漏范围、渗漏程度；

（2）迎水面主要查勘涉水房间楼（地）面使用现状与存在的质量缺陷；

（3）渗漏较为严重或大面积渗漏时，应查勘防水层与现浇主体结构的质量；局部渗漏应采用渗漏部位重点查勘的方式；查勘时应确定渗漏水源；

（4）现场查勘可采用观察、测量、仪器探测、局部拆除、压力试验、淋水或蓄水试验等方法。

6.2.11.3 治理方案与施工

1. 整体翻修施工应符合下列规定：

（1）维修前，应关闭翻修房间水源、电源，对地漏等敞开口应做临时封堵和保护措施，并应做好现场成品保护措施；

（2）拆除楼（地）面防水层以上时，不得影响或破坏结构安全，不得破损敷设在地面内的管道；

（3）失效的防水层和不符合防水层施工要求的基层均应清理干净；

（4）保证防水基层坚实、平整；

（5）防水层应与基层粘结牢固，新做防水层与保留原防水层能有效结合；

（6）管根、地漏、阴阳角等细部构造严格按现有国家标准铺设加强层。

2. 采用破损局部地面维修方法，应符合下列规定：

（1）确定漏点部位，人工打凿渗漏水部位至原防水层，拆除部位应自渗漏点向四周延伸200～300mm；

（2）对凿开部位清洗干净后晾干；

（3）用聚合物水泥浆料或堵漏王等快干堵漏抗渗材料对基层进行处理；

（4）使用与原防水材料相结合的防水材料进行修补，搭接长度不小于10cm；

（5）修补时，剔凿部位底部加周边均做防水处理；

（6）修补完成后做蓄水试验，不渗不漏后用掺有抗渗剂的水泥砂浆修补剔凿部位；

（7）恢复面层；

（8）重新做蓄水试验，做到不渗不漏；

（9）当管根、地漏四周渗漏时，宜采取加强治理措施：当背水面具备施工条件时，应将管根、地漏部位缝隙用聚合物水泥防水砂浆或刚性堵漏材料嵌填密实，并在四周300mm范围内涂刷厚度不小于1.2mm的水泥基渗透结晶型防水涂料。

3. 采用迎水面面层上做外露型透明防水涂料的治理方法。该方法具有一定的时效性。具体操作如下：

（1）将基层冲洗干净后用干净的抹布擦干，确保基面无油污、无浮沉；

（2）对面层上的裂缝和孔洞先用防水涂料进行修补，将裂缝和孔洞填充密实后进行大面积涂刷；

（3）涂刷不少于2遍，每遍与前一遍要垂直交叉涂刷；

（4）打开地漏，将涂料刷至地漏内壁；

（5）管道根部上返150mm；

（6）待涂膜干燥后，做蓄水试验。

6.3 涉水房间渗漏防治的典型案例

[案例1]“预控、监控、验收”有效解决涉水房间渗漏

××小区，严格做好事前控制和过程质量管控，有效解决了涉水房间渗漏问题。

防水工程作为影响使用功能的最大隐蔽工程，项目开始就强调了“预控在前、监控施工过程居中，试验性验收在后”的三步控制法。

1. 事前控制

召开防水工程质量管控会议确定了质量管控原则：明确分工、责任到人；图纸会审、培训交底；原材严控、样板先行；过程验收、成品保护。在图纸会审阶段就确定该工程防水工程的设计及施工遵循“防、排、截、堵相结合，刚柔相济，综合治理”的防控措施，做到先排后防。所以，工程施工过程中首先要做到涉水房间无积水，要将积水在短时间内顺畅地排出；其次必须强化结构自防水功能，每一处节点均要对结构本身的防水功能给予充分的重视；最后严控防水层、饰面层施工前后的淋水和蓄水试验。

在施工图设计前期，项目部应有专人与设计单位就有关防水工程的工作对接，将相应的防水工程节点的成果转化到施工图中。项目部、监理单位、施工单位建立创建“无渗漏”工作的质量保证体系。

2. 过程管控

（1）防水材料进场后，建设、监理、施工单位进行联合验收，核查质量证明文件与实物的相符性，并对材料外观质量进行检查，符合要求后按规定进行见证取样，抽检合格后使用到工程中。

（2）防水施工做到样板先行，并对工人做书面和实物交底。

（3）防水工程施工过程中的每道工序均由建设、监理、施工单位联合验收，验收合格后方可进行下一步工序的施工。

（4）严格执行三检制度。防水施工班组对防水基层进行验收，验收合格后现场办理书面移交单，移交防水施工班组。

（5）施工过程中，涉水房间的混凝土反坎与现浇板同时浇筑。涉水房间标高低于相邻房间4cm。

（6）涉水房间在防水工程施工前，先对现浇板进行蓄水试验，对发现裂缝渗水的涉水房间采用水泥基结晶型防水涂料修补处理。

（7）对排水预留洞口侧面进行凿毛，并保证洞口呈上大下小形状，然后方可安装排水管道。

（8）预留洞口封堵时采用管撑封堵，封堵之前将接槎冲洗干净，用微膨胀细石混凝土封堵，第一次封堵至板厚的2/3处，然后对管根进行不少于24h蓄水试验，不渗不漏后进行第二次封堵。

（9）找平层施工前先按设计坡度施工样板，完成后进行排水试验，看是否排水通畅。

（10）找坡层兼做找平层。平面找平层采用细石混凝土，最薄处约3cm，坡度为1%～2%，呈放射状坡向地漏，找平层表面出光。在阴角及管道根部做半径约为2cm的圆弧，并在管根部位预留10mm宽、10mm深的凹槽，槽内嵌填密封材料。立面采用1：3水泥砂浆找平。

（11）找平层出门口50cm，向门口两边延伸20cm，并预留管道沟槽。

（12）找平层出光后覆盖薄膜，避免对防水基层造成污染，并起到洒水保湿养护作用。

（13）在找平层施工同时，确定使用的防水材料，现场试验防水材料与水泥基面的粘结性，合格后送实验室检测，检测合格后使用到工程中。

（14）防水施工前确保基层含水率达到防水施工要求，应小于9%。用一块SBS卷材或厚塑料平铺到基层上，过4～6h后，查看SBS卷材或厚塑料表面是否有水凝结，若有则含水率不符合施工要求，无凝结水方可施工。

（15）防水施工前对基层进行检查验收，与基层连接的管件、卫生洁具、地漏、排水管等应在防水层施工前先将预留管道安装牢固，且必须应在防水施工前安设完毕。基层应有足够的强度，应坚实、平整、不起砂，无尖锐棱角、无空鼓、无裂缝。基层强度不合格严禁进行防水工序施工，当对基层强度有怀疑时进行强度检测。

（16）当基层存在空鼓、起砂、脱皮、蜂窝、麻面、严重开裂时，应对基层进行处理。有油污时，用汽油等油脂有机溶剂将油污仔细擦除，仔细检查基层，用小平铲仔细将粘附在基层上的粘附物铲除。

（17）在涉水房间阴阳角及管根做附加层。先刷一遍堵漏王，待堵漏王干燥后再刷一遍聚氨酯防水涂料。附加层宽度每边不小于150mm。

（18）附加层干燥后进行聚氨酯防水涂料施工。有淋浴墙面，采用JS防水涂料，宽度为以花洒为中心每边宽600mm，高度为1800mm；其余墙面采用聚氨酯防水涂料，防水高度为300mm。

（19）聚氨酯防水涂料施工时，先刷立面后刷平面。

（20）设计中防水层厚度不低于1.5mm，所以聚氨酯防水涂料分3次涂刷。

（21）本工程使用单组分聚氨酯防水涂料。使用前按照使用说明添加合格的稀释剂用机械搅拌均匀，不得有颗粒悬浮物。

（22）防水涂料施工时，由质检员巡检，保证涂刷均匀且分层分遍涂刷。每遍涂布之后应让涂膜有充分时间固化，时间间隔不宜少于24h，用指按压无粘手感。每遍施工方向应与前一遍相互垂直，每次涂刷均不得露底，不得有流淌、皱折、鼓泡和翘边等缺陷。

（23）在聚氨酯涂膜收头部位采取加涂一遍的方式进行密封处理。

（24）防水层施工完成后，对现场施工人员进行交底，未经允许不得进入有警示标志的涉水房间，并不得拆除警示标志。

（25）待防水涂膜干燥后，由质检员用卡尺测量割取20mm×20mm试样。检测合格后，由建设、监理、施工三方进行联合验收，验收合格后进行蓄水试验。

（26）对所有涉水房间做不低于24h蓄水试验，蓄水最浅深度为20mm，墙面需做淋水试验。

（27）达到蓄水试验时间后，由建设、监理、施工单位全数检查蓄水试验房间。有渗漏时清除水并待防水表面干燥后对渗漏部位进行修补，修补部位干燥后重新做蓄水试验，并重新组织验收。做到无任何渗漏方，可进行下一步工序施工。

（28）对给水排水、地暖、地面施工班组进行防水成品保护交底。

（29）地面垫层施工时，涉水房间门口部位制作专用模板或填塞可清除物，先不浇筑混凝土。待其余部位地面垫层浇筑完成后，拆除模板或清除门口填塞物，然后依次做堵漏王和聚氨酯防水涂料，待防水层干燥后做24h蓄水试验。若不渗不漏，用聚合物水泥砂浆将门口抹平，高度比涉水房间相邻房间地面完成面低3cm；若有渗漏，重新修补防水层，直至不渗不漏。

（30）地面垫层或地暖层施工完成后，再严格按照设计要求在卫生间做第二道防水层，并对第二道防水层做蓄水试验，无渗漏后进行面层施工。

（31）涉水房间进行面层施工时，必须采用湿铺法。门口过门砖采用聚合物水泥砂浆湿铺，并做到不空鼓。注意房间过门砖检查，存在空鼓重新铺贴，且必须保证过门砖尺寸，保证过门砖与门垛的缝隙不超过5mm，用聚合物水泥砂浆嵌缝。

（32）最后在面层施工完成后，对涉水房间做24h蓄水试验，蓄水高度至过门砖底部以上，涉水房间及相邻房间不渗不漏后通过验收。有渗漏时，将面层剔除对防水层用聚氨酯防水涂料进行修补，干燥后进行局部蓄水试验，无渗漏后进行面层修补，最后再对整个房间做48h蓄水试验，保证无渗漏。

［案例2］卫生间门口窜水渗漏

某小区高层住宅楼住户卫生间，单套建筑面积约3m^2，与卧室相通。墙面、地面铺贴瓷砖，内安装洗衣机、地漏等卫生器具。卫生间相邻卧室地面铺设木地板，墙面粉刷内墙涂料。住户在入住后不久，发现卫生间相邻空间地面及墙面湿气较大，随着时间推移，地面铺设的木地板逐渐发霉、变质、变黑，墙面粉刷的土层逐渐粉化、开裂、翘皮、脱落，影响住户的居住环境。物业管理部门认为是用户使用不当，将洗漱水溢出造成。据了解，该工程防水层施工完成后进行了蓄水试验，不渗不漏，饰面层完成后未进行蓄水试验。阳台与卧室结构面同标高，阳台为非采暖空间，卧室为地暖热辐射供暖，阳台建筑地面比卧室低1cm左右，防水层为单层聚氨酯防水涂膜，业主偶尔会在阳台手洗衣服，并将水倒在地面上，从地漏排出。

1. 渗漏原因分析

该阳台采用的涂膜防水层，防水层蓄水试验无渗漏，墙面防水高度符合规范要求，使用中也未发现上层向下层渗漏问题。经现场查勘分析，找出以下渗漏原因：

（1）因下层无渗漏痕迹，故阳台存在同层水平渗漏，渗漏部位在阳台门口；

（2）阳台防水层质量可能无问题，主要因为阳台结构防水构造和地砖铺贴存在问题。

首先，阳台地面石材采用普通水泥砂浆铺贴，水泥砂浆粘结层无防水功能，地面渗透水饱和必然向低处流淌，或向薄弱部位渗透。

其次，阳台与卧室结构面同标高，门口又未设置挡水门槛，地面的积水通过门口逐步渗透到相邻空间地面，又通过毛细作用返到墙面上，由轻变重，严重时受影响的部位发霉、变质。

2. 治理方法

（1）局部治理。

（2）治理部位：阳台门口处。

（3）治理方案：门口增设防挡水措施。

3. 施工基本方法

（1）拆除阳台门口饰面层及砂浆垫层至防水层，拆除范围：

①门口过门砖及砂浆垫层。

②门口内侧宽度不小于150mm、长度为门的宽度+400mm（两头分别为200mm）范围内饰面层及砂浆垫层。

（2）门口处浇筑聚合物细石混凝土挡水门槛，抹平压光。挡水门槛高度高出卫生间地面饰面层完成面10mm以上。

（3）采用同阳台原防水材料相容的防水涂料做防水层。新做防水层与阳台地面及侧墙原防水层搭接宽度不应小于100mm，涂层应涂刷至挡水门槛平面，并包裹饰面层完成面以下的门框部位。

（4）采用聚合物水泥砂浆恢复垫层及粘贴饰面层。

治理完成一周时间内，户内墙面逐渐干燥，证明治理有效。

［案例3］卫生间地面渗漏

某小区一住户10月份下旬发现，次卫门口上部顶棚、主卧顶棚、主卧与次卫门口部位隔墙上部潮湿。据了解，该业主已居住一年半之久，最近一周内才出现的渗漏，楼上业主居住有两年左右并在供暖期供暖。该楼卫生间防水层均为两层聚氨酯涂料，每层厚1.5mm，设置在地暖层上、下。卫生间地砖采用湿铺法，卧室地面砖及过门石采用干硬性砂浆铺贴。防水层与面层施工完成后均做了蓄水试验，无渗漏。

1. 渗漏原因分析

（1）卫生间和卧室顶棚潮湿，必然为上层住户卫生间发生渗漏。而水的来源主要有给水管道、地暖管道、排水管道、卫生器具和地面用水五个方面，所以对这几个方面通过排除法进行确定，然后针对具体来源采取补漏措施。

（2）因上层住户居住时间较久且在冬季进行了供暖，之前并无渗漏。所以，初步排除给水管道和供暖管道破裂导致渗漏。但为保险起见，安排人员对给水管道和地暖进行了压力试验，结果证明，管道无损坏。

（3）对排水管道进行灌水试验，在地漏周边采取围水措施，保证地漏、坐便器、洗手盆处水位高于地面至少5cm，静置15min后在地漏围水设施上标注液面位置，继续静置30min，发现液面并无下降。所以，确定排水管道及卫生器具无渗漏。

（4）最终确定地面用水下渗，而卫生间门口防水措施不严密和过门石采用干硬性砂浆铺贴，导致卫生间内的水渗至楼下。

2. 治理方案

（1）破除地面砖治理措施。即将卫生间过门石破除至地暖底部的防水层，对门口部位单独做防水处理，蓄水试验无渗漏后，恢复面层。

（2）不破除地面砖治理措施。即在面砖上涂刷涂膜防水层。

业主最后采用第（2）种治理措施。

3. 施工基本方法

（1）针对地面明显的缝隙，先将缝隙清理干净，然后用堵漏材料刷涂，确保堵漏材料能渗入缝隙内。

（2）将地面的灰尘、油污等清理干净，然后用干净的干抹布将地面擦干。

（3）基面干燥后，在地面砖、能淋到水的墙面砖砖缝及门口高差立面上涂刷透明的外露渗透型防水涂料。涂刷时不可漏涂，至少涂刷两遍。在前一遍涂刷干透不粘手后再涂刷下一遍，涂刷方向相互垂直。

（4）防水涂膜完成后的48h内不可见水。

（5）待防水涂膜完全干燥后，对卫生间进行了24h蓄水试验，蓄水高度略低于卧室地面。结果发现楼下未发生滴水现象。

维修10d左右后，回访了解到，住户家内顶棚和墙面逐渐干燥。证明补漏有效。

6.4 附表

防水材料复验项目及现场抽样要求　　表6.4.1

序号	材料名称	现场抽样数量	外观质量检验	物理性能检验
1	聚氨酯防水涂料	（1）同一生产厂，以甲组分每5t为一验收批，不足5t也按一批计算。乙组分按产品重量配比相应增加。 （2）每一批验收批按产品的配比分别取样，甲、乙组分样品总重为2kg。 （3）单组分产品随机抽取，抽样数应不低于$\sqrt{n/2}$（n是产品的桶数）	产品为均匀黏稠体，无凝胶、结块	固体含量、拉伸强度、断裂伸长率、不透水性、挥发性有机化合物、苯+甲苯+乙苯+二甲苯、游离TDI
2	聚合物乳液防水涂料	（1）同一生产厂、同一品种、同一规格每5t产品为一验收批，不足5t也按一批计。 （2）随机抽取，抽样数应不低于$\sqrt{n/2}$（n是产品的桶数）	产品经搅拌后无结块，呈均匀状态	固体含量、拉伸强度、断裂延伸率、不透水性、挥发性有机化合物、苯+甲苯+乙苯+二甲苯、游离甲醛

续表

序号	材料名称	现场抽样数量	外观质量检验	物理性能检验
3	聚合物水泥防水涂料	（1）同一生产厂每10t产品为一验收批，不足10t也按一批计。 （2）产品的液体组分抽样数不应低于$\sqrt{n/2}$（n是产品的桶数）。 （3）配套固体组分的抽样按《水泥取样方法》GB/T 12573中的袋装水泥的规定进行，两组分共取5kg样品	产品的两组分经分别搅拌后，其液体组分应为无杂质、无凝胶的均匀乳液；固体组分应为无杂质、无结块的粉末	固体含量、拉伸强度、断裂延伸率、粘结强度、不透水性、挥发性有机化合物、苯+甲苯+乙苯+二甲苯、游离甲醛
4	水乳型沥青防水涂料	（1）同一生产厂、同一品种、同一规格每5t产品为一验收批，不足5t也按一批计。 （2）随机抽取，抽样数应不低于$\sqrt{n/2}$（n是产品的桶数）	产品搅拌后为黑色或黑灰色均匀膏体或黏稠体	固体含量、断裂延伸率、粘结强度、不透水性、挥发性有机化合物、苯+甲苯+乙苯+二甲苯、游离甲醛
5	自粘聚合物改性沥青防水卷材	同一生产厂的同一品种、同一等级的产品，大于1000卷抽5卷，500~1000卷抽4卷，100~499卷抽3卷，100卷以下抽2卷	卷材表面应平整，不允许有孔洞、结块、气泡、缺边和裂口；PY类卷材胎基应浸透，不应有未被浸渍的浅色条纹	拉力、最大拉力时延伸率、不透水性、卷材与铝板剥离强度
6	聚乙烯丙纶卷材	（1）同一生产厂的同一品种、同一等级的产品，大于1000卷抽5卷，500~1000卷抽4卷，100~499卷抽3卷，100卷以下抽2卷。 （2）聚合物水泥防水粘结料的抽样数量同聚合物水泥防水涂料	卷材表面应平整，不能有影响使用性能的杂质、机械损伤、折痕及异常粘着等缺陷；聚合物水泥胶粘料的两组分经分别搅拌后，其液体组分应为无杂质、无凝胶的均匀乳液；固体组分应为无杂质、无结块的粉末	断裂拉伸强度、扯断伸长率、撕裂强度、不透水性、剪切状态下的粘合性（卷材-卷材、卷材-基面）
7	聚合物水泥防水砂浆	（1）同一生产厂的同一品种、同一等级的产品，每400t为一验收批，不足400t也按一批计。 （2）每批从20个以上的不同部位取等量样品，总质量不少于15kg。 （3）乳液类产品的抽样数量同聚合物水泥防水涂料	干粉类：均匀、无结块； 乳液类：液体经搅拌后均匀、无沉淀，粉料均匀、无结块	凝结时间、7d抗渗压力、7d粘结强度、压折比
8	砂浆防水剂	（1）同一生产厂的而同一品种、同一等级的产品，30t为一验收批，不足30t也按一批计。 （2）从不少于3个点取等量样品混匀。 （3）取样数量，不少于0.2t水泥所需量	—	净浆安定性、凝结时间、抗压强度比、渗水压力比、48h吸水量比
9	丙烯酸酯建筑密封胶	（1）同一生产厂、同等级、同类型产品每2t为一验收批，不足2t也按一批计。每批随机抽取试样1组，试样量不少于1kg。 （2）随机抽取试样，抽样数不低于$\sqrt{n/2}$（n是产品的桶数或支数）	产品应为无结块、无离析的均匀细腻膏状体	表干时间、挤出性、弹性恢复率、定伸粘结性、浸水后定伸粘结性
10	聚氨酯建筑密封胶		产品应为细腻、均匀膏状物或黏稠液，不应有气泡	表干时间、挤出性、弹性恢复率、定伸粘结性、浸水后定伸粘结性
11	硅酮建筑密封胶		产品应为细腻、均匀膏状物，不应有气泡、结皮和凝胶	表干时间、挤出性、弹性恢复率、定伸粘结性、浸水后定伸粘结性

厕所、厨房、阳台等有防水要求的地面泼水、蓄水试验记录　　表6.4.2

<table>
<tr><td>工程名称</td><td colspan="3"></td><td>试验日期</td><td>年　月　日</td></tr>
<tr><td>试水方式</td><td colspan="3">□第一次试水　□第二次试水</td><td>试水日期</td><td>从　年　月　日　时　分
至　年　月　日　时　分</td></tr>
<tr><td>检查方法及内容</td><td colspan="5">卫生间防水层施工完毕后进行第一次蓄水试验，在门口处用水泥砂浆做挡水墙，地漏周围挡高5cm，用棉丝把地漏堵严密且不影响试水，然后进行放水。蓄水时间不少于24h，蓄水深度不低于2cm</td></tr>
<tr><td>检查结果</td><td colspan="5"></td></tr>
<tr><td>复查意见</td><td colspan="5">复查人：　复查日期：　年　月　日</td></tr>
<tr><td>施工单位</td><td colspan="2">试验人员：
项目专业质量检查员：
项目（专业）技术负责人：
年　月　日</td><td>监理（建设）单位</td><td colspan="2">专业监理工程师：
（建设单位项目技术负责人）
年　月　日</td></tr>
</table>

第7章 建筑防水新技术

防水工程作为建筑物工程的核心之一，关系到整个工程建设的质量问题和建筑物的日常使用功能的实现。因此必须因地制宜地根据实际情况，选择合适的防水材料，选用适宜的防水技术，合理制定施工程序，全方位的保障建筑物的防水效果，不断提升建筑物的防水质量。

近些年，随着技术的不断发展和研究人员积极探索，努力实践，新技术、新观念、新材料取得重大突破，新型防水材料、先进的施工方法在建筑物的防水工程中陆续投入使用，这些新技术、新材料的应用对于克服工程建设中防水层出现渗漏的问题取得显著成效，不断提高建筑物的防水效果，提升防水质量。

本章节对目前一部分应用范围还不是特别广泛的建筑防水新技术、新理念和新材料进行介绍与总结研究，分析在防水过程中需要注意的技术关键要点，为今后工程建设防水工作提供参考。

7.1 建筑防水发展简史

建筑的防水发展是随着人类建筑历史的发展而一同发展的，是辉煌的中外建筑文化历史的重要组成部分。

早在55万年前的旧石器时代，人类最早是选择天然洞穴作为栖身之所来挡风避雨。这时候的防水主要是利用自然条件来防水，如一般会选择洞口较高的洞穴居住，防止雨水倒灌，保证洞口处较为干燥，如涯洞等。

随着社会的发展，没有那么多舒适的天然洞穴可以供人居住，人类便开始自己动手建造居所。在进入氏族社会以后，农业已有发展，且会斜坡防水，火烧穴壁技术，有了袋穴、浅穴、草屋等。人们会利用石灰铺地来防潮，用泥抹墙后火烧，使其成为一个坚硬整体，起到加固且防潮的作用。

穴上搭人字形骨架，上铺茅草或者树叶等植物，起到遮风避雨的作用。茅草屋面的房屋形式，让先民走出洞穴，离开悬居，这一阶段的屋面防水材料主要是干燥的植物。

墙面通过敷泥或者挂草的形式，能防短时间内的小雨。同时通过悬挑茅草屋檐的形式，可以防止雨淋到墙或者柱子上。

随着社会的进一步发展，瓦的诞生使屋面防水技术向前迈进了一大步，是屋面防水的一次技术革命，在今后的几千年里，瓦一直作为刚性防水材料被用于各种建筑物的屋面防水。在建筑物的发展历程中，人们还相继发现了金属屋面防水、毡毯屋面防水（如蒙古包）等不同的防水形式，但是主要还是用各种不同材料制成的瓦片来进行屋面防水。

对于同时期的墙面和地下建筑来说，由于古代没有很好的防水材料，只能依赖于巧妙的设计和精细的施工来达到良好的防水效果。如悬挑屋面防止雨水淋到墙面，使用石灰等吸湿材料，木材基座用石材防潮，以及利用密实的材料灌缝（如糯米汁、融化的金属）等手段。

近代柔性防水材料的发现，是对构造防水的瓦进行的彻底革命，使屋顶不再因为构造防水而成为坡屋顶，促进了平屋顶的诞生，进而可以产生多功能的屋面防水卷材和防水涂料，可以做到全封闭的材料防水，不管是地上还是地下，不用再依赖坡度防水，柔性防水材料成为防水材料的主宰。

尤其是随着近代科学技术的进步，防水技术以前所未有的速度迅速发展，随着各种建筑防水新材料、新技术、新工艺的开发与应用，以石油、沥青、油毡为主体的“三毡四油”或“两毡三油”在建筑防水工程中一统天下的格局渐渐被打破，使我国建筑防水工程技术整体水平出现了新的里程碑。

7.2 电渗透防潮防水技术

电渗防水是主动防水的技术之一，这种技术主要被用于建筑防潮防渗防霉领域，其主要利用了电渗这种现象。

在电场中，由于多孔支持物吸附水中的正负离子，使溶液带有相对电荷，对溶液施加电场，溶液就向特定的方向移动，此种现象称为电渗现象。而电渗透技术就是基于该原理而产生的。

混凝土防渗漏复碱系统是一项较新的混凝土电渗透脉冲防渗堵漏碳化治理技术，其原理至今已有近200多年的历史。

1807年德国Reuss教授在实验室最先发现，含有毛细孔结构中的液体会随电流流动。1930年瑞士Ernst兄弟，发现在含有毛细管的结构中，通过正负极之间施加电场后，能将结构中的水移走。1962年E.Fanke经过试验后，正式确定电渗透理论。1970年美国华裔建筑家杨士良首次将电渗透理论用于混凝土领域，并取得良好的防渗堵漏实效。1975年杨士良又将电离渗透及电化学技术用于碳化混凝土的复碱，从而使pH值降至7的混凝土恢复到12以上。

2000年我国电化学师顾聪颖与美国华裔建筑家杨士良先生合作，将这两项技术进一步扩展合并和完善，创立了GYF混凝土电渗透防水复碱技术系统。

在实际应用中，利用连续低压电渗透脉冲电离液体及电化学的原理，对新旧建筑结构（如混凝土、砖、石结构）进行了非常有效地防渗堵漏除湿及混凝土复碱处理，并取得了成功，显示出其卓越的防渗、堵漏、除湿、除碳化的能力。2005年顾聪颖与上海宏强加固技术有限公司合作开发出新一代微电脑控制GYF混凝土电渗透防水复碱系统，并在欧美广泛使用于地铁、地下室、大坝、海堤的渗水碳化处理。

7.2.1 技术内容

混凝土和砖石微观上属于多孔结构，在混凝土和砖石等此类结构中，水分可以通过多种方式，比如在水自身重力或侧向压力作用下，通过混凝土和砖石中的孔隙或各种裂缝，进入结构的内部，或者水分通过结构中的毛细孔隙渗入到结构内部，其原理类似植物根部从潮湿的土壤中吸水，然后又将水分分配到枝杆上面。

利用电气控制装置能产生低压脉冲电荷（电场），通过正负电极作用到水分子上，将水分子电离化。被电离化的水分子，朝着电场中负电极的方向移动，使进入结构毛细孔隙内的水排到结构的外侧，使有水分的结构逐渐将水分排出，慢慢变干燥。如果系统一直保持产生电场的状态，水就一直朝向结构外侧的负极方向移动，不会再次进入结构内侧，从而使结构保持永久的干燥状态。

如果在阳极人为提供碱性溶液（混凝土复碱专用电解液），随着设备电场的作用，电离化的碱溶液会通过结构中的毛细孔隙，重新渗入到结构内部，从而使混凝土pH值升高。同时，阴极反应产物OH^-由阴极向阳极迁移，阳极电解液中的钾、钠离子向阴极迁移，两种离子在混凝土内部产生电化学反应，重新化合成碱性氧化物，从而使得混凝土pH值升高，达到复碱的目的。电渗防水控制装置利用了电渗原理，实现了混凝土结构主动防水；利用了电化学及电渗两个原理，实现了混凝土碳化治理。

电极是以探针和导线的形式，按照设计要求安装在渗水的结构表面形成电网，如地下室的顶板（或天花板）、侧墙壁和地板等。将系统的正极（金属导线）埋在结构内侧表面以下约2cm处（以不触到混凝土中的钢筋为宜），并用导电水泥覆盖密实，负极根据不同用途安装在渗水基面的反面（用铜棒）或与混凝土中的钢筋连接。系统装置不会损坏混凝土或砖石结构的整体性，也不会产生任何副作用。

电渗防水系统可使带有毛细孔隙的建筑结构彻底地实现干燥，可应用于已建的和新建的建筑物中，使那些长期处于渗漏水侵害和困扰环境中的建筑工程（如地下室、隧道工程、水电工程等）保持长期的干燥状态，同时彻底地解决渗漏水问题。

电渗防水系统生成具有特殊脉冲波形的直流电，利用电渗原理及电解液的共同作用，主动促使混凝土内部完成电化学反应，使碳化的混凝土重新碱化，使脱钝钢筋重新钝化，从而混凝土可以长期处于碱性状态，彻底解决了混凝土不断碳化，以及混凝土碳化后pH值下降引起的钢筋锈胀问题。

电渗防水系统运行所需的电量比较低，只需几个安培。用于结构防水时，随着系统的作用，结构中的水分逐渐减少并慢慢干燥，系统所需的电流强度也会逐渐降低和减小，正常情况下，结构由潮湿变干燥的过程一般需要1～3个月的时间，海水比淡水干燥的速度要快些；用于混凝土再碱化时，一般需要10～15d。系统原理及现场施工分别如图7.2.1和图7.2.2所示。

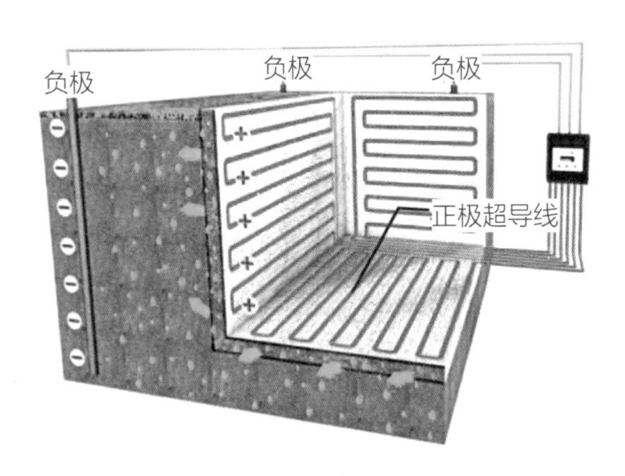

图7.2.1　系统原理图

图7.2.2　现场施工图片

7.2.2 技术优势

电渗透防水系统技术的主要优点:

（1）主动防水技术可以解决混凝土结构中渗漏水及长期潮湿的问题，在系统工作状态下，混凝土能够长期保持干燥状态。

（2）电渗透防水系统是目前唯一可以用于背水面来进行“主动式防水”的工法，避免了其他防水只能用于建设前期或后期必须大开挖才能实现防水的“被动式防水”。

（3）可以降低地下室内部及结构内部的湿度，保护结构内侧墙体表面的表层不剥落。

（4）系统可接入110V或220V交流电，通过系统变压，输出36V电压的安全直流电。系统运行时，对精密仪器、人的身体、混凝土结构等无任何安全隐患及不良作用，人体无任何电伤危险，可直接接触。系统所生的微弱电磁波不会影响各波段通信，不需要进行较多的日常维护。

（5）使用成本比较低，如1200m^2的防水面积，电渗透系统大约只需10W，每天耗电0.2kW·h左右，而且随着结构的逐渐排水和干燥，所需的电流强度会逐渐降低和减小。

（6）系统不会影响或者改变结构的物质构成，对混凝土结构没有任何损伤及破坏作用，系统通过一系列的电化学反应，可以提高混凝土碱度，同时高碱度又能保护钢筋的钝化膜，不会产生锈蚀现象，从而保证钢筋混凝土长期处于最佳的工作状态下。

7.2.3 适用范围

电渗透防渗除湿系统是依靠电磁场进行防渗除湿的主动设备。与传统防水防渗材料不同，更适合对防潮要求比较高，对使用环境和应用要求严格的建筑使用。

主要用于地下工程、隧道、水库大坝、电站、军工等工程中的防水、防渗、防潮和除湿领域，并有了较多的成功案例，证明其具有良好的防渗、防潮以及防霉能力。

7.2.4 工程案例

北京万科地下室工程、孔雀城地下室及污水处理厂等。

7.3 K11防水技术

7.3.1 技术内容

K11防水技术是一种双组分高聚物分子改性基高分子防水系统。K11防水涂料产品主要分为3种，包括通用型K11防水涂料、柔韧性K11防水涂料和彩色K11，其中通用型K11防水涂料又分刚性K11与柔性K11两种。

7.3.2 技术特性

K11防水涂料是一种双组分高聚物分子改性基防水涂料，平时呈现一种乳液共混体的状态，由高分子聚合物粉剂与合成橡胶、合成苯烯酯等共同组成，中间掺加一定量的基料、辅助化学药剂和部分填充料，经多道加工工序形成的高分子防水材料。

K11防水技术特性：

（1）与基材粘结力强，对基材有良好的渗透性，浆料中的活性成分可渗入水泥基面中的毛细孔隙及裂纹中，并产生化学反应，最后与基材结合为一体，形成一层有致密结晶结构的防水层。

（2）可在潮湿基面上直接施工。

（3）具有一定的柔韧性，能够抵御轻微的裂纹。

（4）抵御一定压力的静力水头，迎水面与背水面防水均适用。

（5）耐老化性能优异，无毒、无害，可直接用于饮用水工程。

（6）涂层能防止潮气、腐蚀性物质对混凝土的侵蚀，并可抑制霉菌生长。

（7）防水层耐磨度高。

其主要施工工艺如下：

（1）如基面较为干燥，施工防水涂料前应先稍微湿润基面，以基材表面无明水为标准，如果基面表面潮湿但没有明水可直接施工。

（2）根据材料配比，先将K11柔性防水浆料乳液倒入拌料桶中，然后再将粉剂倒入，充分搅拌至均匀、无颗粒的面糊状，静置10min后再搅拌一下，效果更佳。

（3）用毛刷或滚刷直接将胶浆涂刷在基面上，待第一遍涂刷全干透后（约2h或手触碰表面不粘为准），再涂刷第二遍，待第二遍完全干燥（约2h或手触碰表面不粘为准），再涂刷第三遍，多次涂刷的涂刷方向应交错布置。

（4）在施工进程中应对浆液进行间断性的搅拌，防止胶浆沉淀。

7.3.3 适用范围

K11防水技术适用于各种工业与民用建筑物的屋顶、天沟、地下室、外墙、水池、卫生间、厨房、阳台、矿井、隧道、桥梁灌缝、伸缩缝等需要进行防水、防潮、防腐蚀的工程位置。该材料也可涂抹于瓷砖，外墙裂缝以及堵塞渗水处。

7.4 永凝液DPS防水技术

永凝液DPS防水材料最早于美国在20世纪20年代使用，由美国化学家霍尔发明，命名为Kelo（科洛）。在第二次世界大战中大面积用于地下的军事掩体等工程中，防水防潮的作用较为明显，目前世界有许多国家都有生产。在20世纪90年代进入我国，并开始在国内的一些混凝土建筑物及构筑物上使用，防水防潮效果较好。

7.4.1 技术内容

永凝液DPS防水剂是一种水溶性无机化合物，外表看起来呈现透明的水溶液。当涂刷于建筑物基层上时，该化合物会与空气中二氧化碳反应形成硅酸溶液，其能渗入混凝土表层约30～40mm，使填料与混凝土基材在固化剂作用下发生硅化作用从而牢固形成一体。

最后形成的化合物具有硅氧键的网链结构，类似天然晶体，该结构即使在超过1000℃的温度作用下，依然可以实现抗热且不会龟裂。而且其涂膜可以做到不往内部渗水的同时，实现排湿气的透气功能，使混凝土基质保持干爽。无机矿物涂层的这种特殊结构，使其在自然界热胀冷缩的往复循环中，类似岩石一样，可长期保持涂膜表面的清洁，以阻止苔藓和霉斑的生长。

7.4.2 技术特性

永凝液DPS是一种水基性的，含专有催化剂和活性化学物质的防水材料，能迅速有效地与混凝土基层材料中的氢氧化钙、铝化钙、硅酸钙等反应，形成惰性晶体嵌入混凝土的毛细孔隙中，密闭混凝土中的微细裂缝，从而增强混凝土表层的密实度和抗压强度。这种反应分成两个阶段：

第一阶段，会在混凝土的孔隙及毛细孔隙里产生一种硅石凝胶膜，硅石凝胶膜中的水分在外界作用蒸发后，会固化成一种晶体状的结构。

第二阶段，通过这种化学反应，固化形成的晶体将嵌入到混凝土的毛细孔中和微小缝隙，提高混凝土的致密性，达到永久密封混凝土内部及表面毛细孔隙的效果，但同时也为混凝土提供良好的透气性能。

永凝液DPS防水剂特性：

（1）具有长久的防水作用。喷涂永凝液DPS后的防水层中固化物与混凝土结构材质相同，在常温情况下，28d后活性化学物质能渗透至混凝土结构内部15～40mm（混凝土结构密度越疏松，渗透深度越大）形成结晶体，结晶体的化学性质稳定，其防水作用持久性良好。

（2）具有很强的耐水压能力。喷涂永凝液DPS后的防水层能长期承受强水压的作用，混凝土层厚度为50mm，抗压强度为13.8MPa，喷涂一遍永凝液DPS后，至少可以承受6kg的水头压力。

（3）具有防腐耐老化、保护钢筋混凝土结构的作用。永凝液DPS中的渗透结晶能修复结构中0.3mm以下的裂缝，使混凝土表面更加密实，增加表层结构强度，形成一种稳定的分子结构。结构形成后既不会发生可逆反应，一般也不会与其他化学物质发生反应，从而可以长期保护混凝土结构不受重金属、强酸碱的破坏，降低外来有害物质对钢筋的锈蚀及损伤，延长钢筋混凝土的使用寿命。

（4）可对混凝土结构的表层起到增加强度的作用。喷涂永凝液DPS后的混凝土结构，形成的结晶体密闭混凝土表层的毛细孔隙，使混凝土表层密实度增加，从而一定程度上提高了混凝土表层结构强度，一般可将混凝土表层强度增强20%～30%。

（5）施工方法简单，直接喷涂即可，省时省工。

7.4.3 技术优势

1. 永凝液DPS防水材料是渗透结晶型防水材料，施工时不需要专门做找平层，它可以完全渗透到混凝土结构中，也不需要保护层。

2. 需要和混凝土充分接触到才能达到良好的防水效果，如果混凝土结构表面存在浮浆、灰尘等，需要先清理干净。如果表面有较大裂缝，应先用速凝水泥等修补好裂缝。

3. 它是水剂型的低密度防水材料，一般只需要在混凝土基层上直接均匀喷涂两遍即可，后期也不需要复杂的养护。相对来说施工进度快，施工成本比较低。

4. 在混凝土表层的渗透深度可以达到30mm左右，使混凝土的抗渗等级达到P10以上，同时可以增强混凝土结构表面的抗压强度。

5. 具有良好的耐酸碱及耐腐蚀性能，可以抵抗氯离子对混凝土的渗入破坏，对混凝土、钢筋等起到良好的保护作用。

6. DPS防水材料是无机防水材料与深渗透结晶防水材料，不存在老化变质的现象，其防水防潮效果非常稳定，使用寿命基本和混凝土结构一致。施工合理情况下不存在搭接不严密、脱层滑动等传统问题。

7. 可在潮湿的混凝土基层表面上施工，但是不能有明水存在，也可在背水面施工。

8. 环保无毒，可用于游泳池、消防水池、污水池等结构的内部防水。

7.4.4 适用范围

永凝液DPS可以大范围适用于地下室、桥梁、隧道、冷却塔、大坝、水库、地下隧道、各类水池等。

7.5 喷涂聚脲弹性体防水技术

喷涂聚脲弹性体（Spray Polyurea Elastomer，简称SPUA）是国外近20年来兴起的一种新型环保涂料。其具有快速固化，对湿气、温度不敏感，对使用环境友好，一次喷涂施工，效率高；具有良好的物理力学性能，如抗张强度、柔韧性、耐老化、防腐蚀、耐磨性、耐高低温性能等特点。聚脲凭借其优异的综合性能较多地应用于高铁桥面的防护，尤其是无碴轨道表面防水耐磨的理想选择。

7.5.1 技术内容

喷涂聚脲弹性体防水技术是在反应注射成型（RIM）技术的基础上发展起来的，聚脲涂料和一般的聚氨酯涂料一样，由A、B两组分组成。A组分主要是异氰酸酯半预聚物，B组分主要为端氨基聚醚/端羟基聚醚、多元胺扩链剂/多元醇扩链剂、助剂和颜/填料等。助剂的主要成分包括紫外光吸收剂（苯三唑类化合物）、抗氧化剂（液态位阻氨类化合物）和有机硅类表面活性剂等，颜/填料主要使用钛白粉、炭黑粉、铁红粉等。A组分与B组分通过喷枪进行喷涂或浇注聚脲弹性体。

该工艺属快速反应喷涂体系，原料体系中没有溶剂、固化速度快、施工工艺简单，可方便地在结构的外表面上喷涂十几毫米厚的涂层而不流挂。SPUA技术全面突破了传统环保型涂装技术的局限。因此，使得该技术一问世，便得到迅速的发展（图7.5.1）。

由于涂膜中既有聚氨酯结构又含有聚脲结构，所以聚脲弹性涂料既有优异的强度和硬度，又富有良好的弹性和耐冲击性能。但是因为异氰酸酯易与水或潮湿空气中的水反应生成胺及二氧化碳，在喷涂成膜时，若体系中或环境中含有水分，则反应生成的二氧化碳气体就会从涂膜中溢出，大大影响涂膜的性能，所以要严格控制体系中的水分。

图7.5.1 施工现场

7.5.2 技术特性

1. 无溶剂、无挥发、无公害，100%高固体含量、环境友好、新型高科技产品，被誉为绿色材料、环保施工。

2. 超速固化，6～45s凝胶，10min可满足人员步行强度。因此可在任意曲面、垂直面及顶面连续喷涂而不产生流挂现象，施工一次就可以达到设计要求的厚度，大大缩短了施工周期。

3. 对温度、湿度不敏感，不易起泡，施工不受环境条件的影响。

4. 材料具有超强附着力，在金属材料、混凝土、塑料材料、木材等底材上具有优良的附着力。

5. 涂层致密、连续、无接缝，无起泡及裂缝，完全隔绝空气中的水分和氧气的渗入，防腐和防水性能超强。

6. 热稳定性较好，可在－50～140℃的空气环境下长期使用。

7. 优良的弹性体物理力学性能，强度好、伸长率高、高耐冲击性、高耐磨性，在极端的气候条件下仍保持良好的弹性，硬度可调整。

8. 优异的耐腐蚀性能，耐酸、碱、盐、柴油、汽油、煤油、海水等介质的侵蚀，防腐性能卓越。

9. 耐候性好，户外长期使用不粉化、不开裂、不脱落。

10. 施工速度快，单机日施工面积可达到1000m^2以上。

7.5.3 适用范围

相对于传统防水材料，喷涂聚脲弹性体防水技术，施工工艺比较便捷，材料本身具有良好的环保性与优点，广泛应用于建筑、能源、交通、化工、机械、电子、市政等领域，用于防水、防腐、耐磨和表面装饰等工程，尤其对城际轨道交通、高铁桥梁混凝土面防水具有超越几乎所有现有材料的优越特性，北美地区的用量已达85%以上。

7.6 丙烯酸盐灌浆液防渗施工技术

7.6.1 技术内容

丙烯酸盐化学灌浆液是一种新型防渗堵漏材料，它可以灌入混凝土的细微孔隙中，填充混凝土的细微孔隙，生成不透水的凝胶，达到防渗堵漏的目的。通过改变外加剂及其成分组成可以调节丙烯酸盐浆液形成凝胶的时间，从而可以控制灌浆液的扩散半径及作用范围。

7.6.2 技术特性

丙烯酸盐灌浆液及其凝胶主要技术指标应满足表7.6.1和表7.6.2要求。

丙烯酸盐灌浆液物理性能　　表7.6.1

序号	项目	技术要求	备注
1	外观	不含颗粒的均质液体	
2	密度（g/cm^3）	生产厂控制值不超过±0.05	
3	黏度（MPa·s）	≤10	
4	pH值	6.0~9.0	
5	胶凝时间	可调	
6	毒性	实际无毒	按我国食品安全性毒理学评价程序和方法评价为无毒

丙烯酸盐灌浆液凝胶后的性能　　表7.6.2

序号	项目名称	技术要求	
		Ⅰ型	Ⅱ型
1	渗透系数（cm/s）	$<1\times10^{-6}$	$<1\times10^{-7}$
2	固砂体抗压强度（kPa）	≥200	≥400
3	抗挤出破坏比降	≥300	≥600
4	遇水膨胀率（%）	≥30	

7.6.3 适用范围

主要适用范围：隧洞、矿井、巷道、涵管止水；混凝土渗水裂隙的防渗堵漏；混凝土结构缝止水系统损坏后的维修；坝基岩石裂隙防渗帷幕灌浆；坝基砂砾石孔隙防渗帷幕灌浆；土壤加固；喷射混凝土施工。

7.6.4 工程案例

北京地铁机场线、北京地铁10号线、上海长江隧道、向家坝水电站、丹江口水电站、大岗山水电站、湖南省筱溪水电站等工程。

7.7 预备注浆系统施工技术

7.7.1 技术内容

预备注浆系统是地下工程混凝土结构接缝、冷接缝防水施工技术。预备注浆系统首先强调“预”，预判、预防、预留是该技术的关键。预备注浆系统主要由注浆管、注浆泵和灌浆液组成。注浆管是预备注浆系统的主要组成部分，通过注浆管及导浆管等将灌浆液输送到需注浆部位。

注浆管可分为两类：（1）一次性注浆管，使用一次，不可重复使用。（2）重复使用注浆管，注浆不受时间限制，可重复使用。一次性注浆管多采用不锈钢弹簧骨架，中间包裹无纺布，最外层包裹尼龙丝网，安装方便，成套使用。刚性骨架可以确保注浆管在混凝土中不会被挤压变形，无纺布可以阻隔混凝土中的水泥浆，只允许水和注浆液通过。

施工过程中，将预备注浆系统注浆管预埋在接缝中，有渗漏情况发生时，通过预备注浆系统预留在混凝土表面的注浆管注入灌浆液，由于注浆管的单透性，其既能阻止混凝土水泥浆渗入，又能完美地使灌注液渗透到渗漏区域的孔洞和缝隙，实现防渗堵漏的目的。

当采用可重复利用注浆管系统时，可以分批多次注浆。对于结构变形大、渗漏率高、难修复的接缝部位利用这种预备注浆系统可以多次注浆达到“零渗漏”效果。

7.7.2 技术特性

混凝土施工过程中，不可避免地会产生一些膨胀缝、连接缝、结构缝之类的缝隙，造成建（构）筑物的渗漏，为解决此类问题，在接缝处安装注浆管，通过后期的二次注浆实现防渗堵漏是非常有必要的。施工开始前需要根据工程特点，提前预判结构变形较大，容易发生渗透的部位。在混凝土结构施工时，将注浆管提前预埋于隐患部位，当有渗漏情况发生时，通过注浆管将灌浆液（例如砂浆、水泥浆、聚合物浆液、聚氨酯化学浆液等）注入渗漏部位的空洞和缝隙内，浆液固化后即可封堵混凝土结构中的缝隙，达到防渗堵漏的效果。

预备注浆系统的注浆管系统由注浆管、连接管及导浆管等组成。注浆管分为一次性注浆管和可重复使用注浆管两种。注浆管做为预备注浆系统中的主要材料，应满足材质要求、力学性能要求。

（1）硬质塑料或硬质橡胶骨架注浆管的主要物理力学性能应符合表7.7.1的要求。

硬质塑料或硬质橡胶骨架注浆管的物理性能　　表7.7.1

序号	项目	指标
1	注浆管外径偏差（mm）	±1.0
2	注浆管内径偏差（mm）	±1.0
3	出浆孔间距（mm）	≤20
4	出浆孔直径（mm）	3~5
5	抗压变形量（mm）	≤2
6	覆盖材料扯断永久变形（%）	≤10
7	骨架低温弯曲性能	-10℃，无脆裂

（2）不锈钢弹簧骨架注浆管的主要物理性能应符合表7.7.2的要求。

不锈钢弹簧骨架注浆管的物理性能　　表7.7.2

序号	项目	指标
1	注浆管外径偏差（mm）	±1.0
2	注浆管内径偏差（mm）	±1.0
3	不锈钢弹簧钢丝直径（mm）	≥1.0

续表

序号	项目	指标
4	滤布等效孔径Q_{95}（mm）	<0.074
5	滤布渗透系数K_{20}（mm/s）	≥0.05
6	抗压强度（N/mm^2）	≥70
7	不锈钢弹簧钢丝间距（圈/10cm）	≥12

7.7.3 技术优势

1. 该方法因有预留注浆管，安装简单，施工周期短，可有效降低时间成本。不仅材料性能优异、安装简便，而且节省工期和费用，并在不破坏结构的前提下，确保接缝处不渗漏水，是一种先进、有效的接缝防水解决措施。

2. 在施工现场根据实际需求截取注浆管（推荐注浆出口长度小于或等于6m）。

3. 当系统采用重复使用注浆管时可以多次重复注浆，对于结构变形大、渗漏情况严重的情况，可以通过该系统较好地实现“零渗漏”目标。

4. 如果构筑物将来出现渗漏，重复注浆管系统也可以提供完整的维护方案。

5. 注浆时间可以根据实际需要随时进行，施工时不需要特殊设备，施工方便。

6. 施工过程不会破坏建筑物结构、危害混凝土本身、影响建筑物结构安全。

7. 施工完成后可以确保永久防渗防漏。

7.7.4 适用范围

注浆防水方案一般用于岩土工程及后期建筑物堵漏中，在此技术基础上发明了预备注浆系统施工技术。

预备注浆防水技术应用十分广泛，几乎适用于所有建筑形式，特别适合于施工缝、后浇带等部位。主要应用于地下市政工程如地铁、隧道及水电水利工程等。

7.7.5 工程案例

深圳地铁、北京地铁、成都地铁、上海地铁、杭州地铁、厦门翔安海底隧道、国家大剧院、杭州大剧院等。

7.8 “预铺反粘”防水新技术

2004年，在北京地铁10号线项目建设过程中，采用格雷斯预铺反粘防水技术，该防水新技术中防水材料与结构底板直接粘结不需要保护层施工，缩短了工期，节约了成本，杜绝了窜水现象发生，收到了良好的防水效果，这是国内首次运用预铺反粘技术的案例。2006年以后，各种预铺反粘防水卷材在工程建设中投入使用，2017年《预铺防水卷材》GB/T 23457—2017发布实施，规范了预铺反粘技术的材料工艺验收标准，为该技术的广泛运用创造了有利条件。所谓“预铺反粘”（Pre paving anti sticking）就是将覆有高分子自粘胶膜层的防水卷材空铺在基层上，自粘胶膜粘结面朝上，然后绑扎钢筋，浇筑结构混凝土，使卷材胶膜与混凝土浆料反应固化无缝粘结的一种新型防水施工方法。

“预铺反粘”防水技术被住建部确定为工程建设行业10项新技术，在全国范围内推广运用，是目前工程建设领域被广泛认可的防水做法。

7.8.1 技术内容

预铺反粘防水卷材是由高分子主体材料、自粘胶膜层、表面防粘保护层（除卷材搭接区域）、隔离材料（需要时）等组成，与混凝土构件表面紧密粘结，阻止水分渗入的防水卷材。预铺反粘（HDPE）防水卷材的主要材料是塑料类，属于预铺（P）类卷材，质量应符合《预铺防水卷材》GB/T 23457—2017的规定。

预铺反粘防水卷材按照主体材料分为三大类：（1）塑料防水卷材（P类）；（2）沥青基聚酯胎防水卷材（PY类）；（3）橡胶防水卷材（R类）。通常为高分子自粘胶膜防水卷材，该卷材一般由高密度聚乙烯片材、高分子自粘胶膜和特殊性能要求的颗粒防粘层构成，归类于高分子防水卷材复合片中树脂类品种（FS2）（图7.8.1）。

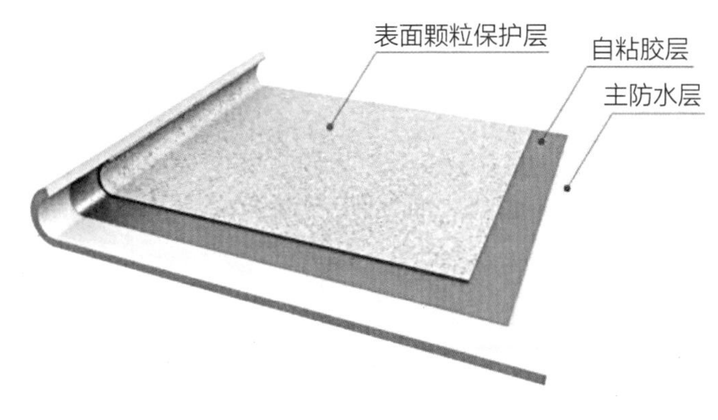

图7.8.1　材料图片

7.8.2 技术特性

预铺反粘防水技术创新点主要包括材料设计及施工工艺两部分。

1. 材料设计

预铺反粘防水技术（图7.8.2）所采用的材料是高分子自粘胶膜防水卷材，具有良好的抗拉、抗撕裂及抗冲击性能，加上被穿刺后能自愈的保护层，上述材料特点确保了预铺反粘防水技术的防水效果。

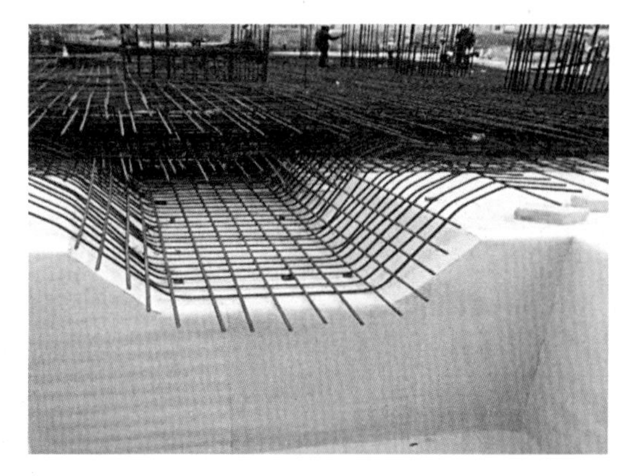

图7.8.2　预铺反粘防水卷材铺贴完成

应用预铺反粘防水技术施工时，因胶粘层朝向结构层一侧，混凝土直接浇筑到胶粘层上，卷材自粘胶膜和混凝土初凝之前的水泥浆料通过蠕变，相向渗透防粘层反应固化后形成牢固的无缝粘结。这种粘结是由混凝土浇筑时的浆料与防水卷材胶粘的胶粘剂反应固化形成的，无缝、连续可以最大限度地实现永久密封，彻底消除窜水通道。高密度聚乙烯作为主体材料主要实现材料的高强度，主要承受结构变形一起的裂缝影响，自粘胶层主要提供良好的粘结性能，确保实现与混凝土固化反应后的无间隙结合。耐候层既可以使卷材在施工时可适当外露，同时也可以提供不粘的表面供施工人员行走，使得后道工序可以顺利进行。

预铺反粘防水卷材粘胶层中含有渗透反应活性成分，此成分的化学结构中含有亲水活性因子，不仅能够渗入到混凝土表层，而且能够与硅酸盐反应形成化学交联，在粘胶层中形成强有力的化学结合力，从而达到防剥离（反粘）的效果。该技术在提高防水层对结构保护可靠性的同时大幅度降低可能发生的漏水维修难度和费用。

2. 施工步骤

该卷材采用全新的施工方法进行铺设：

（1）卷材使用于平面时，将卷材面朝向垫层进行空铺（图7.8.3）。

（2）卷材使用于立面时，将卷材固定在支护结构面上，胶粘层朝向结构层，在搭接部位临时固定卷材。

防水卷材施工后，不需铺设保护层，可以直接进行绑扎钢筋、支模板、浇筑混凝土等后续工序施工（图7.8.4）。

施工工艺主要包括基层清理、铺设卷材、节点部位加强处理、卷材搭接、节点密封处理、组织验收、绑扎钢筋、浇筑混凝土。

基层清理：用铁铲、扫帚等工具将杂物垃圾等清理干净，基层若有尖锐凸起物需处理平整，若有明水扫除即可施工，基层允许潮湿。

铺设卷材：铺设卷材根据《地下工程防水技术规范》GB 50108—2008中第4.3.22条及第4.3.6条规定高分子自粘胶膜防水卷材一般采用单层铺设，在潮湿基面铺设时，基面应平整坚固、无明显积水。按照已经放好的基准线顺序铺

图7.8.3　预铺反粘防水卷材施工过程

图7.8.4　现场图片

设第一幅和第二幅卷材，揭开两幅卷材搭接部位的隔离膜，将卷材按照规范要求搭接。铺贴卷材时，卷材应轻拉轻拽，并随时与基准线找齐，以免出现偏差难以纠正。

节点部位加强处理：地下室地下车库的底板阴阳角、后浇带、变形缝、桩头部位等需要加强处理。现场施工图如图7.8.5所示。

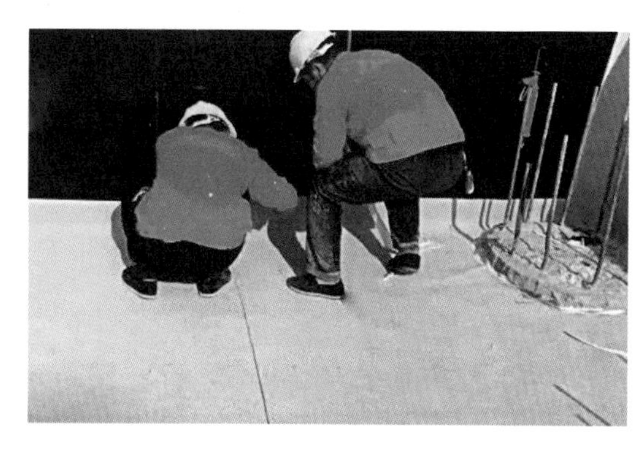

图7.8.5　现场施工图片

卷材连接：卷材连接采用搭接的方式。

长边搭接：去掉卷材搭接边的隔离膜后，按要求搭接，用胶辊用力滚压排出空气，使卷材搭接边粘结牢固即可。

短边搭接：将高分子双面自粘胶带（以下简称“胶带”）下表面隔离膜揭除后粘贴于搭接下部卷材上，碾压后再去除胶带上表面隔离膜，并将搭接上部卷材粘贴在胶带上，碾压使之粘结牢固，必要时可对胶带适当加热，粘贴效果更为理想。

卷材对接：对接卷材粘结材料采用卷材（无颗粒防粘层），将卷材裁剪成带状并将胶面朝上放置，揭除表面隔离膜后，粘贴上部对接的卷材，并碾压使之粘结牢固。

7.8.3　技术优势

预铺反粘防水技术相较于传统铺贴技术而言有如下优势：

（1）传统铺贴防水技术是将防水卷材粘贴在基层上，卷材防水层与结构本体之间有缝隙，易造成防水层与结构层分离，防水层一旦破坏，水沿缝隙到处窜流，形成渗漏，对于渗漏点的确定与维修造成极大的不便，维修非常困难，往往是事倍功半达不到理想效果。而且防水层粘贴在垫层上，垫层受破坏后，会造成防水层大面积失效。预铺反粘防水技术克服了传统铺贴防水技术的上述缺点，防水卷材采用反粘工艺，就像建筑主体的“皮肤”，防水层与结构层粘结牢固，杜绝了窜水隐患，如有渗漏也能快速确定渗漏点，便于及时维修。

（2）防水性能不受主体结构沉降影响，有效地防止地下水渗入。

（3）湿法施工，无需找平层，对基层要求低，不受天气及基层潮湿影响，雨期施工及赶工期工程有其独特的明显优势。

（4）冷作业、无明火、无毒无味、无环境污染及消防隐患，安全环保。

（5）施工周期短，相比较传统施工技术，施工周期可缩短1/3。

7.8.4 适用范围

适用于地下室底板及其他适合空铺部位的防水。

7.8.5 工程案例

北京地铁10号线农展馆站、北京地铁4号线知春路站、北京LG大厦、北京宝洁研发中心、上海联合利华研发中心、上海陶氏化工研发大楼、大连奥林匹克广场、无锡机场候机楼、南京光进湖别墅。

7.9 DRYLOK墙身防水新技术

DRYLOK防水材料最先应用于美军方工程，因为其良好防水承压能力，逐渐被市场追捧，20世纪90年代进入我国市场，特别是最近十几年获得广泛应用。

7.9.1 技术内容

DRYLOK防水材料是墙身防水材料的新一代产品，可以提供光滑的防水涂料层，该防水材料施工完成后为白色光滑平面，如果需要颜色也可以添加色浆调配需要的颜色后施工，将同时起到保护、美化的功能。DRYLOK墙身防水可以对水泥制品表面提供全方位保护，如有特殊需求可以根据特殊的配方实现防霉抑菌等效果。DRYLOK防水材料强度高，可阻挡高达60MPa的来自墙体背水面的水压。

7.9.2 技术优势

1. 优异的粘结性能，较强的抗压能力。
2. 干燥速度快，施工周期短。
3. 对建筑物有良好保护及美化效果。
4. 应用范围广，可以广泛应用于内外墙、地下室等所有环境。

7.9.3 应用范围

DRYLOK防水涂料可以适用于几乎所有环境，是室内、室外、棚顶、地下室墙、挡土墙、基础、天花板砌块、混凝土砌块、裸露的混凝土游泳池、砂浆和砖体结构等复杂环境下的施工较佳选择。

7.10 遇水膨胀止水胶施工技术

遇水膨胀止水胶作为一种新材料，与传统的止水带、遇水膨胀条等对比具有良好的施工性、良好的止水性、良好的后处理性，因此被广泛运用，特别是隧道、地铁等施工难度高、操作空间小的工程运用遇水膨胀止水胶施工技术优势明显。

遇水膨胀止水胶，因为是遇湿硬化遇水膨胀，可以适合不规则的基面接缝防水，且施工简便、可操作性强，适用于各种接缝部位，尤其是不同材质之间、操作空间小施工难度高、潮湿、桩头等部位的密封止水。因为性能优越、施工方便，越来越多的装饰工程也运用遇水膨胀防水胶这种新型材料，以期实现节能环保美观的效果。

7.10.1 技术内容

遇水膨胀止水胶是一种单组分、无溶剂聚氨酯型密封胶，它以聚氨酯预聚体为基础，含有特殊接枝技术的脲烷膏状体，遇湿固化遇水膨胀，用于工业与民用建筑的地下工程、防护工程、海（水）底隧道、地铁等工程的施工缝（包括后浇带）、变形缝及预埋构件的防水，还可以运用于结构接缝密封管渗漏。

遇水膨胀止水胶固化后具有遇水膨胀和弹性密封止水的双重密封止水机理。

遇水膨胀止水胶独特的优越性，使其在工程建设的应用中具有广泛的适用范围。遇水膨胀止水胶作为一种膏状材料，能适应于各种不规则结构面接缝防水，而且具有良好的粘合力，能适应于各种材料各个部位的防水工程，尤其在垂直面施工，良好的粘合力可以保证材料不下垂；耐久性及防水性能有保证。遇水膨胀止水胶防水施工技术施工简便、可操作性强，材料性能优异，与水接触时它的膨胀倍率可达原始体积的220%以上，是防水新技术中的佼佼者。

遇水膨胀止水胶以聚氨酯预聚体为基础、含有特殊技术的脲烷膏状体，固化成形后具有遇水体积膨胀和弹性密封止水的双重密封止水机理。遇水膨胀止水胶作为一种单组分、无溶剂聚氨酯型密封胶，具有良好的填充性和粘结性，确保产品填入裂缝和空隙中，因而适用于潮湿、光滑及粗糙的表面；特有的柔性确保其适合不规则的基面接缝防水；具有好的耐化学介质性能；使用方便。其性能指标应符合表7.10.1的要求。

性能指标　　表7.10.1

项目		指标	
		PJ-220	PJ-400
固含量（%）		≥85	
密度（g/cm^3）		规定值±0.1	
下垂度（mm）		≤2	
表干时间（h）		≤24	
7d拉伸粘结强度（MPa）		≥0.4	≥0.2
低温柔性		-20℃，无裂纹	
拉伸性能	拉伸强度（MPa）	≥0.5	
	断裂伸长率（%）	≥400	
体积膨胀倍率（%）		≥220	≥400
长期浸水体积膨胀倍率保持率（%）		≥90	
抗水压（MPa）		1.5，不渗水	2.5，不渗水
实干厚度（mm）		≥2	
浸泡介质后体积膨胀率倍率保持率*（%）	饱和$Ca(OH)_2$溶液	≥90	
	5% NaCl溶液	≥90	
有害物质含量	VOC（g/L）	≥200	
	游离甲醛二异氰酸酯TDI（g/kg）	≤5	

注：*此项根据地下水性质由供需双方商定执行。

1. 施工准备：将敷设范围内的灰尘混凝土浮渣清理干净，确保基层表面无浮尘、浮浆、油污。施工时间以混凝土浇筑前6～8h为宜。

2. 将密封胶放入挤胶枪中，前端开口，旋上胶嘴，根据需要的出胶直径要求用裁剪刀切割胶嘴的大小和宽度。

3. 用挤胶枪将遇水膨胀止水胶挤到施工缝中，确保出胶口的前端压向结构这样才能使遇水膨胀止水胶附着在结构层表面。

4. 施工完成后检查遇水膨胀止水胶与结构层之间有无缝隙，如有缝隙需要抹平压实消除缝隙，涂敷的密封胶到固化为止，避免与水接触。

7.10.2 技术优势

1. 耐久性强、变化率低：其分子结构中含尿烷连接链，能长期使用不会造成膨胀度流失、使用寿命可超过一百年，安全能满足建筑物结构物的寿命需求。

2. 施工便捷：遇水膨胀止水胶是一种遇水膨胀、单液、无定型膏状体，可使用常见的打胶枪施工，工艺简单，不需要复杂机械设备。

3. 施工密贴：遇水膨胀止水胶具有良好的粘合力，能牢固地粘贴在混凝土表面，且不论基面是否潮湿、光滑。

4. 环保：产品性能稳定，对日常所遇到的绝大多数化学物品具有耐腐性特性，安全、环保可与饮水接触。

5. 性价比好：性能优于传统的防水材料，如止水钢板或止水条等，价格适中。

7.10.3 适用范围

遇水膨胀止水胶作为一种新技术、新材料、新工艺具有良好的止水效果、耐久性强、质量变化率低等优势，被广泛应用于地铁、隧道等复杂工程。目前成功应用的工程包括：上海地铁、成都地铁、北京地铁、深圳地铁、杭州地铁、杭州大剧院、国家大剧院、厦门翔安海底隧道、宁夏污水处理厂等。

遇水膨胀密封胶防水施工技术以其良好的止水效果必将越来越广泛的被认知被接受，必将应用于更广泛的建设领域。

7.11 装配式建筑密封防水应用技术

装配式建筑就是近年来出现的新的建筑形式，装配式建筑是产业化发展方向，是建筑模式的一次革命。对于建设工程来说，建筑防水是施工过程中的重要问题，也是需要克服的难题。装配式建筑同样也会面临着防水的问题，需要合理应用相关技术，不能机械照搬，应当根据建筑结构的特点和功能需求选用适合的材料，采用适当的工艺，为装配式建筑规划合理的防水方案，采用合理的防水密封设计和针对性强的施工工艺。

完善的规划设计、先进的施工工艺、严谨的施工管理、规范的后期维护这些都是决定装配式建筑防水工程功能实现的重要环节，只有环环紧扣，才能使装配式建筑产品更好地实现装配式建筑物的使用功能，才能让装配式建筑真正获得市场和用户的认可。

7.11.1 技术内容

装配式建筑的防水性能是装配式建筑在寿命周期内实现其使用功能的关键环节，对于装配式建筑的安全性和耐久性都具有深刻的意义。装配式建筑因为结构的特殊性，其密封防水有一定的先天弱点，根据装配式建筑的结构特点，对于装配式建筑的密封防水应做到导水优于防水，最大限度地实现装配式建筑的密封防水目的。装配式建筑的密封防水主要指外墙、内墙防水，主要采用的密封防水方式有材料防水、构造防水和现浇封堵防水等。

1. 材料防水主要指应用各种密封材料（如密封胶，通常为聚氨酯密封胶）对建筑结构进行密封防水的方式。该密封防水方式是目前应用最广泛的一种形式。它主要是针对装配式建筑的预制外墙板之间接缝的密封，也应用于预制外墙板与现浇混凝土结构之间、预制外墙板与钢结构之间的缝隙，预制内墙板之间缝隙主要用于预制板与预制板、预制板与钢之间的粘结。装配式建筑密封胶的主要技术性能应满足如下要求：

（1）力学性能。由于预制外墙板的接缝会因温度湿度的变化造成预制板收缩、造成接缝的变化，建筑物因为风力、振动等也会产生轻微的位移变形，所以要求装配式建筑密封胶需具备一定的弹性且能随着接缝的变形自由伸缩而不被破坏从而确保密封防水性能不会失效。其主要的力学性能包括位移能力、弹性恢复率及拉伸模量。

（2）耐久耐候性。目前我国建筑物的结构设计使用寿命一般为50～70年，用于装配式建筑密封防水的密封胶，长期暴露于室外，因此对其耐久耐候性能也提出了严峻的挑战。装配式建筑密封防水的耐久耐候性技术指标主要是定伸粘结性、浸水后定伸粘结性和冷拉热压后定伸粘结性。

（3）耐污性。装配式建筑密封防水材料长期暴露在室外，在外界水和表面张力的作用下，会对接缝周围产生污染。对建筑物的观感造成影响。

（4）相容性。预制外墙板是混凝土材质，在其外表面还可能铺设保温材料、涂刷涂料及粘贴面砖等，装配式建筑密封胶与这几种材料的相容性是必须提前考虑的。

（5）防霉、防火、防水等其他要求。

2. 构造防水通常作为装配式建筑外墙的第二道防线，在设计过程中主要考虑接缝的背水面，根据预制板构造功能的不同，一般采用密封条二次密封，密封胶条与密封胶之间形成空腔。垂直缝部位每隔2～3层设计排水口。所谓两道密封，即在外墙的室内侧与室外侧均设计涂覆密封胶做防水。外侧防水主要用于防止紫外线、雨雪等气候的影响，对耐候性能要求高。而内侧二道防水主要是隔断突破外侧防水的外界水汽与内侧发生交换，同时也能阻止室内水流入接缝，造成漏水。预制构件端部的企口构造也是构造防水的一部分，可以与两道材料防水、空腔排水口组成的防水系统配合使用。

外墙产生漏水需要三个要素：水、空隙与压差，破坏任何一个要素，就可以阻止水的渗入。空腔与排水管使室内外的压力平衡，即使外侧防水遭到破坏，水也可以排走而不进入室内。内外温差形成的冷凝水也可以通过空腔从排水口排出。漏水被限制在两个排水口之间，易于排查与修理。排水可以由密封材料直接形成开口，也可以在开口处插入排水管。

7.11.2 技术特性

建筑防水一直是建筑功能完整实现的非常重要的一个前提，因为防水效果的好坏直接影响建筑物以后的使用寿命及使用功能。装配式建筑是将建筑物的结构体，如预制墙板、预制柱、预制梁、叠合板、预制楼梯等，按一定的标准拆分后在工厂中先进行生产预制，然后运输到现场进行拼装。现场拼装构配件会留下大量的拼装接缝，这些接缝很容易成为水流渗透的通道，因此预制装配式建筑在防水密封上是有一定先天弱点的。

此外，装配式建筑中一些非结构预制外墙（如填充外墙），为了抵抗地震作用的影响，其设计要求成为一种可在一定范围内活动的预制外墙板，这些可活动预制构件更增加了墙板接缝防水的难度。而装配式建筑防水密封设计，主要体现在预制外墙板缝间的防水密封。

根据装配式建筑的特点，对于预制装配式建筑的防水密封问题，应导水优于防水，即应在设计时就考虑到可能有一定的水流会突破外侧防水层。

通过设计合理的排水路径，将这部分突破而入的水引导到排水构造中，将其排出室外，避免其进一步渗透到室内。此外，利用水流自然垂流的原理，设计时将墙板接缝设计成内高外低的企口形状，结合一定的减压空腔设计，防止水流通过毛细作用倒吸进入室内。

除了混凝土构造的防水措施之外，使用橡胶止水带和耐候密封胶完善整个预制墙板的防水密封体系，才能最终达到防水密封的目的。所以，装配式建筑预制外墙接缝防水，一般采用构造防水、材料防水和现浇封堵防水相结合的措施。

（1）密封胶力学性能指标中位移能力、弹性恢复率及拉伸模量应满足指标要求，试验方法应符合国家现行标准《混凝土接缝用建筑密封胶》JC/T 881及《硅酮和改性硅酮建筑密封胶》GB/T 14683的要求。

（2）密封胶耐久耐候性中的定伸粘结性、浸水后定伸粘结性和冷拉热压后定伸粘结性应满足指标要求，试验方法应符合国家现行标准《混凝土接缝用建筑密封胶》JC/T 881及《硅酮和改性硅酮建筑密封胶》GB/T 14683的要求。

（3）密封胶耐污性应满足指标要求，试验方法可参考现行国家标准《石材用建筑密封胶》GB/T 23261中的方法。

（4）密封防水的其他材料应符合有关标准的规定。

7.11.3 适用范围

适用于装配式建筑（混凝土结构、钢结构）中混凝土与混凝土、混凝土与钢的外墙板、内墙板的缝隙等部位。

7.11.4 工程案例

国家体育场（鸟巢）、武汉琴台大剧院、北京奥运射击馆、中粮万科长阳半岛项目、五和万科长阳天地项目、天竺万科中心项目、清华苏世民书院项目、上海华润华发静安府项目、上海招商地产宝山大场项目、合肥中建海龙办公综合楼项目、上海青浦区03～04地块项目、上海地杰国际城项目、上海松江区国际生态商务区14号地块、上海中房滨江项目、青岛韩洼社区经济适用房等。

7.12 ROOF MATE凉爽型屋面防水系统

彩钢板屋面防水过去一直沿用传统土建屋面防水技术，因为技术的局限性及结构的特殊性，效果一直不理想，ROOF MATE凉爽型屋面防水系统20世纪60年代在美国推广运用，国内经过近20年引进发展，无论是材料及技术工艺都取得了飞跃式发展，正在被广泛应用到工业厂房及大型公共建筑领域。

ROOF MATE凉爽型屋面防水系统能将阳光中的大部分热量反射到周围大气中，自身不储存或储存较少一部分热量，保持自身特性且延长屋顶使用寿命，ROOF MATE凉爽型屋面防水系统所用材料耐候性好、粘结性好、强度高、耐疲劳、良好的防水性能正越来越被市场认同和接受。

7.12.1 技术内容

ROOF MATE凉爽型屋面防水系统即在厂房屋面上涂覆一层白色反射性隔热涂料，该系统具有卓越的耐高温和耐紫外线性能，能全面反照85%的太阳光和对外反射94%的太阳能，能降低屋面温度达25～30℃。

ROOF MATE凉爽型屋面防水系统利用水基纯丙烯酸乳液与基层金属良好的粘结性，充分填充基层空隙，辅以优质的颜填料，中间夹以缝织聚酯布，组成高质量的防水系统，达到防渗防漏的效果。该屋面具有优良的反照率，能反射掉85%的太阳光，高达94%的发射率，能迅速散失掉基材聚集的热量，拥有优良的低热传导系数（0.058W/（m·K）），是美国国家能源部（DOE）和美国环保署（EPA）大力推崇的凉爽型屋面系统。

7.12.2 技术优势

ROOF MATE凉爽型屋面能有效地将阳光中的热辐射、紫外线等热能反射到周围大气中，从而阻碍热传导的进行，达到降低屋面温度，降低室内空调运行时间。具有反射性功能的屋顶可将大量的热量反射、散发到周围大气中，从而减少了自身的分子热运动。而分子热运动的减少，将大幅度提升屋顶自身使用寿命。屋顶涂料还具有弹性，不会因屋顶底层材质的热胀冷缩而导致屋顶涂料开裂、脱落。

1. ROOF MATE凉爽型屋面防水系统优点

（1）环保型产品，该产品无毒、无害、无污染，属环境友好型产品，可用于各类混凝土屋面、涵洞、地下室、蓄水池等的防水工程；

（2）附着力好、渗透力强，可渗透到混凝土基层6～15mm中（根据混凝土密实程度）；

（3）成膜性好、强度高、表面坚韧耐磨；

（4）粘结强度高，涂层与基面粘结牢固可靠（是水泥的3～5倍），对砖石、混凝土、金属、木材及其他各类防水材料都有优异的粘结性能；

（5）弹性大，涂膜具有优异的延展性，能抵抗因应力产生的裂纹；

（6）适应性广泛，在各种基面上施工都能达到理想的防水功能，特别是对复杂基面更有其独特的适应性；

（7）液态施工、干后成膜，能轻松解决其他防水材料难于施工或复杂部位，以及其他防水卷材不易解决的防水问题；

（8）使用寿命长，该产品做成的防水涂层有良好的耐久性，使用寿命可达10年以上。

2. 使用方法

（1）瑞福特浆料：将瑞福特涂料与高强度等级水泥按涂料：水泥=10：3比例制成浆料；

（2）制浆料时，要搅拌均匀、充分，熟化10min后再搅拌一下，浆料制成后应在2h内用完，防止浆料固化造成不必要浪费；

（3）用瑞福特浆料（分两次）直接涂布在需防水的部位，确保涂层厚度在1.2～1.5mm；

（4）重要部位需在涂层中增加专用加强布，即“两涂一布”或“三涂一布”；

（5）使用专用加强布时要特别注意要完全与基面粘贴，不可出现空鼓现象，如出现无法贴紧现象，可在皱褶部位用剪刀剪开，但不得剪掉，多余的加强布可相互折叠，用刷子将其浸透，表干后在表面再涂布一层瑞福特浆料；

（6）如该产品应用在屋面、外墙面、桥梁等暴露在自然环境下，则最后要涂一层“金克”表层涂料，增强其抗紫外线、抗老化性能；

（7）可根据客户需求增加一层“金克”隔热涂料；

（8）整个防水系统应保持在1.2～1.5mm厚度范围。

7.13 信息化技术在防水工程中的应用

7.13.1 信息化技术的概念

BIM（Building Information Modeling，建筑信息模型）技术是在计算机辅助设计（CAD）等技术基础上发展起来的多维模型信息集成技术，是对建筑工程物理特征和功能特性信息的数字化承载和可视化表达。通过参数模型整合各种项目的相关信息，在项目策划、运行和维护的全生命周期过程中进行共享和传递，使工程技术人员对各种建筑信息作出正确理解和高效应对，为设计团队以及包括建筑运营单位在内的各方建设主体提供协同工作的基础，在提高生产效率、节约成本和缩短工期方面发挥重要作用。

BIM能够应用于工程项目规划、勘察、设计、施工、运营维护等各阶段，实现建筑全生命期各参与方在同一多维建筑信息模型基础上的数据共享，为产业链贯通、工业化建造和繁荣建筑创作提供技术保障；支持对工程环境、能耗、经济、质量、安全等方面的分析、检查和模拟，为项目全过程的方案优化和科学决策提供依据；支持各专业协同工作、项目的虚拟建造和精细化管理，为建筑业的提质增效、节能环保创造条件。

7.13.2 信息系统在防水工程中的应用

在工程设计阶段，可以通过数据库统计或提供防水材料的种类、性能要求，防水材料需求量，防水工程面积等相关状态参数。以帮助设计师做出最佳的选择与判断。

在工程建设施工现场，需要使用数据库技术、网络技术、计算机技术等先进的科学技术对施工现场进行信息化管理，合理规划各项生产要素，如材料、机器、人员等，使其处于最佳状态。在BIM协同应用平台的基础上实现信息实时共享，以此保证信息的交互性和及时性。施工单位需要建立区域网络，其中包括项目文档管理、材料与采购管理、信息基础设施平台等，可以使用信息化软件进行材料的采购，做好相应的材料性能、材料质量等管理工作。

利用一体化的信息系统对施工人员进行明确的分工，项目管理人员亲赴现场采集一些数据并及时有效的处理，实时更新技术交底，对防水工程现场施工质量和进度进行科学的掌握，及时上传施工质量情况，实时监测详细地记录施工人员的工作状态以及最终的施工效果。

可以在建筑物主要节点建立观测点，预埋传感器与控制系统相连接，通过网络等技术手段实时监测建筑物渗水问题，发现问题及时补救。

第8章 高质量发展背景下工程质量形势分析和创新管理

8.1 建筑工程质量管理概述

为建造符合使用要求和质量标准的工程所进行的全面质量管理活动，建筑工程质量关系建筑物的寿命和使用功能，对近期和长远的经济效益都有重大影响，所以工程质量管理是企业管理工作的核心。

建筑工程质量是国家现行的有关法律、法规、技术标准、设计文件及合同中对建筑工程的安全、使用要求、经济技术标准、外观等特性的综合要求。建筑工程质量管理是为了达到建筑工程质量要求而采取的作业技术和管理活动。

8.2 建筑工程质量工作使命

8.2.1 高质量发展内涵要求

高质量发展，就是能够很好地满足人民日益增长的美好生活需要的发展，是体现新发展理念的发展，是创新成为第一动力、协调成为内生特点、绿色成为普遍形态、开放成为必由之路、共享成为根本目的的发展。更明确地说，就是从“有没有”转向“好不好”。这是高质量发展的内涵要求。

推动高质量发展，是当前和今后一个时期确定发展思路、制定经济政策、实施宏观调控的根本要求，必须加快形成推动高质量发展的指标体系、政策体系、标准体系、统计体系、绩效评价、政绩考核，创建和完善制度环境，推动我国经济在实现高质量发展上不断取得新进展。紧紧围绕“高质量发展”总要求，严格落实建筑工程质量安全主体责任，运用政府和市场两种力量、执法和信用两个手段、示范和试点两条途径，推动建筑工程质量安全监管工作改革创新，提升监管的有效性和针对性。新时代的发展必须贯彻新发展理念，促进建筑业持续健康发展。

8.2.2 建筑工程质量工作新定位

建筑工程质量事关人民生命财产安全，事关城市未来和传承。要加强建筑工程质量管理制度建设，对导致建筑工程质量事故的不法行为，必须坚决依法打击和追究。贯彻"适用、经济、绿色、美观"的建筑方针，完善建筑工程质量安全管理制度，落实建设单位、勘察单位、设计单位、施工单位和工程监理单位五方主体及参建各方质量责任，提升城市建筑水平。

8.2.3 建筑防水工程质量管理意义

建筑防水工程是建筑工程的重要组成部分，做好其质量管理工作对于提高建筑物综合使用功能和生产、生活质量，改善人们居住环境起着重要作用。建筑防水涉及工程技术多种学科，具体到防水材料、防水工程设计，施工技术及工程管理方面。建筑防水工程的主要任务则是综合上述诸多方面的因素，进行全方位评价，选择既符合要求，性价比又高的高性能防水材料，通过严密科学、可靠、耐久、经济的工程设计，在施工时还要精心操作，完善维修保养管理制度，来满足建筑物的防水耐用年限，真正实现防水工程的高质量及良好的综合效益。所以，将建筑防水工程纳入建设全过程管理，遵守各级宏观政策规定和行业规范标准意义重大。

8.3 建筑工程质量发展形势及现状

8.3.1 2020年全国建筑业基本情况

全国建筑业企业（指具有资质等级的总承包和专业承包建筑业企业，不含劳务分包建筑业企业）完成建筑业总产值263947.04亿元，同比增长6.24%；完成竣工产值122156.77亿元，同比下降1.35%；签订合同总额595576.76亿元，同比增长9.27%，其中新签合同额325174.42亿元，同比增长12.43%；房屋施工面积

149.47亿m^2，同比增长3.68%；房屋竣工面积38.48亿m^2，同比下降4.37%；实现利润8303亿元，同比增长0.30%。

2020年全年国内生产总值1015986亿元，比上年增长2.3%（按不变价格计算）。全年全社会建筑业实现增加值72996亿元，比上年增长3.5%，增速高于国内生产总值1.2个百分点。建筑业增加值增速高于国内生产总值增速，支柱产业地位稳固。

自2011年以来，建筑业增加值占国内生产总值的比例始终保持在6.75%以上。2020年再创历史新高，达到了7.18%，在2015年、2016年连续两年下降后连续4年保持增长。

截至2020年底，全国共有建筑业企业116716个，比上年增加12902个，增速为12.43%，比上年增加了3.61个百分点，增速连续5年增加并达到近10年最高点。国有及国有控股建筑业企业7190个，比上年增加263个，占建筑业企业总数的6.16%，比上年下降0.51个百分点。

2020年，建筑业从业人数5366.92万人，连续两年减少。2020年比上年末减少1.11%，人数60.45万人。建筑业从业人数减少但企业数量增加，劳动生产率再创新高。按建筑业总产值计算的劳动生产率再创新高，达到422906元/人，比上年增长5.82%，增速比上年降低1.27个百分点。

2020年，全国建筑业企业实现利润8303亿元，比上年增加23.45亿元，增速为0.28%，增速比上年降低2.63个百分点，建筑业企业利润总量增速继续放缓，行业产值利润率连续4年下降。

2020年，全国建筑业企业房屋施工面积149.47亿m^2，比上年增加3.68%，增速比上年提高了1.36个百分点。竣工面积38.48亿m^2，连续4年下降，比上年下降4.37%，住宅竣工面积占房屋竣工面积近70%。

从全国建筑业企业房屋竣工面积构成情况看，住宅竣工面积占最大比重，为67.32%；厂房及建筑物竣工面积占12.60%；商业及服务用房竣工面积占6.68%；其他种类房屋竣工面积占比均在5%以下。

2020年，山东省建筑业总产值超过1.5万亿元，居全国第6位。总产值超过1万亿元的有江苏、浙江、广东、湖北、四川、山东、福建、河南、北京和湖南，上述10个地区完成的建筑业总产值占全国建筑业总产值的65.67%。2021年，山东省建筑业总产值超过1.64万亿元，同比增长9.8%，缴纳税收700亿元，占全省税收比重6.8%，支柱产业地位更加稳固。

8.3.2 当前建筑工程质量发展取得的主要成绩

党的十八大以来，我国建筑施工技术水平再次实现了新跨越，高速、高寒、高原、重载铁路施工和特大桥隧建造技术迈入世界先进行列，离岸深水港建设关键技术、巨型河口航道整治技术、长河段航道系统治理以及大型机场工程等建设技术已经达到了世界领先水平。随着中国建筑技术的不断成熟和进步，世界顶尖水准项目批量建成。有标志着中国工程“速度”和“密度”，以“四纵四横”高铁主骨架为代表的高铁工程；有标志着中国工程“精度”和“跨度”，以港珠澳大桥为代表的中国桥梁工程；还有代表着中国工程“高度”的上海中心大厦，北京大兴国际机场70万m^2航站楼；代表着中国工程“深度”的洋山深水港码头；代表着中国工程“难度”的自主研发的三代核电技术“华龙一号”全球首堆示范工程——福清核电站5号机组……这些超级工程的接踵落地和建成，成为彰显我国建筑设计技术和施工实力的醒目标志。世界已建成高度排名前10名的高层建筑有6栋在中国，前20名有10栋在中国。世界跨度排名前10名的斜拉桥，有6座在中国。跨度排名前10名的悬索桥，有5座在中国。跨度排名前10名的拱桥，有7座在中国。世界长度最长的10座隧道工程，3座在中国。

8.3.3 当前建筑工程质量发展存在的主要问题

工程质量发展不平衡不充分；工程质量事故和质量问题依然较多；质量保障体系仍不完善；参建各方主体责任不落实。总体来讲，建筑工程参建各方质量责任体系不健全，建设、施工、监理等各方主体质量意识薄弱，质量管理制度不完善，落实不到位的情况普遍存在。虽然建立了涵盖各方主体的质量责任制，但权责不一致、落实不到位的情况仍然比较突出。

1. 建筑市场体制机制不健全

工程建设组织模式较为粗放，工程建设规模大、周期长、环节多，不利于质量管控；招标投标制度不完善，招标人责任不落实，围标串标问题突出；违法分包、转包挂靠等违法违规行为仍然存在；第三方专业机构培育不良，工程担保、工程保险、诚信管理等市场机制发展缓慢等。

2. 建筑工人职业化、专业化、技能化水平不高

建筑业劳务用工制度不完善，尚未建立稳定的建筑产业工人队伍。目前建

筑业一线作业人员主要是农民工，流动性大，缺乏系统的技能培训和鉴定，加之普遍文化程度低，技能水平参差不齐，质量意识不强，直接影响工程质量。建筑工人老龄化问题日益严重。

3. 监管机制创新不足

多年来，我们逐步建立健全一整套工程质量监管制度和体制机制，但目前面临较大压力和挑战：监管力量不足、监管模式落后、监管执法不严。

4. 工程建设生产方式落后，技术创新动力不足

总体而言，我国建筑业劳动密集、管理粗放的特征依然存在，建造方式粗放，工序环节多，机械化、信息化水平较低，标准化、精细化程度不高，不利于质量控制。建材质量参差不齐，砂石等建筑材料供不应求，价格上涨过快，部分企业受利益驱使，存在购买劣质产品、偷工减料现象。工程建设主体技术创新动力不足，科技研发投入不足，加之技术转化机制不完善，成果转化为生产力的渠道不顺畅，工程建设领域技术更新较为缓慢，新技术、新工艺、新材料、新设备等推广应用有困难。

5. 影响使用功能的质量缺陷仍是引发投诉的焦点和热点

多层级的工程质量监督执法检查中发现，绝大多数质量“不符合项”，其中占比最高的分别是：房屋渗漏，房屋墙面、地面裂缝，房屋装饰装修问题、空鼓问题，外墙保温、室内结露。

8.4 责任主体和有关机构质量行为

8.4.1 建设单位质量行为

1. 建设单位质量责任和义务

（1）建设单位应将工程发包给具有相应资质等级的单位。建设单位不得将建设工程肢解发包。

建设单位发包工程时，应该根据工程特点，以有利于工程质量、进度、成本控制为原则，合理划分标段，不得肢解发包工程。肢解发包是指建设单位将应当由一个承包单位完成的建设工程分解成若干部分发包给不同承包单位的行为。

（2）建设单位应依法对工程建设项目的勘察、设计、施工、监理以及与工

程建设有关的重要设备、材料等的采购进行招标。

依法必须进行招标的项目包括：

①大型基础设施、公用事业等关系社会公共利益、公众安全的项目；

②全部或者部分使用国有资金投资或者国家融资的项目；

③使用国际组织或者外国政府贷款、援助资金的项目。

（3）建设单位必须向有关的勘察、设计、施工、监理等单位提供与建设工程有关的原始资料。原始资料必须真实、准确、齐全。

（4）建设工程发包单位不得迫使承包方以低于成本价格竞标，不得任意压缩合理工期。

（5）建设单位不得明示或暗示设计单位或施工单位违反工程建设强制性标准。

（6）按规定委托具有相应资质的检测单位进行检测工作。

（7）建设单位应当将施工图设计文件报县级以上人民政府建设行政主管部门或者其他有关部门审查。施工图设计文件未经审查批准，不得使用。提供给监理单位、施工单位经审查合格的施工图纸。

（8）实行监理的建设工程，建设单位应当委托具有相应资质等级的工程监理单位进行监理，也可以委托具有工程监理相应资质等级并与被监理工程的施工承包单位没有隶属关系或者其他利害关系的该工程的设计单位进行监理。

下列建设工程必须监理：

①国家重点建设工程；

②大中型公用事业工程；

③成片开发建设的住宅小区工程；

④利用外国政府或者国际组织贷款、援助资金的工程；

⑤国家规定必须监理的其他工程。

（9）建设单位在领取施工许可证或者开工报告之前，应当按照国家有关规定办理工程质量监督手续。

（10）不得指定应由承包单位采购的建筑材料、建筑构配件和设备，或者指定生产厂、供应商。按照合同约定，由建设单位采购建筑材料、建筑构配件和设备的，建设单位应当保证建筑材料、建筑构配件和设备符合设计文件和合同要求。建设单位不得明示或者暗示施工单位使用不合格的建筑材料、建筑构配件和设备。

（11）涉及建筑主体和承重结构变动的装修工程，建设单位应当在施工前委托原设计单位或者具有相应资质等级的设计单位提出设计方案；没有设计方案的，不得施工。

（12）建设单位收到建设工程竣工报告后，应当组织设计、施工、工程监理等有关单位进行竣工验收。建设工程经验收合格的，方可交付使用。

（13）建设单位应按规定向建设行政主管部门委托的管理部门备案。

（14）建设单位应当严格按照国家有关档案管理的规定，及时收集、整理建设项目各环节的文件资料，建立、健全建设项目档案，并在建设工程竣工验收后，及时向建设行政主管部门或者其他有关部门移交建设项目档案。

（15）按合同约定及时支付工程款。

2. 建设单位质量不良行为记录

（1）施工图设计文件应审查而未经审查批准，擅自施工的；设计文件在施工过程中有重大设计变更，未将变更后的施工图报原施工图审查机构进行审查并获批准，擅自施工的。

（2）采购的建筑材料、建筑构配件和设备不符合设计文件和合同要求的；明示或者暗示施工单位使用不合格的建筑材料、建筑构配件和设备的。

（3）明示或者暗示勘察、设计单位违反工程建设强制性标准，降低工程质量的。

（4）涉及建筑主体和承重结构变动的装修工程，没有经原设计单位或具有相应资质等级的设计单位提出设计方案，擅自施工的。

（5）其他影响建设工程质量的违法、违规行为。

8.4.2 勘察单位质量行为

1. 勘察单位质量责任和义务

（1）工程勘察企业必须依法取得工程勘察资质证书，并在资质等级许可的范围内承揽勘察业务。

工程勘察企业不得超越其资质等级许可的业务范围或者以其他勘察企业的名义承揽勘察业务，不得允许其他企业或者个人以本企业的名义承揽勘察业务，不得转包或者违法分包所承揽的勘察业务。

（2）工程勘察企业应当健全勘察质量管理体系和质量责任制度。必须按照工程建设强制性标准进行勘察、设计，并对其勘察、设计的质量负责。提供的地质、测量、水文等勘察成果必须真实、准确。

（3）工程勘察企业应当拒绝用户提出的违反国家有关规定的不合理要求，有权提出保证工程勘察质量所必需的现场工作条件和合理工期。

（4）工程勘察企业应当参与施工验槽，及时解决工程施工中与勘察工作有关的问题。

（5）工程勘察企业应当参与建设工程质量事故的分析，并对因勘察原因造成的质量事故，提出相应的技术处理方案。

（6）工程勘察项目负责人、审核人、审定人及有关技术人员应当具有相应的技术职称或者注册资格。

（7）项目负责人应当组织有关人员做好现场踏勘、调查，按照要求编写《勘察纲要》，并对勘察过程中各项作业资料验收和签字。

（8）工程勘察企业的法定代表人、项目负责人、审核人、审定人等相关人员，应当在勘察文件上签字或者盖章，并对勘察质量负责。

工程勘察企业法定代表人对本企业勘察质量全面负责，项目负责人对项目的勘察文件负主要质量责任，项目审核人、审定人对其审核、审定项目的勘察文件负审核、审定的质量责任。

（9）工程勘察工作的原始记录应当在勘察过程中及时整理、核对，确保取样、记录的真实和准确，严禁离开现场追记或者补记。

（10）工程勘察企业应当确保仪器、设备的完好。钻探、取样的机具设备、原位测试、室内试验及测量仪器等应当符合有关规范、规程的要求。

（11）工程勘察企业应当加强职工技术培训和职业道德教育，提高勘察人员的质量责任意识。观测员、试验员、记录员、机长等现场作业人员应当接受专业培训方可上岗。

（12）工程勘察企业应当加强技术档案的管理工作。工程项目完成后，必须将全部资料分类编目，装订成册，归档保存。

2. 勘察单位质量不良行为记录

（1）未按照政府有关部门的批准文件要求进行勘察设计的。

（2）未按照工程建设强制性标准进行勘察设计的。

（3）勘察设计中采用可能影响工程质量和安全，且没有国家技术标准的新技术、新工艺、新材料，未按规定审定的。

（4）勘察设计文件没有责任人签字或者签字不全的。

（5）勘察原始记录不按照规定进行记录或者记录不完整的。

（6）勘察设计文件在施工图审查批准前，经审查发现质量问题，进行一次以上修改的。

（7）勘察设计文件经施工图审查未获批准的。

（8）勘察单位不参加施工验槽的。

（9）在工程验收时未出具工程质量评估意见的。

（10）其他可能影响工程勘察设计质量的违法、违规行为。

8.4.3 设计单位质量行为

1. 设计单位质量责任和义务

（1）从事建设工程设计的单位应当依法取得相应等级的资质证书，并在其资质等级许可的范围内承揽工程。

（2）禁止设计单位超越其资质等级许可的范围或者以其他设计单位的名义承揽工程。禁止设计单位允许其他单位或者个人以本单位的名义承揽工程。

（3）设计单位不得转包或者违法分包所承揽的工程。

（4）设计单位必须按照工程建设强制性标准进行设计，并对其设计的质量负责。

（5）注册建筑师、注册结构工程师等注册执业人员应当在设计文件上签字，对设计文件负责。

（6）设计单位应当根据勘察成果文件进行建设工程设计。

（7）设计文件应当符合国家规定的设计深度要求，注明工程合理使用年限。

（8）设计单位在设计文件中选用的建筑材料、建筑构配件和设备，应当注明规格、型号、性能等技术指标，其质量要求必须符合国家规定的标准。

（9）除有特殊要求的建筑材料、专用设备、工艺生产线等外，设计单位不得指定生产厂、供应商。

（10）在工程施工前，设计单位应当就审查合格的施工图设计文件向施工单位做出详细说明。

（11）工程设计单位应当参与施工验槽，及时解决施工中发现的设计问题，参与建设工程质量事故分析，并对因设计造成的质量事故，提出相应的技术处理方案。

2. 设计单位质量不良行为记录

（1）未按照政府有关部门的批准文件要求进行设计的。

（2）设计单位未根据勘察文件进行设计的。

（3）未按照工程建设强制性标准进行设计的。

（4）设计中采用可能影响工程质量和安全，且没有国家技术标准的新技术、新工艺、新材料，未按规定审定的。

（5）设计文件没有责任人签字或者签字不全的。

（6）设计文件在施工图审查批准前，经审查发现质量问题，进行一次以上修改的。

（7）设计文件经施工图审查未获批准的。

（8）在竣工验收时未出具工程质量评估意见的。

（9）设计单位对经施工图审查批准的设计文件，在施工前拒绝向施工单位进行设计交底的；拒绝参与建设工程质量事故分析的。

（10）其他可能影响工程设计质量的违法、违规行为。

8.4.4 施工单位质量行为

1. 施工单位质量责任和义务

（1）施工单位应当依法取得相应等级的资质证书，并在其资质等级许可的范围内承揽工程。禁止施工单位超越本单位资质等级许可的业务范围或者以其他施工单位的名义承揽工程。禁止施工单位允许其他单位或者个人以本单位名义承揽工程。

施工单位不得转包或者违法分包工程。

（2）施工单位对建设工程的施工质量负责。施工单位应当建立质量责任制，确定工程项目的项目经理、技术负责人和施工管理负责人，并到岗履职。

建设工程实行总承包的，总承包单位应当对全部建设工程质量负责；建设工程勘察、设计、施工、设备采购的一项或者多项实行总承包的，总承包单位应当对其承包的建设工程或者采购设备的质量负责。

（3）总承包单位依法将建设工程分包给其他单位的，分包单位应当按照合同的约定对其分包工程的质量承担连带责任。

（4）施工单位必须按照工程设计图纸和施工技术标准施工，不得擅自修改工程设计，不得偷工减料。施工单位在施工过程中发现设计文件和图纸有差错的，应当及时提出意见和建议。

（5）施工单位必须按照工程设计要求、施工技术标准和合同约定，对建筑材料、建筑构配件、设备和商品混凝土进行检验，检验应当有书面记录和专人签字；应报监理单位审查，未经监理单位审查，未经检验和检验不合格的，不得使用。

（6）施工单位必须建立健全施工质量的检验制度，严格工序管理，做好隐蔽工程的质量检查和记录。隐蔽工程在隐蔽前，施工单位应当通知建设单位和建设工程质量监督机构。

（7）施工单位对涉及结构安全的试块、试件以及有关材料，应当在建设单位或者工程监理单位监督下现场取样，并送具有相应资质等级的质量检测单位进行检测。

（8）施工单位对施工出现质量问题的建设工程或者竣工验收不合格的建设工程，应当负责返修。按规定及时处理质量事故，做好记录。

（9）施工单位应当建立健全教育培训制度，加强对职工的教育培训；未经培训或者考核不合格的人员，不得上岗作业。

2. 施工单位质量不良行为记录

（1）未按照经施工图审查批准的施工图或施工技术标准施工的。

（2）未按规定对建筑材料、建筑构配件、设备和商品混凝土进行检验，或检验不合格，擅自使用的。

（3）未按规定对隐蔽工程的质量进行检查和记录的。

（4）未按规定对涉及结构安全的试块、试件以及有关材料进行现场取样，未按规定送交工程质量检测机构进行检测的。

（5）未经监理工程师签字，进入下一道工序施工的。

（6）施工人员未按规定接受教育培训、考核，或者培训、考核不合格，擅自上岗作业的。

（7）施工期间，因为质量原因被责令停工的。

（8）其他可能影响施工质量的违法、违规行为。

8.4.5 监理单位质量行为

1. 监理单位质量责任和义务

（1）工程监理单位应当依法取得相应等级的资质证书，并在其资质等级许可的范围内承担工程监理业务。

（2）禁止工程监理单位超越本单位资质等级许可的范围或者以其他工程监理单位的名义承担工程监理业务。禁止工程监理单位允许其他单位或者个人以本单位的名义承担工程监理业务。

（3）工程监理单位不得转让工程监理业务。

（4）工程监理单位与被监理工程的施工承包单位以及建筑材料、建筑构配件和设备供应单位有隶属关系或者其他利害关系的，不得承担该项建设工程的监理业务。

（5）工程监理单位应当依照法律、法规以及有关技术标准、设计文件和建设工程承包合同，代表建设单位对施工质量实施监理，并对施工质量承担监理责任。

（6）工程监理单位应当选派具备相应资格的总监理工程师和监理工程师进驻施工现场。

（7）未经监理工程师签字，建筑材料、建筑构配件和设备不得在工程上使用或者安装，施工单位不得进行下一道工序的施工。未经总监理工程师签字，建设单位不拨付工程款，不进行竣工验收。

（8）监理工程师应当按照工程监理规范的要求，采取旁站、巡视和平行检验等形式，对建设工程实施监理。

需要监理旁站的关键部位、关键工序，基础工程方面主要包括：土方回填、混凝土灌注桩浇筑、地下连续墙、土钉墙、后浇带及其他结构混凝土、防水混凝土浇筑、卷材防水层细部构造处理等；主体结构工程方面主要包括：梁柱节点钢筋隐蔽工程、混凝土浇筑、预应力张拉、装配式结构安装、钢结构安装、网架结构安装、索膜安装等。

（9）对隐蔽工程、检验批工程、分项分部（子分部）工程按规定进行质量验收。

（10）签发质量问题通知单，复查质量问题整改结果。

2. 监理单位质量不良行为记录

（1）未按规定选派具有相应资格的总监理工程师和监理工程师进驻施工现场的。

（2）监理工程师和总监理工程师未按规定进行签字的。

（3）监理工程师未按规定采取旁站、巡视和平行检验等形式进行监理的。

（4）未按法律、法规以及有关技术标准和建设工程承包合同对施工质量实施监理的。

（5）未按经施工图审查批准的设计文件以及经施工图审查批准的设计变更文件对施工质量实施监理的。

（6）在竣工验收时未出具工程质量评估报告的。

（7）其他可能影响监理质量的违法、违规行为。

8.4.6 施工图审查机构质量行为

1. 施工图审查机构质量责任和义务

（1）是否符合工程建设强制性标准。

（2）地基基础和主体结构的安全性。

（3）消防安全性。

（4）人防工程（不含人防指挥工程）防护安全性。

（5）是否符合民用建筑节能强制性标准，对执行绿色建筑标准的项目，还应当审查是否符合绿色建筑标准。

（6）勘察设计企业和注册执业人员以及相关人员是否按规定在施工图上加盖相应的图章和签字。

（7）法律、法规、规章规定必须审查的其他内容。

（8）审查合格的，审查机构应当向建设单位出具审查合格书，并在全套施工图上加盖审查专用章。

审查合格书应当有各专业的审查人员签字，经法定代表人签发，并加盖审查机构公章；审查不合格的，审查机构应当将施工图退回建设单位并出具审查意见告知书，说明不合格原因。

施工图退回建设单位后，建设单位应当要求原勘察设计单位进行修改，并将修改后的施工图送原审查机构复审。

（9）任何单位或者个人不得擅自修改审查合格的施工图；确需修改的，建设单位应当将修改后的施工图送原审查机构审查。

（10）审查机构对施工图审查工作负责，承担审查责任。

（11）施工图经审查合格后，仍有违反法律、法规和工程建设强制性标准的问题，给建设单位造成损失的，审查机构依法承担相应的赔偿责任。

（12）审查机构应当建立健全内部管理制度。施工图审查应当有经各专业审查人员签字的审查记录。审查记录、审查合格书、审查意见告知书等有关资料应当归档保存。

按规定应当进行审查的施工图，未经审查合格的，住房和城乡建设主管部门不得颁发施工许可证。

2. 施工图审查机构质量不良行为记录

（1）未经建设行政主管部门核准备案，擅自从事施工图审查业务活动的。

（2）超越核准的等级和范围从事施工图审查业务活动的。

（3）未按国家规定的审查内容进行审查，存在错审、漏审的。

（4）使用不符合条件审查人员的。

（5）未按规定上报审查过程中发现的违法、违规行为的。

（6）未按规定填写审查意见告知书的。

（7）未按规定在审查合格书和施工图上签字盖章的。

（8）已出具审查合格书的施工图，仍有违反法律、法规和工程建设强制性标准的。

（9）其他可能影响审查质量的违法、违规行为。

8.4.7 检测机构质量行为

1. 检测机构质量责任和义务

（1）检测机构取得检测资质后，保持符合《建设工程质量检测管理办法》（中华人民共和国建设部令第141号）规定的资质标准情况。

（2）任何单位和个人不得涂改、倒卖、出租、出借或者以其他形式非法转让资质证书。

（3）检测仪器设备精度等级及其检定、校准、维护和保养等情况符合标准要求；检测机构场所与开展的检测工作相适应；有环境条件要求的检测场所满足标准规定。

（4）质量检测业务，由工程项目建设单位委托具有相应资质的检测机构进行检测。委托方与被委托方应当签订书面合同。

（5）检测结果利害关系人对检测结果发生争议的，由双方共同认可的检测机构复检，复检结果由提出复检方报当地建设主管部门备案。

（6）质量检测试样的取样应当严格执行有关工程建设标准和国家有关规定，在建设单位或者工程监理单位监督下现场取样。提供质量检测试样的单位和个人，应当对试样的真实性负责。

（7）检测机构完成检测业务后，应当及时出具检测报告。检测报告经检测人员签字、检测机构法定代表人或者其授权的签字人签署，并加盖检测机构公章或者检测专用章后方可生效。检测报告经建设单位或者工程监理单位确认后，由施工单位归档。见证取样检测的检测报告中应当注明见证人单位及姓名。

（8）任何单位和个人不得明示或者暗示检测机构出具虚假检测报告，不得篡改或者伪造检测报告。

（9）检测机构组织检测人员培训及考核，对检测人员任用和能力保持等方面进行规范管理；检测人员不得同时受聘于两个或者两个以上的检测机构。

（10）检测机构和检测人员不得推荐或者监制建筑材料、构配件和设备。

（11）检测机构不得与行政机关，法律、法规授权的具有管理公共事务职能的组织以及所检测工程项目相关的设计单位、施工单位、监理单位有隶属关系或者其他利害关系。

（12）检测机构不得转包检测业务。

（13）检测机构跨省、自治区、直辖市承担检测业务的，应当向工程所在地的省、自治区、直辖市人民政府建设主管部门备案。

（14）检测机构应当对其检测数据和检测报告的真实性和准确性负责。

（15）检测机构违反法律、法规和工程建设强制性标准，给他人造成损失的，应当依法承担相应的赔偿责任。

（16）检测机构应当将检测过程中发现的建设单位、监理单位、施工单位违反有关法律、法规和工程建设强制性标准的情况，以及涉及结构安全检测结果的不合格情况，及时报告工程所在地建设主管部门。

（17）检测机构应当建立档案管理制度。检测合同、委托单、原始记录、检测报告应当按年度统一编号，编号应当连续，不得随意抽撤、涂改。

（18）检测机构应当单独建立检测结果不合格项目台账。

2. 质量检测机构质量不良行为记录

（1）未经批准取得《建设工程质量检测机构资质证书》，擅自从事工程质量检测业务活动的。

（2）超越核准的检测业务范围从事工程质量检测业务活动的。

（3）出具虚假报告，以及检测报告数据和检测结论与实测数据严重不符的。

（4）其他可能影响检测质量的违法、违规行为。

8.5 工程质量监督行为

8.5.1 建设工程质量监督管理概念

工程质量监督管理是指主管部门依据有关法律法规和工程建设强制性标准，对工程实体质量和工程建设勘察、设计、施工、监理单位（以下简称工程质量责任主体）和质量检测等单位的工程质量行为实施监督。

县级以上地方人民政府建设主管部门负责本行政区域内工程质量监督管理工作，具体工作可以由县级以上地方人民政府建设主管部门委托所属的工程质量监督机构实施。

8.5.2 监督制度体系不断完善

1. 法规体系：近20年来，我国的建设工程质量监督事业快速发展，取得了显著成绩，建立了多层次、内容较全面的工程质量法规制度体系。颁布了《中华人民共和国建筑法》《建设工程质量管理条例》，围绕“一法一条例”，先后出台了《建设工程勘察设计管理条例》等法律法规及有关勘察质量管理、施工图设计文件审查、竣工验收备案、质量检测、质量保修等部门规章规范性文件。质量法律法规体系的完善，为工程质量管理提供了有效的制度保障。

2. 标准体系：截至目前，我国制定国家、行业标准3500余项，加上地方标准，全国工程建设标准总数达到7000余项。

3. 责任体系：建立完善工程质量责任体系，严格落实建设、勘察、设计、施工、监理等五方主体、项目负责人和从业人员责任，严格落实工程质量终身责任，加大对终身责任的处罚力度。

4. 监管体系：建立起覆盖省、市、县三级的全面、科学、公正的工程质量监管体系。据有关资料反映，目前全国质量监督机构3171家，机构人员总数约5.18万人，人均监督面积24.4万m^2。除农民自建低层住宅和临时性建筑外，限额以上建设工程都纳入了正常的工程质量监管范围，监管手段从最初的眼看、手摸，发展成为现在的各种现代化仪器、信息化技术广泛应用，备案制、质量巡查等多种监管模式的实行和推广，使监管工作更加公正高效。

8.5.3 各地配套政策相继出台

山东省根据《中华人民共和国建筑法》和国务院《建设工程质量管理条例》等法律法规，制定了《山东省房屋建筑和市政工程质量监督管理办法》。对本省行政区域内进行房屋建筑和市政工程的新建、扩建、改建及其工程质量监督管理工作进行规范，健全考核制度，依法对工程质量监督机构进行监督指导。

1. 山东省住房城乡建设主管部门负责全省工程质量监督管理工作。设区的市、县（市、区）住房城乡建设主管部门负责本行政区域的工程质量监督管理工作，具体工作由其所属的工程质量监督机构实施。

2. 工程质量监督机构可以采取向社会力量购买服务的方式，将工程技术服务和辅助性事项委托给具备相应条件的企业、单位和其他社会组织承担。

3. 建设、勘察、设计、施工、监理等工程质量责任主体，以及施工图审查、工程质量检测、预拌混凝土预拌砂浆及建筑构配件生产等与工程质量有关的单位，应当建立质量保证体系，落实工程质量责任，依法对工程质量负责。

4. 实行工程质量责任主体项目负责人质量终身责任制。参与工程建设的项目负责人应当按照法律、法规和有关规定，在工程设计使用年限内对工程质量承担相应责任。

5. 住房城乡建设主管部门应当建立工程质量责任主体和有关单位的工程质量管理信用档案，实施信用奖惩制度。

6. 建设单位在办理施工许可证前，应当向工程质量监督机构申请办理工程质量监督手续。工程投资额在30万元以上或者建筑面积在300m^2以上的工程，以及法律、法规、规章规定的其他工程，建设单位应当依法在开工前申领施工许可证。限额以下小型工程，建设单位和个人应当在开工前持规划许可证、施工图、施工方案报县级人民政府住房城乡建设主管部门备案。

设区的市、县（市、区）住房城乡建设主管部门及其工程质量监督机构，应当对本行政区域内已办理工程质量监督手续并取得施工许可证的工程项目实施工程质量监督。

7. 工程质量监督机构应当根据法律、法规和工程建设强制性标准，采取抽查、抽测等方式，对工程质量责任主体和有关单位的工程质量行为、工程实体质量进行监督检查。工程质量监督机构在进行监督检查时，有权采取下列措施：

（1）要求被检查单位和人员提供有关工程质量的文件、资料，并进行复制；

（2）要求被检查单位和人员就监督事项涉及的问题做出说明；

（3）进入施工、生产、检测现场进行检查；

（4）责令有关工程质量责任主体、单位停止工程质量违法、违规行为；

（5）对涉及结构安全和主要使用功能的质量问题，责令有关工程质量责任主体、单位，委托具有相应资质的单位进行鉴定、检测；

（6）对存在违法违规行为的有关工程质量责任主体、单位的相关负责人进行约谈，并将其不良行为记入信用档案。

被监督检查的单位和人员应当予以配合，不得妨碍和阻挠依法进行的监督检查活动。

工程质量监督机构通过监督检查发现违法违规行为的，应当责令有关工程质量责任主体、单位限期整改。有关责任主体、单位应当按照要求进行整改，并在完成整改后3日内将整改情况书面报告工程质量监督机构。工程质量违法违规行为情节严重的，工程质量监督机构应当及时向住房城乡建设主管部门报告，住房城乡建设主管部门应当依法进行查处，并依法责令有关工程质量责任主体、单位停业整顿。

8.6 工程质量保修、投诉及事故处理

1. 工程质量的最低保修期按照国家和省有关规定执行。

2. 施工企业对工程的保修期，自工程竣工验收合格之日起计算；房地产开发企业对其销售的商品房的保修期，自商品房交付购房人之日起计算，并在商品房买卖合同中载明。

3. 工程在保修期内出现质量缺陷的，建设单位应当向施工企业发出保修

通知，施工企业接到保修通知后，应当到现场核查情况，及时予以保修；施工企业不履行保修义务的，建设单位应当先行组织维修，维修费用由相关责任单位承担。

4. 商品房在保修期限内出现质量缺陷的，房地产开发企业应当按照合同约定履行保修义务；不履行保修义务的，业主、业主委员会或者其委托的物业服务企业可以提出申请，经物业主管部门核实后，维修费用在房地产开发企业交存的物业质量保修金中列支。

5. 因用户装修改造、使用不当等因素造成的质量缺陷，不属于工程质量保修范围。

6. 工程在超过合理使用年限后需要继续使用的，产权所有人应当委托具有相应资质等级的勘察、设计等单位进行鉴定，并根据鉴定结果采取加固、维修等措施，重新界定使用期。

7. 对工程在建设过程和保修期内出现的质量缺陷，任何单位和个人有权向住房城乡建设主管部门投诉。住房城乡建设主管部门应当按照属地管理、分级负责的原则受理和处理工程质量投诉。

8. 住房城乡建设主管部门收到工程质量投诉后，应当予以登记，并在7日内进行调查核实，做出受理或者不受理决定。对投诉不予受理的，应当书面告知投诉人并说明理由。

9. 住房城乡建设主管部门受理工程质量投诉后，应当按照有关法律、法规进行调查核实，督促相关单位查明原因和责任，出具工程质量投诉处理意见书，并督促责任单位限期整改。

10. 工程发生质量事故，事故现场有关人员应当立即向建设单位报告；建设单位接到报告后，应当于1h内报告住房城乡建设主管部门和其他有关部门。住房城乡建设主管部门应当按照规定逐级上报事故情况，每级上报时间不得超过2h。工程质量监督机构应当参与工程质量事故的调查处理。

8.7 工程质量管理与创新总体思路

2019年9月15日，国务院办公厅发布《国务院办公厅转发住房城乡建设部关于完善质量保障体系提升建筑工程品质指导意见的通知》（国办函［2019］92号）。

《关于完善质量保障体系提升建筑工程品质的指导意见》从四方面提出十八条具体措施：

强化各方责任：提出了突出建设单位首要责任、落实施工单位主体责任、明确房屋使用安全主体责任、履行政府的工程质量监管责任四条举措；

完善管理体制：提出了改革工程建设组织模式、完善招标投标制度、推行工程担保与保险、加强工程设计建造管理、推行绿色建造方式、支持既有建筑合理保留利用六条举措；

健全支撑体系：提出了完善工程建设标准、加强建材质量管理、提升科技创新能力、强化从业人员管理四条举措；

加强监督管理：提出了推进信用信息平台建设、严格监督执法、加强社会监督、强化督促指导四条举措。

总体思路：强化主体责任，创新政府监管，更好地发挥市场和社会的约束作用。

2020年9月16日，《山东省人民政府办公厅转发省住房城乡建设厅等部门关于进一步完善质量保障体系提升建筑工程品质的实施意见的通知》（鲁政办字［2020］122号）要求进一步完善质量保障体系，对于新时期加快提升建筑工程品质，具有很强的指导意义。

8.7.1 强化主体责任

1. 建设单位首要责任

2020年9月，住房和城乡建设部印发了《关于落实建设单位工程质量首要责任的通知》。首次依法界定了建设单位工程质量首要责任内涵，进一步明确了建设单位应履行的质量责任，着力构建以建设单位为首要责任的工程质量责任体系。

（1）明确建设单位工程质量首要责任内涵

建设单位作为工程建设活动的总牵头单位，是工程质量第一责任人，依法对工质量承担全面责任。对因工程质量给工程所有权人、使用人或第三方造成的损失，建设单位依法承担赔偿责任，有其他责任人的，可以向其他责任人追偿。建设单位要严格落实项目法人责任制，严格执行法定程序和发包制度，保证合理工期和造价，推行施工过程结算，全面履行质量管理职责，确保工程质量符合国家法律法规、工程建设强制性标准和合同约定。

建设（房地产开发）单位对工程质量负总责，开工前书面通知各参建方，明确项目负责人、技术（质量）负责人等管理职责和岗位，履行建设单位质量管理职责。

提供经审查合格的施工图设计文件，及时组织设计交底，参与工程验收，及时确认施工过程文件。

未委托监理的，由建设单位履行监理工作管理与验收职责。

建设过程中，严禁明示或者暗示设计、施工等单位违反工程建设强制性标准，降低工程质量，涉及结构和主要使用功能的重大设计变更需经设计单位项目（技术）负责人审查签字并书面确认。

科学确定合理工期，实施有效管控，房屋建筑工程混凝土结构施工每层工期原则上不少于5d。不得任意压缩合理工期，确需压缩工期且具备可行性的，提出保证工程质量和安全的技术措施及方案，经专家论证通过后方可实施。建设单位要求压缩工期的，因压缩工期所增加的费用由建设单位承担，随工程进度款一并支付。

按照合同约定提供的建筑材料、建筑构配件和设备应当符合设计文件和合同要求。

建设单位应当保证工程建设所需资金，按照合同约定及时支付费用，不得迫使勘察、设计、施工、监理、检测等单位以低于成本的价格竞标。

（2）切实强化住宅工程质量管理

①强化建设单位住宅工程质量保修责任

一是明确建设单位要建立质量回访和质量投诉处理机制，及时组织处理保修范围和保修期限内出现的质量问题，并对造成的损失先行赔偿。二是细化质量保修期规定，明确建设单位对房屋所有权人的质量保修期限自交付之日起计算，经维修合格的部位可重新约定保修期限。三是明确房地产项目公司注销后责任承接具体举措，房地产开发企业应在商品房买卖合同中明确企业发生注销情形下由其他房地产开发企业或具有承接能力的法人承接保修责任。房地产开发企业未投保工程质量保险的，在申请住宅工程竣工验收备案时应提供保修责任承接说明。

②推行住宅工程质量信息公开

要求建设单位公开工程规划许可、施工许可、主要建筑材料、质量保修负责人及联系方式等信息，并试行按套出具质量合格证明文件。

③深化住宅工程质量常见问题专项治理

推行常见问题预控环节标准化，建设单位在设计要求中明确治理目标。开工前下达《住宅工程常见问题专项治理任务书》，组织审批施工专项治理方案，明确专项治理费用和奖罚措施。建设过程中及时督促参建各方落实专项治理责任。房屋交付时按规定向业主提供《住宅使用说明书》和《住宅质量保证书》，明确基本设施、主要功能、使用要求和维保方式。设计单位制定常见问题治理专篇并做好技术交底。施工单位成立专项治理领导小组，完善专项治理施工组织设计和技术方案，加强对施工过程中各项防治措施的落实情况的检查与验收，对保障性住房工程应当按照100%的比例进行见证取样与送检。专业承包单位制定专业承包工程相关的专项治理措施，施工过程中严格执行专项治理技术方案和治理措施，接受总承包企业管理，加强专项治理的过程控制和中间环节验收。工程经质量分户验收，并组织治理情况自评，形成专项治理自评报告后，再组织竣工验收。

（3）全面履行质量管理职责

建设单位要健全工程项目质量管理体系，配备专职人员并明确其质量管理职责，不具备条件的可聘用专业机构或人员。加强对按照合同约定自行采购的建筑材料、构配件和设备等的质量管理，并承担相应的质量责任。不得明示或者暗示设计、施工等单位违反工程建设强制性标准，禁止以“优化设计”等名义变相违反工程建设强制性标准。严格质量检测管理，按时足额支付检测费用，不得违规减少依法应由建设单位委托的检测项目和数量，非建设单位委托的检测机构出具的检测报告不得作为工程质量验收依据。

落实质量终身责任。强化建设单位对工程建设全过程的质量首要责任和竣工验收主体责任，严格落实项目法人责任制，严禁违法违规发包工程、盲目压缩合理工期和造价，不得借优化设计名义降低结构安全和使用功能，房地产开发企业落实对业主的质量保修责任。强化施工单位主体责任，推行工程质量安全手册制度，加快推进工程质量管理标准化。深化住宅工程质量常见问题专项治理，严格住宅工程质量分户验收管理。

2. 施工单位主要责任

（1）施工单位应完善质量管理体系，建立岗位责任制度

设置质量管理机构，配备专职质量负责人，加强全面质量管理。推行工程质量安全手册制度，推进工程质量管理标准化，将质量管理要求落实到每个项

目和员工。建立质量责任标识制度，对关键工序、关键部位隐蔽工程实施举牌验收，加强施工记录和验收资料管理，实现质量责任可追溯。施工单位对建筑工程的施工质量负责，不得转包、违法分包工程。

（2）施工企业应当根据工程规模、技术要求和合同约定，配备项目负责人、项目技术负责人和相应的专职质量管理人员，并保证其到岗履职；项目负责人不得擅自变更，确需变更的，需经建设单位同意并报住房城乡建设主管部门备案。

（3）施工企业应当编制施工组织设计，并对工程质量控制的关键环节、重要部位、质量常见问题等编制专项施工方案，经企业技术负责人审核、监理单位总监理工程师审批后实施。施工企业应当做好隐蔽工程的质量检查和记录，隐蔽工程隐蔽前及时通知工程监理单位进行验收；未经验收或者验收不合格的，不得进入下道工序施工。特别在地基与基础、主体结构和建筑节能等分部工程完工后，施工企业应当及时通知监理单位组织验收，未经验收或者验收不合格的，不得进行妨碍相关分部工程验收的施工。

3. 监理单位监管责任

（1）监理企业应当根据工程规模、技术要求和合同约定，配备总监理工程师、专业监理工程师和监理员，并保证其到岗履职；总监理工程师不得擅自变更，确需变更的，需经建设单位同意并报住房城乡建设主管部门备案。

（2）监理企业应当对施工组织设计和专项施工方案进行审批，并对其落实情况实施监理；对关键部位、关键工序，应当按照规定实施旁站监理。

（3）监理企业不得签署虚假审查或者验收意见，不得由他人代替总监理工程师、专业监理工程师签署审查或者验收意见。

（4）监理企业在实施监理过程中，发现存在工程质量问题的，应当及时签发监理文件要求施工企业整改，并报告建设单位。涉及工程结构安全和主要使用功能的工程质量问题，施工单位拒不整改的，监理企业应当及时向住房城乡建设主管部门报告。

（5）施工、监理企业应当按照规定对进场的建筑材料、设备、预拌混凝土预拌砂浆及建筑构配件等进行检验，并查验产品合格证、检验报告等质量合格证明文件。对涉及工程结构安全、主要使用功能的试块、试件和材料，应当按照规定比例进行见证取样和送检；保障性住房工程应当按照100%的比例进行见证取样和送检。送检应当送具有相应资质的工程质量检测单位进行检测，未经检测或者检测不合格的，不得使用。

（6）施工、监理企业应当同步收集整理工程质量控制资料、监理资料，并对资料的真实性、准确性、完整性、有效性负责，不得弄虚作假。

4. 工程勘察设计单位管理责任

（1）贯彻落实“适用、经济、绿色、美观”的建筑方针，指导制定符合城市地域特征的建筑设计导则。建立建筑“前策划、后评估”制度，完善建筑设计方案审查论证机制，提高建筑设计方案决策水平。加强住区设计管理，科学设计单体住宅户型，增强安全性、实用性、宜居性，提升住区环境质量。严格初步设计审查，严禁政府投资项目超标准建设。严格控制超高层建筑建设，严格执行超限高层建筑工程抗震设防审批制度，加强超限高层建筑抗震、消防、节能等管理，严格审查节能等设计专篇变更，严格审查特殊工程消防设计验收。强化工程设计质量安全监管，严肃查处违反工程建设强制性标准行为。落实抗震设防标准，加强超限高层抗震设防审查，推广应用减震隔震技术。创建建筑品质示范工程，加大对优秀企业、项目和个人的表彰力度；在招标投标、金融等方面加大对优秀企业的政策支持力度，鼓励将企业质量情况纳入招标投标评审因素。

（2）勘察企业出具的勘察文件内容应当真实全面，数据准确。勘察企业应当参加地基与基础分部工程验收，并出具验收意见。设计企业出具的设计文件应当满足设计深度要求，对住宅工程应当提出质量常见问题防治重点和措施。设计企业应当参加地基与基础、主体结构和建筑节能等分部工程验收，并出具验收意见。

（3）勘察、设计企业应当参加工程质量事故和有关结构安全、主要使用功能质量问题的原因分析，并对因勘察、设计造成的工程质量事故和质量问题提出相应的技术处理方案。

5. 工程质量检测单位管理责任

工程质量检测单位应当对其出具的检测数据、结果负责，不得弄虚作假。工程质量检测单位应当单独建立检测结果不合格项目台账；对涉及结构安全检测结果的不合格情况，应当及时向住房城乡建设主管部门报告。工程质量检测单位应当在检测业务开始前，将检测业务委托合同报住房城乡建设主管部门备案。

6. 预拌混凝土预拌砂浆及建筑构配件生产企业应当具备相应的技术装

备，并按照国家规定配备符合质量管理要求的实验室，供应的预拌混凝土预拌砂浆及建筑构配件应当符合技术标准要求。预拌混凝土预拌砂浆及建筑构配件生产企业应当建立档案管理制度，生产过程质量控制资料和产品质量合格证明文件应当真实完整，不得弄虚作假。

7. 明确房屋使用安全主体责任

房屋所有权人应承担房屋使用安全主体责任。房屋所有权人和使用人应正确使用和维护房屋，严禁擅自变动房屋建筑主体和承重结构。加强房屋使用安全管理，房屋所有权人及其委托的管理服务单位要定期对房屋安全进行检查，有效履行房屋维修保养义务，切实保证房屋使用安全。

8.7.2 履行政府监管责任

1. 强化工程建设全过程的质量监管

鼓励采取政府购买服务的方式，委托具备条件的社会力量进行工程质量监督检查和抽测，探索工程监理企业参与监管模式。完善日常检查和抽查抽测相结合的质量监督检查制度，全面推行“双随机、一公开”的检查方式和“互联网+监管”模式落实监管责任。强化工程设计安全监管，加强对结构计算书的复核，提高设计结构整体安全、消防安全等水平。

2. 强化工程质量监督队伍建设

加强工程质量监管力量建设，要稳定各级工程质量监督队伍这支基本力量。要加大监督队伍保障力度，监督机构履行监督职能所需经费由同级财政预算全额保障。要更好地利用第三方辅助力量。要明晰监管范围和内容，厘清政府与市场的边界，厘清各监督层级监管范围，厘清工程质量与专业工程的监管边界；要严格执法处罚。

3. 强化政府监督管理

健全省、市、县三级工程质量监管体系，配齐配足专业监督执法力量，完善监督机构、人员考核制度。保障功能园区、乡村在内的各区域限额以上工程依法纳入县级以上主管部门监管。发挥乡村规划建设监督管理机构作用，严格监管限额以下工程，落实限额以上工程属地巡查责任。鼓励通过政府购买服务的方式，委托专业力量开展巡查抽测。建立区域质量评估制度，完善评估指标体系。

4. 规范建筑市场秩序

加强建设项目审批和监管，依法依规办理各环节基本建设手续，严厉查处建筑市场违法违规行为。加快诚信体系建设，健全信用评价体系，完善信息化管理平台，强化守信激励和失信惩戒。实行综合评价法的招标投标项目，资信标权重原则上占10%以上。

5. 保证合理工期和造价

建设单位要科学合理确定工程建设工期和造价，严禁盲目赶工期、抢进度，不得迫使工程其他参建单位简化工序、降低质量标准。调整合同约定的勘察、设计周期和施工工期的，应相应调整相关费用。因极端恶劣天气等不可抗力以及重污染天气、重大活动保障等原因停工的，应给予合理的工期补偿。因材料、工程设备价格变化等原因，需要调整合同价款的，应按照合同约定给予调整。落实优质优价，鼓励和支持工程相关参建单位创建品质示范工程。

6. 推行施工过程结算

建设单位应有满足施工所需的资金安排，并向施工单位提供工程款支付担保。建设合同应约定施工过程结算周期、工程进度款结算办法等内容。分部工程验收通过时原则上应同步完成工程款结算，不得以设计变更、工程洽商等理由变相拖延结算。政府投资工程应当按照国家有关规定确保资金按时支付到位，不得以未完成审计作为延期工程款结算的理由。

7. 严格落实工程竣工验收

建设单位要在收到工程竣工报告后及时组织竣工验收，重大工程或技术复杂工程可邀请有关专家参加，未经验收合格不得交付使用。

住宅工程竣工验收前，应组织施工、监理等单位进行分户验收，未组织分户验收或分户验收不合格，不得组织竣工验收。加强工程竣工验收资料管理，建立质量终身责任信息档案，落实竣工后永久性标牌制度，强化质量主体责任追溯。

（1）工程竣工后，监理企业应当按照工程建设标准组织工程质量竣工预验收。竣工预验收合格的，由施工企业向建设单位提交工程竣工报告，监理企业提交工程质量评估报告，勘察、设计企业提交工程质量检查报告。

建设单位收到工程竣工报告并确认竣工验收的各项条件符合要求后，应当按照规定程序组织勘察、设计、施工、监理等单位进行竣工验收，并提前7d通知工程质量监督机构对竣工验收进行监督。

（2）工程质量监督机构应当对工程竣工验收进行监督，重点监督验收条件、组织形式、验收程序和执行强制性标准等情况，并在工程竣工验收合格之日起5d内出具工程质量监督报告。

工程质量监督机构在竣工验收监督时，发现重点监督内容不符合有关规定的，应当责令建设单位整改并重新组织竣工验收。

（3）工程竣工验收合格后，建设单位应当在工程明显部位设置永久性标牌，载明建设、勘察、设计、施工、监理单位名称和项目负责人姓名。

建设单位应当将工程质量责任主体和有关单位项目负责人质量终身责任信息档案依法向住房城乡建设主管部门或者其他有关部门移交。

建设单位应当自工程竣工验收合格之日起15d内，依法将工程竣工验收报告等文件报住房城乡建设主管部门备案。

（4）房地产开发项目竣工后，房地产开发企业应当依法对项目规划要求是否落实、基础设施和配套公用设施是否建设完毕等事项进行综合验收，自综合验收合格之日起15d内，将综合验收报告报房地产开发主管部门备案。未经验收并备案的，不得交付使用。

8. 工程建设过程中要完善住宅工程质量与市场监管联动机制，督促建设单位加强工程质量管理，严格履行质量保修责任，推进质量信息公开，切实保障商品住房和保障性安居工程等住宅工程质量。

9. 加强质量信息公开

（1）通过在住宅工程中推行质量信息公示制度，进一步完善住宅工程（包括商品住宅工程和保障性安居工程）质量保障体系，强化建设单位质量首要责任，健全住宅工程质量社会监督机制，提高人民群众对住宅工程质量的满意度、获得感，构建住宅工程质量共建共治共享社会治理格局。

（2）住房城乡建设及其委托的监督机构、行政审批主管部门产生的质量信息可通过部门单位门户网站等渠道公示。建设单位可通过其官方网站、微信公众号、销售现场、样板间、业主开放施工区域、发放《质量保证书》、《使用说明书》、工程永久性标识牌加设二维码等方式，及时分阶段向购房业主公示住宅工程质量信息。

（3）山东省住房和城乡建设厅印发了《关于在住宅工程中推行质量信息公示制度的指导意见》（鲁建质安字［2021］11号），决定在全省住宅工程中推行质量信息公示制度。公示内容如下所述。

建设单位：工程结构形式、设计使用年限；主要建筑材料：①对于以毛坯房为交付标准的，住宅工程使用的钢筋、混凝土、保温、防水、门窗、给水排水管材、电气管线、供暖或供冷设施等主要建筑材料生产厂家、规格型号、检测试验结果。②对于以全装修房为交付标准的，除应按毛坯房主要使用材料公示外，还应包括全装修房中涉及使用功能的主要材料、设备设施的质量信息和室内空气质量检测结果；建设、勘察、设计、施工、监理单位等工程质量责任主体的名称和项目负责人姓名；建筑节能信息；工程质量分户验收表；工程竣工验收报告；工程质量缺陷保修服务制度、商品房售后服务单位名称及联系人、建设单位因故灭失时质量终身责任制承接机制。

主管部门：工程规划许可、施工许可信息（由负责核发工程规划许可、施工许可证的行政审批部门公示）；工程竣工验收备案结果、联合验收情况（纳入行政审批机关办理的，由行政审批机关负责公示；未纳入的，由住房城乡建设部门负责公示）；住房城乡建设部门依法作出的涉及工程质量的行政处罚情况（由作出行政处罚的住房城乡建设或综合执法部门公示）；工程项目获得建筑工程质量奖项情况。

公示方式：建设单位在商品房销售现场、施工现场业主开放区域，及时分阶段向购房业主公示质量信息。主管部门按照“谁产生、谁掌握、谁公示”的原则，住房城乡建设及其委托的监督机构、行政审批、行政执法部门产生、收集的质量信息，可通过部门官方门户网站等渠道公示。

10. 开展“先验房后收房”活动

为提升人民群众对住宅工程建筑质量的满意度，加强质量管理，落实参建各方主体责任，特别是建设单位首要责任，提高住宅工程质量总体水平，有效减少工程质量投诉，提前化解工程质量纠纷。鼓励通过“业主开放日”“先验房后收房”活动，组织业主入户查看，提升住宅交付质量。

11. 加强工程质量与房屋预售联动管理

因发生违法违规行为、质量安全事故或重大质量安全问题被责令全面停工的住宅工程，应暂停其项目预售或房屋交易合同网签备案，待批准复工后方可恢复。

12. 强化保障性安居工程质量管理

行业主管部门要制定保障性安居工程设计导则，明确室内面积标准、层高、装修设计、绿化景观等内容，探索建立标准化设计制度，突出住宅宜居属性。政府投资保障性安居工程应完善建设管理模式，带头推行工程总承包和全过程工程咨询。依法限制有严重违约失信记录的建设单位参与建设。

8.7.3 健全完善支撑机制体系建设

1. 改革工程建设组织模式

推行工程总承包，落实工程总承包单位在工程质量安全、进度控制、成本管理等方面的责任。完善专业分包制度，大力发展专业承包企业。积极发展全过程工程咨询和专业化服务，创新工程监理制度，严格落实工程咨询（投资）、勘察设计、监理、造价等领域职业资格人员的质量责任。在民用建筑工程中推进建筑师负责制，依据双方合同约定，赋予建筑师代表建设单位签发指令和认可工程的权利，明确建筑师应承担的责任。

在政府和国有投资项目中加快推行工程总承包和全过程工程咨询服务。推动建筑业劳务企业转型，大力发展以木工、水电工、砌筑、钢筋制作等作业为主的专业承包企业。推行银行保函、工程保证保险，发展工程质量保险，引入市场化机制完善保障体系。

2. 完善招标投标制度

完善招标人决策机制，进一步落实招标人自主权，在评标定标环节探索建立能够更好满足项目需求的制度机制。简化招标投标程序，推行招投标交易、服务、监管电子化和异地远程评标。完善评标专家考核机制，实行综合评标专家库动态管理。强化招标主体责任追溯，扩大信用信息在招标投标环节的规范应用。严厉打击围标、串标和虚假招标等违法行为，强化标后合同履约监管。

3. 推行工程担保与保险

推行银行保函制度，在有条件的地区推行工程担保公司保函和工程保证保险。招标人要求中标人提供履约担保的，招标人应当同时向中标人提供工程款支付担保。对采用最低价中标的探索实行高保额履约担保。组织开展工程质量保险试点，加快发展工程质量保险。

4. 推行绿色建造方式

鼓励工程质量责任主体和有关单位采用先进科学技术和管理方法，推进建筑产业现代化。完善绿色建材产品标准和认证评价体系，进一步提高建筑产品节能标准，建立产品发布制度。大力发展装配式建筑，推进绿色施工，通过先进技术和科学管理，降低施工过程对环境的不利影响。建立健全绿色建筑标准体系，完善绿色建筑评价标识制度。

推动绿色建材应用，提升建材产品质量，实施绿色建材产品认证制度，建设绿色建材推广应用示范工程。在规划、建设条件中明确装配式建筑比例、装配率、评价等级、绿色建筑星级等要求，棚改安置房等保障性安居工程、政府投资或主导工程、大型公共建筑全面按照装配式建筑标准建设。编制绿色建筑与建筑节能发展“十四五”规划，修订绿色建筑配套文件，强化设计、施工、验收、评价、运行全过程监管。扎实开展钢结构装配式住宅建设试点，积极发展高星级绿色建筑、被动式超低能耗建筑等高品质建筑，完善相关引导支持政策。

5. 支持既有建筑合理保留利用

推动开展老城区、老工业区保护更新，引导既有建筑改建设计创新。依法保护和合理利用历史文化街区、历史建筑、文物建筑。建立建筑拆除管理制度，不得随意拆除符合规划标准、在合理使用寿命内的公共建筑。开展公共建筑、工业建筑的更新改造利用试点示范。制定支持既有建筑保留和更新利用的消防、节能等相关配套政策。加快推进城市信息模型平台建设，全面清查掌握既有建筑手续办理情况等信息，依法依规查处违法违规建设问题。

6. 提升科技创新能力

（1）加大建筑业技术创新及研发投入，推进产学研用一体化，突破重点领域、关键共性技术开发应用。全面提升工程装备技术水平。推进建筑信息模型（BIM）、大数据、移动互联网、云计算、物联网、人工智能等技术在设计、施工、运营维护全过程的集成应用，提升建筑业信息化水平。

（2）强化住建领域关键共性技术攻关，加快新材料、新技术、新产品、新工艺研发应用，推进重大装备和数字化、智能化工程建设装备研发。推广工程建设数字化成果交付与应用。支持先进适用工法创建，带动施工技术创新和企业管理创新。创建建筑品质示范工程，按程序加大对优秀企业、项目和个人的表彰激励力度。

7. 强化从业人员管理

（1）严格管理现场质量关键岗位

全面落实施工单位质量关键岗位责任制，明确岗位职责，编制《质量手册》，实行《质量记录》。在施工现场主要入口公示项目质量管理体系图、质量目标及项目负责人、项目技术负责人和专职质量管理人员等关键岗位人员信息（含照片），在办公场所内悬挂本人岗位职责。关键岗位人员与招投标文件一致，到岗履职情况记入施工日志，不得随意擅自更换。严格领导带班制度，由企业负责人、分公司（办事处）负责人定期带队检查工程项目质量管理和实体情况，留存检查工作影像记录和整改情况，在企业和施工现场分别存档备查。保障质量工作必需的人员、经费和设备，现场配备足够的现行规范标准、测量工具、检测仪器和设备，设置满足工程需求的养护室或养护箱。

严格关键岗位作业人员的教育培训，全面落实注册执业师签章制度。鼓励施工企业建立自有工人队伍、发展独资或控股的专业作业企业。发挥政府、用人单位、社会组织等作用，加大财政保障支持力度。强化个人执业资格管理，对存在证书挂靠等违法违规行为的注册执业人员，依法给予暂扣、吊销资格证书直至终身禁止执业的处罚。支持企业与高等院校联合办学、定向培养，开展岗位练兵和职业技能竞赛活动。

（2）提升建筑队伍素质

加强建筑业从业人员职业教育，大力开展建筑工人职业技能培训，鼓励建立职业培训实训基地。加强职业技能鉴定站点建设，完善技能鉴定、职业技能等级认定等多元评价体系。推行建筑工人实名制管理，推广农民工工资支付监管平台应用。加快建筑工人管理服务信息平台建设，促进企业使用符合岗位要求的技能工人。建立健全与建筑业相适应的社会保险参保缴费方式，大力推进建筑施工单位参加工伤保险，保障建筑工人合法权益。

（3）引导现有劳务企业转型发展。改革建筑施工劳务资质，大幅降低准入门槛。鼓励有一定组织、管理能力的劳务企业引进人才、设备等向总承包和专业承包企业转型。鼓励大中型劳务企业充分利用自身优势搭建劳务用工信息服务平台，为小微专业作业企业与施工企业提供信息交流渠道。引导小微型劳务企业向专业作业企业转型发展，进一步做专做精。

（4）大力发展专业作业企业。鼓励和引导现有劳务班组或有一定技能和经验的建筑工人成立以作业为主的企业，自主选择1～2个专业作业工种。鼓励有条件的地区建立建筑工人服务园，依托“双创基地”、创业孵化基地，为符合条件的专业作业企业落实创业相关扶持政策，提供创业服务。政府投资开发的孵化基地等创业载体应安排一定比例场地，免费向创业成立专业作业企业的农民工提供。鼓励建筑企业优先选择当地专业作业企业，促进建筑工人就地、就近就业。

（5）鼓励建设建筑工人培育基地

引导和支持大型建筑企业与建筑工人输出地区建立合作关系，建设新时代建筑工人培育基地，建立以建筑工人培育基地为依托的相对稳定的建筑工人队伍。创新培育基地服务模式，为专业作业企业提供配套服务，为建筑工人谋划职业发展路径。

（6）加快自有建筑工人队伍建设

引导建筑企业加强对装配式建筑、机器人建造等新型建造方式和建造科技的探索和应用，提升智能建造水平，通过技术升级推动建筑工人从传统建造方式向新型建造方式转变。鼓励建筑企业通过培育自有建筑工人、吸纳高技能技术工人和职业院校（含技工院校）毕业生等方式，建立相对稳定的核心技术工人队伍。鼓励有条件的企业建立首席技师制度、劳模和工匠人才（职工）创新工作室、技能大师工作室和高技能人才库，切实加强技能人才队伍建设。项目发包时，鼓励发包人在同等条件下优先选择自有建筑工人占比大的企业；评优评先时，同等条件下优先考虑自有建筑工人占比大的项目。

（7）完善职业技能培训体系

完善建筑工人技能培训组织实施体系，制定建筑工人职业技能标准和评价规范，完善职业（工种）类别。强化企业技能培训主体作用，发挥设计、生产、施工等资源优势，大力推行现代学徒制和企业新型学徒制。鼓励企业采取建立培训基地、校企合作、购买社会培训服务等多种形式，解决建筑工人理论与实操脱节的问题，实现技能培训、实操训练、考核评价与现场施工有机结合。推行终身职业技能培训制度，加强建筑工人岗前培训和技能提升培训。鼓励各地加大实训基地建设资金支持力度，在技能劳动者供需缺口较大、产业集中度较高的地区建设公共实训基地，支持企业和院校共建产教融合实训基地。探索开展智能建造相关培训，加大对装配式建筑、建筑信息模型（BIM）等新兴职业（工种）建筑工人培养，增加高技能人才供给。

（8）建立技能导向的激励机制

工程建设过程中根据项目施工特点制定施工现场技能工人基本配备标准，明确施工现场各职业（工种）技能工人技能等级的配备比例要求，逐步提高基本配备标准。引导企业不断提高建筑工人技能水平，对使用高技能等级工人多的项目，可适当降低配备比例要求。加强对施工现场作业人员技能水平和配备标准的监督检查，将施工现场技能工人基本配备标准达标情况纳入相关诚信评价体系。建立完善建筑职业（工种）人工价格市场化信息发布机制，为建筑企业合理确定建筑工人薪酬提供信息指引。引导建筑企业将薪酬与建筑工人技能等级挂钩，完善激励措施，实现技高者多得、多劳者多得。

（9）加快推动信息化管理

完善建筑工人管理服务信息平台，充分运用物联网、计算机视觉、区块链等现代信息技术，实现建筑工人实名制管理、劳动合同管理、培训记录与考核评价信息管理、数字工地、作业绩效与评价等信息化管理。制定统一数据标准，加强各系统平台间的数据对接互认，实现数据互联共享。加强数据分析运用，将建筑工人管理数据与日常监管相结合，建立预警机制。加强信息安全保障工作。

（10）健全保障薪酬支付的长效机制

贯彻落实《保障农民工工资支付条例》，工程建设领域施工总承包单位对农民工工资支付工作负总责，落实工程建设领域农民工工资专用账户管理、实名制管理、工资保证金等制度，推行分包单位农民工工资委托施工总承包单位代发制度。依法依规对列入拖欠农民工工资“黑名单”的失信违法主体实施联合惩戒。加强法律知识普及，加大法律援助力度，引导建筑工人通过合法途径维护自身权益。

（11）规范建筑行业劳动用工制度

用人单位应与招用的建筑工人依法签订劳动合同，严禁用劳务合同代替劳动合同，依法规范劳务派遣用工。施工总承包单位或者分包单位不得安排未订立劳动合同并实名登记的建筑工人进入项目现场施工。制定推广适合建筑业用工特点的简易劳动合同示范文本，加大劳动监察执法力度，全面落实劳动合同制度。

（12）完善社会保险缴费机制

用人单位应依法为建筑工人缴纳社会保险。对不能按用人单位参加工伤保险的建筑工人，由施工总承包企业负责按项目参加工伤保险，确保工伤保险覆盖施工现场所有建筑工人。大力开展工伤保险宣教培训，促进安全生产，依法保障建筑工人职业安全和健康权益。鼓励用人单位为建筑工人建立企业年金。

（13）持续改善建筑工人生产生活环境

工程建设过程中要依法依规及时为符合条件的建筑工人办理居住证，用人单位应及时协助提供相关证明材料，保障建筑工人享有城市基本公共服务。全面推行文明施工，保证施工现场整洁、规范、有序，逐步提高环境标准，引导建筑企业开展建筑垃圾分类管理，不断改善劳动安全卫生标准和条件。

配备符合行业标准的安全帽、安全带等具有防护功能的工装和劳动保护用品，制定统一的着装规范。施工现场按规定设置避难场所，定期开展安全应急演练。鼓励有条件的企业按照国家规定进行岗前、岗中和离岗时的职业健康检查，并将职工劳动安全防护、劳动条件改善和职业危害防护等纳入平等协商内容。

大力改善建筑工人生活区居住环境，根据有关要求及工程实际配置空调、淋浴等设备，保障水电供应、网络通信畅通，达到一定规模的集中生活区要配套食堂、超市、医疗、法律咨询、职工书屋、文体活动室等必要的机构设施，鼓励开展物业化管理。

将符合当地住房保障条件的建筑工人纳入住房保障范围。探索适应建筑业特点的公积金缴存方式，推进建筑工人缴存住房公积金。加大政策落实力度，着力解决符合条件的建筑工人子女城市入托入学等问题。

8.7.4 工程质量管理标准化

1. 完善工程建设标准体系

系统制定全文强制性工程建设规范，精简整合政府推荐性标准，培育发展团体和企业标准，加快适应国际标准通行规则。组织开展重点领域国内外标准比对，提升标准水平。加强工程建设标准国际交流合作，推动一批中国标准向国际标准转化和推广应用。

2. 健全质量标准体系

编制住房城乡建设领域工程建设标准化发展规划，加快新型城镇化建设、装配式建筑、钢结构等领域标准制定。引导行业和企业标准化建设，制定先进适用团体标准和“领跑者”企业标准，增加市场标准的有效供给。

3. 工程质量管理标准化

依据有关法律法规和工程建设规范标准，从工程开工到竣工验收备案的全过程，对施工单位、建设（房地产开发）单位等各方主体的质量行为和工程实体质量控制实行的规范化管理活动。其核心内容是质量行为标准化和实体质量控制标准化。

4. 质量行为标准化

依据《中华人民共和国建筑法》《建设工程质量管理条例》《建设工程项目管理规范》GB/T 50326、《工程建设施工企业质量管理规范》GB/T 50430和ISO 9001质量管理体系等法律法规和规范标准，按照“体系健全、制度完备、责任明确”的要求，健全企业质量管理体系，提高运转效率，强化全面管理，提高质量水平。

5. 实体质量控制标准化

依据《建筑工程施工质量验收统一标准》GB 50300等现行工程建设质量标准和规范，围绕实体质量形成过程，遵循“施工按规范、验收按标准、操作按工艺规程”的原则，从建筑材料、构配件和设备进场质量控制、施工工序控制及质量验收控制，对地基基础、主体结构、装饰装修、设备安装、建筑节能、屋面防水等分部分项工程中关键工序、节点质量标准和质量要求做出统一基本规定。

8.7.5 加强工程质量监督管理措施

1. 推进信息化平台建设

加快推动建筑工程质量监管信息平台建设，完善建筑市场监管公共服务平台。加强信息归集，健全违法违规行为记录制度，及时公示相关市场主体的行政许可、行政处罚、抽查检查结果等信息，并与国家企业信用信息公示系统、信用信息共享平台等实现数据共享交换。建立建筑市场主体黑名单制度，对违法违规的市场主体实施联合惩戒，将工程质量违法违规等记录作为企业信用评价的重要内容。

2. 运用科技方法实现“智慧”监管

要在建筑工程质量监管中充分运用大数据、云计算等信息化手段，实行检查对象、检查人员、检查过程、检查结果和成果应用“五公开”，做到过程留痕、责任追溯；要运用好监管信息化平台，加快部门之间、上下之间信息资源的开放共享、互联互通，提升监管效率，最终形成“数据一个库、监管一张网、管理一条线”的目标。

3. 健全工程质量监管市场机制

运用工程质量信用体系，加强工程质量信用信息归集，制定统一的数据标准，加快基础数据库建设，完善不良信用记录管理办法，畅通信用信息采集渠道；加强工程质量信用信息公开，将工程质量监督、竣工验收等信息公开制度化，及时准确向社会发布相关信息。

工程质量保险是防范和化解工程质量风险的市场手段；深入研究工程质量保险范围、保险期限、理赔机制等关键问题，充分运用市场化手段，防范和化解工程质量风险，进一步提升工程质量水平。

4. 严格监督执法

（1）强化督促指导。建立健全建筑工程质量管理、品质提升评价指标体系，科学评价执行工程质量法律法规和强制性标准，落实质量责任制度、质量保障体系建设、质量监督队伍建设、建筑质量发展、公众满意程度、建筑工程质量管理各项工作措施等方面的执行。

（2）加大建筑工程质量责任追究力度。强化工程质量终身责任落实，对违反有关规定、造成工程质量事故和严重质量问题的单位和个人依法严肃查处曝光，加大资质资格、从业限制等方面处罚力度。强化个人执业资格管理，对存在证书挂靠等违法违规行为的注册执业人员，依法给予暂扣、吊销资格证书直至终身禁止执业的处罚。

（3）建立对建设单位日常巡查和差别化监管制度。加大对质量责任落实不到位，有严重违法违规行为的建设单位在建工程项目检查频次和力度。建设单位应牵头组织整改检查中发现的质量问题，整改报告经建设单位项目负责人签字确认并加盖单位公章后报工程所在地住房城乡建设主管部门。工程监督中发现存在涉及主体结构安全、主要使用功能的质量问题，坚决责令停工整改。整改情况要及时向社会公布。

（4）行业主管部门要建立健全建设单位落实首要责任监管机制，加大政府监管力度，强化信用管理和责任追究，切实激发建设单位主动关心质量、追求质量、创造质量的内生动力，确保建设单位首要责任落到实处。

（5）对建设单位违反相关法律法规的行为，要依法严肃查处，并追究其法定代表人和项目负责人的责任；涉嫌犯罪的，移送监察或司法机关依法追究刑事责任。对于政府投资项目，除依法追究相关责任人责任外，还要依据相关规定追究政府部门有关负责人的领导责任。

（6）加快推进行业信用体系运用，加强对建设单位及其法定代表人、项目负责人质量信用信息归集，及时向社会公开相关行政许可、行政处罚、抽查检查、质量投诉处理情况等信息，记入企业和个人信用档案，并与工程建设项目审批管理系统等实现数据共享和交换。充分运用守信激励和失信惩戒手段，加大对守信建设单位的政策支持和失信建设单位的联合惩戒力度，营造“一处失信，处处受罚”的良好信用环境。对实行告知承诺制的审批事项，发现建设单位承诺内容与实际不符的，依法从严从重处理。

（7）探索质量管理标准化与信息化融合。充分发挥信息化手段在工程质量管理标准化中的作用，大力推广建筑信息模型（BIM）、大数据、智能化、移动通讯、云计算、物联网等信息技术应用，建立基于全面质量协同管理和数据共享的信息管理平台。推广工程质量关键工序影像资料留存管理，针对涉及结构安全的分部分项施工质量过程控制和验收情况，形成影像记录电子文档，以单位工程为单元，与施工技术资料一并归档。

（8）建立质量管理标准化评价体系和激励机制。按照“标杆引路、以点带面、有序推进、确保实效”的要求，工程建设过程中各相关方及时总结具有可推广、可复制的工作方案、管理制度、指导图册、实施细则和工作手册等质量管理标准化成果，建立基于质量行为标准化和工程实体质量控制标准化为核心内容的评价办法和评价标准。

开展工程质量管理标准化示范项目创建活动，组织示范项目的观摩、交流活动，对工程质量管理标准化的实施情况及效果开展评价，定期通报工程质量管理标准化评价风险预警项目及企业名单，并将有关情况按照规定记入企业信用信息。

建立可量化、可考核的工程质量评价指标体系，推进实施地区质量评价，科学评价各地质量工作情况，客观衡量区域工程质量发展水平；逐步建立建筑工程质量评价制度。

（9）健全施工质量责任追溯制度

严格落实“两书一牌”和城建档案管理制度。推行施工质量关键节点责任标识制度，涉及结构安全和重要使用功能的分部、分项工程及关键部位、关键环节，设置施工质量责任表或形成二维码，明确具体施工内容、作业内容、班组信息、质量责任人、交底情况、建设（监理）单位和施工企业验收人员、验收结果等质量信息。企业和项目技术（质量）负责人定期审查施工记录、台账和验收资料，落实《建筑工程（建筑与结构工程）施工资料管理规程》DB37/T 5072、《建筑工程（建筑设备、安装与节能工程）施工资料管理规程》DB37/T

5073、《山东省房屋建筑和市政基础设施工程见证取样和送检管理规定》(鲁建质监字［2021］2号)的要求，规范见证取样与送检，加强施工资料收集、编制、整理和归档，严格签字盖章行为，实现质量责任可追溯。加强竣工验收的人员、组织、程序、过程和整改结果的管理，确保按照合同约定、设计图纸、规范标准要求进行预验收、竣工验收，按时移交竣工资料。

(10)推行工程质量风险源管控机制

施工企业在编制施工组织设计、专项施工方案时，应结合项目特点编制工程质量风险源分析与预控方案，在设计交底、图纸会审、施工组织、过程控制和验收整改等阶段，实施针对性管控。健全三级技术交底制度，提高技术交底的深度和针对性，及时签署交底文件并留档，鼓励推行可视化交底，设置班前讲评台，采用图册、图版、视频、虚拟技术等提升交底成效。

(11)实施工程实体质量样板引路

施工现场的建筑材料、构配件和设备，按照品种、规格分类堆放并设置标识牌，有条件的建立样品库，入库样品与工程实际使用一致。施工现场实施工程质量样板示范制度，制定工程质量样板示范工作方案，分阶段、分步骤地设置工序样板、工艺样板、中间交付样板、竣工样板，以现场示范操作、视频动画、图片文字、实物展示、样板间等形式分阶段直观展示关键部位、关键工序的做法与要求。样板方案经施工单位(质量)技术负责人审核，报项目总监理工程师、房地产开发单位项目负责人书面同意签字后，用于技术交底、岗前培训，指导施工和质量验收。单体工程设立样板墙(面积不小于10m^2)或样板间，单体工程超过1万m^2、住宅小区超过2万m^2设置样板间、样板套或样板层，工程样板使用的材料、设备，确定的质量标准与竣工状态一致。鼓励企业制作定型化、可移动的实物样板，有条件的可设置集中的多类型、多工序、多工种的质量样板基地。

(12)实施对违法违规行为严管重罚

坚决纠正处理处罚“宽软晚”问题，对责任不落实、整改不到位的，一律顶格实施处理处罚，直至停业停工整顿、降级、吊销资质资格。对实体质量实测不达标的，一律按“违反强制性标准和未按设计要求施工”处罚，严禁以结构安全性鉴定达标为由免除处罚；对因生产环节造成预拌混凝土质量不合格的，及生产企业管理混乱、台账资料造假、实验室不具备条件的，整改复核达标前一律无限期停产整顿并公示为风险企业，启动资质条件复核并根据结果严格处罚，直至吊销资质；发现检测机构擅自更改原始检测数据、检测中弄虚作假和出具虚假检测报告的，除进行补充检测、鉴定外，对责任人和机构要采取限制执业、暂停检测，直至吊销资质；监督、执法职能分属不同部门行使的，要按《山东省住房和城乡建设厅关于建立建设工程质量安全与建筑市场行政处罚案件备案制度的通知》（鲁建执法函〔2021〕1号）的规定移送和报告。

（13）建立健全质量风险防控长效机制

各级住建部门要以系列排查整治为契机，不断完善监管机制，建立钢筋、预拌混凝土、保温防水材料等重点建筑材料和检测机构“飞行”检查制度。严格履行见证取样送检程序，建立施工现场钢筋、混凝土等涉及结构安全的重要建筑材料见证取样留存影像资料制度，影像资料应包括取样、封样及见证人取样人等相关信息，坚决打击假样品、替换样品、代做样品等违法违规行为。强化施工过程管理，建立工程质量施工影像追溯管理制度，在混凝土浇筑、保温防水工程等关键环节、重要节点留存影像资料，实现质量过程管控可追溯。探索建立质量隐患举报奖励办法，鼓励一线从业人员积极举报违规使用不合格建筑材料、违规出具虚假检测报告等违法违规行为，提高社会各界和广大人民群众参与的积极性，及时发现并消除质量问题隐患，制止和惩处违法违规行为。强化部门沟通，建立生产、流通和使用环节联合执法制度，构建与市场监管、公安部门联合执法机制，形成打击违规生产、销售、使用不合格建筑材料或构配件以及检测数据造假等行为的合力。加强建筑企业和个人信用管理，完善从业、执业和业绩信息，建立守信激励和失信惩戒机制，对严重失信行为，要依法依规列入“黑名单”，实施联合惩戒。

（14）建立健全缺陷建材产品响应处理、信息共享和部门协同处理机制

落实建材生产单位和供应单位终身责任，规范建材市场秩序。强化预拌混凝土生产、运输、使用环节的质量管理。鼓励企业建立装配式建筑部品、部件生产和施工安装全过程质量控制体系，对装配式建筑部品、部件实行驻厂监造制度。建立从生产到使用全过程的建材质量追溯机制，并将相关信息向社会公示。

5. 加强社会监督强化督促指导

（1）相关行业协会应完善行业约束与惩戒机制，加强行业自律。建立建筑工程责任主体和责任人公示制度。企业须公开建筑工程项目质量信息，接受社

会监督。探索建立建筑工程质量社会监督机制，支持社会公众参与监督、合理表达质量诉求。应完善建筑工程质量投诉和纠纷协调处理机制，明确工程质量投诉处理主体、受理范围、处理流程和办结时限等事项，定期向社会通报建筑工程质量投诉处理情况。

（2）引入社会监督机制。建立工程质量信息公示制度，建设单位应主动公开工程竣工验收等信息，接受社会监督。健全保修期内质量缺陷投诉处理、协调督办、公开曝光机制，依法、公正、及时、就地解决工程质量投诉问题。

6. 加强建材质量管理

（1）完善建材产品质量追溯、风险预警、信息共享、部门联动响应处理机制，落实生产、供应单位终身责任。严格落实材料进场验收、见证取样和送检制度，严厉打击检测弄虚作假行为。加强对重点建材的抽测，对发现的质量问题及违法违规行为，加强监管合力，依法依规严肃处置。开展预拌混凝土质量专项整治行动，规范预拌混凝土企业、装配式建筑部品、部件生产企业及其所属专项实验室质量行为。建立装配式建筑部品、部件生产和施工安装全过程质量控制体系，推行装配式建筑部品、部件驻厂监造制度，定期评估通报装配式建筑产业基地实施状况。

（2）开展针对预拌混凝土、钢筋等重点建材及检测市场的系列排查整治工作。针对个别地方、个别工程出现“瘦身钢筋”、预拌混凝土、保温防水材料不合格等质量问题，暴露出质量意识不强、排查不彻底、处罚力度不大、震慑威力不足等突出问题，需要进一步深化排查整治，严厉打击工程质量违法违规行为。

（3）增强排查整治工作的紧迫感。钢筋、预拌混凝土、保温防水材料是重要建筑材料，涉及建筑工程结构安全，影响主要使用功能，必须引起高度重视。对使用“瘦身钢筋”等不合格建材的工程，各参建主体和管理部门必须高度警醒，提高站位，牢固树立以人民为中心的思想，不折不扣贯彻落实系列排查整治部署要求。要深刻汲取教训，把别人的问题当成自己的问题，对照反思工作中的差距和抓落实的不足，深入查找和解决排查不彻底、治理不到位的深层次问题。坚持把防范杜绝不合格建筑材料进入施工现场作为第一要求，进一步强化措施，开展拉网式、起底式的排查，全力保障工程质量安全。

（4）推动排查整治走深走细走实。管理部门要细化方案、周密组织，抽调专门工作力量，聚焦钢筋、预拌混凝土、保温防水等重点建筑材料，持续开展排查整治行动。

压实建设单位首要责任，检查建设单位是否存在明示或暗示施工单位使用不合格建筑材料、建筑构配件，以优化设计名义降低设计标准。

强化施工单位主体责任，检查材料进场、见证取样、存放使用、问题整改落实情况，严禁将未经审验或审验不合格的建筑材料用于工程。

落实监理责任，检查工程质量安全重大隐患监理报告制度落实情况，严查到岗履职、到岗尽职情况。

严厉打击检测机构违法违规行为，严查检测机构收样、留样环节以及钢筋、混凝土等试件（块）数据自动采集力学曲线，报告原始记录不原始等问题。

负有直接监管责任的主管部门在全面推行“网格化”监管的基础上，对直接监管的预拌混凝土企业、检测机构开展“双随机一公开”执法检查或暗访巡查。可通过委托第三方机构对钢筋、预拌混凝土和保温防水材料等重点建筑材料开展“四不两直”暗查暗访。

（5）确保隐患问题整改闭环交圈。要落实属地管理责任，发挥监督机构作用，强化层级指导，聚焦突出问题、薄弱环节，抓好隐患问题整改落实。要建立排查整治工作台账，对发现的问题隐患要形成问题清单，对发现的违法违规行为下达整改通知单或执法建议书。要安排专人跟踪督办，督促责任主体制定整改方案，明确整改要求、时限，对问题整改情况进行复核，确保整改落实到位。要实施“两场联动”排查，严格实施延伸倒查，对同一批次“问题钢筋”或“问题混凝土”，一律按照流向对涉及工程全数追踪检查，对现场发现“问题混凝土”，一律倒查预拌混凝土生产企业。

对发现使用不合格建材的一律停工整改，涉及主体结构安全的一律进行结构安全性鉴定，根据检测鉴定结果，及时妥善处置，该清退的清退，该加固的加固，确实无法加固的一律拆除。向社会通报排查整治和处理处罚情况。

8.7.6 推行工程质量安全手册

为认真贯彻《住房城乡建设部〈关于印发工程质量安全手册（试行）的通知〉》（建质〔2018〕95号）的要求，山东省住房和城乡建设厅结合实际组织编制了《山东省房屋建筑和市政基础设施工程质量安全手册实施细则（试行）》。推行工程质量安全手册制度，是贯彻国家和山东省关于完善质量保障体系提升建筑工程品质、推进建筑施工安全生产改革发展的重要举措，是落实工程质量安全责任、推进工程质量安全管理标准化、提升工程质量安全本质水平的重要抓手。要广泛开展宣贯，确保落地落实。

8.7.7 推行住宅工程常见质量问题防控技术标准

山东省住房和城乡建设厅、省市场监督管理局联合发布省工程建设标准《住宅工程质量常见问题防控技术标准》DB37/T 5157。山东省住房和城乡建设厅还配套发布了省标准设计图集《住宅工程质量常见问题防控措施》L20J905，对住宅工程质量常见问题设计防控措施做出具体规定。

住宅工程质量常见问题防控技术标准

《住宅工程质量常见问题防控技术标准》DB37/T 5157规定建设单位为住宅工程质量常见问题防控的第一责任人，施工单位为直接责任人，设计、监理、物业等为相关责任人。要求建设单位下达防控任务书，明确预控重点，列支防控费用，向社会公开承诺防治目标，并纳入商品房销售合同，对保修期内出现的质量问题及时解决；设计单位深化细部设计，编制常见问题防控设计专篇；施工单位制定专项防控施工方案，严格验收进场材料、控制过程管理、验收分部分项；监理单位按规定做好有关分部分项工程和关键环节的旁站、巡视和平行检验；物业单位规范住户使用和二次装修行为，不得破坏原有承重结构和防水措施，对已经破坏或损坏的，要求责任人或单位恢复并减少损失。

8.7.8 推动钢结构装配式住宅发展

落实好住房和城乡建设部关于开展钢结构装配式建设试点的部署要求，发展钢结构装配式住宅，实现住宅建造方式工业化、绿色化、智能化，有利于提高住宅抗震性能和居住品质、促进建筑业转型升级、节约资源能源和保护生态环境。

8.7.9　培植培育新动能产业集群

1. 调整优化产业结构，实现产业集约化、规模化、现代化发展

“扶大、扶优、扶强”，发展集设计、咨询、施工管理于一体的综合性企业集团。鼓励引导企业上档升级。

2. 增加资质类别，由单一模式向多元化发展

逐步放宽企业承揽业务范围，对信用良好、具有相关专业技术能力、能够提供足额履约担保的房屋建筑、市政企业，允许其承接资质类别内上一资质等级范围的业务。对具有市政公用和公路工程、水利水电和港口与航道工程其中一项资质的一级以上总承包企业，能够提供足额担保且负责人具有相应业绩的，可以在市政公用和公路工程之间、水利水电和港口与航道工程之间，互跨专业承接同等级业务。允许总承包企业承接总承包资质范围内的所有专业承包工程。

3. 用足用好激励政策，深化经营管理模式改革发展

培育全过程工程咨询，鼓励投资咨询、勘察、设计、监理、招标代理、造价咨询等企业联合经营、并购重组，培育一批高水平的全过程工程咨询企业。

调整建设工程费用费率，鼓励创建精品工程，实行优质优价，根据招标文件要求在施工合同中对工程质量进行约定，对获得国家级、省级和市级工程奖项的，分别按一定比率的标准计取优质优价费用，作为不可竞争费用，用于工程创优。

参考文献

[1] 中华人民共和国建设部．地下工程防水技术规范：GB 50108—2008[S]．北京：中国计划出版社，2008.
[2] 中华人民共和国住房和城乡建设部．地下防水工程质量验收规范：GB 50208—2011[S]．北京：中国建筑工业出版社，2012.
[3] 中华人民共和国住房和城乡建设部，中华人民共和国国家市场监督管理总局．屋面工程技术规范：GB 50345—2012[S]．北京：中国计划出版社，2012.
[4] 中华人民共和国住房和城乡建设部．屋面工程质量验收规范：GB 50207—2012[S]．北京：中国建筑工业出版社，2012.
[5] 中华人民共和国国家质量监督检验检疫总局，中国国家标准化管理委员会．水泥基渗透结晶型防水材料：GB 18445—2012[S]．北京：中国标准出版社，2012.
[6] 中华人民共和国国家质量监督检验检疫总局，中国国家标准化管理委员会．自粘聚合物改性沥青防水卷材：GB 23441—2009[S]．北京：中国标准出版社，2009.
[7] 中华人民共和国国家质量监督检验检疫总局，中国国家标准化管理委员会．无机防水堵漏材料：GB 23440—2009[S]．北京：中国标准出版社，2010.
[8] 中华人民共和国国家质量监督检验检疫总局，中国国家标准化管理委员会．聚合物水泥防水涂料：GB/T 23445—2009[S]．北京：中国标准出版社，2010.
[9] 中华人民共和国国家质量监督检验检疫总局，中国国家标准化管理委员会．预铺防水卷材：GB/T 23457—2017[S]．北京：中国标准出版社，2017.
[10] 中华人民共和国国家质量监督检验检疫总局，中国国家标准化管理委员会．湿铺防水卷材：GB/T 35467—2017[S]．北京：中国标准出版社，2018.
[11] 中华人民共和国住房和城乡建设部．建筑外墙防水工程技术规程：JGJ/T 235—2011[S]．北京：中国建筑工业出版社，2011.
[12] 中华人民共和国住房和城乡建设部．住宅室内防水工程技术规范：JGJ 298—

2013[S]. 北京：中国建筑工业出版社，2013.

[13] 中华人民共和国工业和信息化部. 非固化橡胶沥青防水涂料：JC/T 2428—2017[S]. 北京：中国建材工业出版社，2017.

[14] 中华人民共和国工业和信息化部. 聚合物水泥防水浆料：JC/T 2090—2011[S]. 北京：中国建材工业出版社，2012.

[15] 中华人民共和国工业和信息化部. 水性渗透型无机防水剂：JC/T 1018—2020[S]. 北京：中国建材工业出版社，2020.

[16] 中华人民共和国住房和城乡建设部. 建筑防水维修用快速堵漏材料技术条件：JG/T 316—2011[S]. 北京：中国标准出版社，2011.

[17]《建筑施工手册》（第五版）编委会. 建筑施工手册[M]. 5版. 北京：中国建筑工业出版社，2012.

[18] 山东省住房和城乡建设厅，山东省质量技术监督局. 建筑工程（建筑设备、安装与节能工程）施工资料管理规程：DB37/T 5073—2016[S]. 北京：中国建材工业出版社，2016.

[19] 中国建筑业协会工程建设质量监督与检测分会. 山东省建筑工程施工资料表格填写范例与指南[M]. 2版. 北京：中国建材工业出版社，2016.

[20] 中华人民共和国住房和城乡建设部.《关于落实建设单位工程质量首要责任的通知》（建质规〔2020〕9号），2020.

[21] 山东省住房和城乡建设厅.《山东省住宅工程质量信息公示试点工作方案》（鲁建质安字〔2020〕10号），2020.

[22] 山东省住房和城乡建设厅等部门.《关于进一步完善质量保障体系提升建筑工程品质的实施意见的通知》（鲁政办字〔2020〕122号），2020.

[23] 山东省住房和城乡建设厅.《山东省房屋建筑和市政基础设施工程质量安全手册实施细则（试行）》（鲁建质安字〔2021〕2号），2021.